Linux/Unix技术丛书

Python Linux 系统管理与自动化运维

Python for Linux System Administration and Automated Operation

赖明星 著

机械工业出版社
China Machine Press

图书在版编目（CIP）数据

Python Linux 系统管理与自动化运维 / 赖明星著．—北京：机械工业出版社，2017.9
（2023.1 重印）
（Linux/Unix 技术丛书）

ISBN 978-7-111-57865-9

I. P… II. 赖… III. Linux 操作系统 IV. TP316.85

中国版本图书馆 CIP 数据核字（2017）第 213433 号

Python Linux 系统管理与自动化运维

出版发行：机械工业出版社（北京市西城区百万庄大街 22 号 邮政编码：100037）

责任编辑：杨福川　　责任校对：李秋荣

印　刷：北京捷迅佳彩印刷有限公司　　版　次：2023 年 1 月第 1 版第 11 次印刷

开　本：186mm×240mm　1/16　　印　张：27

书　号：ISBN 978-7-111-57865-9　　定　价：89.00 元

客服电话：（010）88361066　68326294

Foreword 推荐序一

Python是这个时代最流行的编程语言，不管你承认与否，Python已然被广泛应用到各个领域。从Web开发，到运维开发、搜索引擎，再到机器学习，甚至到游戏开发，没有什么是Python语言所不能的。特别是在当前这个云计算、大数据、机器学习、AI蓬勃发展的新时代，Python正扮演着越来越重要的角色。甚至可以说，作为一名IT从业人员，不论你是开发人员、DBA，抑或是前端开发人员，不会Python就很可能会被这个时代所抛弃。

作者赖明星是我在网易时期的同事兼好友，同事们都戏称其为“网易最牛Python程序员”。他不仅有着极其专业的开发能力与丰富的运维经验，更令我佩服和尊敬的是其充满传奇色彩的人生经历，以及在这种人生经历中的不断成长与永不放弃的坚毅精神。对此感兴趣的读者可以看其知乎上的文章与回复。

作者是IMG（Inside MySQL Group）社区的成员之一，对MySQL数据库有着深刻的理解。同时，作者多次在数据库大会上分享其在数据库方面的工作经验。IMG社区是一个专注于开源数据库技术，连接一切有态度的技术人员的社区。欢迎感兴趣的小伙伴加入这个社区，微信公众账号：InsideMySQL。若要加入微信群，请先加我个人微信号：82946772。

本书结合了作者丰富的实际工作案例，对Python语言做了大量的介绍，可以说是成为Pythonic最好的书籍。文章最后的MySQL专家系统亦是一个集大成的运维开发系统，同学们可以通过这个案例更好地理解Python在运维中的实际应用。最后，我将此书推荐给所有技术圈的同仁们，也希望大家早日体会到Pythonic的最高奥义。

姜承尧

腾讯技术总监

推荐序二 Foreword

2010年前后，人类迎来了以云计算、大数据、物联网的普及为标志的第三次信息化浪潮，各行各业都在发生着深刻的变革。大数据成为企业提升核心竞争力的关键支撑，越来越多的企业将形成以数据为中心的运营模式，企业对大数据人才的需求正在迅速增长。

数据的采集预处理、存储管理、分析挖掘，是企业中的数据科学家和数据工程师们的核心工作，为了高效地完成上述工作，就需要IT技术人员掌握一门得心应手的编程语言，而Python就是能够满足这种需求的编程语言。Python语言自20世纪90年代初诞生至今，已被逐渐广泛应用于系统管理任务的处理、Web编程和数据挖掘等领域，是目前最受欢迎的编程语言之一。目前，国内的很多高校都在本科阶段开设了Python课程，高校的很多科研群体也都采用Python完成科学数据的分析工作，于是，掌握基本Python编程能力的高校毕业生将不断迈入工作岗位，成为企业中数据分析人才的中坚力量，Python在企业中的使用群体规模会不断扩大。此外，目前市场上流行的大数据处理框架（比如Spark），都支持采用Python进行程序开发，这使得学习者在掌握Python语言以后，能够较好地承担起企业大数据产品开发和系统运维等方面的工作。因此，无论在高校还是在企业，Python语言都已经形成了持续稳定的影响力，Python是学习者在编程语言方面的理想选择。

作者于2011年到2014年在厦门大学数据库实验室攻读硕士学位。在这三年时间里，实验室师生在大数据技术方面进行了系统的学习，以此为基础，实验室编著出版了国内高校第一本系统性介绍大数据知识的专业教材，建设了国内高校首个大数据课程公共服务平台，成为了国内高校大数据教学的知名品牌。在这个过程中，作者在大数据技术研究和学习方面，做出了巨大的努力，尤其是在Python语言方面有了初步的积累。作为导师，令我欣慰的是，作者在步入工作岗位以后，继续发扬了刻苦钻研的精神，不断提升Python语言的实践能力和水平，用Python语言解决了工作岗位中的大量业务问题。最终，作者根据自己丰富的行业实践经验，整理编写了这样一本具有较高实用价值的Python教程。

本书非常适合对一线互联网技术感兴趣的工程师、想要学习 Python 在 Linux 系统管理中如何应用的运维工程师，以及正在寻找 Python 进阶教程的 Python 爱好者进行阅读。相信这本书会成为读者们的良师益友。

林子雨

厦门大学计算机科学系教师

推荐序三 Foreword

网易数据科学中心长期专注于数据库系统、搜索系统、大数据计算、BI 等方向，致力于为整个网易集团提供领先的数据基础设施和技术解决方案。在部门十多年的发展过程中，我们一般使用两种语言，十年前我们用 C++ 和 Python，如今我们主要使用 Java 和 Python。Java/C++ 是我们核心系统的开发语言，这两种语言都是当今最流行的编程语言，只有使用最流行的语言才能方便人员招聘、团队协作，从而达到长期维护的目的。随着 IT 行业的发展，Java 替代 C++ 成为了最流行语言，也成为了我们核心系统的开发语言，这是因为当前这个时代更加注重开发和维护效率，而非代码执行效率。Python 语言则应用在 Linux 系统管理、MySQL 系统管理等系统管理场景，Python 简单优美、功能强大，在这些场景下可以秒杀 Java/C++，因此始终是我们必学的编程语言。

市面上有不少讲解 Python 编程语言的书籍，也有不少关于 Linux 系统管理的书籍，但是介绍如何利用 Python 解决 Linux 系统管理问题的书籍却寥寥无几。作者赖明星是网易数据库专家，是数据库云服务（RDS）的核心开发人员。RDS 产品使用 Python 语言成功管理了成千上万个 Linux 主机和 MySQL 实例，成功支撑了考拉、网易云音乐、网易新闻等大型互联网产品，在 RDS 研发运营过程中，作者积累了大量的一线工作经验和案例，并通过这本书分享给大家，希望对大家有所帮助。

余利华

网易技术总监

Preface 前　言

为何写作本书

我第一次接触 Python 是在 2008 年的时候，当时还是一名大学生。有一位非常优秀的学长通过《黑客与画家》这本书了解到 Python 语言，并且认为 Python 将在未来几年迅猛发展，在各个应用领域都会大有可为。因此，在国内还没有广泛使用 Python 语言时，这位学长便推荐我学习 Python。现在的 Python 语言，流行程度已不用我多言，这一方面证实了 Paul Graham（《黑客与画家》的作者）的远见卓识，同时，也反映出这位优秀学长的聪明睿智。从这件事中，我深切地感受到要多与人交流，尤其是要与那些比自己优秀的人交流。正是出于和大家交流的想法，我将这些年的 Python 使用心得，以及在网易云开发与运维的经验汇集成一本书，也就是你现在看到的这本书。

如果大家身处互联网，一定能够切身地感受到 Python 语言的流行程度。Python 语言由于其简单易学、语法优美、应用领域广泛等诸多优点，俘获了大批的粉丝。通过 Google 搜索指数可以看到，Python 语言在最近两年出现了爆发式的增长，其在编程语言排行榜上的排名，从第 8 名一跃上升到第 4 名，并且有继续上升的趋势。越来越多的公司高薪招聘 Python 工程师，越来越多的世界名校开始讲授 Python 语言，越来越多的项目使用 Python 语言进行开发。因此，从各个角度来说，Python 都将大有可为，学习 Python 将是一个正确的选择。

伴随着云计算的高速发展，Python 在系统管理领域也表现不俗。著名的云计算平台 OpenStack 就是使用 Python 语言开发的，各大云计算厂商也选择使用 Python 开发自己的内部系统。并且，由于云计算厂商托管的都是大规模服务器，为了提高运维效率、节约人力成本、快速响应需求，各大云计算厂商都不约而同地使用 Python 进行大规模服务器的部署和运维。

Python 在 Linux 系统管理中，已经担任了非常重要的角色。但是，讲解 Python 在 Linux 系统管理中应用的书籍却寥寥无几，更多都是专注于 Python 语言、Python 爬虫和 Python Web

开发。难得的几本也仅仅是介绍 Python 相关工具的使用而已。由于互联网业务的复杂性和多样性，这远不能满足互联网公司的需求，公司更希望工程师能够灵活地使用 Python，根据业务需求开发自己的工具和系统。因此，本书不仅会介绍 Python 语言编写的系统管理工具，还会讲解如何使用 Python 构建自己的系统管理工具。

主要内容特色

本书介绍了 Python 语言在 Linux 系统管理中的应用，包括编写 Python 脚本管理 Linux 系统，使用 Python 编写的自动化工具管理 Linux 系统，以及使用 Python 打造专属的管理工具等。

本书以 Linux 系统管理为线索，以 Python 语言为载体，介绍了大量 Python 语言的应用案例。通过学习本书，不但可以使用 Python 语言管理 Linux 系统，也为 Python 解决其他领域问题打下了坚实的基础。书中每一章都会解决某一类问题，并且提供了问题的答案。如 Python 管理 Linux 文件和目录，使用 Python 监控 Linux 系统，使用 Python 编写自动化工具，使用 Python 进行自动化运维等。

通过学习本书，你可以：

- 掌握 Python 生态工具，提高自己的开发效率；
- 学会如何使用 Python 构建自己的命令行工具；
- 用 Python 编写可维护性更强的文本处理程序；
- 全方位监控 Linux 系统；
- 使用 Python 自动化部署应用；
- 管理操作系统配置；
- 使用 Python 打造 MySQL 专家系统；
- 通过 Python 发送电子邮件。

本书读者对象

本书不是一本讲解 Python 编程语言的书籍，也不是教授如何使用 Python 运维工具的书籍，而是一本讲解 Python 在 Linux 系统管理中应用的实战书籍。如果你还没学过 Python 编程语言，建议先学习 Python 语言以后，再来阅读本书。如果你从来没有使用过 Linux，书中部分章节可能会让你感到困惑，不过依然有很多章节可以参考。因此，想要更好地学习本书内容，读者需要具备以下条件：

- ❑ Python 语言基础知识；
- ❑ Linux 使用经验；
- ❑ 了解 SSH 的使用。

本书虽然主要讲解 Python 在 Linux 系统管理中的应用，但是，书中很多例子都具有更加广泛的应用场景。本书的最大特色是提供了大量的实战案例，无论是刚学完 Python 语言，正在寻找 Python 实战案例的读者，还是想要学习 Python 在 Linux 系统管理中如何应用的读者，都能从中受益。

综上所述，本书适合以下几类读者：

- ❑ 使用 Python 语言的运维工程师；
- ❑ 想要提高 Python 技能的开发工程师；
- ❑ 想要了解 Python 在互联网应用的在校学生；
- ❑ 所有对 Python 实战感兴趣的读者。

如何阅读本书

本书共分 11 章，每一章都可以单独成册。你可以从头开始阅读，也可以选择自己感兴趣的章节阅读。

- ❑ 第 1 章介绍了 Python 语言的优缺点和 Python 在 Linux 系统管理领域的应用，这一章主要回答"为什么学习 Python"这个问题。
- ❑ 第 2 章介绍了多个 Python 生态工具。充分利用这些工具，不但可以有效提高工作效率，还能形成统一的代码风格。此外，本章还会介绍如何解决 Python 中的环境依赖问题，包括如何在一台服务器上使用不同的 Python 版本，如何对不同的项目安装不同的依赖而不相互影响。相信通过学习本章介绍的工具，能够帮助你解决在学习 Python 过程中遇到的环境问题。
- ❑ 第 3 ～ 7 章主要讲解使用 Python 编写脚本管理 Linux，包括如何使用 Python 构建命令行工具、如何使用 Python 处理文本问题、如何使用 Python 进行系统管理、如何使用 Python 监控 Linux 系统，以及如何使用 Python 处理文档与报告。这几章包含了大量的 Python 实战案例，如果你学习本书是为了提高自己的 Python 编程技能，可以重点学习这几章。
- ❑ 第 8 ～ 10 章主要介绍了多个 Python 语言开发的工具，包括网络嗅探工具 Scapy、自动化部署工具 Fabric 和自动部署工具 Ansible，这几章较偏重运维操作。灵活使用这几章介绍的工具，可以有效提高运维工程师的工作效率。Python 语言之所以在系统管理和自动化运维领域使用广泛，是因为有很多使用 Python 语言开发的开源工具。这些工具简单易用、功能强大、扩展性强，是 Linux 系统管理员的得力助手。

- 第 11 章介绍了一个综合案例，即使用 Python 打造 MySQL 数据库专家系统。这一章颇有难度。书中使用数据库专家系统为载体，详细介绍了 Python 中的高级语言特性和 Python 中的系统架构。这一章不仅会用到比较深入的 MySQL 知识，还会用到 Python 的高级技巧。为了打造一个可读性好、可扩展性强的程序，我们使用了不少 Python 语言的高级特性。充分理解这一章介绍的 Python 语言高级特性，相信你的 Python 水平会有一个较大的提升。

需要强调的是，本书是一本实战类的书籍，因此，更多是强调实践的重要性。许多工程师学习 Python，学完就忘，忘了再学，循环往复，都是因为实践不充分导致的。本书包含了大量的实战案例，可以作为 Python 的进阶教材，帮助你举一反三，编写自己的管理程序。

勘误和资源

为了便于实践，书中所有的代码都能够在 GitHub 上找到（ https://github.com/lalor/python_for_linux_system_administration.git ）。你可以在 GitHub 上查看代码，也可以下载到本地运行。

由于水平有限，加上时间仓促，书中难免出现一些不准确甚至错误的地方，恳请读者批评指正。在此，欢迎大家指出书中存在的问题，并提供指导性的意见，不甚感谢。如果你有任何与本书相关的内容需要与我探讨，都可以来本书源代码的 Issue 页面提问，也可以发邮件到 me@mingxinglai.com，或者在知乎 @mingxinglai 与我联系，我都会及时回复。最后，衷心地希望本书能给大家带来帮助，并祝大家阅读愉快。

致谢

首先，我要感谢厦门大学林子雨老师和腾讯技术总监姜承尧老师。是林老师手把手指导我写论文，才让我具备了写作本书的能力；是姜老师的鼓励和支持，才让我有了写这本书的想法。没有你们的帮助和鼓励，是不可能有这本书的。此外，还要感谢网易技术总监余利华老师，是你构建了这个开放的工作环境，才让我有时间和精力来完成这本书。当然，还要感谢三位老师为本书作序。你们是我的人生榜样和奋斗目标，激励着我不断学习和进步，提醒自己时刻不能松懈。

其次，要感谢网易公司的各位同事们，尤其是RDS项目组和TNT项目组的同事们，能够与你们这样一群才华横溢、激情澎湃的同事一起工作，我感到非常的荣幸和兴奋。也因为在这个开放的工作环境中，我才可以不断进行研究和创新。感谢已经离职了的争神，你的一小部分优秀代码出现在了本书之中。还要感谢曾经一起讨论Python的小伙伴们，包括章洋、王中、李浩成、王新然、毛茂林、翟亮、陈王仡、刘刚、龚俊、戴晨、黄韬、孙旭东、刘云、钱毅、杨浩、李成、宗雅洁、舒雄、彭应龙等。

我还要感谢我的父亲和母亲，虽然他们在本书的写作过程中没有进行直接的帮助，但是，无论我做什么事情他们都无条件支持我，给予了我无条件的爱。我爱你们。

最后，一份特别的感谢要送给本书的策划编辑杨福川老师，你的专业水平和工作态度，给我留下了深刻印象。还要感谢编辑李艺老师，希望我的写作水平没有让你吃太多的苦。此外，还要感谢出版社其他默默工作的同事们。

目 录 *Contents*

第1章 Chapter 1

Python语言与Linux系统管理

本书是一本实战类的进阶书籍，因此，相信读者在打开这本书前，已经知道了Python是什么，也知道了Python的优缺点，并且认为Python是一门值得花时间学习的编程语言。如果读者对Python的特性还不是特别熟悉，没有关系，本章将介绍Python语言的特性和应用场景。除此之外，本章还会讨论为什么Python适合Linux系统管理，以及一些大家容易忽视的重要数据，包括Python语言是否真的越来越流行，使用最多的Python版本，以及Python 2与Python 3所占的市场份额等。

1.1 Python语言有多流行

很多工程师在学习一门新的技术时，都会担心自己所学的技术是否会越来越流行，担心学习了一门非常小众或冷门的技术。这种担忧是可以理解的，毕竟，一门技术使用的人越多，对于早期学习这门技术的工程师来说，就有越多好处和优势。如果学习了冷门的技术，不但容易英雄无用武之地，而且，在求职市场上也没有什么优势。

我认识的不少学习Python的工程师也有类似的担忧，他们问的最多的问题是，Python是不是越来越流行了？答案是肯定的。也有很多工程师感觉Python语言越来越流行了，但因为拿不出确切的证据，仍无法说服自己静下心来学习。

为了证明Python语言确实越来越流行了，我们来看几组数据。首先，我们看一下编程语言排行榜中，Python语言排名的变化。TIOBE每个月发布的编程语言排行榜是编程语言流行趋势的一个指标。这份排名基于互联网上有经验的工程师、课程和第三方厂商的数量，使用搜索引擎进行计算而得，一定程度上反映了编程语言的热度。在2017年6月TIOBE

发布的编程语言排行榜中，Python 语言排在第 4 位，并且评分还在不断增加。表 1-1 给出了 2017 年 6 月 TIOBE 编程语言排行榜的前五名。

表 1-1　2017 年 6 月 TIOBE 编程语言排行榜

Jun 2017	Programming Language	Ratings	Change
1	Java	14.493%	−6.30%
2	C	6.848%	−5.53%
3	C++	5.723%	−0.48%
4	Python	4.333%	+0.43%
5	C#	3.530%	−0.26%

当然，编程语言排行榜仅能反映 Python 语言当下的流行程度，并不能回答 Python 是否越来越流行这个问题。不过，我们可以从 TIOBE 发布的历史数据中找到一些线索。在 2015 年 2 月发布的 TIOBE 编程语言排行榜中，Python 还排在第 8 名的位置，短短两年半的时间，Python 语言已经蹿升到第 4 名，其上升速度不可谓不快。

既然 TIOBE 的编程语言排行榜是根据搜索引擎得到的数据，那么，我们也可以通过搜索引擎得到 Python 的搜索指数，进而通过搜索指数查看 Python 语言热度的变化。图 1-1 给出了 2013 至 2017 年，Python 这个关键词的 Google 搜索指数。

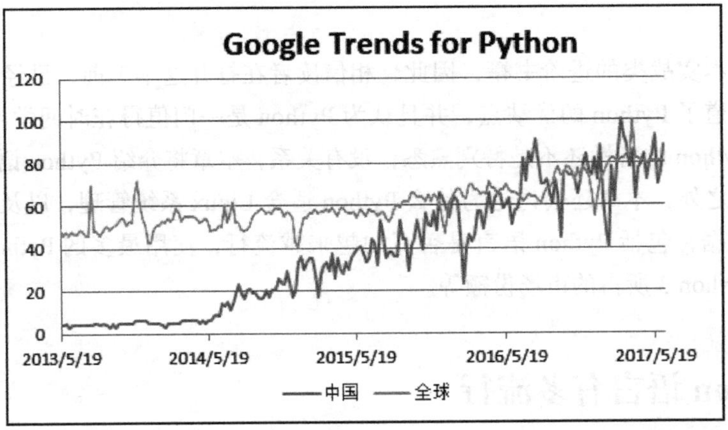

图 1-1　Python 的 Google 搜索指数

由图 1-1 可以看到，从全球范围来看，Python 语言是越来越流行的，其热度超过了以往任何时候。从中国的搜索指数来看，Python 语言已经不是越来越流行这么简单了，而是出现了爆发式的增长。2014 年以前，Python 在中国属于小众语言，从 2014 年开始，Python 在中国越来越火爆。一个有趣的事实是，在图 1-1 给出的 Python 搜索指数中，Python 在中国的搜索每年都会有一个非常明显的、向下的尖峰。这个尖峰所在的时间正好与春节的时间吻合，说明春节对所有中国人都是一个重要的节日，在春节期间，很少有人还在钻研技术了。

最后，我们来看一下最新发布的微信搜索指数中 Python 语言的热度。图 1-2 给出了 Python、Java、PHP 和 Ruby 的微信搜索指数对比图。

由于微信最多支持 4 个关键词进行比较，因此，我们选择了 Java、PHP、Ruby 与 Python。选择 Java 是因为它是一门比 Python 使用更加广泛的编程语言；选择 PHP 是因为它被认为是

“世界上最好的”编程语言；选择Ruby是因为它是所有编程语言中与Python定位最接近的编程语言。可以看到，在写作本书时，Python语言和Java语言的微信搜索指数遥遥领先，并且，Python语言的微信搜索指数比Java语言还要略高一点。

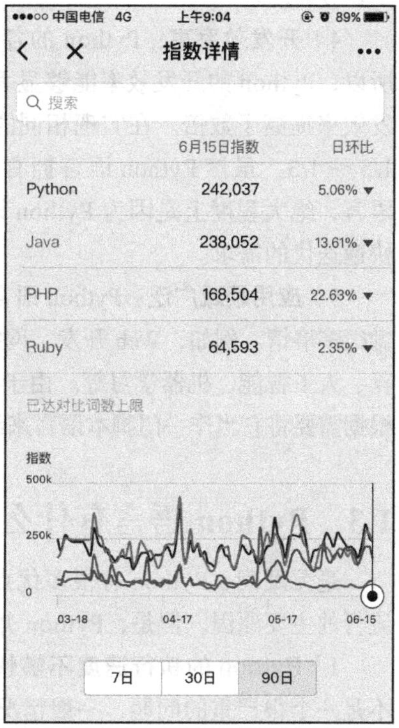

图 1-2　Python 的微信搜索指数

综上所述，我们分别从编程语言排行榜、Google搜索指数和微信搜索指数这几个不同的数据来源，验证了Python语言的流行程度。现在，我们可以非常明确地得出一个结论——Python语言越来越流行，而且现在非常热门。因此，大家可以放心大胆地学习Python，利用Python语言的优秀特性来提高自己的工作效率，提升自己的职场竞争力。

1.2　Python 语言为什么流行

在上一节中，我们得出了Python语言越来越流行的结论。那么，我们不禁要问，为什么Python语言会越来越流行呢？

Python语言流行的因素有很多，我们可以找到很多理由。例如，越来越多的工程师使用Python进行大数据处理，科研工作者开始使用Python进行数据分析，系统管理员使用Python管理Linux系统，开源的云计算平台OpenStack使用Python语言开发，很多编程爱好者使用Python进行爬虫等。如果要找类似的理由，我们还可以找出很大一堆，但是，笔者认为，Python语言之所以越来越流行，使用越来越广泛，主要还是得益于其自身的诸多优点。

Python语言拥有诸多优点，其中有几个优点特别显著：

1）**简单易学**：Python语言相对于其他编程语言来说，更加容易学习。它注重的是如何解决问题而不是编程语言的语法和结构。因此，已经有越来越多的初学者选择Python语言作为编程的入门语言。例如，在浙江省2017年高中信息技术改革中，《算法与程序设计》课程将使用Python语言替换原有的VB语言。

2）**语法优美**：Python语言力求代码简洁、优美。在Python语言中，采用缩进标识代码块，通过减少无用的大括号，去除语句末尾的分号等视觉杂讯，使得代码的可读性显著提高。阅读一段良好的Python程序就像是在读英语，它使你能够专注于解决问题，而不用太纠结编程语言本身的语法。

3）**丰富强大的库**：Python语言号称自带电池（Battery Included），寓意是Python语言的类库非常全面，包含了解决各种问题的类库。无论实现什么功能，都有现成的类库可以使用。如果某个功能比较特殊，标准库没有提供相应的支持，那么，很大概率会有相应的开源项目提供了类似的功能。合理使用 Python 的类库和开源项目，能够快速实现功能，满足业务需求。

4）**开发效率高**：Python 的各个优点是相辅相成的。例如，因为有了丰富强大的类库，所以，Python 的开发效率能够显著提高。相对于 C、C++ 和 Java 等编译语言，Python 的开发效率提高了数倍。在实现相同的功能时，Python 的代码往往只有 C、C++ 和 Java 代码的 1/5 ～ 1/3。虽然 Python 语言拥有很多吸引人的特性，但各大互联网公司广泛使用 Python 语言，绝大程度上是因为 Python 语言开发效率高这个特点。因为它能够更好地满足互联网快速迭代的需求。

5）**应用领域广泛**：Python 语言的另一大优点就是应用领域广泛，工程师可以使用 Python 做很多事情。例如，Web 开发、网络编程、自动化运维、Linux 系统管理、数据分析、科学计算、人工智能、机器学习等。由于 Python 语言介于脚本语言和系统语言之间，所以我们可以根据需要将它当作一门脚本语言来编写脚本，也可以将它当作一个系统语言来编写服务。

1.3 Python 语言有什么缺点

毫无疑问，Python 有很多优点，并且每一个优点看起来都非常吸引人，这也是 Python 流行的主要原因。但是，Python 并不是没有缺点的，最主要的缺点有以下几个：

1）**Python 的执行速度不够快**：Python 的缺点主要是执行速度还不够快。当然，这并不是一个很严重的问题，一般情况下，我们不会拿 Python 语言与 C/C++ 这样的语言进行直接比较。在 Python 语言的执行速度上，一方面，网络或磁盘的延迟会抵消部分 Python 本身消耗的时间；另一方面，因为 Python 特别容易和 C 结合使用，所以我们可以通过分离一部分需要优化速度的应用，将其转换为编译好的扩展，并在整个系统中使用 Python 脚本将这部分应用连接起来，以提高程序的整体效率。

2）**Python 的 GIL 锁限制并发**：Python 的另一个大问题是，对多处理器支持不好。如果你接触 Python 的时间比较长，那就一定听说过 GIL。GIL 是指 Python 全局解释器锁（Global Interpreter Lock），当 Python 的默认解释器要执行字节码时，都需要先申请这个锁。这意味着，如果试图通过多线程扩展应用程序，将总是被这个全局解释器锁限制。当然，我们可以使用多进程的架构来提高程序的并发，也可以选择不同的 Python 实现来运行我们的程序。

3）**Python 2 与 Python 3 不兼容**：如果一个普通的软件或者库不能够做到向后兼容，它一定会被用户无情地抛弃。在 Python 中，一个大的槽点就是 Python 2 与 Python 3 不兼容。这给所有 Python 工程师带来了无数烦恼。关于 Python 2 与 Python 3 的问题，我们将在 1.6 节详细介绍。

1.4 Python 语言的应用场景

作为一种通用编程语言，Python 的应用场景几乎是无限的。我们可以在任何场景使用

Python，例如，从网站和游戏开发，到机器人和航天飞机控制等。从 Python 官网给出的例子来看，Python 有以下几个主要的应用场景：

1. Web 开发

Python 语言能够满足快速迭代的需求，非常适合互联网公司的 Web 开发应用场景。Python 用作 Web 开发已有十多年的历史，在这个过程中，涌现出了很多优秀的 Web 开发框架，如 Django、Pyramid、Bottle、Tornado、Flask 和 web2py。许多知名网站都是使用 Python 语言开发，如豆瓣、知乎、Instagram、Pinterest、Dropbox 等。这一方面说明了 Python 作为 Web 开发的受欢迎程度，另一方面也说明 Python 语言用作 Web 开发经受住了大规模用户并发访问的考验。

2. 用户图形接口（GUI）

我们可以使用 Python 标准库的 tkInter 模块进行 GUI 编程，也可以使用 PyGObject、PyQt、PySide、Kivy、wxPython 等编写 GUI 应用程序。使用 Python 程序可以轻松地开发出一个可移植的应用程序。例如，TKinter GUI 可以不做任何改变就能运行在 Windows、X Windows 和 Mac OS 等平台上。

3. 数值计算和科学计算

Python 语言已经逐渐取代 MATLAB 成为科研人员最喜爱的数值计算和科学计算的编程语言。Python 标准库虽然没有提供数值计算和科学计算的功能，但是，Python 生态中有 SciPy、NumPy 和 Pandas 等非常好用的开源项目。

4. 系统管理

Python 简单易用、语法优美，特别适合系统管理的应用场景。著名的开源云计算平台 OpenStack 就是使用 Python 语言开发的。除此之外，Python 生态中还有 Ansible、Salt 等自动化部署工具。这么多使用广泛、功能强大的系统管理工具都使用 Python 语言开发，也反映了 Python 语言非常适合系统管理的事实。

5. 其他

Python 的应用领域非常广泛，远比我们这里列出的要多得多，例如，可以使用 pygame 开发游戏，使用 PIL 库处理图片，使用 NLTK 包进行自然语言分析等。

1.5 为什么 Python 适合 Linux 系统管理

Python 语言应用领域非常广泛，其中一个比较重要的应用领域是 Linux 系统管理。得益于 Python 的诸多优点，可以说，Python 是 Linux 系统管理的理想工具。使用 Python 来管理 Linux 系统，具有如下优势：

1）Python 语言相对于 Shell 脚本，代码更加清晰易懂。无论是运维工程师还是开发工程师，Shell 都是基本功。Shell 脚本虽然功能强大，可以使用很少的代码完成常见的任务，但是它的语法复杂，可读性和可维护性差。当程序越来越强大，功能越来越复杂时，如果还使用 Shell 脚本，将会导致整个程序难以维护。Python 语言则不存在这个问题，因为 Python 程序语法清晰、简单易懂。

2）Python 语言表达能力强。Python 语言相对于 Shell 脚本，更具有表现力，更易于扩展。例如，Python 提供了丰富的数据结构，如列表、元组、字典、队列等；Python 语言也可以方便地进行多线程编程。这些都是 Shell 脚本不具有的能力。

3）Python 语言可跨平台。Python 标准库对操作系统的接口进行了封装，例如，Python 标准库绑定了 POSIX 以及其他常规操作工具，如环境变量、文件、套接字、管道、进程、多线程、正则表达式、命令行参数、Shell 命令启动器、文件名扩展等。Python 对操作系统的接口封装以后，我们一方面使我们可以使用 Python 语言方便地管理 Linux 系统；另一方面，使 Python 程序相对于 Shell 脚本，具有了跨平台的优势。例如，一个在 Debian 上运行的复制目录树的脚本无须做任何修改就可以在其他操作系统中运行。

4）Python 语言可以方便地与操作系统集成。使用 Python 管理 Linux，不但可以使用 Python 标准库对操作系统的封装，也可以方便地在 Python 中执行 Linux 命令，进一步将 Python 管理 Linux 系统的能力放大，从而可以使用 Python 完成任何管理任务。

5）许多开源的项目对 Linux 系统管理提供了支持。例如，我们可以使用 psutil 轻松编写一个监控程序，也可以使用 IPy 管理 IP 地址。

6）有不少使用 Python 开发的自动化管理工具。很多知名的自动化管理工具都是使用 Python 语言开发，如 Fabric、Ansible、SaltStack 等，这也正说明了 Python 是一门适合 Linux 系统管理的语言。

7）Linux 系统管理是发挥 Python 优点，避免 Python 缺点的应用场景。Python 语言有自己的优点与缺点，使用 Python 进行 Linux 系统管理，是一个充分发挥 Python 优点，避免 Python 缺点的领域。我们能够利用 Python 语言开发效率高的优势，尽快完成程序的编写工作，而且，Linux 系统管理不要求程序的执行速度特别快。

1.6 使用 Python 2 还是 Python 3

Python 的一大槽点是 Python 2 与 Python 3 不兼容，这有悖于我们对知名软件的认识。更让人纠结的是，Python 3 发布至今已经将近十年，仍远不如 Python 2 使用广泛。相信在接下来很长一段时间内，依然会是 Python 2 使用更加广泛。

Python 2 与 Python 3 不兼容就导致一个问题，如果读者是一个编程的初学者，应该学习 Python 2 还是学习 Python 3 呢？我的观点是都要学。这个答案可能很出乎意料，也很容易反驳，例如：

- Python 3 才是 Python 的未来。
- Python 官方建议直接学习 Python 3。
- Python 2 只维护到 2020 年。

作为一个一线互联网公司的 Python 技术专家，也是一名多年的 Python 工程师，大家不妨来看看我这么说的理由。

首先，编程其实重在对编程思想的理解和经验的积累，Python 2 和 Python 3 的思想是共通的。甚至对于不同的编程语言，它们的很多思想也是共通的。Python 2 与 Python 3 的语法虽然存在不兼容的情况，但是只有一小部分语法不兼容。并且，当我们对 Python 熟悉到一定程度以后，即使只会 Python 2 也可以在很短的时间内掌握 Python 3 的代码编写。

其次，Python 2 只维护到 2020 年不应该成为你拒绝 Python 2 的理由。按照 Python 官方的计划，Python 2 只支持到 2020 年，但这并不是绝对的。可能读者接触 Python 的时间还不长，Python 官方曾经还说过，Python 2 只支持到 2015 年。所以，可以看到，Python 官方也是会跳票的。

最后，Python 官方建议学习 Python 3 只是一种一厢情愿的行为。我们可以对此一下 Python 2 和 Python 3 的下载统计数据。虽然 PyPI 不再提供下载统计数据，但是，我们可以通过 Google 的统计数据得到 Python 2 与 Python 3 的大致使用情况。我们的统计方式是，在 https://cloud.google.com/bigquery/querying-data 中执行下面的语句查询不同 Python 版本依赖包的下载数据：

```
    SELECT details.python, count(*) as count FROM [the-psf:pypi.downloads20170615]
GROUP BY details.python;
```

我们只需要增加一个 country_code 取值为 CN 的 where 条件，就能够统计中国的 Python 版本使用情况。如下所示：

```
    SELECT details.python, count(*) as count FROM [the-psf:pypi.downloads20170615]
where country_code = 'CN'  GROUP BY details.python;
```

在 Google 的 BigQuery 中执行查询语句，然后将数据导出到本地进行分析，我们得到了图 1-3 中的统计数据。

从图 1-3 中可以看到，无论是全球范围内还是在中国，Python 2 的市场份额都远胜于 Python 3。因此，我们有理由相信，Python 2 还会存在很长一段时间。

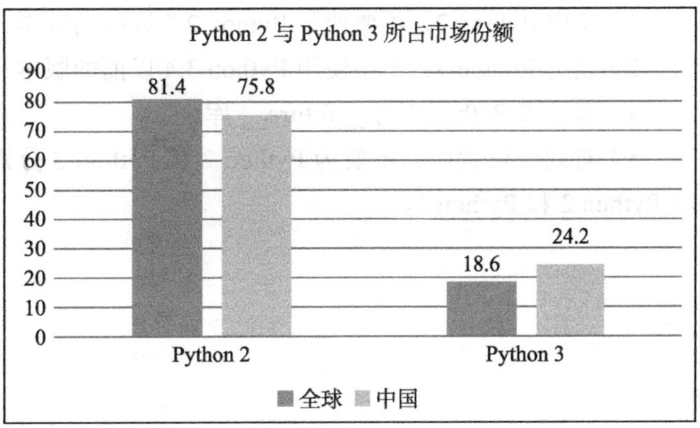

图 1-3 Python 2 与 Python 3 的使用情况

表 1-2 给出了全球范围内和

中国的工程师使用最多的 Python 版本，可以看到，Python 2.7.12 版本是目前使用最多的。

表 1-2　不同 Python 版本的使用情况

名次	全球	市场份额	中国	市场份额	名次	全球	市场份额	中国	市场份额
1	2.7.12	23.46%	2.7.12	20.72%	5	2.7.13	6.74%	3.6.1	7.89%
2	2.7.6	16.63%	2.7.13	12.38%	6	2.7.5	5.61%	2.7.10	6.83%
3	2.7.9	10.74%	2.7.5	10.45%	7	3.5.2	4.23%	2.7.9	6.37%
4	2.7.10	9.03%	2.7.6	9.41%	8	3.6.1	4.22%	3.5.2	6.25%

从前面的统计数据可以看到，Python 2 的使用远远超过了 Python 3。有了这些数据做支撑，我们不是应该学习 Python 2 吗，为什么 Python 2 和 Python 3 都要学呢？首先，这个世界并不是非黑即白的，Python 也不是。在学习 Python 2 和学习 Python 3 中间，其实有一个很好的平衡，那就是同时兼容 Python 2 和 Python 3。为了做到同时兼容 Python 2 和 Python 3，需要用到 Python 的 __future__ 库。__future__ 库里面包含了不少从 Python 3 向后移植（backport）到 Python 2 的特性。充分使用 __future__ 库，可以很好地兼容 Python 2 和 Python 3。

其次，Python 2 和 Python 3 确实有一些差异，但是，并没有我们想象的那么大。我们可以快速地了解 Python 2 的哪些语法在 Python 3 中被弃用，在我们写代码的过程中，规避掉这一部分语法即可。在 Python 的最佳实践中，Python 3 里弃用的 Python 语法，在 Python 2 里面也不推荐使用，不然也不会被弃用了。如果读者知道并坚持 Python 的最佳实践，那么，对你来说，Python 2 和 Python 3 的差异就更小了。

最后，我们可以参考优秀的开源软件（如 OpenStack）的做法，努力做到代码同时兼容 Python 2 和 Python 3（https://wiki.openstack.org/wiki/Python3），也可以借助一些开源的库（如 six）来同时兼容 Python 2 和 Python 3。

关于 Python 的版本问题，还有一些建议供大家参考：

1）学习 Python 前，先了解在 Python 3 中已经弃用的 Python 2 的语法，对这些部分简单了解即可，不要花费太多时间；

2）使用 Python 2，不要使用 Python 2.7 以前的版本；

3）使用 Python 3，不要使用 Python 3.4 以前的版本；

4）多了解 Python 2 的 __future__ 库；

5）对同一份代码，不要为 Python 2 和 Python 3 分别维护分支，努力在一套代码中兼容 Python 2 和 Python 3。

第 2 章 Chapter 2

Python 生态工具

正所谓磨刀不误砍柴工，因此，在正式学习 Python 在 Linux 系统管理中的应用之前，先来看一下 Python 生态中有哪些有用工具。在本章中，我们会介绍多个不同用途的工具，这些工具不但有趣，而且非常实用。掌握这些工具的使用，你可以：

- ❑ 使用 geek 工具提高工作效率；
- ❑ 显著提升编程效率；
- ❑ 减少安装软件的等待时间；
- ❑ 形成统一的代码风格；
- ❑ 更好地获取帮助信息，通过工具自学 Python 编程；
- ❑ 随意使用不同的 Python 版本；
- ❑ 管理不同的工作环境。

在本章中，我们将依次介绍 Python 生态的各种工具，包括：Python 内置的小工具（2.1 节）；包管理工具 pip（2.2 节）；Linux 和 Windows 下的 Python 编辑器（2.3 节）；Python 交互式编程工具（2.4 节）；Python 调试器（2.5 节）；Python 代码规范检查工具（2.6 节）。在本章最后，我们还会介绍 Python 版本管理工具和虚拟环境管理插件（2.7 节）。

2.1 Python 内置小工具

在这一节里，我们将会介绍 3 个 Python 解释器自身提供的小工具。这些小工具在日常工作中经常用到，减少了各种时间的浪费，但却很容易被大家忽略。每当有新来的同事看到我这么使用时，都忍不住感叹，原来 Python 还隐藏了这么好用的功能。下面就来看一下 Python 自带的几个小工具。

2.1.1 1秒钟启动一个下载服务器

在实际工作中，时常会有这样的一个需求：将文件传给其他同事。将文件传给同事本身并不是一个很繁琐的工作，现在的聊天工具一般都支持文件传输。但是，如果需要传送的文件较多，操作起来就会比较麻烦。此外，如果文件在远程的服务器上，则需要先将远程服务器的文件下载到本地，然后再通过聊天工具传给同事。再或者，你并不是特别清楚要传哪几个文件给同事，所以，你们需要进行交流，而交流的时间成本是比较高的，会降低办事效率。

此时，如果你知道Python内置了一个下载服务器就能够显著提升效率了。例如，你的同事要让你传的文件位于某一个目录下，那么，你可以进入这个目录，然后执行下面的命令启动一个下载服务器：

```
python -m SimpleHTTPServer
```

在Python 3中，由于对系统库进行了重新整理，因此，使用方式会有不同：

```
python -m http.server
```

执行上面的命令就会在当前目录下启动一个文件下载服务器，默认打开8000端口。完成以后，只需要将IP和端口告诉同事，让同事自己去操作即可，非常方便高效。

例如，笔者在自己服务器上的～/temp目录下启动一个下载服务器：

```
$ ls
app.py   depoly.sh   fabfile.py
$ python -m SimpleHTTPServer
Serving HTTP on 0.0.0.0 port 8000 ...
```

使用浏览器访问Python启动的下载服务器，可以看到一个类似于FTP下载的界面，如图2-1所示。这个时候，单击文件下载即可。通过这种方式传输文件，可以降低大家的沟通成本，提高文件传输的效率。

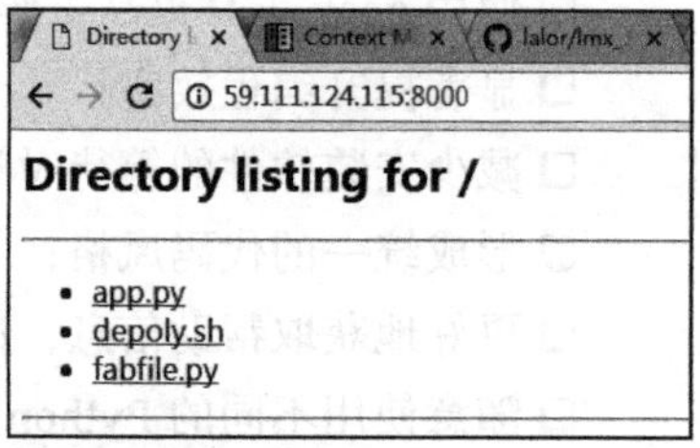

图2-1 Python启动的下载服务器

上面使用的Python语句，从工作原理来说，仅仅是启动了一个Python内置的Web服务器。如果当前目录下存在一个名为index.html的文件，则默认显示该文件的内容。如果当前目录下不存在这样一个文件，则默认显示当前目录下的文件列表，也就是大家看到的下载服务器。

2.1.2 字符串转换为JSON

JSON是一种轻量级的数据交换格式，易于人类阅读和编写，同时也易于机器解析和生成。由于JSON的诸多优点，已被广泛使用在各个系统中。JSON使用越广泛，需要将JSON字符串转换为JSON对象的需求就越频繁。

例如，在工作过程中，我们的系统会调用底层服务的API。底层服务的API一般都是以 JSON 的格式返回，为了便于问题追踪，我们会将 API 返回的 JSON 转换为字符串记录到日志文件中。当需要分析问题时，就需要将日志文件中的 JSON 字符串拿出来进行分析。这个时候，需要将一个 JSON 字符串转换为 JSON 对象，以提高日志的可读性。

这个需求十分常见，以至于使用搜索引擎搜索 "JSON"，处于搜索结果的第一项便是"在线 JSON 格式化工具"。除了打开浏览器，使用在线 JSON 格式化工具以外，我们也可以使用命令行终端的 Python 解释器来解析 JSON 串，如下所示：

```
$ echo '{"job": "developer", "name": "lmx", "sex": "male"}' | python -m json.tool
{
    "job": "developer",
    "name": "lmx",
    "sex": "male"
}
```

使用命令行解释器解析 JSON 串非常方便，而且，为了便于阅读，该工具还会自动将转换的结果进行对齐和格式化。如下所示：

```
$ echo '{"address": {"province": "zhejiang", "city": "hangzhou"}, "name": "lmx",
"sex": "male"}' | python -m json.tool
{
    "address": {
        "city": "hangzhou",
        "province": "zhejiang"
    },
    "name": "lmx",
    "sex": "male"
}
```

2.1.3　检查第三方库是否正确安装

安装完 Python 的第三方库以后，如何确认这个库已经正确安装了呢？答案很简单，只需要尝试进行 import 导入即可。如果导入没有任何错误，则认为安装成功；如果导入失败，则认为安装失败。

```
$ python
Python 2.7.13 (default, Feb 10 2017, 20:22:22)
[GCC 4.7.2] on linux2
Type "help", "copyright", "credits" or "license" for more information.
>>> import paramiko
>>>
```

验证 Python 的第三方库是否安装成功，本身也是一件很简单的事情，但是，如果我们使用脚本对大批量的服务器进行自动部署，又应该如何验证第三方库安装成功了呢？肯定不能登录每一台服务器进行验证。这个时候，我们可以使用 Python 解释器的 -c 参数快速地执行 import 语句，如下所示：

```
$ python -c "import paramiko"
```

使用这种验证方式，不但比交互式的验证更加高效，更重要的是，能够在脚本中实现对于远程服务器的验证操作。

2.2 pip 高级用法

为了便于用户安装和管理第三方库和软件，越来越多的编程语言拥有自己的包管理工具，如 nodejs 的 npm，ruby 的 gem。Python 也不例外，现在 Python 生态主流的包管理工具是 pip。

2.2.1 pip 介绍

pip 是一个用来安装和管理 Python 包的工具，是 easy_install 的替代品，如果读者使用的是 Python 2.7.9+ 或 Python 3.4+ 版本的 Python，则已经内置了 pip，无须安装直接使用即可。如果系统中没有安装 pip，也可以手动安装，如下所示：

```
sudo apt-get install python-pip
```

安装 pip 以后，如果有新的 pip 版本，它也会提示用户进行升级：

```
pip install -U pip
```

pip 之所以能够成为最流行的包管理工具，并不是因为它被 Python 官方作为默认的包管理器，而是因为它自身的诸多优点。pip 的优点有：

- pip 提供了丰富的功能，其竞争对手 easy_install 则只支持安装，没有提供卸载和显示已安装列表的功能；
- pip 能够很好地支持虚拟环境；
- pip 可以通过 requirements.txt 集中管理依赖；
- pip 能够处理二进制格式 (.whl)；
- pip 是先下载后安装，如果安装失败，也会清理干净，不会留下一个中间状态。

如果用户没有将软件打包上传到 pypi.python.org，则无法使用 pip 进行安装。对于这种情况，Python 生态也有标准的做法，例如，我们尝试从源码安装 paramiko。需要注意的是，我们也可以通过 pip 安装 paramiko 的，这里只是为了演示 Python 生态中源码安装：

```
$ git clone https://github.com/paramiko/paramiko.git
$ cd paramiko
$ python setup.py install
```

2.2.2 pip 常用命令

pip 提供的命令不多，但是都很实用，所以，我们来看一下 pip 提供的所有子命令（见表 2-1）。

表 2-1　pip 的子命令

子命令	解释说明
install	安装软件包
download	下载安装包
uninstall	卸载安装包
freeze	按照 requirements 格式输出安装包，可以到其他服务器上执行 pip install -r requirements.txt 直接安装软件
list	列出当前系统中的安装包
show	查看安装包的信息，包括版本、依赖、许可证、作者、主页等信息
check	pip 9.0.1 提供的最新子命令，检查安装包的依赖是否完整
search	查找安装包
wheel	打包软件到 whell 格式
hash	计算安装包的 hash 值
completion	生成命令补全配置
help	获取 pip 和子命令的帮助信息

下面以 Flask 为例，来看一下 pip 几个常用的子命令。

1）查找安装包：

```
pip search flask
```

2）安装特定的安装包版本：

```
pip install flask==0.8
```

3）删除安装包：

```
pip uninstall Werkzeug
```

4）查看安装包的信息：

```
$ pip show flask
Name: Flask
Version: 0.12
Summary: A microframework based on Werkzeug, Jinja2 and good intentions
Home-page: http://github.com/pallets/flask/
Author: Armin Ronacher
Author-email: armin.ronacher@active-4.com
License: BSD
Location: /home/lmx/.pyenv/versions/2.7.13/lib/python2.7/site-packages
Requires: click, Werkzeug, Jinja2, itsdangerous
```

5）检查安装包的依赖是否完整：

```
$ pip check flask
Flask 0.12 requires Werkzeug, which is not installed.
```

6）查看已安装的安装包列表：

```
pip list
```

7）导出系统已安装的安装包列表到 requirements 文件：

```
pip freeze > requirements.txt
```

8）从 requirements 文件安装：

```
pip install -r requirements.txt
```

9）使用 pip 命令补全：

```
pip completion --bash >> ~/.profile
$ source ~/.profile
```

注 使用命令补全以后，通过键入 'pip i<tab>'，将会自动输入 'pip install'。

2.2.3 加速 pip 安装的技巧

如果大家使用 Python 的时间比较长的话，会发现 Python 安装的一个问题，即 pypi.python.org 不是特别稳定，有时候会很慢，甚至处于完全不可用的状态。这个问题有什么好办法可以解决呢？根据笔者的经验，至少有两种不同的方法。

1. 使用豆瓣或阿里云的源加速软件安装

访问 pypi.python.org 不稳定的主要原因是因为网络不稳定，如果我们从网络稳定的服务器下载安装包，问题就迎刃而解了。我们国内目前有多个 pypi 镜像，推荐使用豆瓣的镜像源或阿里的镜像源。如果要使用第三方的源，只需要在安装时，通过 pip 命令的 -i 选项指定镜像源即可。如下所示：

```
pip install -i https://pypi.douban.com/simple/ flask
```

每次都要指定镜像源的地址比较麻烦，我们也可以修改 pip 的配置文件，将镜像源写入配置文件中。对于 Linux 系统来说，需要创建～/.pip/pip.conf 文件，然后在文件中保存如下内容：

```
$ cat pip.conf
[global]
index-url = https://pypi.douban.com/simple/
```

2. 将软件下载到本地部署

如果需要对大批量的服务器安装软件包，并且安装包比较多或者比较大，则可以考虑将软件包下载到本地，然后从本地安装。这对于使用脚本部署大量的服务器非常有用，此外，对于服务器无法连接外网的情况，也可以使用这种方法。如下所示：

```
# 下载到本地
pip install --download=`pwd` -r requirements.txt

# 本地安装
pip install --no-index -f file://`pwd`  -r requirements.txt
```

使用这种方式，只需要下载一次，就可以多处安装，不用担心网络不稳定的问题。并且，pip 能够自动处理软件依赖问题。例如，我们通过这种方式下载 Flask 到当前目录下，则 Flask 的依赖 click、itsdangerous、Jinja2、MarkupSafe 和 Werkzeug 也会被下载到本地，如下所示：

```
pip install --download=`pwd` flask

$ ls
click-6.7-py2.py3-none-any.whl   itsdangerous-0.24.tar.gz
MarkupSafe-0.23.tar.gz  Flask-0.12-py2.py3-none-any.whl
Jinja2-2.9.5-py2.py3-none-any.whl  Werkzeug-0.11.15-py2.py3-none-any.whl
```

2.3 Python 编辑器

在这一节里，我们将介绍两款编写 Python 代码的编辑器，分别是 vim 和 PyCharm。使用 vim 编写 Python 代码时，需要安装一些辅助插件，才能够更加高效、轻松地编写 Python 代码，减少代码中的不规范行为。使用 PyCharm 编写 Python 代码，则几乎不用进行任何配置，因为 PyCharm 本身就是一个功能齐全的编辑器。推荐在 Linux 下使用 vim 编写 Python 代码，在 Windows 下使用 PyCharm 编写 Python 代码。对于 Python 初学者，强烈建议使用 PyCharm 编写 Python 代码，因为 PyCharm 具有语法高亮、代码风格检查、错误提示等高级功能，能够帮助初学者避免编写不规范的 Python 代码。与此同时，使用主流的编辑器，工作时更加容易形成统一的团队编码风格，能够更加快速地融入团队当中。

2.3.1 编写 Python 的 vim 插件

vim 是一个功能强大、高度可定制的文本编辑器，与 Emacs 一起成为 Linux 下最著名的文本编辑器。对于大多数用户来说，vim 有一个比较陡峭的学习曲线，这意味着刚开始学习的时候可能会进展缓慢。但是，一旦掌握一些基本操作之后，vim 能够大幅度提高编辑效率。本书不会介绍 vim 的使用方法，只会介绍使用 vim 编写 Python 的插件。如果读者还不熟悉 vim，可以跳过这一小节，使用 PyCharm 编写 Python 代码。

vim 最强大的地方在于快速移动和高度可定制，所以使用 vim 编写 Python 代码时，只需要进行简单的定制就能够大幅提高编码效率。下面就来看一下如何将 vim 打造成强大的 Python 编辑器。

1. 一键执行

一键执行功能不是一个插件，而是自定义的 vim 配置。如果我们写的 Python 代码是一些较为简单的脚本，那么，这个一键执行的功能会非常实用。将下面的配置放在 vim 的配置文件当中，编写完 Python 代码以后，按 F5 就实现了一键执行功能。该功能最实用的是编写单元测试，写完测试不用退出 vim，立即执行就能看到结果，非常方便。

```
"""""""""""""""""""""""
"Quickly Run
"""""""""""""""""""""""
map <F5> :call CompileRunGcc()<CR>
func! CompileRunGcc()
    exec "w"
    if &filetype == 'c'
        exec "!g++ % -o %<"
        exec "!time ./%<"
    elseif &filetype == 'cpp'
        exec "!g++ % -o %<"
        exec "!time ./%<"
    elseif &filetype == 'java'
        exec "!javac %"
        exec "!time java %<"
    elseif &filetype == 'sh'
        :!time bash %
    elseif &filetype == 'python'
        exec "!time python2.7 %"
    elseif &filetype == 'html'
        exec "!firefox % &"
    elseif &filetype == 'go'
"       exec "!go build %<"
        exec "!time go run %"
    elseif &filetype == 'mkd'
        exec "!~/.vim/markdown.pl % > %.html &"
        exec "!firefox %.html &"
    endif
endfunc
```

2. 代码补全插件 snipmate

代码补全能够显著减少敲键的次数，将我们从琐碎的语法中解放出来。毫不夸张地说，代码补全插件能够帮我们写一半的代码。例如，使用 snipmate 插件，输入 ifmain 后按 tab 键将会自动生成下面的代码：

```
if __name__ == '__main__':
    main()
```

输入 for，再按 tab 键，生成如下代码：

```
for needle in haystack:
    # code...
```

snipmate 里面还有很多功能需要读者自己去发掘，并且，snipmate 支持不同的编程语言，也支持定制化实现。该插件对于语法繁琐的编程语言更加实用，真正实现了将工程师从繁琐的语法细节中解脱出来的目标。

3. 语法检查插件 Syntastic

Syntastic 是一款强大的语法检查插件，当我们保存源文件时，它就会执行。执行完以后，会提示我们哪些代码存在语法错误，哪些代码不符合编码规范，并给出具体的提示信息。例如，Python 代码风格默认设置为 PEP 8，即使我们不太了解 PEP 8 的代码风格，只要使用了 Syntastic 插件，并根据它给出的提示进行修改，就能够写出完全符合 PEP 8 风格的代码。

4. 编程提示插件 jedi-vim

jedi-vim 是基于 jedi 的自动补全插件，与 snipmate 不同的是，该插件更加智能。jedi-vim 更贴切的称呼是“编程提示”，而不是代码补全插件。需要注意的是，使用 jedi-vim 插件前需要在电脑中安装 jedi。jedi 是一个自动补全和静态分析的 Python 库，直接使用 pip 安装即可：

```
pip install jedi
```

可以说，jedi-vim 这个插件是使用 vim 写 Python 的标配，并且，真正让 vim 写 Python 变成一件轻松愉快的事情。图 2-2 给出了一个使用 jedi-vim 编写 Python 代码的效果图。

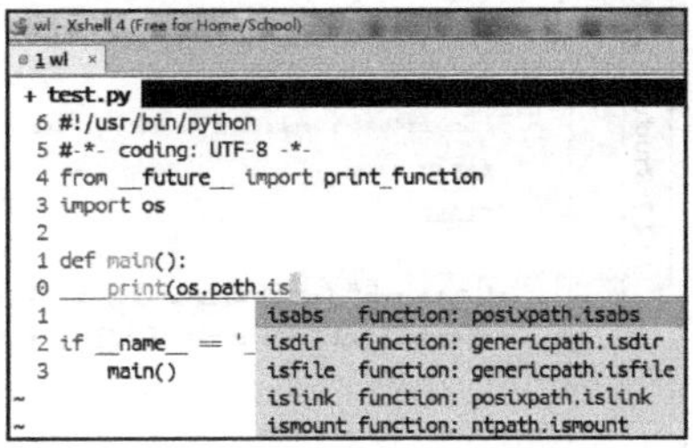

图 2-2 jedi 代码提示功能

2.3.2 Windows 下 Python 编辑器 PyCharm 介绍

PyCharm 是由 JetBrains 打造的一款功能强大的 Python IDE，也是目前最流行的 Python IDE。JetBrains 是捷克一家软件开发公司，该公司最为人熟知的产品是一款名为 IntelliJ IDEA 的 Java IDE。IntelliJ IDEA 是 Eclipse 最大的竞争对手，并且，不少资深的软件工程师都认为，IntelliJ IDEA 比 Eclipse 更加智能、更加好用。可以看到，JetBrains 算得上是一家历史悠久的开发编辑器的公司，正因为该公司在编辑器领域的多年沉淀、对编辑器的易用性有深刻的理解和独到的见解，使得 PyCharm 一经推出就受到了 Python 工程师的广泛关注。

如果读者之前使用过 IntelliJ IDEA，那么对 PyCharm 将会觉得非常熟悉。之前没有接触过 IntelliJ IDEA 也没有关系，只需要稍微花一点时间熟悉 PyCharm 的使用就可以开始编写 Python 代码。PyCharm 是一款很现代的编辑器，几乎包含了所有现代编辑器应有的功能，例如：

- ❑ 代码补全；
- ❑ 代码高亮；
- ❑ 项目管理；
- ❑ 智能提示；
- ❑ 代码风格检查；
- ❑ 集成单元测试；
- ❑ 集成版本控制工具；
- ❑ 图形界面调试；
- ❑ 方便的重构工具；
- ❑ 快捷键支持；

- 大量的插件。

图 2-3 演示了 PyCharm 的代码补全功能，图 2-4 演示了历史版本功能比较。PyCharm 是一款非常现代的编辑器，也是最流行的 Python 编辑器，值得大家花点时间试用一下。

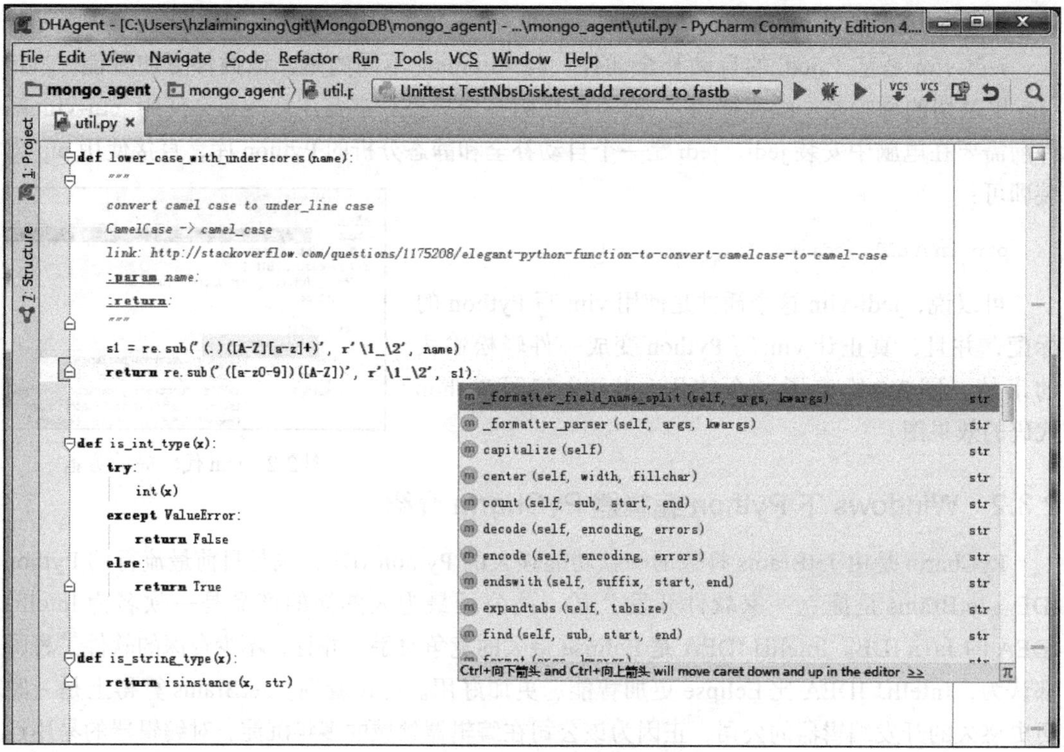

图 2-3 PyCharm 的代码补全功能

2.4 Python 编程辅助工具

因为 Python 是一门动态类型语言，所以，Python 程序不需要编译和链接就可以直接运行。Python 程序运行时是从上至下逐行执行，因此 Python 工程师可以进行交互式的编程，从而快速验证代码的运行结果是否符合预期。同时，Python 工程师也可以通过交互式编程的方式学习 Python 编程。也正是因为 Python 交互式编程的诸多优点，所以，Python 交互式编程使用非常广泛。

2.4.1 Python 交互式编程

要使用 Python 的交互式编程，最简单的方式是使用标准的 Python Shell。在命令行直接输入 python 命令便可进入 Python Shell，如下所示：

```
$ python
```

```
Python 2.7.3 (default, Jun 21 2016, 18:38:19)
[GCC 4.7.2] on linux2
Type "help", "copyright", "credits" or "license" for more information.
>>> a = 1
>>> b = 2
>>> a + b
3
```

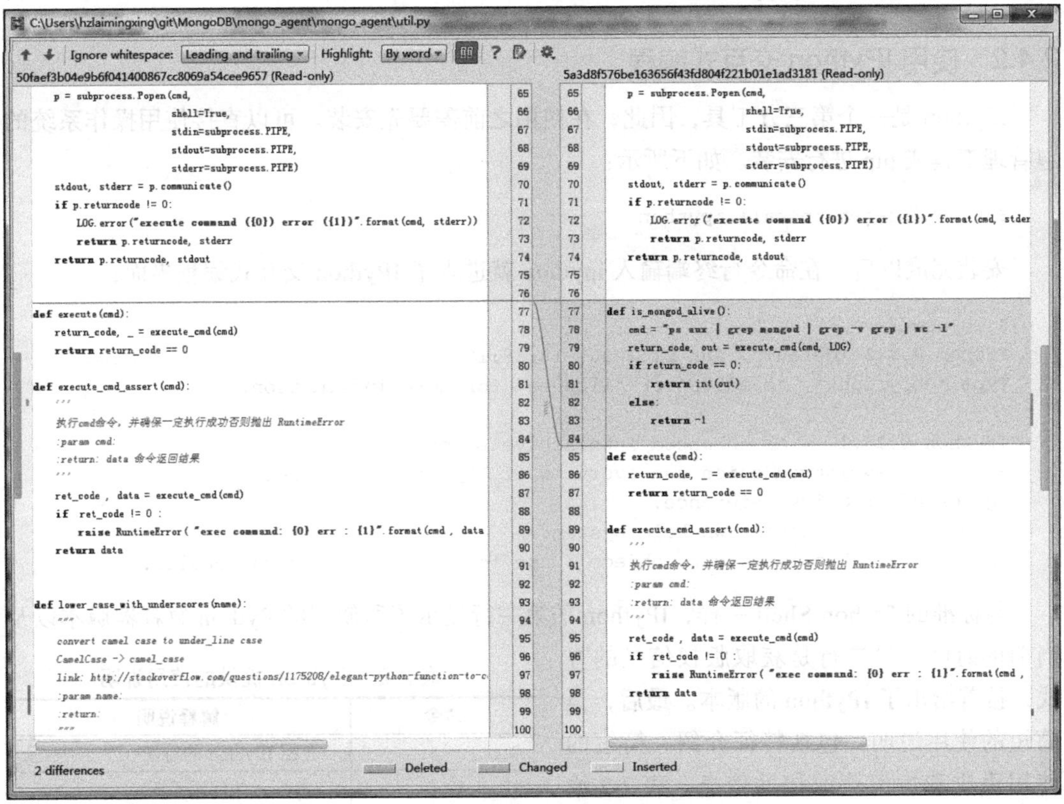

图 2-4 PyCharm 的历史版本功能比较

虽然标准的 Python Shell 也支持交互式编程，但是，它有很多不足，包括：

- ❑ 没有语法高亮；
- ❑ 不支持 Tab 自动补全；
- ❑ 没有自动缩进功能；
- ❑ 不能保存历史记录；
- ❑ 不能很好地与操作系统交互；
- ❑ 无法导入外部文件中的程序。

虽然 Python 自带的交互式编程满足了功能性需求，但是，在易用性上仍有诸多不足。IPython 是增强型的 Python Shell，不但解决了上面提到的各种问题，而且提供了非常丰富的组件，可以方便地进行交互式编程和数据分析。IPython 功能丰富，不可避免地导致软件变得庞大复杂，因此，IPython 4.0 对 IPython 进行了拆分，分离成 IPython Shell 和 jupyter 两个组件，这两个组件现在需要分别安装。

按照行业惯例，在本书中，IPython 代指 IPython Shell，是一个类似于 Python Shell 的交互式解释器；jupyter 代指 IPython Notebook，是一个带图形界面的应用程序。接下来我们分别介绍 IPython 和 jupyter 的使用。

2.4.2 使用 IPython 交互式编程

IPython 是一个第三方工具，因此，在使用之前需要先安装。可以直接使用操作系统的包管理工具或 pip 进行安装。如下所示：

```
$ sudo apt-get install ipython
```

安装完成以后，在命令行终端输入 ipython 就进入了 IPython 交互式编程界面：

```
$ ipython
Python 2.7.3 (default, Jun 21 2016, 18:38:19)
Type "copyright", "credits" or "license" for more information.

IPython 0.13.1 -- An enhanced Interactive Python.
?         -> Introduction and overview of IPython's features.
%quickref -> Quick reference.
help      -> Python's own help system.
object?   -> Details about 'object', use 'object??' for extra details.
```

与标准的 Python Shell 一样，IPython 的第一行显示了所使用的 Python 解释器版本以及当前的时间。第二行是获取版权信息的方式，接着给出了 IPython 的版本。最后，是简短的使用说明，包括特征介绍、简短的使用手册和如何获取帮助信息。表 2-2 给出了 IPython 提供的使用说明。

表 2.2 IPython 提供的使用说明

命令	解释说明
?	介绍 IPython 的特征
%quickref	IPython 的使用手册
help	Python 内置的帮助系统
object? / object??	获取 Python 对象的信息，如帮助信息、对象定义、对象源码等

接下来我们将从五个不同的维度介绍 IPython 的使用，分别是：①更好的编辑器；②更方便地获取帮助信息；③ IPython 提供的 magic 函数；④ IPython 的保存历史功能；⑤ IPython 与操作系统交互。

1. 更好的编辑器

IPython 非常强大，有各种高级功能。其中，最有用也最直观的便是作为交互式编程工具的编辑器功能。简单来说，IPython 相对于标准的 Python Shell 是一个更好的交互式编程的编辑器，因为它具有：

- 语法高亮；

- ❑ 自动缩进；
- ❑ Tab 补全；
- ❑ 快速获取帮助信息；
- ❑ 搜索历史；
- ❑ 执行 shell 命令。

如果只是描述 IPython 的特征，相信读者并没有完全的概念。这个时候可以坐在计算机旁，打开 IPython 随便敲几行 Python 代码和标准的 Python Shell 进行比较，就能够直观感受到 IPython 的优点。图 2-5 和图 2-6 比较了 Python 和 IPython 的使用。

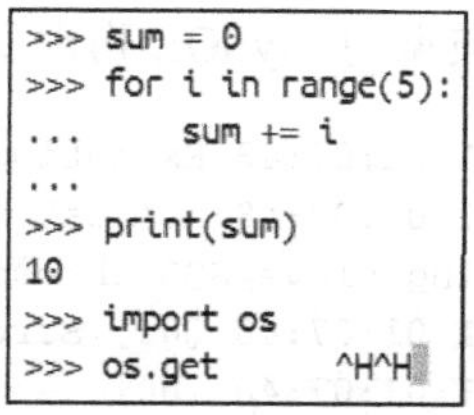

图 2-5　标准的 Python Shell 交互式编程

IPython 与标准 Python Shell 的最大区别在于，IPython 会对命令提示符的每一行进行编号，编号以后能够提高交互式编程的可读性。更重要的是，我们可以通过 IPython 提供的特殊函数对编号以后的代码进行操作。此外，IPython 支持语法高亮和自动缩进，相对于标准的 Python Shell，是一个更好的编辑器。如果在编写代码的过错中出现了错误需要删除时，标准的 Python Shell 无法进行很好的处理，只能重新进行输入，而 IPython 则不存在这样的问题。最后，在图 2-6 的末尾，我们演示了 IPython 的 tab 补全功能。

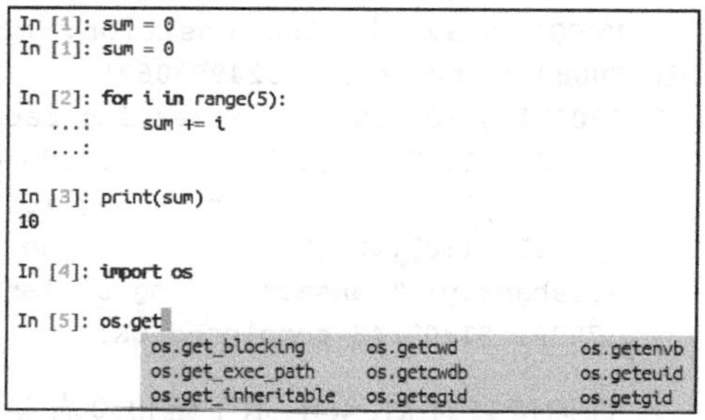

图 2-6　IPython 交互式编程

tab 补全是一个特别有用的功能，IPython 支持 tab 补全，而标准的 Python Shell 不支持。大家可以想象一下，一个工程师最近正在学习 Python，他知道一个库里面有他想要的函数，但是，他并不能非常准确地说出这个函数的名称。这个时候，如果没有 tab 补全，就只能一边打开 Python 官方的参考手册，一边学习编程。有了 tab 补全以后，即使他对函数名称不是特别熟悉也没有关系，可以先通过 tab 补全列出当前命名空间下的函数列表，然后根据函数名称选择自己需要的函数。IPython 的补全功能非常强大，不但可以补全用户的变量名、标准库的函数，在导入包时也可以进行补全。图 2-7 给出了一个包补全的例子。

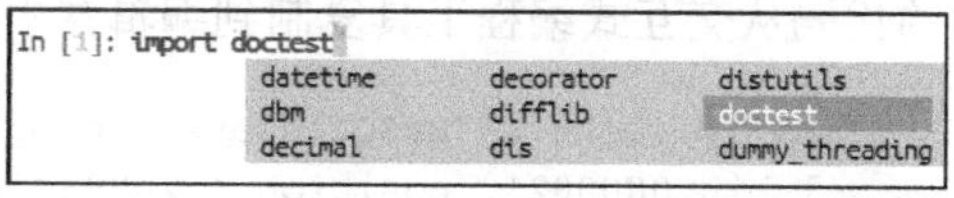

图 2-7　使用 IPython 进行包导入补全

这一小节，我们一直在强调 IPython 比标准的 Python Shell 更好用，拥有更多高级功能。如果读者接触 Python 的时间不长，也许不能理解为什么需要使用交互式编程。交互式编程在当前会话退出以后就结束了，并不满足计算机程序一次编写多次运行的特点。但是，在我们的日常工作中还是会经常用到交互式编程。交互式编程不但可以快速验证代码执行结果，还可以帮助我们学习 Python 编程。Python 工程师在编写代码时，通常会使用编辑器和

Python Shell 组合的方式来完成程序的编写，例如，将代码从编辑器复制到 Python Shell 以验证代码的正确性，然后将验证过的代码从 Python Shell 复制到编辑器中。

为了便于读者理解交互式编程的好处，我们这里演示一个使用 Python 交互式编程的例子。在这个例子中，我们使用 IPython 来解析 MySQL 的备份日志。

一个典型的 MySQL 物理备份日志如下所示：

```
170221 01:07:48 Executing UNLOCK TABLES
170221 01:07:48 All tables unlocked
Starting slave SQL thread
170221 01:07:48 [00] Streaming ib_buffer_pool to <STDOUT>
170221 01:07:48 [00]        ...done
170221 01:07:48 Backup created in directory '/home/lmx/log/backup'
MySQL binlog position: filename 'mysql-bin.000003', position '507946128', GTID of the last change '5a81ea97-daf1-11e6-94c1-fa163ee35df3:1-3409440'
MySQL slave binlog position: master host '10.173.33.35', filename 'mysql-bin.000002', position '524993060'
170221 01:07:48 [00] Streaming backup-my.cnf
170221 01:07:48 [00]        ...done
170221 01:07:48 [00] Streaming xtrabackup_info
170221 01:07:48 [00]        ...done
xtrabackup: Transaction log of lsn (3387315364) to (3451223966) was copied.
170221 01:07:48 completed OK!
```

即使读者对 MySQL 不了解也没有关系，我们现在的需求是解析下面这一行日志，并获取日志中的 host、filename 和 position 的值。虽然在日志中 position 的值包含在一对单引号内，但是，我们希望解析以后 position 的值是一个整数。

```
MySQL slave binlog position: master host '10.173.33.35', filename 'mysql-bin.000002', position '524993060'
```

在这个例子中，主要就是对字符串进行处理，并提取相应的值。这个问题当然不难，但是，如果不借助交互式编程工具，需要工程师一次在代码中编写正确也不简单。如果工程师不知道交互式编程工具，就只能在编辑器里面编写代码，然后运行。如果有错误再修改，直到获取正确的取值，整个过程将会非常耗时。如果项目庞大，调试起来也会比较困难。这个时候就可以借助 Python 的交互式编程工具，先验证代码的正确性，然后将验证过的代码从交互式编程工具复制到编辑器中。如下所示：

```
In [1]: line = "MySQL slave binlog position: master host '10.173.33.35', filename 'mysql-bin.000002', position '524993060'"

In [2]: line.split("'")
Out[2]:
['MySQL slave binlog position: master host ',
 '10.173.33.35',
 ', filename ',
 'mysql-bin.000002',
```

```
 ', position ',
 '524993060',
 '']

In [3]: host = line.split("'")[1]

In [4]: filename = line.split("'")[3]

In [5]: position = line.split("'")[5]

In [6]: print(host, filename, position)
10.173.33.35 mysql-bin.000002 524993060

In [7]: type(position)
Out[7]: str

In [8]: position = int(position)

In [9]: print(host, filename, position)
10.173.33.35 mysql-bin.000002 524993060
```

为了节省文章篇幅，我们没有进行错误的尝试，而是直接通过单引号来分解字符串。由于我们使用了交互式编程，可以很方便地看到字符串分解以后的中间结果。正是有了这个中间结果，我们才知道，字符串分解成列表以后，下标 1 对应的字符串是 host 的值，下标 3 对应的字符串是 filename 的值，下标 5 对应的字符串是 position 的值。我们还可以通过交互式编程发现 position 是一个字符串。由于我们要求 position 是一个整数，因此，需要在代码中将 position 强制转换为一个整数。

如果读者自己尝试从这一行字符串中获取有效的值，很可能一开始会尝试使用逗号或空格来分解字符串。这两种方法都无法一次取出 host、filename 和 position 的值。如下所示：

```
In [10]: line.split(',')
Out[10]:
["MySQL slave binlog position: master host '10.173.33.35'",
 " filename 'mysql-bin.000002'",
 " position '524993060'"]

In [11]: line.split(' ')
Out[11]:
['MySQL',
 'slave',
 'binlog',
 'position:',
 'master',
 'host',
 "'10.173.33.35',",
 'filename',
 "'mysql-bin.000002',",
 'position',
 "'524993060'"]
```

使用交互式编程，我们可以快速尝试不同的方案，先验证自己的想法是否正确，然后将代码拷贝到编辑器中，组成我们的 Python 程序文件。通过这种方式，能够有效降低代码出错的概率，减少调试的时间，从而提高工作效率。

2. 更好地获取帮助信息

Python 工程师不但可以通过交互式编程快速验证代码执行结果，还可以通过交互式编程的方式学习 Python 编程。之所以说 Python 工程师可以通过交互式编程学习编程，是因为使用 IPython 能够方便地获取到相应的帮助信息。如命名空间下的每个对象以及其定义和使用说明。虽然标准的 Python Shell 也可以通过 help 函数获取到对象的帮助信息，但是，IPython 提供了更加灵活的方式获取命名空间下的对象列表，以及更加全面的帮助信息。

我们知道，在标准库的 os 模块下的 path 子模块中有很多操作文件、目录和路径的函数，也有很多以 "is" 开始的判断类函数。这些判断类函数的作用非常明确，用以判断给定的对象是否为一个文件或一个目录。我们可以使用通配符的方式获取该模块下的所有判断类函数，如下所示：

```
In [11]: import os

In [12]: ?os.path.is*
os.path.isabs
os.path.isdir
os.path.isfile
os.path.islink
os.path.ismount
```

获取当前命名空间下的所有对象，除了使用通配符的方式以外，也可以使用前面介绍的 tab 补全方式。tab 补全的方式更加实用一些，就如同 IPython 提供的获取帮助信息的方式比标准的 Python Shell 获取帮助信息更实用一样。在 IPython 中，可以通过标准的 help 函数获取对象的帮助信息，也可以使用“？”和“？？”获取对象的帮助信息，如下所示：

```
In [1]: import json

In [2]: import os

In [3]: os.path.isfile?
Signature: os.path.isfile(path)
Docstring: Test whether a path is a regular file
File:      ~/.pyenv/versions/3.6.0/lib/python3.6/genericpath.py
Type:      function

In [4]: json.dump?

Signature: json.dump(obj, fp, *, skipkeys=False, ensure_ascii=True, check_
circular=True, allow_nan=True, cls=None, indent=None, separators=None, default=None,
sort_keys=False, **kw)
Docstring:
```

```
Serialize ''obj'' as a JSON formatted stream to ''fp'' (a
''.write()''-supporting file-like object).

If ''skipkeys'' is true then ''dict'' keys that are not basic types
(''str'', ''int'', ''float'', ''bool'', ''None'') will be skipped
instead of raising a ''TypeError''.
```

当我们输入对象名称，再输入一个问号以后按回车键，就会显示相应的帮助信息。如果帮助信息比较长，则会以分页的方式显示帮助信息。如果因为帮助信息太多而进入了分页页面，可以通过“q”键退出，退出以后可以继续进行编程。

例如，json 这个标准库下有一个 dump 函数和一个 dumps 函数，Python 初学者总是容易混淆。这个时候，如果能够充分利用 IPython，就可以方便地获取到帮助信息，使用时不容易犯错。下面就是一个典型的 Python 工程师使用 json 模块的方式，先构造了一个字典，希望将字典转换成 json 字符串。因为不知道应该使用 json.dump 函数还是 json.dumps 函数，所以，在交互式编程中通过“json.dump?”语句获取 dump 函数的帮助信息。获取完 json.dump 函数的帮助信息以后，按“q”键退出，退出以后继续进行编程。如下所示：

```
In [1]: import json

In [2]: d = dict(a=1, b=2, c=3)

In [3]: json.dump?

In [4]: json.dumps(d)
Out[4]: '{"a": 1, "b": 2, "c": 3}'
```

在 IPython 中，除了使用一个问号获取帮助信息以外，也可以使用两个问号获取帮助信息。两个问号获取到的帮助信息更加全面，甚至会包含函数的实现源码。

除了使用问号的方式获取对象的帮助信息以外，IPython 还提供了另外一种方式获取对象的信息，可以分别获取对象的定义、文档和文件等。如下所示：

```
In [1]: import json

In [2]: %pdef json
Object is not callable.

In [3]: %pdef json.dump
json.dump(obj, fp, *, skipkeys=False, ensure_ascii=True, check_circular=True,
allow_nan=True, cls=None, indent=None, separators=None, default=None, sort_
keys=False, **kw)

In [4]: %pfile json.dump

In [5]: %pdoc json.dump

In [6]: %pinfo json
```

3. magic 函数

IPython 提供了很多功能强大的函数，如前面已经提到的 %pfile、%pdoc、%pinfo 等。为了区分 IPython 提供的函数和用户的输入，所有 IPython 提供的函数都以“%”开头。以“%”开头的这类功能强大的函数，在 IPython 中称为 magic 函数。magic 函数主要是为 IPython 提供增强的功能、与操作系统交互、操纵用户的输入和输出以及对 IPython 进行配置。

IPython 会将任何第一个字母为“%”的行，视为对 magic 函数的特殊调用。因此，所有的 magic 函数都是以“%”开头。在 IPython 中，有两种不同的方法可以获取 magic 函数列表，分别是通过“%<tab>”获取所有的 magic 函数和通过“%lsmagic”获取所有的 magic 函数。

下面是一个用 lsmagic 函数获取 magic 函数列表的例子：

```
In [1]: %lsmagic
Out[1]:
Available line magics:
%alias  %alias_magic  %autocall  %autoindent  %automagic  %bookmark  %cat  %cd
%clear  %colors  %config  %cp  %cpaste  %debug  %dhist  %dirs  %doctest_mode  %ed
%edit  %env  %gui  %hist  %history  %killbgscripts  %ldir  %less  %lf  %lk  %ll
%load  %load_ext  %loadpy  %logoff  %logon  %logstart  %logstate  %logstop  %ls
%lsmagic  %lx  %macro  %magic  %man  %matplotlib  %mkdir  %more  %mv  %notebook
%page  %paste  %pastebin  %pdb  %pdef  %pdoc  %pfile  %pinfo  %pinfo2  %popd  %pprint
%precision  %profile  %prun  %psearch  %psource  %pushd  %pwd  %pycat  %pylab
%quickref  %recall  %rehashx  %reload_ext  %rep  %rerun  %reset  %reset_selective
%rm  %rmdir  %run  %save  %sc  %set_env  %store  %sx  %system  %tb  %time  %timeit
%unalias  %unload_ext  %who  %who_ls  %whos  %xdel  %xmode

Available cell magics:
%%!  %%HTML  %%SVG  %%bash  %%capture  %%debug  %%file  %%html  %%javascript  %%js
%%latex  %%perl  %%prun  %%pypy  %%python  %%python2  %%python3  %%ruby  %%script  %%sh
%%svg  %%sx  %%system  %%time  %%timeit  %%writefile

Automagic is ON, % prefix IS NOT needed for line magics.
```

可以看到，IPython 提供了很多 magic 函数。并且，随着 IPython 的功能越来越多，magic 函数还会不断增加。那么，有没有一种好的方法能够快速了解 magic 函数的用法呢？前面介绍的通过问号获取对象帮助信息的方法对 magic 函数也适用。因此，只要输入一个 magic 函数，后面再输入一个问号，回车以后就能够看到这个 magic 函数的帮助信息。如下所示：

```
In [2]: %save?
Docstring:
Save a set of lines or a macro to a given filename.

Usage:
    %save [options] filename n1-n2 n3-n4 ... n5 .. n6 ...
```

```
Options:

    -r: use 'raw' input.  By default, the 'processed' history is used,
    so that magics are loaded in their transformed version to valid
    Python.  If this option is given, the raw input as typed as the
    command line is used instead.

    -f: force overwrite.  If file exists, %save will prompt for overwrite
    unless -f is given.

    -a: append to the file instead of overwriting it.

This function uses the same syntax as %history for input ranges,
then saves the lines to the filename you specify.
```

IPython 的官方文档将 magic 函数分为三类，分别是：

1）操作代码的 magic 函数，如 %run、%edit、%save、%macro、%recall；

2）控制 IPython 的 magic 函数，如 %colors、%xmode、%autoindent、%automagic；

3）其他 magic 函数，如 %reset、%timeit、%%writefile、%load、%paste。

为了演示 magic 函数的使用，我们来看一个实际的例子。假设你是一名 DBA，并且非常喜欢 Python 这门编程语言，会经常使用 Python 管理 MySQL。因此，你经常需要使用 Python 连接 MySQL 执行 SQL 语句（Python 连接 MySQL 的知识将在 11 章介绍）。使用 Python 执行 SQL 语句，对于普通的查询语句，返回的结果将是一个二维的元组。但是，如果执行的是一些管理类的 SQL 语句或者监控类的 SQL 语句，Python 驱动将会以怎样的方式返回 MySQL 的查询结果呢？

例如，需要执行下面的 SQL 语句，并获取返回结果：

- `show slave status;`
- `show master status;`
- `show variables like '%innodb%buffer%';`
- `show status like '%select%';`
- `set global innodb_buffer_pool_dump_pct = 30;`
- `GRANT ALL PRIVILEGES ON . TO 'lmx'@'localhost' WITH GRANT OPTION。`

为了得到 Python 执行上面 SQL 语句的结果，需要在 Python 中连接 MySQL 并进行认证。认证完成以后执行 SQL 语句获取输出。由于你经常需要验证 SQL 语句，因此，使用 Python 连接 MySQL 并认证这些代码需要反复输入。为了节省输入时间，我们可以将 Python 连接 MySQL 并认证的逻辑保存到外部文件中，在需要的时候通过 %load 这个 magic 函数将外部代码导入到 IPython 中执行即可。例如，我们在一个名为 connect.py 的外部文件中保存了连接 MySQL 的代码，在 Ipython 中使用 %load 导入外部 Python 文件：

```
In [3]: %load connect.py
```

```
In [4]: import MySQLdb as db
    conn = db.connect(host="localhost", db="test", user='lmx', passwd='my_passwd',
unix_socket='/tmp/mysql.sock')
    cur = conn.cursor()
    sql = "select 1"
    cur.execute(sql)
    rows =  cur.fetchall()
    print rows
    ((1L,),)
```

使用%load命令导入外部的Python文件并执行以后，可以继续使用已经建立的MySQL连接执行SQL语句。这个例子主要用以演示magic函数的用法，IPython提供了大量的magic函数，每一个magic函数的具体用法都可以通过问号表达式获取相应的帮助文档。

4. 保存历史

保存编码历史这方面，IPython相比标准的Python Shell有了质的提升。用户可以非常灵活地操作IPython的输入历史和输出历史。下面我们简单看几个例子：

- _i, _ii, _iii 分别保存了最近的三次输入；
- _, __, ___ 分别保存了最近的三次输出；
- 可以像Bash一样，通过ctrl+p, ctrl+n查找输入；
- 可以像Bash一样，使用ctrl+r进行反向查找；
- IPython的输入历史在当前会话退出以后会进行持久化，下一次进入IPython时，依然可以查找前一次会话的输入历史；
- %edit IPython可以通过%edit编辑历史输入并重新执行；
- %save IPython可以通过%save将IPython中的代码保存到程序文件中；
- %rerun IPython可以指定代码行数重新运行；

```
In [31]: %rerun 22-23
=== Executing: ===
data
json.dumps(data)
=== Output: ===
Out[31]: '{"a": 1, "b": 2}'
```

- %macro IPython可以将重新运行的代码定义为宏，这样可以反复重新运行。

5. 与操作系统交互

IPython比标准的Python Shell好用的另一个理由是，它能够更好地与操作系统进行交互。在使用Python进行交互式编程时，不用退出Python Shell就可以执行Linux命令。magic函数里的%cd和%pwd作用相当于Linux下的cd命令和pwd命令。此外，在IPython中，可以通过“!cmd”的形式执行任何Linux命令。如下所示：

```
In [1]: %ls
intro_python_tools.md  resources/

In [2]: %pwd
Out[2]: '/home/lmx/temp'

In [3]: ! wc -l /tmp/app.log
7 /tmp/app.log
```

也可以通过赋值的方式捕获命令的输出：

```
In [4]: data = !df

In [5]: data
Out[5]:
['Filesystem     1K-blocks    Used Available Use% Mounted on',
 'rootfs          20641336 6731156  12861956  35% /',
 'udev               10240       0     10240   0% /dev',
 'tmpfs            3301920     248   3301672   1% /run',
 '/dev/vda1       20641336 6731156  12861956  35% /',
 'tmpfs               5120       0      5120   0% /run/lock',
 'tmpfs            6603820       0   6603820   0% /run/shm' ]

In [6]: data[1].split()[4]
Out[6]: '35%'
```

在Python生态中，除了IPython这个增强的Python Shell以外，还有bython和ptpython这两个不错的Python Shell。后面这两个工具都有自己的特色，但是都没有IPython使用广泛。而且，由于IPython使用最为广泛，很多开源项目（如流行的爬虫框架Scrapy）对IPython进行了集成，所以，建议读者学习IPython。

2.4.3 jupyter的使用

1. jupyter介绍

jupyter就是以前的IPython Notebook，是一种新兴的交互式数据分析与记录工具。它通过浏览器访问本地或者远端的IPython进程，并利用浏览器的图形界面，增强IPython的可视化输出。jupyter定义了一种全新的文件格式，文件的后缀名是ipynb。ipynb文件包含了代码，用以说明每一步的计算和输出。也就是说，ipynb文件完整记录了计算过程中的所有相关信息，并且，能够支持图片、视频和公式等副文本格式，是科学计算、数据分析和编程教学的优秀工具。

正是由于jupyter丰富的可视化输出，其广泛应用于以下场景：

- ❑ 编程教学；
- ❑ 数据分析；
- ❑ 科学计算；
- ❑ 幻灯片演示。

2. jupyter notebook 的使用

IPython Shell 与 jupyter 分离以后，jupyter 需要额外进行安装。直接使用 pip 安装即可：

```
$ pip install jupyter
```

由于我们是在 Linux 下安装 jupyter，如果我们的 Linux 没有图形界面，可以通过设置 --no-browser 和设置 --ip=0.0.0.0 进行外部访问，如果不指定 --ip 参数，默认 IP 是 localhost，也就是只有本地才能访问。如下所示：

```
$ jupyter notebook --no-browser --ip=0.0.0.0
[I 17:22:00.049 NotebookApp] Serving notebooks from local directory: /home/lmx/t
[I 17:22:00.050 NotebookApp] 0 active kernels
[I 17:22:00.050 NotebookApp] The jupyter Notebook is running at: http://0.0.0.0:
8888/?token=c28d8c0f6ac778490738a4d1de17e9a56868780edda54f6a
[I 17:22:00.050 NotebookApp] Use Control-C to stop this server and shut down all
kernels (twice to skip confirmation).
[C 17:22:00.050 NotebookApp]

    Copy/paste this URL into your browser when you connect for the first time,
    to login with a token:
        http://0.0.0.0:8888/?token=c28d8c0f6ac778490738a4d1de17e9a56868780edda54f6a
```

从 jupyter notebook 的输出结果可以看到，jupyter notebook 命令给出了一个 URL，我们只需将该 URL 拷贝至浏览器中，然后将 0.0.0.0 替换为 Linux 服务器的 IP 即可。

通过浏览器访问 jupyter 给我们的 URL，就可以登录到 jupyter 的主界面。这个界面会显示当前目录下的所有文件。例如，在图 2-8 中，登录 jupyter 的主界面后能够看到一个名为 1st_nb.ipynb 的文件。我们只要双击该文件，就可以打开该 ipynb 文件。如果需要新建一个 ipynb 文件，只需要单击"New"，选择你希望启动的 Notebook 类型即可。在图 2-8 中，我们选择 Python 2。选择 Python 2 以后，浏览器会打开一个新的页面。在这个新的页面中，可以看到一个空的 Notebook 界面。

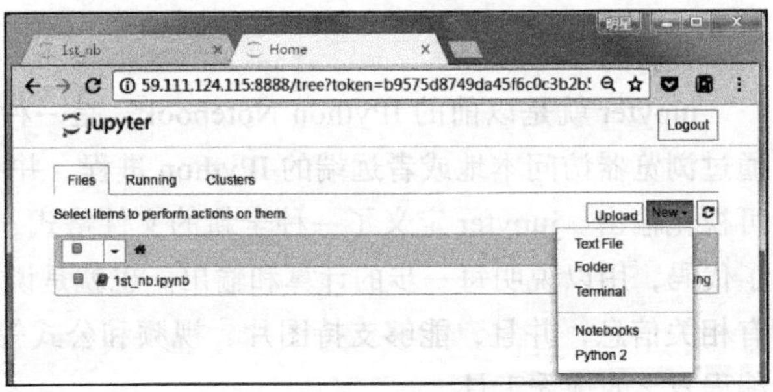

图 2-8 jupyter 的登录界面

jupyter 界面由以下部分组成：

- ❑ 标题栏
- ❑ 菜单栏
- ❑ 快捷键
- ❑ 编辑区

在菜单栏中有一个 help 选项，读者可以通过该选项得到 jupyter 的使用说明。jupyter 本身是图形界面的应用，使用比较简单，因此，本书不会花很多篇幅来介绍 jupyter 的使用。

在 jupyter 的编辑区中默认有一个输入框。输入框在 jupyter 中称为 cell。我们可以通过菜单栏的"cell"选项控制 cell 的格式、执行 cell 的代码。与此同时，我们也可以通过快捷键控制 cell，如 ctrl+enter 快捷键用以执行 cell 中的代码，shift+enter 快捷键用以执行当前 cell 中的代码，并且在当前 cell 下方创建一个新的 cell。

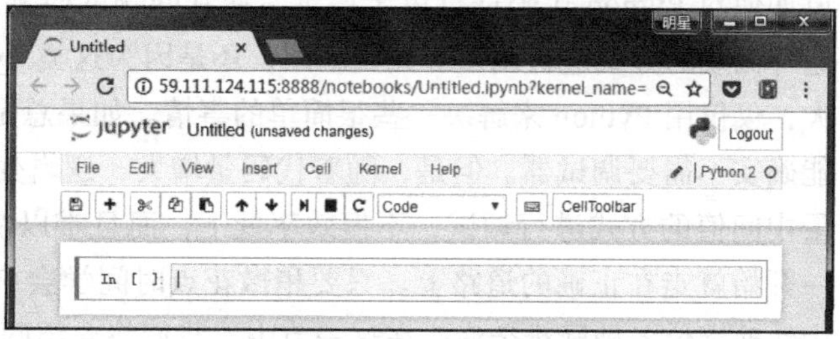

图 2-9 jupyter 的主界面

jupyter 之所以能够进行编程教学和幻灯片演示，是因为它可以支持富文本格式和 markdown 格式。我们只需修改 cell 的类型为“Markdown”，就可以在 cell 中使用 markdown 语句进行输入了。我们也可以在 jupyter 中画图。为了在 jupyter 中画图，我们需要先安装 matplotlib。如下所示：

```
$ pip install matplotlib
```

安装 matplotlib 以后就可以在 jupyter 中画图了。图 2-10 给出了一个 jupyter 使用的例子。在这个例子中，我们在 cell 中执行 Python 代码、编辑 markdown 格式的文本和画图。

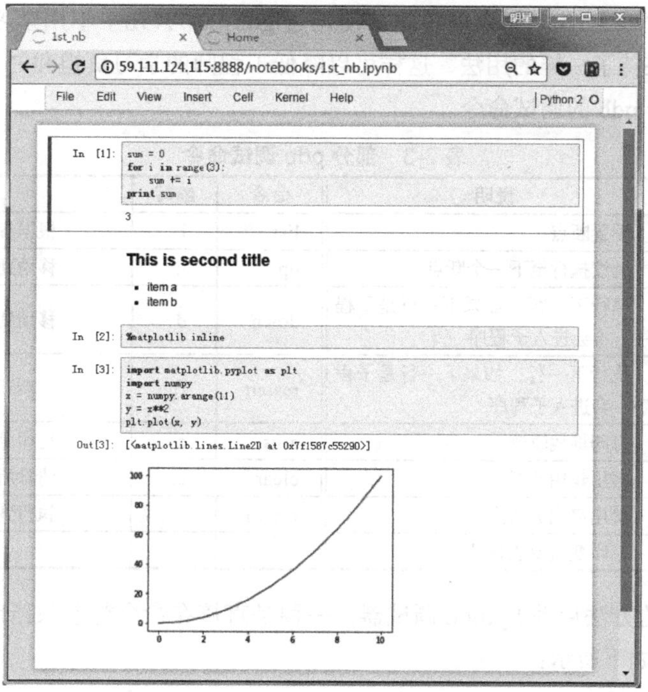

图 2-10 使用 jupyter 的例子

2.5 Python 调试器

调试程序是开发人员必须具备的一项非常重要的技能，它使得我们能够查看程序的运行过程，帮助我们准确定位程序中的错误。然而，令人意外的是，很多 Python 工程师不知道如何对 Python 代码进行单步调试，遇到问题的时候只能通过 print 函数打印变量中间值这种低效的方式进行调试。究其原因，还是因为这类 Python 工程师没有意识到 Python 的强大，仅仅用 Python 来解决一些很简单的事情。如果总是写一些非常短小的 Python 代码，可能确实不需要调试器。但是，随着代码量增大、逻辑变得复杂，若还是用 print 函数打印变量中间值的方式进行调试，不但效率低下，而且难以快速定位问题。所以，希望各位读者一开始就走在正确的道路上。只要稍微花点时间学会 Python 的调试器，就能在以后的工作中快速定位各种疑难杂症。在这一节中，我们将介绍两个 Python 调试器，分别是 Python 标准库自带的 pdb 和开源的 ipdb。

2.5.1 标准库的 pdb

pdb 是 Python 自带的一个库，为 Python 程序提供了一种交互式的源代码调试功能，包含了现代调试器应有的功能，包括设置断点、单步调试、查看源码、查看程序堆栈等。如果读者具有 C 或 C++ 程序语言背景，则一定听说过 gdb。gdb 是由 GNU 开源组织发布的一个命令行程序调试工具。如果读者之前使用过 gdb，那么几乎不用学习就可以直接使用 pdb。pdb 和 gdb 保持了一样的用法，这样可以降低工程师的学习负担和 Python 调试的难度。表 2-3 给出了部分 pdb 的调试命令。

表 2-3 部分 pdb 调试命令

命令	缩写	说明	命令	缩写	说明
break	b	设置断点	list	l	根据参数值打印源码
continue	cont/c	继续执行至下一个断点	up	u	移动到上一层堆栈
next	n	执行下一行，如果下一行是子程序，不会进入子程序	down	d	移动到下一层堆栈
step	s	执行下一行，如果下一行是子程序，会进入子程序	restart	run	重新开始调试
where	bt/w	打印堆栈轨迹	args	a	打印函数参数
enable	-	启用禁用的断点	clear	cl	清除所有的断点
disable	-	禁用启用的断点	return	r	执行到当前函数结束
pp/p	-	打印变量或表达式			

有两种不同的方法启动 Python 调试器，一种是直接在命令行参数指定使用 pdb 模块启动 Python 文件，如下所示：

```
python -m pdb test_pdb.py
```

另一种方法是在 Python 代码中调用 pdb 模块的 set_trace 方法设置一个断点。当程序运行至断点时，将会暂停执行并打开 pdb 调试器。

```
#/usr/bin/python
```

```
from __future__ import print_function
import pdb

def sum_nums(n):
    s=0
    for i in range(n):
        pdb.set_trace()
        s += i
        print(s)

if __name__ == '__main__':
    sum_nums(5)
```

两种方法并没有什么质的区别，选择使用哪一种方式主要取决于应用场景。如果程序文件较短，可以通过命令行参数的方式启动 Python 调试器；如果程序文件较大，则可以在需要调试的地方调用 set_trace 方法设置断点。无论哪一种方式都会启动 Python 调试器，前者将在 Python 源码的第一行启动 Python 调试器，后者会在执行到 pdb.set_trace() 时启动调试器。

启动 Python 调试器以后就可以使用前面的调试命令进行调试了。例如，在下面这段调试代码中，我们首先通过 bt 命令查看当前函数的调用堆栈，然后使用 list 命令查看我们的 Python 代码，之后使用 p 命令打印变量当前的取值，最后使用 n 执行下一行 Python 代码。

```
$ python test_pdb.py
> test_pdb.py(9)sum_nums()
-> s += i
(Pdb) bt
  test_pdb.py(13)<module>()
-> sum_nums(5)
> test_pdb.py(9)sum_nums()
-> s += i
(Pdb) list
  4
  5     def sum_nums(n):
  6         s=0
  7         for i in range(n):
  8             pdb.set_trace()
  9  ->         s += i
 10             print(s)
 11
 12     if __name__ == '__main__':
 13         sum_nums(5)
[EOF]
(Pdb) p s
0
(Pdb) p i
0
(Pdb) n
> test_pdb.py(10)sum_nums()
-> print(s)
```

2.5.2 开源的ipdb

ipdb是一个开源的Python调试器，它和pdb有相同的接口。但是，相对于pdb它具有语法高亮、tab补全、更友好的堆栈信息等高级功能。ipdb之于pdb，就相当于IPython之于Python，虽然都是实现相同的功能，但是在易用性方面做了很多改进。

需要注意的是，pdb是Python的标准库，不用安装就可以直接使用。而ipdb是一个第三方库，因此，需要使用pip先安装：

```
pip install ipdb
```

将我们前面的例子改为使用ipdb进行调试以后，代码就变成了下面这样：

```
from __future__ import print_function
import ipdb

def sum_nums(n):
    s=0
    for i in range(n):
        ipdb.set_trace()
        s += i
        print(s)

if __name__ == '__main__':
    sum_nums(5)
```

除了使用pdb和ipdb以外，还可以使用PyCharm的图形界面调试器。PyCharm的图形界面的使用和显示都更加友好，几乎是傻瓜式操作。为了节省篇幅，这里就不再介绍PyCharm的调试功能了。

2.6 Python代码规范检查

在这一小节里，我们将关注Python的代码风格。先介绍Python官方给出的编码规范PEP 8，然后介绍检查代码是否符合规范的工具pycodestyle，以及可以将代码风格格式化成PEP 8的autopep8。

2.6.1 PEP 8编码规范介绍

Python代码给人的第一印象就是颜值高、简洁优美、可读性强。这一方面是因为Python语言自身的优秀设计，如通过统一的缩进来表示代码块，通过减少多余的符号使得代码更加简洁；另一方面是因为Python代码有着较为统一的编码风格。在其他编程语言中，工程师们总是为了不同的编码风格争论不休，如大括号应该放在前一行的末尾还是后一行的行首、应该使用怎样的命名习惯、等号两边是否应该有空格等问题。代码风格问题在Python语言中讨论较少，这是因为，Python官方提供了一份编码风格指导手册，即PEP

8（https://www.python.org/dev/peps/pep-0008/）。PEP 8 本身只是编码风格方面的建议，并不强制工程师遵循。但是，由于该建议被 Python 工程师广泛接纳，因此，它已经成为了事实上的标准。相应的，编写 Python 代码的编辑器自动提供 PEP 8 编码风格检查，在工程师的编码违反 PEP 8 规范时，会给出警告信息和修正建议。与此同时，还有专门的检查工具对 Python 的代码风格进行检查。

在 Python 生态中，除了 PEP 8 编码规范以外，还有 google 的 Python 编码指导。不过，主要的开源项目都是用 PEP 8 编码规范，主流的编辑器也默认提供 PEP 8 检查，PEP 8 已经成为了事实上的标准。因此，建议大家编写 Python 代码的时候都遵循 PEP 8 编码规范，也完全没有必要在公司内部制定一套 Python 的编码风格指导手册。

PEP 8 编码规范详细地给出了 Python 编码的指导，包括对齐规则、包的导入顺序、空格与注释、命名习惯和异常处理等 Python 编程的方方面面，并且提供了详细的示例。

下面以包导入为例，看一下 PEP 8 给出的具体编程指导。在 Python 中，import 应该一次只导入一个模块，不同的模块应该独立一行，例如：

```
import os
import sys
```

反面例子：

```
import sys, os
```

如果要从一个模块导入多个 API，也可以像下面这样：

```
from subprocess import Popen, PIPE
```

import 语句应该处于源码文件的顶部，位于模块注释和文档字符串之后，全局变量和常量之前。导入不同的库时，应该按以下顺序分组，各个分组之间以空行分隔：

1）导入标准库模块；

2）导入相关第三方库模块；

3）导入当前应用程序 / 库模块。

例如，下面是一个私有项目的包导入规则。首先导入标准库模块，其次导入第三方模块，最后导入当前应用程序，各个分组之间以空行分隔。

```
import time
import json

import yaml
import psutil

from mongo_agent.action.common import kill_mongod, start_mongo_node
```

Python 中支持相对导入和绝对导入，推荐使用绝对导入。因为绝对导入可读性更好，也不容易出错，即使出错也会给出更加详细的错误信息。如下所示：

```
import mypkg.sibling
from mypkg import sibling
from mypkg.sibling import example
```

如果是处理复杂的包结构，绝对导入可能会显得比较冗余，这个时候可以使用相对导入。在 Python 2 中，相对导入又可以分为显式相对导入和隐式相对导入，而在 Python 3 中，已经弃用了隐式相对导入。因此，如果要使用相对导入的话，一定要使用显式相对导入。例如，在下面的例子中，包前面的点号就表示当前目录。通过这种方式，我们就实现了显式的相对导入。

```
from . import sibling
from .sibling import example
```

PEP 8 还给出了标准库的编码规范。例如，在标准库的包导入规则中，一方面禁止使用复杂的包结构，另一方面禁止使用相对导入。这样既能够保证不使用相对包导入，也能够保持包导入代码的整洁性。我们自己编写 Python 代码时也应该尽力向标准库靠拢。

从一个模块中导入类，可以使用 from xx import xx 语句导入，通过这种方式导入，使用起来会比较方便：

```
from myclass import MyClass
from foo.bar.yourclass import YourClass
```

如果上面这种导入方式导致命名冲突，可以导入整个模块：

```
import myclass
import foo.bar.yourclass
```

无论何时，都应该避免使用通配符导入（ from xx import *）。通配符导入会使名称空间里存在的名称变得不清晰，迷惑读者和自动化工具。

PEP 8 的编码风格指导比较长，并且写得非常详细。因此，这里就没有必要再重复一遍，读者可以参考 Python 官网资料。

2.6.2 使用 pycodestyle 检查代码规范

前面说过，PEP 8 只是 Python 官方给出的 Python 编程风格指导手册，并没有强制大家都遵守 PEP 8 规范。但由于大家都使用 PEP 8 编码风格，PEP 8 已经成为了事实上的代码风格标准。既然是标准，那么就应该有工具来检查这个标准，以帮助 Python 初学者规范自己的代码，帮助开源社区的协作者形成统一的代码风格。

遵循相同的代码风格非常重要，特别是需要与其他开发者一起维护同一个项目。为了帮助大家形成统一的代码风格，Python 官方提供了同名的命令行工具，该工具能够检查 Python 代码是否违反 PEP 8 规范，并对违反 PEP 8 规范的地方给出相应的提示信息。

```
$ pip install pep8
```

读者可以看到，Python 官方的代码规范称为 PEP 8，这个检查代码风格的命令行工具叫 pep8，很容易引起困惑。因此，Python 之父提议将 pep8 这个命令行工具重命名为 pycodestyle。接下来看一下 pycodestyle 的使用。

通过 pip 安装即可：

```
$ pip install pycodestyle
```

对一个或多个文件运行 pycodestyle，打印检查报告。

```
$ pycodestyle --first optparse.py
optparse.py:69:11: E401 multiple imports on one line
optparse.py:77:1: E302 expected 2 blank lines, found 1
optparse.py:88:5: E301 expected 1 blank line, found 0
optparse.py:222:34: W602 deprecated form of raising exception
optparse.py:347:31: E211 whitespace before '('
optparse.py:357:17: E201 whitespace after '{'
optparse.py:472:29: E221 multiple spaces before operator
optparse.py:544:21: W601 .has_key() is deprecated, use 'in'

$ pep8 optparse.py
optparse.py:69:11: E401 multiple imports on one line
optparse.py:77:1: E302 expected 2 blank lines, found 1
optparse.py:88:5: E301 expected 1 blank line, found 0
optparse.py:222:34: W602 deprecated form of raising exception
optparse.py:347:31: E211 whitespace before '('
optparse.py:357:17: E201 whitespace after '{'
optparse.py:472:29: E221 multiple spaces before operator
optparse.py:544:21: W601 .has_key() is eprecated, use 'in'
```

通过 --show-source 显示不符合规范的源码，以便工程师进行修正，如下所示：

```
$ pycodestyle --show-source --show-pep8 testsuite/E40.py
testsuite/E40.py:2:10: E401 multiple imports on one line
import os, sys
         ^
    Imports should usually be on separate lines.

    Okay: import os\nimport sys
    E401: import sys, os
```

2.6.3 使用 autopep8 将代码格式化

autopep8 是一个开源的命令行工具，它能够将 Python 代码自动格式化为 PEP8 风格。autopep8 使用 pycodestyle 工具来决定代码中的哪部分需要被格式化，这能够修复大部分 pycodestyle 工具中报告的排版问题。autopep8 本身也是一个 Python 语言编写的工具，因此，我们可以直接使用 pip 进行安装：

```
$ pip install autopep8
```

autopep8 命令的使用方式也很简单，如下所示：

```
$ autopep8 --in-place optparse.py
```

--in-place 类似于 sed 命令的 -i 选项，如果不包含 --in-place 选项，则会将 autopep8 格式化以后的代码直接输出到控制台。我们可以使用这种方式检查 autopep8 的修改，使用 --in-place 则会直接将结果保存到源文件中。

我们来看一个完整的例子，本例中使用的代码如下：

```
import os, sys

def main():
    print [item for item in os.listdir('.') if item.endswith('.py')];
    print sys.version

if __name__ == '__main__':
    main()
```

这段代码存在三个问题：

1）导入的时候，应该每一行只导入一个包；

2）包导入和函数定义之间应该空两行；

3）Python 代码末尾不需要分号。

接下来，我们将使用 pycodestyple 检查这段代码，然后使用 autopep8 将代码格式化成符合 PEP 8 风格的代码。

使用 pycodestyle 检查代码可检测到代码中有三个地方不符合 PEP 8 规范，如下所示：

```
$ pycodestyle hello.py
hello.py:1:10: E401 multiple imports on one line
hello.py:3:1: E302 expected 2 blank lines, found 1
hello.py:4:69: E703 statement ends with a semicolon
```

使用 autopep8 格式能够转换 Python 代码。在这个例子中，autopep8 顺利地帮我们修复了所有问题，如下所示：

```
$ autopep8 hello.py
import os
import sys


def main():
    print [item for item in os.listdir('.') if item.endswith('.py')]
    print sys.version


if __name__ == '__main__':
    main()
```

这个时候如果查看源文件的话，会发现还是和原来一样，并没有修正为符合 PEP 8 规范的代码。前面说过，不指定 --in-place 选项，只会将结果输出到命令行。如果我们使用 --in-place 选项，将不会有任何输出，autopep8 会直接修改源文件。

```
$ autopep8 --in-place hello.py
```

autopep8 还存在 --aggressive 选项，使用该选项会执行更多实质性的更改，可以多次使用以达到更佳的效果。

2.7 Python 工作环境管理

Python 2 和 Python 3 之间存在着较大的差异，并且，由于各种原因导致了 Python 2 和 Python 3 的长期共存。在实际工作过程中，我们可能会同时用到 Python 2 和 Python 3，因此，需要经常在 Python 2 和 Python 3 之间进行来回切换。此外，如果你是喜欢尝鲜的人，那么，你很有可能在 Python 新版本出来的时候立即下载 Python 的最新版本，试验 Python 的最新特性。

在 Python 世界里，除了需要对 Python 的版本进行管理以外，还需要对不同的软件包进行管理。大部分情况下，对于开源的库我们使用最新版本即可。但是，有时候可能需要对相同的 Python 版本，在不同的项目中使用不同版本的软件包。

在这一节里，我们将介绍两个工具，即 pyenv 和 virtualenv。前者用于管理不同的 Python 版本，后者用于管理不同的工作环境。有了这两个工具，Python 相关的版本问题将不再是问题。

2.7.1 使用 pyenv 管理不同的 Python 版本

安装不同的 Python 版本并不是一件容易的事情，在不同的 Python 版本之间来回切换更加困难，而且，多版本并存非常容易互相干扰。因此，我们需要一个名为 pyenv 的工具。pyenv 是一个 Python 版本管理工具，它能够进行全局的 Python 版本切换，也可以为单个项目提供对应的 Python 版本。使用 pyenv 以后，可以在服务器上安装多个不同的 Python 版本，也可以安装不同的 Python 实现。不同 Python 版本之间的切换也非常简单。接下来我们就一起看一下 pyenv 的安装和使用。

1. pyenv 的安装

我们直接从 GitHub 下载项目到本地，然后，分别执行以下命令进行安装即可：

```
$ git clone https://github.com/yyuu/pyenv.git ~/.pyenv
Cloning into '/home/lmx/.pyenv'...
remote: Counting objects: 14458, done.
remote: Compressing objects: 100% (8/8), done.
Receiving objects: 100% (14458/14458), 2.58 MiB | 541 KiB/s, done.
remote: Total 14458 (delta 1), reused 0 (delta 0), pack-reused 14449
```

```
Resolving deltas: 100% (9938/9938), done.

$ echo 'export PYENV_ROOT="$HOME/.pyenv"' >> ~/.bash_profile
$ echo 'export PATH="$PYENV_ROOT/bin:$PATH"' >> ~/.bash_profile
$ echo 'eval "$(pyenv init -)"' >> ~/.bash_profile
```

安装完成以后需要重新载入配置文件，或者退出以后重新登录，以使~/.bash_profile中的配置生效。笔者一般选择使用source命令重新载入配置文件，如下所示：

```
$ source ~/.bash_profile
```

至此，pyenv就安装完成了，我们可以通过下面的命令验证pyenv是否正确安装并获取pyenv的帮助信息：

```
$ pyenv --help
Usage: pyenv <command> [<args>]

Some useful pyenv commands are:
    commands    List all available pyenv commands
    local       Set or show the local application-specific Python version
    global      Set or show the global Python version
    shell       Set or show the shell-specific Python version
    install     Install a Python version using python-build
    uninstall   Uninstall a specific Python version
    rehash      Rehash pyenv shims (run this after installing executables)
    version     Show the current Python version and its origin
    versions    List all Python versions available to pyenv
    which       Display the full path to an executable
    whence      List all Python versions that contain the given executable

See 'pyenv help <command>' for information on a specific command.
For full documentation, see: https://github.com/yyuu/pyenv#readme
```

2. pyenv的使用

我们通过pyenv的install命令，可以查看pyenv当前支持哪些Python版本，如下所示：

```
pyenv  install --list
Available versions:
    3.6.0
    3.6-dev
    3.7-dev
    ...
```

由于pyenv可以安装的Python版本列表非常长，所以，这里进行了省略。读者可以在自己电脑上安装pyenv，然后执行pyenv install --list命令进行查看。可以看到，pyenv不但可以安装不同的Python版本，而且还可以安装不同的Python实现，也可以安装最新版本的Python用以学习。

使用pyenv安装不同的Python版本：

```
pyenv install -v 3.6.0
pyenv install -v 2.7.13
```

查看当前系统中包含的Python版本：

```
$ pyenv versions
* system (set by /home/lmx/.pyenv/version)
  2.7.13
  3.6.0
```

由于我们安装了2个Python版本，加上我们系统自身的Python，当前系统中存在3个不同的Python版本。其中，输出结果前面的“*”表示当前正在使用的版本。我们也可以通过pyenv global选择不同的Python版本，如下所示：

```
$ pyenv global 3.6.0
$ pyenv versions
  system
  2.7.13
* 3.6.0 (set by /home/lmx/.pyenv/version)

$ python
Python 3.6.0 (default, Feb  8 2017, 15:53:33)
[GCC 4.7.2] on linux
Type "help", "copyright", "credits" or "license" for more information.
>>> exit()
$ pyenv global 2.7.13
$ python
Python 2.7.13 (default, Feb  8 2017, 16:03:42)
[GCC 4.7.2] on linux2
Type "help", "copyright", "credits" or "license" for more information.
```

使用pyenv以后，可以快速切换Python的版本。切换Python版本以后，与版本相关的依赖也会一起切换。因此，我们不用担心不同的版本在系统中是否会相互干扰。例如，切换Python版本以后，相应的pip也会跟着切换，所以不用担心自己使用的pip版本和Python版本不匹配的问题，如下所示：

```
$ pyenv global 3.6.0
$ pip --version
pip 9.0.1 from /home/lmx/.pyenv/versions/3.6.0/lib/python3.6/site-packages
(python 3.6)
$ pyenv global 2.7.13
$ pip --version
pip 9.0.1 from /home/lmx/.pyenv/versions/2.7.13/lib/python2.7/site-packages
(python 2.7)
```

如果想要删除Python版本，使用uninstall命令即可。如下所示：

```
pyenv uninstall 2.7.10
```

2.7.2 使用 virtualenv 管理不同的项目

virtualenv 本身是一个独立的项目，用以隔离不同项目的工作环境。例如，用户 lmx 希望在项目 A 中使用 Flask 0.8 这个版本，与此同时，又想在项目 B 中使用 Flask 0.9 这个版本。如果我们全局安装 Flask，必然无法满足用户的需求。这个时候，我们就可以使用 virtualenv。

读者需要注意 pyenv 和 virtualenv 的区别。pyenv 用以管理不同的 Python 版本，例如，你的系统工作时使用 Python 2.7.13，学习时使用 Python 3.6.0。virtualenv 用以隔离项目的工作环境，例如，项目 A 和项目 B 都是使用 Python 2.7.13，但是，项目 A 需要使用 Flask 0.8 版本，项目 B 需要使用 Flask 0.9 版本。我们只要组合 pyenv 和 virtualenv 这两个工具，就能够构造 Python 和第三方库的任意版本组合，拥有很好的灵活性，也避免了项目之间的相互干扰。

virtualenv 本身是一个独立的工具，用户可以不使用 pyenv 而单独使用 virtualenv。但是，如果你使用了 pyenv，就需要安装 pyenv-virtualenv 插件，而不是通过 virtualenv 软件使用 virtualenv 的功能。

1. pyenv-virtualenv 的安装

安装和使用 pyenv-virtualenv 插件如下所示：

```
$ git clone https://github.com/yyuu/pyenv-virtualenv.git $(pyenv root)/plugins/
pyenv-virtualenv
Cloning into '/home/lmx/.pyenv/plugins/pyenv-virtualenv'...
remote: Counting objects: 1860, done.
remote: Total 1860 (delta 0), reused 0 (delta 0), pack-reused 1860
Receiving objects: 100% (1860/1860), 530.62 KiB | 213 KiB/s, done.
Resolving deltas: 100% (1274/1274), done.
$ echo 'eval "$(pyenv virtualenv-init -)"' >> ~/.bash_profile
```

与安装 pyenv 类似，安装完成以后需要重新载入配置文件，或者退出用户再登录，以使得配置文件生效：

```
$ source ~/.bash_profile
$ pyenv help virtualenv
Usage: pyenv virtualenv [-f|--force] [VIRTUALENV_OPTIONS] [version] <virtualenv-
name>
       pyenv virtualenv --version
       pyenv virtualenv --help
  -f/--force        Install even if the version appears to be installed already
```

2. pyenv-virtualenv 的使用

有了 pyenv-virtualenv 以后，我们可以为同一个 Python 解释器，创建多个不同的工作环境。例如，我们新建两个工作环境：

```
$ pyenv virtualenv 2.7.13 first_project
```

```
$ pyenv virtualenv 2.7.13 second_project
```

可以使用virtualenvs子命令查看工作环境：

```
$ pyenv virtualenvs
  2.7.13/envs/first_project (created from /home/lmx/.pyenv/versions/2.7.13)
  2.7.13/envs/second_project (created from /home/lmx/.pyenv/versions/2.7.13)
  first_project (created from /home/lmx/.pyenv/versions/2.7.13)
  second_project (created from /home/lmx/.pyenv/versions/2.7.13)
```

创建完工作环境以后，可以通过activate和deactivate子命令进入或退出一个工作环境。进入工作环境以后，左边的提示符会显示你当前所在的工作环境，以免因为环境太多导致操作错误。

```
$ pyenv activate first_project
(first_project) $ pip install flask==0.8
(first_project) $ pyenv deactivate
```

接下来，我们看一下在不同的工作环境安装不同的Flask版本：

```
$ pyenv activate first_project
(first_project) $ pip install flask==0.8
(first_project) $ pyenv deactivate
$ pyenv activate second_project
(second_project) $ pip install flask==0.9
```

如果想要删除虚拟环境，则使用：

```
pyenv virtualenv-delete first_project
```

使用pyenv和python-virtualenv插件，我们就能够自由地在不同的版本之间进行切换，相比管理Python版本，不但节省了时间，也避免了工作过程中的相互干扰。

2.8 本章总结

这一章介绍了诸多与Python相关的工具，涵盖了Python工程师日常工作的方方面面。工具的学习相对来说比较简单，仅仅是一个熟能生巧的过程。对于一个好用的工具，使用方法并没有什么难度，重点是要知道这个工具的存在，并且知道哪些工具解决哪些问题。相信通过本章介绍的这些工具，能够让Python初学者少走一些弯路。本章介绍的工具都是非常实用的工具，也是一线互联网公司工程师每天都在使用的工具。灵活使用这些工具，能够有效地提高工作效率。

Chapter 3 第 3 章

打造命令行工具

相信任何一位 Linux 用户对命令行都不会陌生。对命令行工具的掌握，是 Linux 系统管理员的基本功，也是很多用户选择使用 Linux 系统的原因。使用命令行完成系统管理任务，不仅仅是因为命令行工具很酷，还因为命令行工具可以方便地进行自动化管理，大大提高工作效率。

既然掌握命令行工具是如此的重要，那么，在没有一个能够满足需求的命令行工具时，编写一个命令行工具也非常重要。很多工程师选择使用 Python 语言来编写命令行工具，用来替代 Shell 脚本解决系统管理问题。Python 语言既可以当作一门脚本语言来使用，也可以用来编写大型的服务。作为脚本语言的 Python，提供了很多功能来编写命令行工具。与此同时，也有不少的 Python 开源项目可以帮助我们快速构建命令行工具。

在第 2 章中，我们学习了许多与 Python 相关的命令行工具。在这一章中，我们将学习如何使用 Python 语言打造命令行工具。首先，我们将会介绍 Python 语言和 Python 标准库中与命令行工具相关的一些知识（3.1 节），随后，本章介绍了如何使用 Python 语言解析 ini 格式的配置文件（3.2 节）以及如何使用 Python 语言解析命令行参数（3.3 节），紧接着，本章介绍了 Python 标准库中的 logging 库（3.4 节），在本章最后，我们介绍了如何使用开源项目打造功能更加强大的命令行工具（3.5 节）。

3.1 与命令行相关的 Python 语言特性

这一小节，我们将学习 Python 语言中的一些小功能，这些功能对打造 Linux 命令行工具非常有用。

3.1.1 使用 sys.argv 获取命令行参数

编写 Linux 下的命令行工具，很多时候都需要解析命令行的参数。如果参数很简单，则可以不使用解析参数的库，直接访问命令行参数。在 Python 中，sys 库下有一个名为 argv 的列表，该列表保存了所有的命令行参数。argv 列表中的第一个元素是命令行程序的名称，其余的命令行参数以字符串的形式保存在该列表中。

例如，现在有一个名为 test_argv.py 的 Python 文件，该文件仅仅是导入 sys 库，然后使用 print 函数打印 argv 列表中的内容。test_argv.py 文件的内容如下：

```
from __future__ import print_function
import sys

print(sys.argv)
```

下面是对 test_argv.py 文件的测试。可以看到，如果不传递任何参数给 test_argv.py，则 sys.argv 有且仅有一个元素，即 Python 程序的名称。当我们传递了其他命令行参数时，所有参数都以字符串的形式保存到 sys.argv 中。例如，我们将命令行参数 localhost 和 3306 传递给 test_argv.py 文件后，sys.argv 中就有三个元素，分别是 Python 程序的名称和我们传递的命令行参数。并且，我们传递的 3306 也以字符串的形式被保存下来。

```
$ python test_argv.py
['test_argv.py']

$ python test_argv.py localhost 3306
['test_argv.py', 'localhost', '3306']
```

sys.argv 是一个保存命令行参数的普通列表。因为它是一个普通的列表，所以，我们可以直接修改 sys.argv 的内容。下面是一个修改 sys.argv 列表的应用场景：

```
from __future__ import print_function
import os
import sys

def main():
    sys.argv.append("")
    filename = sys.argv[1]
    if not os.path.isfile(filename):
        raise SystemExit(filename + ' does not exists')
    elif not os.access(filename, os.R_OK):
        raise SystemExit(filename + ' is not accessible')
    else:
        print(filename + ' is accessible')


if __name__ == '__main__':
    main()
```

在这个例子中，我们从命令行参数获取文件的名称，然后判断文件是否存在。如果文件不存在，则提示用户该文件不存在；如果文件存在，则使用 os.access 函数判断我们是否具有对文件的读权限。在这个程序中，我们通过 sys.argv[1] 获取文件的名称。但是，这里有种异常情况需要考虑，如果用户直接运行我们的程序，没有传递任何命令行参数，那么，访问 sys.argv[1] 将会出现索引越界的错误。为了避免这个错误，我们可以在访问 sys.argv 之前先向 sys.argv 中添加一个空的字符串。添加空字符串以后，无论用户是否提供命令行参数，访问 sys.argv[1] 都不会出错。如果用户传递了命令行参数，那么，通过 sys.argv[1] 访问，得到的是用户提供的命令行参数。

3.1.2 使用 sys.stdin 和 fileinput 读取标准输入

众所周知，Shell 脚本具有一个其他脚本语言都没有的优点，那就是管道。管道可以衔接不同的 Linux 命令，通过管道，我们可以使用多个简单的命令来实现一个复杂的功能。管道如此强大，因此，我们希望在 Python 语言中使用管道来结合 Python 语言和 Shell 脚本的优势。

在 Python 标准库的 sys 库中，有三个文件描述符，分别是 stdin、stdout 和 stderr，这三个文件描述符分别代表标准输入、标准输出和错误输出。我们不需要调用 open 函数打开这几个文件就可以直接使用。例如，我们有一个名为 read_stdin.py 的文件，该文件仅仅是从标准输入中读取内容，然后打印到命令行终端。文件内容如下：

```
from __future__ import print_function
import sys

for line in sys.stdin:
    print(line, end="")
```

接下来，我们就可以像 Shell 脚本一样，通过标准输入给该程序输入内容。如下所示：

```
cat /etc/passwd | python read_stdin.py
python read_stdin.py < /etc/passwd
python read_stdin.py -
```

sys.stdin 是一个普通文件对象，除了从标准输入读取内容以外，并没有特殊之处。我们也可以使用 sys.stdin 调用文件对象的方法。如调用 read 函数读取标准输入中的所有内容，调用 readlines 函数将标准输入的内容读取到一个列表中。如下所示：

```
from __future__ import print_function
import sys

def get_content():
    return sys.stdin.readlines()

print(get_content())
```

awk是Linux下一个广泛使用的工具，从笔者的使用角度来说，有了sys.stdin，几乎可以不用awk语言。一方面，我们可以将Python程序与Linux下的管道进行较好的结合；另一方面，Python语言具有比awk应用领域广泛、可读性好、功能强大、语法清晰等诸多优点。因此，我们完全可以在Linux下使用Python语言替代awk进行数据处理。

如果读者熟悉awk，可能知道awk对多文件处理也提供了支持。在Python中，我们还可以使用fileinput进行多文件处理。fileinput是Python语言的一个标准库，它提供了比sys.stdin更加通用的功能。使用fileinput，可以依次读取命令行参数中给出的多个文件。也就是说，fileinput会遍历sys.argv[1:]列表，并按行依次读取列表中的文件。如果该列表为空，则fileinput默认读取标准输入中的内容。

fileinput的使用非常简单，大部分情况下，我们直接调用fileinput模块的input方法按行读取内容即可。例如，下面是一个名为read_from _fileinput.py的文件。在这个文件中，我们先导入fileinput模块，然后在for循环中遍历文件内容。如下所示：

```
#!/usr/bin/python
from __future__ import print_function
import fileinput

for line in fileinput.input():
    print(line, end="")
```

fileinput读取内容比sys.stdin更加灵活。fileinput既可以从标准输入中读取数据，也可以从文件中读取数据。如下所示：

```
cat /etc/passwd | python read_from_fileinput.py
python read_from_fileinput.py < /etc/passwd
python read_from_fileinput.py /etc/passwd
python read_from_fileinput.py /etc/passwd /etc/hosts
```

因为fileinput可以读取多个文件的内容，所以，fileinput提供了一些方法让我们知道当前所读取的内容属于哪一个文件。fileinput中常用的方法有：

- filename：当前正在读取的文件名；
- fileno：文件的描述符；
- filelineno：正在读取的行是当前文件的第几行；
- isfirstline：正在读取的行是否当前文件的第一行；
- isstdin fileinput：正在读取文件还是直接从标准输入读取内容。

这些方法的使用也非常简单，如下所示：

```
#!/usr/bin/python
from __future__ import print_function
import fileinput

for line in fileinput.input():
```

```
    meta = [fileinput.filename(), fileinput.fileno(), fileinput.filelineno(),
            fileinput.isfirstline(), fileinput.isstdin()]
    print(*meta, end="")
    print(line, end="")
```

3.1.3 使用 SystemExit 异常打印错误信息

在上一小节中，我们介绍了如何从标准输入读取内容。显然，Python 也会提供功能让我们能够在标准输出和错误输出中输出内容。与标准输入类似，我们可以直接使用 sys.stdout 与 sys.stderr 向标准输出和错误输出中输出内容。 例如，下面是一个名为 test_stdout_stderr.py 的 Python 文件，我们在该文件中分别使用 sys.stdout 与 sys.stderr 输出内容。如下所示：

```
import sys

sys.stdout.write('hello')
sys.stderr.write('world')
```

默认情况下，“ hello” 和 “ world” 都会输出到命令行。我们可以通过重定向来验证 “hello” 被输出到了标准输出，"world" 被输出到了错误输出。如下所示：

```
$ python test_stdout_stderr.py >/dev/null
world

$ python test_stdout_stderr.py 2>/dev/null
hello
```

在 Python 程序中，print 函数默认输出到命令行终端，因此，一般情况下，我们不会直接调用 sys.stdout 来输出内容。如果我们的 Python 程序执行失败，需要在标准错误中输出错误信息，然后以非零的返回码退出程序，那么，这个时候就需要使用 sys.stderr。如下所示：

```
import sys

sys.stderr.write('error message')
sys.exit(1)
```

对于“ Python 脚本执行出错，需要向错误输出中输出错误信息，并且以非零的返回码退出程序”的需求，我们也可以直接抛出一个 SystemExit 异常。如下所示：

```
$ cat test_system_exit.py
raise SystemExit("error message")

$ python test_system_exit.py
error message

$ echo $?
1
```

3.1.4 使用 getpass 库读取密码

getpass 是一个非常简单的 Python 标准库，主要包含 getuser 函数和 getpass 函数。前者用来从环境变量中获取用户名，后者用来等待用户输入密码。getpass 函数与 input 函数的区别在于，它不会将我们输入的密码显示在命令行中，从而避免我们输入的密码被他人看到。如下所示：

```
from __future__ import print_function
import getpass

user = getpass.getuser()
passwd = getpass.getpass('your password: ')
print(user, passwd)
```

3.2 使用 ConfigParse 解析配置文件

将配置文件解析放到命令行这一章中进行介绍似乎有些奇怪。但是，确实有不少命令行工具在工作时使用到配置文件。例如，著名的版本管理工具 git 工作时会读取～/.gitconfig 进行配置，MySQL 数据库的客户端默认使用 /etc/mysql/my.cnf 中的配置，pip 命令的配置文件位于～/.pip/pip.conf 中。读者如果打造自己的命令行工具，也可以使用配置文件对工具进行配置。

配置文件的好处是，配置成功后不需要每次使用时都指定相应的参数。而且，典型的 ini 格式的配置文件具有与编程语言无关、可读性强和易于处理等优点，已经被广泛使用。

一个典型的配置文件包含一到多个章节（section），每个章节下可以包含一到多个选项（option）。下面的配置就是一个典型的 MySQL 配置文件。这个配置文件中包含了两个章节，在 client 这个章节中包含了 4 个选项。

```
[client]
port        = 3306
user        = mysql
password    = mysql
host        = 127.0.0.1

[mysqld]
basedir         = /usr
datadir         = /var/lib/mysql
tmpdir          = /tmp
skip-external-locking
```

使用配置文件配置参数是很常见的需求，因此，各个语言都提供了相应的模块来解析配置文件，Python 语言也不例外。在 Python 语言中，标准库的 ConfigParser 模块用以解析配置文件（在 Python 3 中，ConfigParser 模块重命名为 configparser 模块，使用上有细微差异）。ConfigParser 模块中包含了一个 ConfigParser 类，一个 ConfigParser 对象可以同时解析多个配置文件，一般情况下，我们只会使用 ConfigParser 解析一个配置文件。ConfigParser 类提供了很多的方法，我们可以使用这些方法解析、读取和修改配置文件。

要解析一个配置文件，首先需要创建一个 ConfigParser 对象。创建 ConfigPaser 时有多个参数，其中，比较重要的是 allow_no_value。allow_no_value 默认取值为 False，表示在配置文件中是否允许选项没有值的情况。默认情况下，所有的选项都应该有一个值。但是，在一些特殊的应用中，选项存在就表示取值为真，选项不存在就表示取值为假。例如，在我们前面的 MySQL 配置文件中存在一个名为 skip-external-locking 的选项，该选项只有选项名称没有选项取值。因此，我们在解析这个配置文件时需要指定 allow_no_value 为 True。

```
In [1]: import ConfigParser

In [2]: cf = ConfigParser.ConfigParser(allow_no_value=True)
```

有了 ConfigParser 对象以后，可以使用 read 方法从配置文件中读取配置内容，也可以使用 readfp 方法从一个已经打开的文件中读取配置内容。

```
In [3]: cf.read('my.cnf')
Out[3]: ['my.cnf']
```

ConfigParser 中有很多的方法，其中与读取配置文件，判断配置项相关的方法有：

- sections：返回一个包含所有章节的列表；
- has_section：判断章节是否存在；
- items：以元组的形式返回所有选项；
- options：返回一个包含章节下所有选项的列表；
- has_option：判断某个选项是否存在；
- get、getboolean、getint、getfloat：获取选项的值。

我们以前面的 MySQL 配置文件为例，测试各个方法的使用。如下所示：

```
In [4]: cf.sections()
Out[4]: ['client', 'mysqld']

In [5]: cf.has_section('client')
Out[5]: True

In [6]: cf.options('client')
Out[6]: ['port', 'user', 'password', 'host']

In [7]: cf.has_option('client', 'user')
Out[7]: True

In [8]: cf.get('client', 'host')
Out[8]: '127.0.0.1'
```

```
In [9]: cf.getint('client', 'port')
Out[9]: 3306
```

在我们的配置文件中有 2 个章节，分别是 client 和 mysqld。其中，client 章节有 4 个选项。我们可以通过 sections 方法获取所有的章节，通过 options 方法获取某个章节下所有的选项，也可以通过 has_section 方法判断某个章节是否存在，通过 has_option 方法判断某个选项是否存在。

在读取选项的内容时，get 方法默认以字符串的形式返回。如果我们需要读取一个整数，则使用 getint 方法读取；如果我们需要读取一个布尔型的取值，则使用 getboolean 方法读取。

ConfigParser 也提供了许多方法便于我们修改配置文件。如下所示：

- remove_section：删除一个章节；
- add_section：添加一个章节；
- remote_option：删除一个选项；
- set：添加一个选项；
- write 将 ConfigParser 对象中的数据保存到文件中。

在下面的代码中，我们首先删除了 client 这个章节，然后增加了一个新的 mysql 章节。随后，我们在 mysql 章节中增加了两个选项。最后，我们调用 write 方法将选项保存到文件中。

```
In [10]: cf.remove_section('client')
Out[10]: True

In [11]: cf.add_section('mysql')

In [12]: cf.set('mysql', 'host', '127.0.0.1')

In [13]: cf.set('mysql', 'port', 3306)

In [14]: cf.write(open('my_copy.cnf', 'w'))
```

修改完成以后，新的 my_copy.cnf 文件内容如下：

```
[mysqld]
basedir = /usr
datadir = /var/lib/mysql
tmpdir = /tmp
skip-external-locking

[mysql]
host = 127.0.0.1
port = 3306
```

3.3 使用 argparse 解析命令行参数

对于命令行工具来说，命令行参数比配置文件使用更加广泛。在 Python 中，argparse 是标准库中用来解析命令行参数的模块，用来替代已经过时的 optparse 模块。argparse 能够根据程序中的定义从 sys.argv 中解析出这些参数，并自动生成帮助和使用信息。

3.3.1 ArgumentParse 解析器

使用 argparse 解析命令行参数时，首先需要创建一个解析器，创建方式如下所示：

```
import argparse
parser = argparse.ArgumentParser()
```

ArgumentParser 类的初始化函数有多个参数，其中比较常用的是 description。description 是程序的描述信息，即帮助信息前的文字。

为应用程序添加参数选项需要用 ArgumentParser 对象的 add_argument 方法，该方法原型如下：

```
add_argument(name or flags...[, action][, nargs][, const][, default][, type][,
choices][, required][, help][, metavar][, dest])
```

各个参数的含义如下：

- name/flags：参数的名字；
- action：遇到参数时的动作，默认值是 store；
- nargs：参数的个数，可以是具体的数字，或者是“+”号与“*”号。其中，“*”号表示 0 或多个参数，“+”号表示 1 或多个参数；
- const action 和 nargs：需要的常量值；
- default：不指定参数时的默认值；
- type：参数的类型；
- choices：参数允许的值；
- required：可选参数是否可以省略；
- help：参数的帮助信息；
- metavar：在 usage 说明中的参数名称；
- dest：解析后的参数名称。

解析参数需要用 ArgumentParser 对象的 parse_args 方法，该方法返回一个 Namespace 对象。获取对象以后，参数值通过属性的方式进行访问。

例如，在下面的例子中，我们首先导入 argparse 库，然后在 _argparse 函数中创建一个 ArgumentParser 解析器，并通过 add_argument 函数添加选项。选项添加完成以后，调用 parse_args 函数解析命令行参数。在 main 函数中，我们可以通过 parser.server 获取 --host 选项的值，通过 parse.boolean_switch 获取 -t 选项的值。

```
from __future__ import print_function
import argparse

def _argparse():
    parser = argparse.ArgumentParser(description="This is description")
    parser.add_argument('--host', action='store',
            dest='server',default="localhost", help='connect to host')
    parser.add_argument('-t', action='store_true',
            default=False, dest='boolean_switch', help='Set a switch to true')
    return parser.parse_args()

def main():
    parser = _argparse()
    print(parser)
    print('host =', parser.server)
    print('boolean_switch=', parser.boolean_switch)

if __name__ == '__main__':
    main()
```

由于我们为所有的选项都提供了默认值，因此，即使不传递任何参数也不会出错。如下所示：

```
$ python test_argparse.py
Namespace(boolean_switch=False, server='localhost')
host = localhost
boolean_switch= False

$ python test_argparse.py --host=127.0.0.1 -t
Namespace(boolean_switch=True, server='127.0.0.1')
host = 127.0.0.1
boolean_switch= True
```

使用 argparse 进行参数解析还有一个好处是，它能够根据我们的选项定义自动生成帮助信息。例如，对于前面的例子，我们没有添加帮助信息，但是可以直接通过 --help 选项获取帮助信息。如下所示：

```
$ python test_argparse.py --help
usage: test_argparse.py [-h] [--host SERVER] [-t]

This is description

optional arguments:
    -h, --help      show this help message and exit
    --host SERVER   connect to host
    -t              Set a switch to true
```

3.3.2 模仿 MySQL 客户端的命令行参数

下面是一个使用 argparse 模块、模仿 MySQL 客户端、解析命令行的例子。在这个例子中，我们添加了 5 个选项，分别是 host、user、password、port 和 version。其中，host、user 和 password 都是必传的参数，因为我们没有指定参数的类型，所以这几个参数的取值都以字符串的形式保存。对于 user、password 和 port 选项，为了提供易用性，可以使用"-u"、"-P"和"-p"的方式指定参数。port 取值是一个端口号，因此，我们通过 type 选项告诉 ArgumentParser，port 参数的数据类型为整数。version 选项用来打印程序的版本，因此，该选项的 action 取值为 version。如下所示：

```
from __future__ import print_function
import argparse

def _argparse():
    parser = argparse.ArgumentParser(description='A Python-MySQL client')
    parser.add_argument('--host', action='store', dest='host',
            required=True, help='connect to host')
    parser.add_argument('-u', '--user', action='store', dest='user',
            required=True, help='user for login')
    parser.add_argument('-p', '--password', action='store',
            dest='password',required=True, help='password to use when connecting
to server')
    parser.add_argument('-P', '--port', action='store', dest='port',
            default=3306, type=int, help='port number to use for connection or
3306 for default')
    parser.add_argument('-v', '--version', action='version', version='%(prog)s 0.1')
    return parser.parse_args()

def main():
    parser = _argparse()
    conn_args = dict(host=parser.host, user=parser.user,
            password=parser.password, port=parser.port)
    print(conn_args)

if __name__ == '__main__':
    main()
```

在这个例子中，我们将上面的程序保存在一个名为 mock_mysql_client.py 的文件中。当我们要使用这个程序时，可以通过 --help 选项获取到帮助信息。如下所示：

```
$ python argparse_test.py --help
usage: argparse_test.py [-h] --host HOST -u USER -p PASSWORD [-P PORT] [-v]

A Python-MySQL client

optional arguments:
```

```
-h, --help            show this help message and exit
--host HOST           connect to host
-u USER, --user USER  user for login
-p PASSWORD, --password PASSWORD
                      password to use when connecting to server
-P PORT, --port PORT  port number to use for connection or 3306 for default
-v, --version         show program's version number and exit
```

在这一小节中，我们通过一个模仿 MySQL 客户端参数的例子演示了 argparse 模块的使用。可以看到，由于 ArgumentParser 的初始化函数和 add_argument 方法的参数较多，不可避免地导致 argparse 模块的使用变得较为复杂。在 3.5 节中，我们会介绍一个更加易用的命令行参数解析的开源库。

3.4 使用 logging 记录日志

很多编程初学者没有养成记录日志的习惯，认为记录日志是一件可有可无的事情，如果程序不记录日志，只需要在出现问题时使用 print 函数打印程序的中间结果即可。这是很多没有工作经验的工程师的朴素想法。使用日志，尤其是标准库中的日志模块具有非常多的好处。包括：

1）所有日志具有统一的格式，便于后续处理；

2）丰富的日志格式，只需要通过配置文件就可以修改日志的格式，不需要修改代码；

3）根据重要性对日志进行分类，可以只显示重要的日志；

4）自动管理日志文件，如按天切换一个新的文件，只保留一个月的日志文件等。

3.4.1 日志的作用

在线上业务中日志并不是可有可无的，而是担任着非常重要的角色。日志是一个系统的重要组成部分，用以记录用户操作、系统运行状态和错误信息。日志记录的好坏直接关系到系统出现问题时定位的速度。与此同时，也可以通过对日志的观察和分析，提前发现系统可能存在的风险，预防线上事故的发生。

典型情况下，记录日志有两个目的：

- 诊断日志：记录与应用程序操作相关的日志。例如，用户遇到的报错信息可通过搜索诊断日志获得上下文信息，分析排查线上问题。例如，在网站出现内部错误时，应该有日志记录错误信息，以便后续进行排查；
- 审计日志：为商业分析而记录的日志。从审计日志中可提取用户的交易信息，并结合其他用户资料构成用户报告或者用来优化商业目标。例如，Apache 的访问日志就是一种审计日志，我们可以通过 Apache 的访问日志，知道网站的 PV、UV、最热的资源、出错的比例等重要信息。

3.4.2 Python的logging模块

日志是如此的重要，因此Python标准库中的logging模块提供了日志相关的功能。logging模块自Python 2.3版本开始成为Python标准库的一部分，它被简洁地描述在PEP 282中。

在最简单的使用中，我们直接导入logging模块，然后调用它的debug、info、warn、error和critical等函数记录日志。默认情况下，logging模块将日志打印到屏幕终端，日志级别为WARNING，也就是说，只有日志级别比WARNING高的日志才会被显示。如下所示：

```
#!/usr/local/bin/python
import logging

logging.debug('debug message')
logging.info('info message')
logging.warn('warn message')
logging.error('error message')
logging.critical('critical message')
```

程序的执行结果如下：

```
$ python default_logging.py
WARNING:root:warn message
ERROR:root:error message
CRITICAL:root:critical message
```

日志的级别是一个逻辑上的概念，用来区分日志的重要程度。将日志分为不同的级别后，一方面可以在大多数时间只保存级别比较高的日志来提高性能；另一方面也便于日志的分析。例如，从一个超大的日志文件中，快速找出几条错误信息。

在Python的logging模块中，日志分为5个级别，分别是CRITICAL、ERROR、WARNING、INFO和DEBUG。表3-1给出了各个日志级别的含义。

表3-1 logging模块中日志级别及其含义

日志级别	权重	含义
CRITICAL	50	严重错误，表明软件已不能继续运行了
ERROR	40	发生了严重的错误，必须马上处理
WARNING	30	应用程序可以容忍这些信息，软件还是在正常工作，不过它们应该被检查及修复，否则将在不久的将来发生问题
INFO	20	证明事情按预期工作，突出强调应用程序的运行过程
DEBUG	10	详细信息，只有开发人员调试程序时才需要关注的事情

3.4.3 配置日志格式

在使用logging记录日志之前，我们可以进行一些简单的配置。如下所示：

```
#!/usr/local/bin/python
# -*- coding:utf-8 -*-
import logging

logging.basicConfig(filename='app.log', level=logging.INFO)

logging.debug('debug message')
logging.info('info message')
logging.warn('warn message')
logging.error('error message')
logging.critical('critical message')
```

执行上面的程序，会在当前目录下产生一个app.log文件。该文件中存在INFO及INFO以上级别的日志记录。

在前面的例子中，我们通过basicConfig方法对日志进行了简单的配置，我们也可以进行更加复杂的日志配置。在这之前，需要先了解logging模块中的几个概念，即Logger、Handler及Formatter。

- Logger：日志记录器，是应用程序中能直接使用的接口；
- Handler：日志处理器，用以表明将日志保存到什么地方以及保存多久；
- Formatter：格式化，用以配置日志的输出格式。

在典型的使用场景中，一个日志记录器使用一个日志处理器，一个日志处理器使用一个日志格式化。

理解了Logger、Handler和Formatter以后，如何使用这几个对象呢？Python的logging模块提供了多种方式来配置日志。对于比较简单的脚本，可以直接使用basicConfig在代码中配置日志。对于比较复杂的项目，可以将日志的配置保存到一个配置文件中，然后在代码中使用fileConfig函数读取配置文件。

下面是一个在Python源码中配置日志的例子。在这个例子中，日志文件会保存所有DEBUG级别及以上级别的日志。每一条日志包含了打印日志的时间、日志的级别和日志的内容。如下所示：

```
#!/usr/local/bin/python
# -*- coding:utf-8 -*-
import logging

logging.basicConfig(
    level=logging.DEBUG,
    format='%(asctime)s : %(levelname)s : %(message)s',
    filename="app.log"
)

logging.debug('debug message')
logging.info('info message')
logging.warn('warn message')
logging.error('error message')
```

```
logging.critical('critical message')
```

对于复杂的项目，一般将日志配置保存到配置文件中。例如，下面是一个典型的日志配置文件：

```
[loggers]
keys = root

[handlers]
keys = logfile

[formatters]
keys = generic

[logger_root]
handlers = logfile

[handler_logfile]
class = handlers.TimedRotatingFileHandler
args = ('app.log', 'midnight', 1, 10)
level = DEBUG
formatter = generic

[formatter_generic]
format = %(asctime)s %(levelname)-5.5s [%(name)s:%(lineno)s] %(message)s
```

在这个日志配置文件中，我们首先在[loggers]中声明一个名为root的logger、在[handlers]中声明一个名为logfile的handler，并在[formatters]中声明一个名为generic的formatter。然后，我们在[logger_root]中定义root这个logger所使用的handler，在[handler_logfile]中定义handler输出日志的方式、日志文件的切换时间等。最后，在[formatter_generic]中定义了日志的格式，包括日志产生的时间、日志的级别、产生日志的文件名和行号等信息。

有了配置文件以后，在Python代码中使用logging.config模块的fileConfig函数加载日志配置。如下所示：

```
#!/usr/local/bin/python
# -*- coding:utf-8 -*-
import logging
import logging.config

logging.config.fileConfig('logging.cnf')

logging.debug('debug message')
logging.info('info message')
logging.warn('warn message')
logging.error('error message')
logging.critical('critical message')
```

3.5 与命令行相关的开源项目

在这一小节中，我们将会介绍两个与命令行工具相关的开源项目。使用这两个开源项目，只需要很少的代码就能够实现强大的功能。

3.5.1 使用 click 解析命令行参数

Click 是 Flask 的作者（Armin Ronacher）开发的一个第三方模块，用于快速创建命令行。它的作用与 Python 标准库的 argparse 相同，但是，使用更加简单。Click 相对于标准库的 argparse，就好比 requests 相对于标准库的 urllib。

click 是一个第三方库，因此，在使用之前需要先安装：

```
pip install click
```

Click 对 argparse 的主要改进在易用性，使用 Click 分为两个步骤：

1）使用 @click.command() 装饰一个函数，使之成为命令行接口；

2）使用 @click.option() 等装饰函数，为其添加命令行选项等。

我们以 Click 官方文档中的例子来演示 click 的使用。如下所示：

```
import click

@click.command()
@click.option('--count', default=1, help='Number of greetings.')
@click.option('--name', prompt='Your name',
              help='The person to greet.')
def hello(count, name):
    """Simple program that greets NAME for a total of COUNT times."""
    for x in range(count):
        click.echo('Hello %s!' % name)

if __name__ == '__main__':
    hello()
```

在上面的例子中，函数 hello 接受两个参数，分别是 count 和 name，它们的取值从命令行中获取。在这段程序中，我们使用了 click 模块中的 command、option 和 echo，它们的作用如下：

- command：使函数 hello 成为命令行接口；
- option：增加命令行选项；
- echo：输出结果，使用 echo 进行输出是为了获得更好的兼容性，因为 Python 2 中 print 是一个语句，Python 3 中 print 是一个函数。

运行上面这段程序，可以通过命令行指定 count 和 name 的取值。由于我们在 option 函数中使用了 prompt 选项，因此，当我们没有直接指定 name 这个参数时，Click 会提示我们在交互模式下输入。如下所示：

```
$ python hello.py --count=3
Your name: John
Hello John!
Hello John!
Hello John!
```

与 argparse 一样，Click 也会自动为我们产生帮助信息。如下所示：

```
$ python hello.py --help
Usage: hello.py [OPTIONS]

    Simple program that greets NAME for a total of COUNT times.

Options:
    --count INTEGER  Number of greetings.
    --name TEXT      The person to greet.
    --help           Show this message and exit.
```

option 最基本的用法就是通过指定命令行选项的名称，从命令行读取参数值，再将其传递给函数。在上面的例子中，除了设置命令行选项的名称，我们还指定了默认值和帮助信息。option 常用的设置参数如下：

- default：设置命令行参数的默认值；
- help：参数说明；
- type：参数类型，可以是 string、int、float 等；
- prompt：当在命令行中没有输入相应的参数时，会根据 prompt 提示用户输入；
- nargs：指定命令行参数接受的值的个数。

接下来我们看几个官方给出的 Click 使用案例，读者可以思考一下这些案例是如何使用 Python 标准库实现的。

在标准库的 argparse 中，可以通过 nargs 配置参数的个数，通过 type 设置参数的数据类型。在 Click 中，也可以非常方便地实现相同的功能。如下所示：

```
@click.command()
@click.option('--pos', nargs=2, type=float)
def findme(pos):
    click.echo('%s / %s' % pos)
```

在这个例子中，我们的程序接受两个参数。Click 会自动将参数转换成浮点数，并且，将两个参数以元组的形式传递一个 pos 变量。

如果某个命令行参数只能取固定的几个值之一，那么，就可以使用 Click 中的 Choice 函数。Choice 的参数是一个列表，该列表中列出所有可能的值。如下所示：

```
@click.command()
@click.option('--hash-type', type=click.Choice(['md5', 'sha1']))
def digest(hash_type):
    click.echo(hash_type)
```

如果我们的应用程序需要从命令行参数中输入密码，使用标准库的argparse只能像输入普通参数一样输入密码。这种方式输入密码存在一定的安全隐患，例如，输入密码的命令存在于命令的历史列表中，其他用户可以通过命令的历史列表，得到我们的密码。

在Click中，这个问题非常容易解决，而且解决地非常优美。我们只需要设置prompt为True，就能够交互式地输入密码，设置hide_input为True，就可以隐藏我们的命令行输入，设置confirmation_prompt为True，就可以进行密码的两次验证。如下所示：

```
@click.command()
@click.option('--password', prompt=True, hide_input=True,
              confirmation_prompt=True)
def encrypt(password):
    click.echo('Encrypting password to %s' % password.encode('rot13'))
```

```
$ encrypt
Password:
Repeat for confirmation:
Encrypting password to frperg
```

如果读者是一位Linux资深用户，一定知道Bash里面有一个非常有用的功能——使用fc命令编辑比较长的输入。例如，我们在命令行输入了一串非常长的命令，执行的时候提示我们输入参数有误。这个时候，如果我们按“上”键得到刚才执行的命令，然后跳转到出错的位置进行编辑，效率是非常低的。更好的做法是，输入fc命令，在vi编辑器中编辑刚才执行的命令。输入fc命令并回车以后会打开一个编辑器，编辑器已经保存了上一条命令的内容。我们只需要在编辑器中修复错误输入，然后退出编辑器。退出编辑器以后，刚才编辑的命令将会自动运行，非常方便。

使用Click，我们也可以在Python程序中实现类似的功能。如下所示：

```
from __future__ import print_function
import click
message = click.edit()
print(message, end="")
```

当我们执行这段程序，系统会自动进入默认编辑器。进入编辑器以后，我们就可以在编辑器中编辑输入的数据。

Click是一个优秀的开源项目，有着非常详细的官方文档，读者可以通过官方文档了解Click的更多用法。Click官方文档的地址是 http://click.pocoo.org/5/ 。

3.5.2 使用prompt_toolkit打造交互式命令行工具

prompt_toolkit是一个处理交互式场景的开源库，用来取代开源的readline与curses。prompt_toolkit提供了很多高级功能，可以有效提升交互编程的易用性。prompt_toolkit的特性包括：

1）语法高亮；

2）支持多行编辑；

3）支持代码补全；

4）支持自动提示；

5）可以使用鼠标移动光标；

6）支持 Emacs 与 Vi 风格的快捷键；

7）支持查询历史；

8）对 Unicode 支持友好；

9）使用 Python 语言开发，跨平台。

prompt_toolkit 是一个开源的库，因此，在使用之前需要先安装：

```
pip install prompt_toolkit
```

下面是一个 Python 语言开发的 REPL（读取 – 求值 – 输出）应用。在这个应用中，我们输入数据，Python 程序打印我们的输入。这个程序非常简单，但同时也存在诸多问题：

```
while True:
    user_input = raw_input('>')
    print(user_input)
```

在这段程序中，我们无法使用任何 Linux 下的快捷键。甚至在输入错误时，按退格删除内容都会出现问题。尽管这个初级的交互式程序非常难用，但是，它依然是很多 Python 工程师开发交互式程序的输入方式。其实，我们只需要很少的改动，就能够显著提升这个交互式程序的易用性。在下面这段程序中，我们使用 prompt_toolkit 中的 prompt 函数来接受用户输入。如下所示：

```
from prompt_toolkit import prompt

while True:
    user_input = prompt('>')
    print(user_input)
```

这段程序和前面的程序一样简单，但是，从易用性来说有了质的飞跃。在这段程序中，我们可以使用 Bash 下常用的快捷键。例如，使用 ctrl+a 跳到输入的开头，使用 ctrl+e 跳转到输入的模块，使用 ctrl+k 删除光标到末尾的内容。

上面这段程序虽然可以使用 Bash 下的常用快捷键，但是，无法查看历史输入。例如，我们在 Bash 下，可以使用方向键中的"上"和"下"查看历史输入，使用 ctrl+r 查看历史输入。使用 prompt_toolkit，我们也可以轻易地实现查找历史的功能。为了实现查找历史的功能，我们需要用到 prompt_toolkit.history 模块下的 FileHistory 类，随后，在调用 prompt 时构造一个 FileHistory 对象，并传递给 history 参数。如下所示：

```
from __future__ import unicode_literals
```

```
from prompt_toolkit import prompt
from prompt_toolkit.history import FileHistory

while True:
    user_input = prompt('>',
                        history=FileHistory('history.txt'),
                       )
    print(user_input)
```

在这个例子中，我们只增加了两行代码就实现了查看历史输入的功能。

如果说前面两个功能只是将 Python 交互式输入打造成一个合格的命令行工具的话，那么，接下来要介绍的两个特性将带给用户惊喜。

上述例子已经实现了查看历史输入的功能，事实上我们还可以充分利用历史输入的数据，在用户输入时进行自动提示。这个功能看起来很高端，但是，在 prompt_tooklit 中实现却出乎意料的简单，只需要在调用 prompt 函数时指定 auto_suggest 的参数即可。如下所示：

```
from __future__ import unicode_literals
from prompt_toolkit import prompt
from prompt_toolkit.history import FileHistory
from prompt_toolkit.auto_suggest import AutoSuggestFromHistory

while True:
    user_input = prompt('>',
                        history=FileHistory('history.txt'),
                        auto_suggest=AutoSuggestFromHistory(),
                       )
    print(user_input)
```

图 3-1 给出了一个自动提示的例子。在这个例子中，我们先输入了两个字符串，随后，当我们的输入匹配历史输入时，prompt_toolkit 将以暗色字体显示匹配的历史输入，这个时候，我们只需要按下回车就能自动输入之前的一长串字符串。

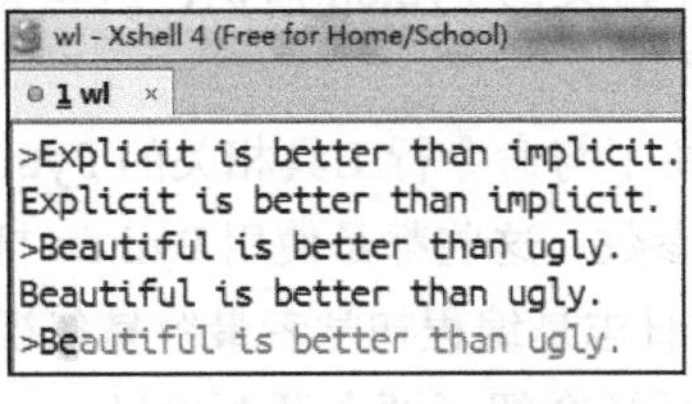

图 3-1　prompt_toolkit 的自动提示功能

接下来我们看另外一个高级功能。在这个例子中，我们要实现自动补全的功能，即用户输入了关键字的一部分内容，我们的交互式程序能够根据已有的输入进行提示，用户可以使用 tab 键补全选择提示的内容。我们只需使用 prompt-toolkit 中一个名为 WordCompleter 的函数即可实现。prompt-toolkit 将用户输入与可能建议的字典进行匹配，并提供一个列表，用户可以使用 tab 键从列表中选择输入。如下所示：

```
from __future__ import unicode_literals
from prompt_toolkit import prompt
from prompt_toolkit.history import FileHistory
from prompt_toolkit.auto_suggest import AutoSuggestFromHistory
from prompt_toolkit.contrib.completers import WordCompleter

SQLCompleter = WordCompleter(['select', 'from', 'insert', 'update', 'delete',
                              'drop'], ignore_case=True)


while True:
    user_input = prompt('SQL>',
                        history=FileHistory('history.txt'),
                        auto_suggest=AutoSuggestFromHistory(),
                        completer=SQLCompleter,
                        )
    print(user_input)
```

图 3-2 给出了自动补全的例子，易用性几乎与 IPython 中的 tab 键自动补全一模一样。

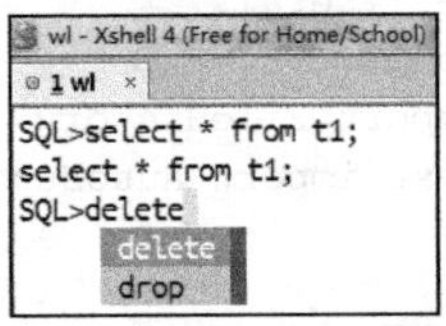

图 3-2 prompt_toolkit 的自动补全功能

我们现在有了一个 REPL，可以实现使用快捷键、查找历史、自动完成以及自动提示等功能。我只用了少量代码就得到了一个功能强大、易用性强的 REPL 程序。

3.6 本章总结

本章介绍了与命令行工具相关的 Python 知识，这些知识本身并不难，但却是打造 Linux 命令行工具必不可少的部分。

在这一章中，我们首先介绍了与命令行工具相关的 Python 知识，然后介绍了如何使用 Python 解析配置文件和命令行参数，这些都是使用 Python 打造命令行工具的基本功。本章还介绍了 Python 的日志模块，日志是编程初学者最容易忽视的非功能模块，但却是分析排查问题最重要的资料。本章最后还介绍了两个开源项目，分别用以解析命令行参数和打造交互式工具。

第4章 Chapter 4

文本处理

文本是软件工程师日常工作中处理最多的数据类型，几乎无时无刻不在与文本打交道，大量的工程师编写了处理不同文本问题的代码。系统管理员也需要经常处理文本问题，如解析日志，分析应用程序数据，处理配置文件，解析 Linux 命令的输出结果等。正是由于系统管理员需要经常处理文本，Linux 才有了许多与文本处理相关的工具，如 grep、awk、sed、wc、tr、cut、cat 等。文本处理是一个如此常见的需求，因此，我们应该掌握一种强大的文本处理工具并将其应用在日常的所有工作当中。一旦我们掌握并熟练使用一种文本处理工具，就能在日常的工作中以不变应万变，快速响应各种需求。

Linux 下的文本处理工具短小精悍，功能强大。与此同时，Linux 下的文本处理工具也有很多的限制，例如：

1）无法在 Windows 下使用，或者在 Windows 下处理文本不是很方便；

2）对于中文处理支持不友好；

3）Linux 下的文本处理大量依赖正则表达式，而正则表达式的学习曲线较为陡峭。

如果仅仅是在 Linux 下处理文本，除了使用 Linux 中的文本处理工具以外，也可以选择 Python 语言来处理文本。Python 语言简单易学、容易上手，并且更具有表现力，更易于扩展。如果读者需要学习一种文本处理工具，并想将其应用在工作中的方方面面，那么，更加应该学习 Python 语言。Python 语言内嵌的字符类型包含大量的文本处理函数，Python 的标准库对文本处理提供了很好的支持，此外，也有无数开源的项目对 Python 处理复杂的文本提供了支持，如模板处理、解析 xml 和 html 的标准库和第三方库等。

在这一章中，我们将先介绍 Python 语言中的字符串以及字符串相关的函数（4.1 节）；然后介绍 Python 中的正则表达式（4.2 节）；之后将详细介绍字符集编码问题，试图彻底解决 Python 工程师处理字符集的难题（4.3 节）；在本章最后将会介绍 Python 生态中的一门模板语言，该模板语言因为速度快，功能强大，易于调试等优点，被广泛使用在配置文件管理、文档报告生成、HTML 页面开发等场景（4.4 节）。

4.1 字符串常量

字符串是工程师处理最多的数据类型，工程师每天都会面对不同的文本处理需求。例如，从字符串中提取子串，添加或删除空白字符，将字符串转为大写或小写，检查字符串的格式是否正确。面对纷繁复杂的文本处理需求，Python 工程师总能够省时省力地解决各种文本问题。这是因为 Python 语言的字符串处理不但简单易学，而且功能强大。Python 内置的字符串就已经包含了大量的处理字符串函数。

4.1.1 定义字符串

与 C/C++/Java 等编程语言不同的是，Python 不会区分字符和字符串。在 Python 中，所有的字符都是字符串。因为 Python 不需要区分字符和字符串，所以，Python 可以使用单引号或双引号来定义字符串，如下所示：

```
In [1]: greet = "Hello, world"

In [2]: greet = 'Hello, world'
```

假设我们使用单引号来定义字符串，但是，字符串的取值里面本身也包含一个单引号，此时应该怎么处理呢？例如 'He's a teacher'。直接输入 'He's a teacher' 是不行的，因为 Python 认为这个字符串在第二个单引号的时候就结束了，剩下的（s a teacher'）则是无效的 Python 代码。在 Python 中，我们可以使用单引号或双引号定义字符串，所以，字符串的值本身包含单引号的情况下，我们一般使用双引号来定义字符串。同理，如果字符串的值本身包含双引号的情况，我们可以使用单引号来定义字符串，如下所示：

```
In [3]: intro = "He's a teacher"

In [4]: statement = 'John said to me: "Can you do me a favour tonight"'
```

如果字符串常量里面同时包含单引号或双引号，Python 中也有更好的处理方法。

对于前面提到的问题，除了使用单引号来定义值包含双引号的字符串，使用双引号来定义值包含单引号的字符串以外，也可以像其他编程语言使用转义符。

转义符是一种特殊的字符，这些字符都是一些不能显示的 ASCII 字符，使用“\”加上一个可以显示的字符来定义。虽然从肉眼来看它包含了两个字符，但是，计算机解析以后它只包含一个特殊的字符。例如，对于单引号，转义字符是“\'”，对于换行符，转义字符是“\n”。转义是一种比较常用的手段，在编程语言中，使用“\”定义转义字符，在 URL

中，使用“%”定义转义字符。

对于前面的例子，使用转义符以后定义如下：

```
In [5]: intro = 'He\'s a teacher'

In [6]: statement = "John said to me: \"Can you do me a favour tonight\""
```

Python 中的转义符和 C 语言一样，常见的转义符如表 4-1 所示。

表 4-1 常见的转义符

转义字符	含义	转义字符	含义
\a	响铃（BEL）	\t	水平制表（HT)(跳到下一个 TAB 位置）
\b	退格（BS)，将当前位置移到前一列	\v	垂直制表（VT）
\f	换页（FF)，将当前位置移到下页开头	\\	代表一个反斜线字符‘\’
\n	换行（LF)，将当前位置移到下一行开头	'	代表一个单引号字符
\r	回车（CR)，将当前位置移到本行开头	"	代表一个双引号字符

大家通过前面的介绍知道，Python 在遇到“\”时，会认为这是一个转义符，Python 会将“\”与随后的一个字符一起处理。大部分情况下这都不是问题，但是，如果使用 Python 处理 Windows 下的路径，则需要特别注意。这是因为，Windows 下的路径分隔符正好是“\”，与我们用来转义的符号相同。因此，在处理 Windows 下的路径时，应该使用转义符对路径分隔符进行转义，如果不使用转义符，在遇到特殊字符时将会出错。例如，我们在 C 盘的根目录下创建了一个名为 next 的目录，执行下面的代码，将会提示目录不存在。

```
import os

path = "c:\next"
print(path)
print(os.path.isdir(path))
```

程序的结果之所以不符合预期，是因为在 Python 中，对“\n”进行了转义。转义以后，计算机看到的路径并不是我们指定给它的路径。为了修正这个问题，我们可以使用转义符对路径进行转义：

```
path = "c:\\next"
```

除了使用转义符以外，还可以使用原始字符串（raw string)。原始字符串的使用非常简单，就是在字符串的定义前面加上一个“r”，如：r“Hello, world”。原始字符串将会抑制所有的转义，打印字符中所有的反斜杠。因此，对于上面的例子也可以使用原始字符串解决，如下所示：

```
import os

path = r"c:\next"
print(path)
```

```
print(os.path.isdir(path))
```

在Python中定义字符串时，如果字符的值混合了单引号、双引号、换行符、制表符等特殊字符，总是可以通过转义符的方式来定义字符串。但是，如果字符串比较长，或者需要转义的字符比较多，处理起来就会比较麻烦，这个时候，还可以使用Python的三引号定义字符串。

在Python中，可以使用三个引号来定义字符串，如下所示：

```
In [1]: message = ''' Type "copyright", "credits" or "license" for more information.
   ...: object?    -> Details about 'object', use 'object??' for extra details.'''

In [2]: message = """ Type "copyright", "credits" or "license" for more information.
   ...: object?    -> Details about 'object', use 'object??' for extra details."""
```

使用三个引号定义的字符串一般称为多行字符串。多行字符串起止都是三个单引号或三个双引号，在三重引号之间，所有的引号、换行符、制表符等特殊字符，都会被认为是普通的字符，是字符串的一部分。Python的多行字符串也不受代码块缩进规则的限制，因为它本身就不是代码，而是普通的字符串。

Python字符串还有一个容易被忽略的小特性，即两个相连的字符串会自动组成一个新的字符串。这个特性在使用Python处理较长的字符串，并且保证每行代码不超过特定的字符数限制时比较有用。如下所示：

```
In [1]: s = "hello" "world"

In [2]: s
Out[2]: 'helloworld'

In [3]: s = ("Open source software is made better when users can easily contribute
code"
        "and documentation to fix bugs and add features. "
        "Python strongly encourages community involvement in improving the software. ")
```

4.1.2 字符串是不可变的有序集合

Python处理字符时，不区分普通字符和字符串，也不需要工程师管理内存，使用起来非常简单。但是，如果工程师具有其他编程语言的背景，刚开始使用Python的字符串可能会很不习惯。这是因为Python的字符串是不可变的，无法直接进行修改，这违反了很多工程师的直觉。此外，在Python这门编程语言中，除了像其他编程语言一样使用下标访问字符串的内容以外，还可以使用分片操作访问字符串中的内容。如果工程师没有习惯分片操作，则无法充分发挥Python语言处理字符串的优势。

Python语言的字符串有两大特点：

- 字符串是不可变的；
- 字符串是字符的有序集合。

Python 的字符串是不可变的，所以不能直接对字符串进行修改。尽管这样，我们还是可以通过字符运算、切片操作、格式化表达式和字符串方法调用等方式创建新的字符串，再将结果赋值给最初的变量名，以达到修改字符串的目的。

```
>>> s = "hello"
>>> s[0] = 'H'
Traceback (most recent call last):
    File "<stdin>", line 1, in <module>
TypeError: 'str' object does not support item assignment
>>> s = 'H' + s[1:]
>>> s
'Hello'
```

因为 Python 字符串是不可变的，所以，当我们对字符串进行操作时会得到一个新的字符串：

```
>>> s + "world"
'helloworld'
>>> s * 3
'hellohellohello'
```

Python 工程师在进行字符串操作时，应该谨记 Python 字符串的不可变性。Python 字符串每次操作都会产生一个新的字符串，新的字符串会占用一块独立的内存。因此，操作字符串时需要避免产生太多的中间结果。例如，下面就是一个反面案例：

```
In [1]: fruits = ['orange', 'apple', 'banana', 'pear']

In [2]: statement = fruits[0]

In [3]: for item in fruits[1:]:
   ...:     statement = statement + ", " + item
   ...:

In [4]: print(statement)
orange, apple, banana, pear
```

在这个例子中，用 for 循环和字符串的“+”操作连接字符串，由于 Python 的字符串具有不可变性，因此，每次连接操作都会生成一个中间结果。对于这个例子，图 4-1 中虚线的部分就是无用的中间结果，它们一产生就被销毁，白白浪费了程序的运行时间。

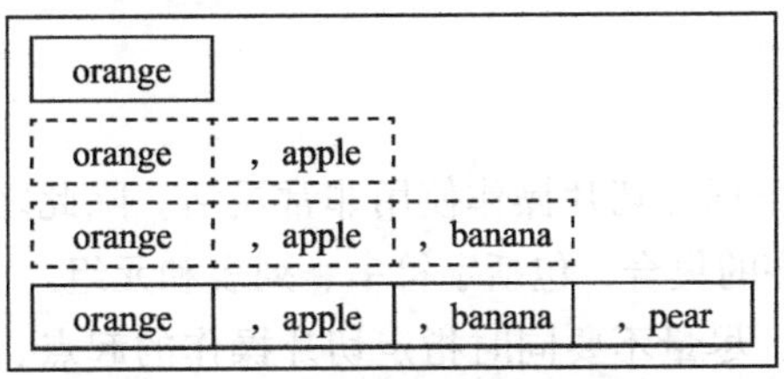

图 4-1 “+”操作连接字符串

产生的中间结果越多，程序的性能就越差。因此，Python 工程师应该牢记 Python 字符串的不可变性，在实际编程过程中避免产生太多的中间结果。对于这个例子，正确的做法应该是使用字符串的 join 方法，如下所示：

```
In [5]: ", ".join(fruits)
Out[5]: 'orange, apple, banana, pear'
```

Python 字符串的第二个特点就是通过下标和切片进行访问。在 Python 语言中，元组、列表和字符串都是元素的有序集合，都可以使用下标和切片进行访问。此外，还需要注意的是 Python 中的下标从 0 开始，也可以为负数。图 4-2 给出了字符串索引的示意图。

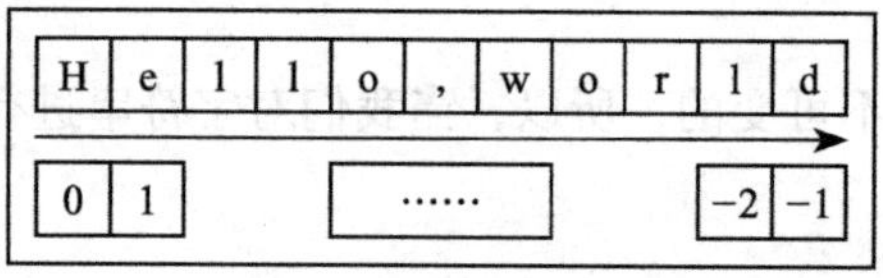

图 4-2　字符串的索引

如果我们有一个字符串为“ Hello,world”，当下标是正数时，从左向右访问。例如，下标为 0 的字符是“ H”，下标为 1 的字符是“ e”；当下标是负数时，从右向左访问，因此，下标为 −1 的字符是“d”，下标为 −2 的字符是“l”，以此类推。

对于切片操作，可以理解为是对下标操作的一个扩展。即下标操作每次只能访问一个元素，而切片操作每次可以访问一个范围。可以指定切片操作的起点、终点和步长，并且起点、终点和步长都可以省略，也可以为负数。如下所示：

```
In [6]: s = "Hello,world"

In [7]: s[:5]
Out[7]: 'Hello'

In [8]: s[0:5]
Out[8]: 'Hello'

In [9]: s[6:]
Out[9]: 'world'

In [10]: s[::-1]
Out[10]: 'dlrow,olleH'

In [11]: s[0:5:2]
Out[11]: 'Hlo'
```

可以看到，Python 的下标和切片操作使用非常灵活。除此之外，下标和切片操作非常通用，它们应用于任何有序的集合，包括字符串、列表和元组。

为了代码可读性考虑，尽量不要同时指定切片操作的起点、终点和步长，也不要使用负数的起点、终点和步长。例如，Python 工程师很喜欢不指定起点和终点，并设置步长为 -1

的方式来置逆一个字符串：

```
In [12]: s[::-1]
Out[12]: 'dlrow,olleH'
```

这种方式不如使用 reversed 函数清晰。使用 reversed 函数，即使对 Python 不是特别熟悉，也知道这是在置逆一个字符串，可读性更好：

```
In [13]: ''.join(reversed(s))
Out[13]: 'dlrow,olleH'
```

4.1.3 字符串函数

Python 语言为工程师处理字符串提供了大量的方法，掌握并灵活使用这些方法，就能够便捷快速地解决很多文本相关的问题。这些方法简单易学，使用频率高，值得我们花时间学习。

Python 提供的与字符串处理相关的方法可以分为两大类。一类是可用于多种类型的通用操作，以内置函数或表达式的方式提供。如 len(s)、s[0]、'x' in s 等。另一类是只作用于字符串的特定类型操作，以方法调用的形式提供，如 str.split() 和 str.upper() 等。

1. 通用操作

通用类型的操作中，已经在前面介绍了下标和切片操作，这里不再赘述。除此之外，还有求字符串长度和判断子串是否存在于字符串的逻辑，这不是通过字符串方法调用提供的。Python 初学者，尤其是有其他编程语言背景知识的工程师，刚开始会很不习惯。例如，在 Java 语言中，对于字符串类型存在 length 方法和 contains 方法，分别用来获取字符串的长度以及判断子串是否存在于字符串中。Python 中则不存在这样的方法，因为这两个操作比较通用，所以，Python 以内置函数和表达式的形式提供了支持。使用内置函数和表达式的方式提供支持的好处是，相同的方式可以应用于列表、元组等有序的集合中。如下所示：

```
In [1]: s = "Hello,world"

In [2]: len(s)
Out[2]: 11

In [3]: "Hello" in s
Out[3]: True

In [4]: "Hello" not in s
Out[4]: False
```

相同的方式应用于列表中：

```
In [5]: l = [1, 2, 3, 4, 5]

In [6]: len(l)
```

```
Out[6]: 5

In [7]: 1 in l
Out[7]: True
```

在Python语言的设计哲学中，字符串、列表和元组具有一些共性，即它们都是元素的有序集合。Python语言将对共性的操作提炼成了通用的操作，而不是为每种类型都提供相应的方法。因此，下标访问、序列切片操作、求长度和判断元素是否存在于集合中都是通过更加通用的函数和表达式提供支持。

2. 与大小写相关的方法

以下几个函数是与字符大小写相关的字符串处理函数：

- upper：将字符串转换为大写；
- lower：将字符串转换为小写；
- isupper：判断字符串是否都为大写；
- islower：判断字符串是否都为小写；
- swapcase：将字符串中的大写转换为小写、小写转换为大写；
- capitalize：将首字母转换为大写；
- istitle：判断字符串是不是一个标题；

由于Python设计优秀，并拥有清晰的命名，所以，通过名字就能知道函数的作用。如果通过名字无法知道函数的具体作用，则可以使用第二章介绍的IPython获取函数的帮助信息，如下所示：

```
In [1]: s = "Hello, world"

In [2]: s.capitalize?
Docstring:
S.capitalize() -> str

Return a capitalized version of S, i.e. make the first character
have upper case and the rest lower case.
Type:      builtin_function_or_method
```

下面是使用IPython对Python中的字符串处理函数进行测试的例子：

```
In [1]: "lai ming xing".upper()
Out[1]: 'LAI MING XING'

In [2]: "Lai Ming Xing".upper()
Out[2]: 'LAI MING XING'

In [3]: "Lai Ming Xing".lower()
Out[3]: 'lai ming xing'

In [4]: "lai ming xing".isupper()
```

```
Out[4]: False

In [5]: "LAI MING XING".isupper()
Out[5]: True

In [6]: "Lai Ming Xing".swapcase()
Out[6]: 'lAI mING xING'

In [7]: "lai ming xing".capitalize()
Out[7]: 'Lai ming xing'

In [8]: "Lai ming xing".istitle()
Out[8]: False

In [9]: "Lai Ming Xing".istitle()
Out[9]: True
```

通过上一小节的介绍，我们知道字符串是不可变的，因此，这里的方法并没有改变原来的字符串，而是产生了一个新的字符串。如果需要修改字符串，则可以将修改过后的字符串赋值给原来的变量。

将字符串转换为大写或者小写是很实用的方法。例如，程序等待用户输入，在用户输入“yes”的时候，执行某项操作，否则就退出程序。为了对用户更加友好，增强用户的体验感，程序应该在用户输入“yes”,“Yes”,“YES”,“yES”,“YeS”时都判断为真。这个时候，我们可以将用户的输入全部转换为小写，然后与“yes”进行比较。如下所示：

```
yes_or_no = input('Plese input yes or no : ')
if yes_or_no.lower() == "yes":
    print("continue do something")
else:
    print("exit...")
```

3. 判断类方法

Python 的字符串有很多以“is”开头的方法，如前面介绍的 istitle、isupper 和 islower。这类方法都是判断类的方法，它们不会产生新的字符串，并且总是返回 True 或者 False。其他常见的字符串判断类方法有：

- s.isalpha：如果字符串只包含字母，并且非空，则返回 True，否则返回 False；
- s.isalnum：如果字符串值包含字母和数字，并且非空，则返回 True，否则返回 False；
- s.isspace：如果字符串值包含空格、制表符、换行符，并且非空，则返回 True，否则返回 False；
- s.isdecimal：如果字符串只包含数字字符，并且非空，则返回 True，否则返回 False。

下面是在 IPython 中测试的例子：

```
In [1]: "Python".isalpha()
Out[1]: True

In [2]: "Python 3.6".isalpha()
Out[2]: False

In [3]: "Python 3.6".isalnum()
Out[3]: False

In [4]: " \t\n".isspace()
Out[4]: True

In [5]: "Python 3.6".isdecimal()
Out[5]: False

In [6]: "3.6".isdecimal()
Out[6]: False

In [7]: "36".isdecimal()
Out[7]: True
```

4. 字符串方法 startswith 和 endswith

startswith 和 endswith 也是两个判断类的方法，分别用来判断方法的参数是否为字符串的前缀或后缀。如下所示：

```
In [1]: s = "lai ming xing"

In [2]: s.startswith('lai')
Out[2]: True

In [3]: s.startswith('lai m')
Out[3]: True

In [4]: s.startswith('Not')
Out[4]: False

In [5]: s.endswith('xing')
Out[5]: True
```

可以看到，这里定义了一个字符串“lai ming xing”，那么，只要传给 startswith 的参数是这个字符串的前缀，方法都会返回 True，否则返回 False。在这个例子中，“lai” 和 “lai m” 都是字符串“lai ming xing”的前缀。

上面的例子演示了 startswith 和 endswith 的用法，这个例子不够实用，我们再来看两个实用的例子，分别是找出当前目录下所有的文本文件和 MongoDB 的日志文件。

假设当前目录下有以下存在文本文件、Python 文件和图片文件，如下所示：

```
$ ls
```

```
a.txt b.txt c.txt d.txt e.py  f.py  g.py  h.jpg
```

现在，我们想找出所有文本文件或 Python 文件，在 Python 中使用内置的字符串方法即可，非常方便。如下所示：

```
In [1]: import os

In [2]: [ item for item in os.listdir('.') if item.endswith('.py') ]
Out[2]: ['e.py', 'f.py', 'g.py']

In [3]: [ item for item in os.listdir('.') if item.endswith('.txt') ]
Out[3]: ['a.txt', 'b.txt', 'c.txt', 'd.txt']
```

在我们的实际工作过程中，更多时候可能需要使用前缀匹配。如 MySQL 的 binlog 日志、MongoDB 的运行日志、Apache 的访问日志，这些日志都分别拥有相同的前缀，因此，需要使用前缀匹配。下面就以 MongoDB 的日志为例演示 Python 中的前缀匹配。一个典型的 MongoDB 日志目录如下所示：

```
$ ls
mongod.log  mongod.log.2017-03-01T12-52-22  mongod.log.2017-03-01T12-52-23
mongod.log.2017-03-01T12-52-26  mongod.log.2017-03-01T12-52-27
```

这个时候，如果我们想要知道所有 MongoDB 日志文件占用的磁盘大小，可以使用如下命令：

```
import os
mongod_logs = [item for item in os.listdir('/var/mongo/log') if item.
startswith('mongod.log')]
sum_size = sum(os.path.getsize(os.path.join('/var/mongo/log', item)) for item in
mongod_logs)
```

5. 查找类函数

下面介绍几个查找类函数，这几个函数都是用来查找子串出现在字符串中的位置。它们之间的区别可能是查找的方向不同，也可能是以不同的方式处理异常情况。

- find：查找子串出现在字符串中的位置，如果查找失败，返回 -1；
- index：与 find 函数类似，如果查找失败，抛出 ValueError 异常；
- rfind：与 find 函数类似，区别在于 rfind 是从后向前查找；
- rindex：与 index 函数类似，区别在于 rindex 是从后向前查找。

这几个函数都比较类似，因此，我们仅详细介绍 find 函数的用法，先看一下 find 函数的帮助信息：

```
In [1]: s = "Return the lowest index in S where substring sub is found"

In [2]: s.find?
Docstring:
```

```
S.find(sub [,start [,end]]) -> int

Return the lowest index in S where substring sub is found,
such that sub is contained within S[start:end].  Optional
arguments start and end are interpreted as in slice notation.

Return -1 on failure.
Type:      builtin_function_or_method
```

可以看到，find函数返回的是子串出现在字符串中的具体位置，而不是判断字符串是否包含字串。因此，find返回的是子串在字符串中的下标。我们知道，Python中的下标是从0开始的，因此，在字串不存在的情况下，find函数返回 -1 表示异常情况。除此之外，find函数还能够指定查找范围，这个范围与字符串切片操作类似，即通过起点和终点指定范围。

```
In [3]: s.find('in')
Out[3]: 18

In [4]: s.find('in', 19)
Out[4]: 24

In [5]: s.find('not exists')
Out[5]: -1
```

在这个例子中，字符串s包含了两个“in”子串，第一个“in”出现在下标18的位置，第二个“in”出现在下标24的位置。在不指定查找范围时，查找的是第一个“in”。如果指定从下标19开始查找，则找到的是第二个“in”出现的位置。如果子串没有出现在字符串中，则返回 -1 表示异常情况。

find函数最容易被错用的地方在于使用find函数判断一个子串是否出现在字符串中。如下所示：

```
In [6]: if "hello, world".find("not exists"):
   ...:     print(True)
   ...: else:
   ...:     print(False)
   ...:
   ...:
True
```

Python初学者很容易犯这样的错误，认为find函数在查找失败时返回False或0。对于判断一个字符串是否是另一个字符串的子串，正确的做法是使用in和not in：

```
In [7]: 'in' in s
Out[7]: True

In [8]: 'no exists' in s
Out[8]: False
```

```
In [9]: 'no exists' not in s
Out[9]: True
```

6. 字符串操作方法

接下来将介绍几个修改字符串的函数。前面说过，Python 中的字符串是不可变的，无法进行修改。如果需要修改原来的字符串，可以对字符串执行修改操作，将修改过后的字符串再赋值回原来的变量。

字符串的 join 函数用以连接字符串列表，组成一个新的、更大的字符串。join 是一个字符串处理函数，需要先有字符串，再调用这个函数。因此，如果仅仅需要将几个字符串连接起来，并且不需要插入任何额外的字符，则可以使用空字符串调用 join 方法，如下所示：

```
In [1]: "".join(['a', 'b', 'c'])
Out[1]: 'abc'
```

如果调用 join 函数的不是空字符串，则调用 join 函数的字符将会作为“分隔符”插入到字符串列表的中间。join 函数对分隔符没有任何要求，任何一个合法的字符串都可以。如下所示：

```
In [2]: ",".join(['a', 'b', 'c'])
Out[2]: 'a,b,c'

In [3]: " , ".join(['a', 'b', 'c'])
Out[3]: 'a , b , c'

In [4]: "###".join(['a', 'b', 'c'])
Out[4]: 'a###b###c
```

join 函数比前面介绍的更加通用，如果读者使用 IPython 查看 join 函数的帮助文档，会发现 join 函数只有一个参数，并且是 iterable 而不是列表。

```
In [5]: str.join?
Type:        method_descriptor
String Form:<method 'join' of 'str' objects>
Namespace:   Python builtin
Docstring:
S.join(iterable) -> string

Return a string which is the concatenation of the strings in the
iterable.  The separator between elements is S.
```

也就是说，join 接受任何可迭代的对象。因此，如果我们要将文件中的内容拼接起来组成一个更大的字符串，我们只需要将文件对象传递给 join 函数即可，因为文件对象本身就是一个可迭代的对象。如下所示：

```
In [6]: with open('/etc/passwd') as f:
```

```
    print("###".join(f))
    ...:
root:x:0:0:root:/root:/bin/bash
###daemon:x:1:1:daemon:/usr/sbin:/bin/sh
###bin:x:2:2:bin:/bin:/bin/sh
```

join 函数最容易被滥用的地方是打印字符串列表时，print 函数本身可以通过 sep 参数指定分隔符：

```
In [7]: print('root', '/root', '/bin/bash', sep=':')
root:/root:/bin/bash
```

但是，由于工程师的惯性思维，很容易先将字符串列表拼接起来，再打印字符串：

```
In [8]: print(":".join(['root', '/root', '/bin/bash']))
root:/root:/bin/bash
```

使用这种方式，不但性能会变差，而且也容易出错。例如，打印列表里面包含数字的情况，原本使用 print 函数是可以正确打印的，现在改用 join 字符串先将列表拼接起来再打印，由于列表里面存在数字，join 函数不会自动将数字转换为字符串，而是抛出异常信息：

```
In [9]: print(":".join(['root', 100, '/root', '/bin/bash']))
---------------------------------------------------------------------------
TypeError                                 Traceback (most recent call last)
<ipython-input-9-8dd5716137e7> in <module>()
----> 1 print(":".join(['root', 100, '/root', '/bin/bash']))

TypeError: sequence item 1: expected string, int found
```

前面详细介绍了 join 函数，接下来看一下与 join 函数起反作用的 split 函数。join 函数用以将字符串列表（更准确地说，是可迭代对象）拼接成一个更大的字符串，而 split 函数正好相反，它用以将一个字符串拆分成字符串列表。如下所示：

```
In [10]: "root:x:0:0:root:/root:/bin/bash".split(':')
Out[10]: ['root', 'x', '0', '0', 'root', '/root', '/bin/bash']
```

用以拆分字符串的“分隔符”也可以省略。省略的情况下，将会以空白字符（包括空格、换行符、制表符）进行拆分，如下所示：

```
In [11]: s.split()
Out[11]: ['a', 'b', 'c', 'd']
```

strip、rstrip 和 lstrip 这几个函数用来对字符串进行裁剪。函数名中的“l”代表“left”，“r”代表“right”，因此，这三个函数的作用非常明显，strip 对字符串两边进行裁剪，lstrip 对字符串左边进行裁剪，rstrip 对字符串右边进行裁剪。它们除了作用的范围不一样以外，没有任何区别。因此，这里将这三个函数一起进行介绍。strip 函数使用最多的场景是去除字符串两边的空白字符。如下所示：

```
In [12]: s = " \tHello, \tWorld \n"

In [13]: s.strip()
Out[13]: 'Hello, \tWorld'

In [14]: s.lstrip()
Out[14]: 'Hello, \tWorld \n'

In [15]: s.rstrip()
Out[15]: ' \tHello, \tWorld'
```

当然，也可以给 strip 函数传递参数，参数中的所有字符都可以被裁剪。传递给 strip 函数的参数是需要裁剪的字符集合，因为是集合，所以字符串的顺序并不重要，重复字符串也没有任何效果。如下所示：

```
In [16]: s = "##Hello, world##"

In [17]: s.strip('#')
Out[17]: 'Hello, world'

In [18]: s.strip('###')
Out[18]: 'Hello, world'

In [19]: s.strip('H#d')
Out[19]: 'ello, worl'

In [20]: s.strip('d#H')
Out[20]: 'ello, worl'
```

replace 函数非常简单，顾名思义就是将字符串中的子串替换成另一个新的子串：

```
In [21]: "hello, world".replace('ll', 'oo')
Out[21]: 'heooo, world'
```

4.1.4 案例：使用 Python 分析 Apache 的访问日志

众所周知，网站的访问日志是非常有价值的文件。通过解析网站的分析日志，能够挖掘出很多有价值的信息。例如，通过访问日志统计网站的 PV 和 UV，解析出网站中最热的资源，统计用户访问出错的比例，统计网站请求的高峰时段等。这些信息可以帮助工程师优化网站的访问速度，也可以为公司决策提供数据支撑。在这一小节中，我们将介绍如何使用 Python 内置的字符串处理函数和 Python 的核心数据类型分析 Apache 日志。我们将用少量代码从 Apache 的日志中挖掘出更多有用的信息。

一条典型的 Apache 默认格式的日志如下：

```
193.252.243.232 - - [29/Mar/2009:06:05:34 +0200] "GET /index.php HTTP/1.1" 200
8714 "-" "Mozilla/5.0 (compatible; PJBot/3.0; +http://crawl.pagesjaunes.fr/robot)" "-"
```

Apache 默认格式的日志包含 12 列，分别是：

1）客户端 IP；

2）远程登录名称；

3）认证的远程用户；

4）请求的时间；

5）UTC 时间差；

6）请求的 HTTP 方法；

7）请求的资源；

8）HTTP 协议；

9）HTTP 的状态码；

10）服务端发送的字节数；

11）访问来源；

12）客户浏览器信息（在本例中不具体拆分浏览器信息）。

对于前面这一行 Apache 日志，如果直接使用字符串的 split 函数进行拆分，那么，拆分以后获得的日志列表中，下标为 0 的元素是用户的 IP，下标为 6 的元素是用户请求的资源，下标是 7 的元素是本次请求的 HTTP CODE。如下所示：

```
In [1]: line = '193.252.243.232 - - [29/Mar/2009:06:05:34 +0200] "GET /index.
php HTTP/1.1" 200 8714 "-" "Mozilla/5.0 (compatible; PJBot/3.0; +http://crawl.
pagesjaunes.fr/robot)" "-"'


In [2]: line.split()
Out[2]:
['193.252.243.232',
 '-',
 '-',
 '[29/Mar/2009:06:05:34',
 '+0200]',
 '"GET',
 '/index.php',
 'HTTP/1.1"',
 '200',
 '8714',
 '"-"',
 '"Mozilla/5.0',
 '(compatible;',
 'PJBot/3.0;',
 '+http://crawl.pagesjaunes.fr/robot)"',
 '"-"']

In [3]: line.split()[0]
Out[3]: '193.252.243.232'
```

```
In [4]: line.split()[6]
Out[4]: '/index.php'

In [5]: line.split()[7]
Out[5]: '200'
```

有了用户 IP 以后，我们可以很方便地获取到网站的 PV 和 UV（PV 是网站的访问请求数，UV 是网站的独立访客数）。在这个例子中，假设 Apache 的访问日志存放在当前目录下的 access.log 文件中。我们打开日志文件，逐行进行遍历，然后使用字符串的 split 函数拆分每一行日志，拆分日志以后通过下标 0 获取到用户的 IP。如下所示：

```
#!/usr/bin/python
#-*- coding: UTF-8 -*-
from __future__ import print_function

ips = []
with open('access.log') as f:
    for line in f:
        ips.append(line.split()[0])

print("PV is {0}".format(len(ips)))
print("UV is {0}".format(len(set(ips))))
```

我们将解析出来的 IP 添加到一个列表之中，那么，列表的长度就是网站的访问数。当我们要求 UV 时，只需要对刚才的列表进行去重，然后统计去重以后的元素个数，就得到了 UV。对于这个需求，在 Python 中可以通过将列表保存到一个集合中的方式来实现。集合天然就拥有去重功能，很适合用来实现这里的需求。

接下来看另外一个需求，找到网站中最热的资源。所谓最热的资源就是这个网站中，被访问的最多的资源。这个信息对于工程师来说非常有用。工程师知道哪些资源是比较热门的资源以后，可以对这些资源的访问进行额外的优化（如缓存、反向代码、CDN 等技术手段）。

要统计网站中最热的资源，显然需要对访问日志中请求的资源进行统计。在 Python 中，可以使用一个字典来保存资源的热度，例如，字典的键是资源的名称，字典的值是访问的次数。除了使用字典来保存资源的热度以外，Python 中还可以使用 collections.Counter 保存资源的热度。

Counter 是 dict 的子类，使用方式与字典类似。对于普通的计数功能，Counter 比字典更加好用。如下所示：

```
In [1]: from collections import Counter

In [2]: c = Counter('abcba')

In [3]: c
Out[3]: Counter({'a': 2, 'b': 2, 'c': 1})
```

```
In [4]: c['a'] += 1

In [5]: c['d'] += 1

In [6]: c
Out[6]: Counter({'a': 3, 'b': 2, 'c': 1, 'd': 1})

In [7]: c.most_common(2)
Out[7]: [('a', 3), ('b', 2)]
```

对于Counter来说，如果一个键不存在于计数器中，直接对这个键进行运算也不会报错，如上面这段代码中的“c['d'] += 1”。此外，Counter作为一个计数器，还提供一个名为most_common的函数，用来显示Counter中取值最大的几个元素。下面的代码使用Counter统计网站中最热门的十项资源：

```
#!/usr/bin/python
#-*- coding: UTF-8 -*-
from __future__ import print_function
from collections import Counter

c = Counter()
with open('access.log') as f:
    for line in f:
        c[line.split()[6]] += 1

print("Popular resources : {0}".format(c.most_common(10)))
```

接下来看一个与用户体验相关的问题。网站的用户体验非常重要，如果用户访问网站经常出错，不但会导致用户口碑变差、降低营收，还会导致用户流失，对公司造成较大的伤害。长此以往，甚至可能导致公司倒闭。因此，网站的出错比例是很重要的一份数据。要统计用户访问出错的比例，可以通过统计每个请求的HTTP CODE得到。在HTTP协议中，如果HTTP CODE为2xx或3xx，则视为访问正确，如果HTTP CODE为4xx或5xx，则视为访问出错。因此，统计网站的出错比例，就是统计出错的请求占总请求数的比例。如下所示：

```
#!/usr/bin/python
#-*-coding: UTF-8 -*-
from __future__ import print_function

d = {}
with open('access.log') as f:
    for line in f:
        key = line.split()[8]
        d.setdefault(key, 0)
        d[key] += 1
```

```
sum_requests= 0
error_requests= 0

for key, val in d.iteritems():
    if int(key) >= 400:
        error_requests+= val
    sum_requests+= val

print('error rate: {0:.2f}%'.format(error_requests * 100.0 / sum_requests))
```

我们已经使用 Python 分析了网站的 UV、PV、最热门的资源和出错的比例。此外，通过 Apache 的访问日志，还可以统计网站每小时的流量并以此找到网站的请求高峰，以及分析浏览器字段统计用户使用的浏览器类型等。

4.1.5 字符串格式化

我们在 4.1.3 节介绍了字符串相关的函数，工程师可以使用这些函数来操作字符串。此外，Python 还提供了一种更高级的方法组合字符串处理任务——字符串格式化。

在 Python 中，存在两种格式化字符串的方法，即 % 表达式和 format 函数。% 表达式从 Python 诞生之日就开始存在了，是基于 C 语言的 printf 模型，目前还广泛使用。format 函数是 Python 2.6 和 Python 3.0 新增加的技术，是 Python 独有的方法，并且和字符串格式化表达式的功能有不少的重叠。虽然 % 表达式目前还广泛使用，但是，format 函数才是字符串格式化的未来，% 表达式在 Python 未来的版本中可能会被弃用。因此，本书将只介绍 format 函数。

Python 官方手册中给出的 format 形式化定义如下：

```
format_spec ::=  [[fill]align][sign][#][0][width][,][.precision][type]
fill        ::=  <any character>
align       ::=  "<" | ">" | "=" | "^"
sign        ::=  "+" | "-" | " "
width       ::=  integer
precision   ::=  integer
type        ::=  "b" | "c" | "d" | "e" | "E" | "f" | "F" | "g" | "G" | "n" | "o"
| "s" | "x" | "X" | "%"
```

各个字段的含义如下：

- fill：表示显示时需要填充的字符，默认以空格填充；
- align：表示输出结果的对齐方式，“<”表示左对齐，“>”表示右对齐，“^”表示居中；
- sign：仅仅对数字起作用，表示在显示数字时，是否需要显示“+”和“-”号，默认取值是“-”，表示在显示正数时，不会显示“+”号，在显示负数时，显示“-”号，当 sign 为一个空格时（“ ”），表示“-”和数字之间需要保留一个空格；
- width：表示显示的宽度；

- precision：表示显示的精度；
- type：表示显示的类型。

format 函数的形式化定义看起来比较复杂，不过，在具体使用的时候并不会用到 format 函数所有的功能。此外，读者暂时不用太关注 format 函数的形式化定义，我们通过下面的例子来学习 format 函数的使用方法。

最简单的 format 函数使用应该是通过参数的位置访问参数。如下所示，通过 {} 来表示一个占位符，Python 会自动将 format 函数的参数依次传递给 {} 占位符。

```
In [1]: "{} is better than {}. {} is better than {}.".format('Beautiful', 'ugly',
'Explicit', 'implicit')
Out[1]: 'Beautiful is better than ugly. Explicit is better than implicit.'
```

也可以通过下标的方式来访问 format 函数的参数，如下所示：

```
In [2]: "{0} is better than {1}. {2} is better than {3}.".format('Beautiful',
'ugly', 'Explicit', 'implicit')
Out[2]: 'Beautiful is better than ugly. Explicit is better than implicit.'
```

通过下标访问参数以后，一个参数可以出现多次，如下所示：

```
In [3]: "Beautiful is {0} than ugly. Explicit is {0} than implicit.".format
('better')
Out[3]: 'Beautiful is better than ugly. Explicit is better than implicit.'
```

在参数较少的情况下，通过占位符或下标的形式访问 format 函数的参数并没有什么问题。如果参数较多就不太适合了，这个时候，可以使用解释性更强的关键字参数形式。如下所示：

```
In [4]: d = dict(good1='Beautiful', bad1='ugly', good2='Explicit',
bad2='implicit')

In [5]: "{good1} is better than {bad1}. {good2} is better than {bad2}.".format(**d)
Out[5]: 'Beautiful is better than ugly. Explicit is better than implicit.'
```

format 函数也可以直接访问对象的属性，如下所示：

```
In [6]: from collections import namedtuple

In [7]: Person = namedtuple('Person', 'name age sex')

In [8]: xm = Person('Xiaoming', 20, 'male')

In [9]: "{p.name} {p.age} old this year".format(p=xm)
Out[9]: 'Xiaoming 20 old this year'
```

下面的例子分别是对 format 函数的精度、符号、宽度、对齐方式、字符填充、逗号分隔等格式进行测试：

```
In [10]: "{:.2f}".format(3.1415926)
Out[10]: '3.14'

In [11]: "{:+.2f}".format(3.1415926)
Out[11]: '+3.14'

In [12]: "{:10.2f}".format(3.1415926)
Out[12]: '      3.14'

In [13]: "{:^10.2f}".format(3.1415926)
Out[13]: '   3.14   '

In [14]: "{:_^10.2f}".format(3.1415926)
Out[14]: '___3.14___'

In [15]: "{:,}".format(1234567)
Out[15]: '1,234,567'

In [16]: "{:_^+20,.2f}".format(1234.5678)
Out[16]: '_____+1,234.57______'
```

4.2 正则表达式

读者可以从上一节的介绍看到，Python 内置的字符串非常强大，包含了很多有用的字符串处理函数。仅仅使用内置的字符串处理函数就能解决很多的字符处理问题。但是，也有一些比较复杂的情况，内置的字符串处理函数无法处理，或者说没有办法优雅地处理。例如，我们有下面这样的一个字符串，现在需要同时使用“:”和“.”进行 split，这对于 Python 内置的字符串函数来说，就显得比较棘手了。这个时候，可以使用更具有表达能力的正则表达式：

```
In [1]: data = "Last login: Thu Mar  2 10:04:52 2017 from 114.113.197.131"

In [2]: import re; re.split('[:.]\s*', data)
Out[2]: ['Last login', 'Thu Mar  2 10', '04', '52 2017 from 114', '113', '197',
'131']
```

正则表达式是个处理文本的强大工具，在文本处理程序中广泛使用，如 Office world、OpenOffice、Vim 和 Emacs。正则表达式在 Linux 命令行中使用更加广泛，大部分文本处理工具都支持正则表达式，如 grep，awk，sed 等。正因为正则表达式强大的表达能力，不仅软件工程师使用正则表达式，部分电脑爱好者也开始学习正则表达式，希望通过正则表达式节约文本处理的时间。

读者如果使用过 Linux 系统，应该接触过通配符的概念。例如：

```
$ ls -al  heartBeat.log*
```

```
-rw-rw-rw- 1 lmx lmx 30124701 Mar  2 11:02 heartBeat.log
-rw-rw-rw- 1 lmx lmx 65495833 Mar  1 23:59 heartBeat.log.0
-rw-rw-rw- 1 lmx lmx 65503166 Feb 28 23:59 heartBeat.log.1
-rw-rw-rw- 1 lmx lmx 65576540 Feb 27 23:59 heartBeat.log.2
```

在这个例子中，heartBeat.log* 参数会让 ls 命令只列出文件名以 heartBeat.log 开头的文件。文件名中的 heartBeat.log 之后可以有任意多个字符（甚至为零个字符）。ls 命令会读取目录中所有的文件，并且只显示与通配符匹配的文件。

正则表达式的工作原理与这里的通配符比较类似，但是，通配符能够匹配的文本范围相当有限，而正则表达式功能强大得多，也更加复杂。如果说正则表达式有什么缺点的话，那就是它的学习难度比较大。面对复杂的模式定义，部分工程师望而却步，还有部分工程师学完就忘。好在 Python 的文本处理比较强大，大部分情况下我们可以使用 Python 内置的字符串处理函数解决文本问题。在少数的情况下，也可以使用简单的正则表达式解决问题。通过同时使用 Python 内置的字符串处理函数和部分正则表达式功能，能够在拥有强大表达能力的同时降低文本处理的难度。

Python 是一门连"电池都包括在内"的编程语言，毫无疑问，它也会包含处理正则表达式的功能。在 Python 中，可以使用标准库的 re 模块开启正则表达式的大门。本节会简单介绍正则表达式的语法，然后介绍如何在 Python 语言中使用正则表达式。如果读者希望深入学习正则表达式，可以参考 Jeffrey E. F. Friedl 编著的《Mastering Regular Expressions》。

4.2.1 正则表达式语法

正则表达式的基本语法都一样，不同的实现会有相应的扩展。Python 中的正则表达式与 Perl 中的正则表达式比较相似。很多书籍都会介绍正则表达式的语法，因此，本书仅介绍基本的正则表达式语法，重点介绍 Python 中如何使用正则表达式。

如果是初次接触正则表达式，读者可以将正则表达式理解为工程师定义的过滤文本的模式。文本处理程序（如 Linux 工具，Python 代码）使用定义好的模式去过滤输入的文本。匹配模式的文本会进行进一步的处理，不匹配模式的文本将会被直接过滤。因此，正则表达式的核心是定义模式以及熟悉模式的定义规则。

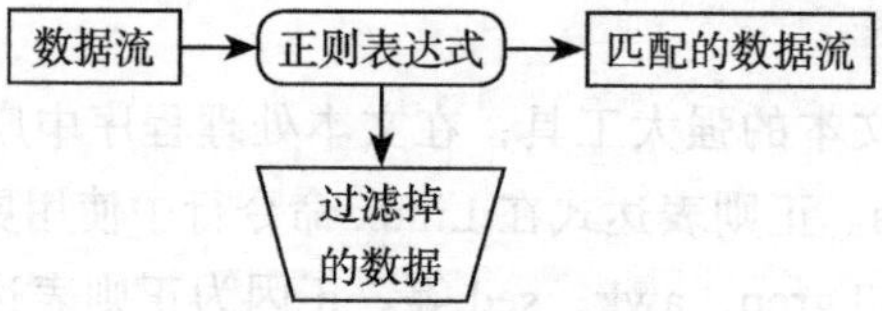

图 4-3 正则表达式示意图

正则表达式由普通文本和具有特殊意义的符号组成，工程师根据具体的需求，使用它们构造出合适的正则表达式来匹配文本。例如：

1）要匹配给定文本中的所有单词，可以使用下面的这个正则表达式：

```
?[a-zA-A]+
```

“?”用于匹配单词前后可能出现的空格，[a-zA-Z]+ 代表一个或多个英文字母

2）要匹配一个 IP 地址，可以使用下面的正则表达式：

```
[0-9]{1,3}\.[0-9]{1,3}\.[0-9]{1,3}\.[0-9]{1,3}
```

ip 地址是由点号分隔的 4 个整数，每个整数的取值范围是 0 ～ 255，这里给出的正则表达式匹配由点号分隔的 1 到 3 位数，其中 [0-9] 表示数字取值范围，{1,3} 表示 1 到 3 位数的数字组合。“.”在正则表达式中有特殊的含义，因此，这里使用转义的方式表示真正的点号运算符。虽然这里给出的匹配 ip 地址的正则表达式不是非常精确，但是，能够满足大部分场景的需求，也便于读者理解。

表 4-2 给出了正则表达式的基本组成部分。

表 4-2 正则表达式的基本语法

正则表达式	描述	示例
^	行起始标记	^imp 匹配以 imp 起始的行
$	行尾标记	import$ 匹配以 import 结尾的行
.	匹配任意一个字符	它只能匹配单个字符，但是可以匹配任意字符，如 linu. 可以匹配 linux 与 linus
[]	匹配包含在 [字符] 之中的任意字符	coo[kl] 能够匹配 cook 或 cool
[^]	匹配包含在 [^ 字符] 之外的任意字符	9[^01] 可以匹配 92、93，但是不匹配 91 或 90
[-]	匹配 [] 中指定范围内的任意一个字符	[1-5] 匹配 1 ～ 5 的任意一个数字，[a-z] 匹配任意一个小写字母
?	匹配之前项的 1 次或 0 次	hel?o 匹配 hello 或 helo，但是不能匹配 helllo
+	匹配之前项的 1 次或多次	hel+ 匹配 hel 和 hell，但是不能匹配 he
*	匹配之前项的 0 次或多次	hel* 匹配 he、hel、hell
{n}	匹配之前的项 n 次	[0-9]{3} 匹配任意一个三位数
{n,}	之前的项至少需要匹配 n 次	[0-9]{3,} 匹配任意一个三位数或更多的数字
{n,m}	指定之前的项所必须匹配的最小次数和最大次数	[0-9]{2,5} 匹配从两位数到五位数之间的任意一个数字

正则表达式中 $、^、.、*、+、{ 以及 } 等特殊字符都有特别的含义。如果我们希望将这些字符作为非特殊字符，仅仅表示普通字面含义，则需要使用转义的方式表示。读者可以参考我们前面匹配 ip 地址时对点号运算符的用法。

4.2.2 利用 re 库处理正则表达式

正则表达式虽然本身比较复杂，但是，在 Python 中使用正则表达式却出奇的简单。在 Python 中，标准库的 re 模块用来处理正则表达式，它能够顺利处理 Unicode 和普通字符串。这个模块包含了与正则表达式相关的函数、标志和一个异常。

例如，最常用的是 re 模块下的 findall 函数，用来输出所有符合模式匹配的子串，如下

所示：

```
In [1]: import re

In [2]: data = "What is the difference between python 2.7.13 and Python 3.6.0 ?"

In [3]: re.findall('python [0-9]\.[0-9]\.[0-9]', data)
Out[3]: ['python 2.7.1']
```

如果我们希望re模块在模式匹配的时候忽略字符的大小写，可以通过传递标志的形式告诉re模块忽略大小写这个需求，如下所示：

```
In [4]: re.findall('python [0-9]\.[0-9]\.[0-9]', data, flags=re.IGNORECASE)
Out[4]: ['python 2.7.1', 'Python 3.6.0']
```

如果我们定义了一个错误的模式，re模块会抛出异常，如下所示：

```
In [5]: re.findall('python [0-9]\.[0-9]\.[0-9', data, flags=re.IGNORECASE)
---------------------------------------------------------------------------
error                                     Traceback (most recent call last)
    ......
    240         p = sre_compile.compile(pattern, flags)
    241     except error, v:
--> 242         raise error, v # invalid expression
    243     if len(_cache) >= _MAXCACHE:
    244         _cache.clear()

error: unexpected end of regular expression
```

上面这个简单的例子已经演示了re模块基本的用法，并且包含了re模块的函数、标志和异常。

如果说在Python中使用正则表达式还有什么特殊的地方，那就是在Python中有两种使用正则表达式的方式。第一种是直接使用re模块中的函数，正如前面的例子中演示的一样。第二种是创建一个特定模式编译的正则表达式对象，然后使用这个对象中的方法。

什么是编译的正则表达式呢？它是一个简单的对象，通过传递模式给re.compile函数创建。编译与非编译方式使用正则表达式的差别，除了使用方式上有一点不一样以外，主要是性能方面的差异。

编译的正则表达式使用方法如下：

```
In [1]: import re

In [2]: data = "What is the difference between python 2.7.13 and Python 3.6.0 ?"

In [3]: re_obj = re.compile('python [0-9]\.[0-9]\.[0-9]', flags=re.IGNORECASE)

In [4]: re_obj.findall(data)
Out[4]: ['python 2.7.1', 'Python 3.6.0']
```

在 Python 中，根据个人喜好选择使用正则表达式的方法，大部分情况下都不会有什么问题。但是，如果需要处理的数据量比较大，则不同的方法会对执行性能有较大的影响，应该使用编译以后的正则表达式。

例如，我们使用 Linux 下的 seq 命令产生 1000 万个整数保存到文件中。该数据文件大约有 76M，并不算很大，但是足以用来比较编译版本的正则表达式和非编译版本的正则表达式之间的性能。接下来，对文件的每一行应用模式“[0-9]+”，并使用 Linux 下的 time 工具统计程序的运行时间。

非编译的正则表达式版本源码如下：

```
$ cat re_nocompile.py
#!/usr/bin/python
#-*- coding: UTF-8 -*-
import re

def main():
    pattern = "[0-9]+"
    with open('data.txt') as f:
        for line in f:
            re.findall(pattern, line)

if __name__ == '__main__':
    main()
```

编译的正则表达式版本源码如下：

```
$ cat re_compile.py
#!/usr/bin/python
#-*- coding: UTF-8 -*-
import re

def main():
    pattern = "[0-9]+"
    re_obj = re.compile(pattern)
    with open('data.txt') as f:
        for line in f:
            re_obj.findall(line)

if __name__ == '__main__':
    main()
```

分别执行编译版本的源码和非编译版本的源码，使用 Linux 下的 time 工具统计程序的运行时间。从下面的结果可以看到，对文件中的 1000 万个数字应用“[0-9]+”模式，非编译版本的 Python 代码花费了 25 秒的时间，编译版本的 Python 代码花费了 11 秒时间。显然，编译版本的性能好了不止一点点。因此，在数据量小的情况下，可以根据个人喜好选择使用正则表达式的方法。在数据量大的情况下，建议使用编译版本的正则表达式。

```
$ time python re_nocompile.py

real    0m25.921s
user    0m25.818s
sys     0m0.076s

$ time python re_compile.py

real    0m11.377s
user    0m11.309s
sys     0m0.044s
```

4.2.3 常用的 re 方法

接下来我们看一下 re 模块中常用的函数，首先介绍的是“匹配”类的函数，然后介绍“修改”类的函数，最后介绍一些正则表达式中的高级功能。

1. “匹配”类的函数

re 模块中最简单的便是 findall 函数，该函数在字符串中查找模式匹配，将所有的匹配字符串以列表的形式返回。如果文本中没有任何字符串匹配模式，则返回一个空的列表。如果有一个子串匹配模式，则返回包含一个元素的列表。所以，无论怎么匹配，我们都可以直接遍历 findall 返回的结果而不会出错。这对工程师编写程序来说，减少了异常情况的处理，代码逻辑更加简洁。如下所示：

```
In [1]: import re

In [2]: data = "What is the difference between python 2.7.13 and Python 3.6.0 ?"

In [3]: re.findall('[0-9]\.[0-9]\.[0-9]', data)
Out[3]: ['2.7.1', '3.6.0']

In [4]: re.findall('Pytho [0-9]\.[0-9]\.[0-9]', data)
Out[4]: []

In [5]: re.findall('Python [0-9]\.[0-9]\.[0-9]', data)
Out[5]: ['Python 3.6.0']

In [6]: re.findall('[0-9]\.[0-9]\.[0-9]', data)
Out[6]: ['2.7.1', '3.6.0']
```

match 函数类似于字符串中的 startswith 函数，只是 match 应用在正则表达式中更加强大、更富有表现力。match 函数用以匹配字符串的开始部分，如果模式匹配成功，返回一个 SRE_Match 类型的对象，如果模式匹配失败，返回一个 None。因此，对于普通的前缀匹配，它的用法几乎和 startswith 一模一样。例如，我们要判断 data 字符串是否以“ What”和“Not What”开头：

```
In [7]: data.startswith('What')
Out[7]: True

In [8]: data.startswith('Not What')
Out[8]: False

In [9]: re.match('What', data)
Out[9]: <_sre.SRE_Match object; span=(0, 4), match='What'>

In [10]: if re.match('What', data):
    ...:     print(True)
    ...: else:
    ...:     print(False)
    ...:
True

In [11]: if re.match('Not What', data):
    ...:     print(True)
    ...: else:
    ...:     print(False)
    ...:
False
```

虽然简单使用时match函数和startswith函数比较类似，但是，对于复杂的情况，match函数能够轻易解决，starswith则无能为力。例如，我们需要判断一个文本字符串是否以一个数字开头。由于我们不知道具体是哪个数字，只知道要求是数字，因此，无法使用startswith函数。这个时候，可以使用re模块的match函数轻松解决，如下所示：

```
In [12]: re.match('\d+', "123 is one hundred and twenty-three")
Out[12]: <_sre.SRE_Match object; span=(0, 3), match='123'>
```

match匹配成功时返回SRE_Match类型的对象。该对象包含了相关的模式和原始字符串，模式匹配成功的子串起始位置和结束位置，也可以通过该对象获取匹配的字符串。

```
In [13]: r = re.match('\d+', "123 is one hundred and twenty-three")

In [14]: r.start()
Out[14]: 0

In [15]: r.end()
Out[15]: 3

In [16]: r.re
Out[16]: re.compile(r'\d+', re.UNICODE)

In [17]: r.string
Out[17]: '123 is one hundred and twenty-three'

In [18]: r.group()
```

```
Out[18]: '123'
```

re 模块中的 search 函数模式匹配成功时，也会返回一个 SRE_Match 对象。search 函数与 match 函数用法几乎一样，区别在于前者在字符串的任意位置进行匹配，后者仅对字符串的开始部分进行匹配。它们的共同点是，如果匹配成功，返回 SRE_Match 对象，如果匹配失败，返回一个 None。

前面说过，search 仅仅查找第一次匹配。也就是说，一个字符串中包含多个模式的匹配，也只会返回第一个匹配的结果。如果我们想要返回所有的结果应该怎么做呢？返回所有结果最简单的方法是使用 findall 函数，除此之外，也可以使用 finditer 函数。

finditer 返回一个迭代器，遍历迭代器可以得到一个 SRE_Match 对象，如下所示：

```
In [19]: data = "What is the difference between python 2.7.13 and Python 3.6.0 ?"

In [20]: r = re.finditer('[0-9]\.[0-9]\.[0-9]', data)

In [21]: for it in r:
    ...:     print(it.group(0))
    ...:
2.7.1
3.6.0
```

2. "修改类" 函数

re 模块的 sub 函数类似于字符串的 replace 函数，只是 sub 函数支持使用正则表达式。所以，re 模块中的 sub 函数使用场景更加广泛，使用方式也更加灵活。例如，下面的正则表达式模式，可以同时匹配 "2.7.13" 和 "3.6.0"，并将它们都替换为 " x.x.x"。这个需求看似简单，如果使用 Python 字符串的 replace 函数，需要进行两次替换。使用正则表达式的 sub 函数，只需要一次替换即可完成。如下所示：

```
In [22]: re.sub('[0-9]+\.[0-9]+\.[0-9]+', 'x.x.x', data)
Out[22]: 'What is the difference between python x.x.x and Python x.x.x ?'
```

也可以结合 sub 函数和正则表达式的功能实现更加复杂的替换。例如，将下面的日期进行格式化，如下所示：

```
In [23]: text = 'Today is 3/2/2017. PyCon starts 5/25/2017.'

In [24]: re.sub(r'(\d+)/(\d+)/(\d+)', r'\3-\1-\2', text)
Out[25]: 'Today is 2017-3-2. PyCon starts 2017-5-25.'
```

re 模块的 split 函数与 Python 字符串的 split 函数功能一样，都是将一个字符串拆分成子串的列表。区别在于 re 模块的 split 函数能够使用正则表达式。例如，对于下面这一段包含冒号，逗号，单引号和若干空格的文本，我们希望拆分出每一个单词。面对这个需求，Python 内置的 split 函数无法进行处理，因此，可以直接使用 re 模块的 split 函数。re 模块的 split 函数能够指定多个分隔符，如下所示：

```
In [26]: text = "MySQL slave binlog position: master host '10.173.33.35',
filename 'mysql-bin.000002', position '524993060'"

In [27]: re.split(r"[':,\s]+", text.strip("'"))
Out[27]:
['MySQL',
 'slave',
 'binlog',
 'position',
 'master',
 'host',
 '10.173.33.35',
 'filename',
 'mysql-bin.000002',
 'position',
 '524993060']
```

3. 大小写不敏感

我们使用 Python 的 re 模块，并不一定总是为了使用正则表达式进行复杂的匹配。有时候一些很小的需求，使用 re 模块也会比较方便。例如，我们在字符串查找或替换的时候需要忽略字符的大小写。如下所示：

```
In [28]: text = 'UPPER PYTHON, lower python, Mixed Python'
In [29]: re.findall('python', text, flags=re.IGNORECASE)
Out[29]: ['PYTHON', 'python', 'Python']
In [30]: re.sub('python', 'snake', text, flags=re.IGNORECASE)
Out[30]: 'UPPER snake, lower snake, Mixed snake'
```

4. 非贪婪匹配

在正则表达式的字符串匹配中，有贪婪匹配和非贪婪匹配的区别。贪婪匹配总是匹配到最长的那个字符串，相应的，非贪婪匹配是指匹配到最小的那个字符串。例如，在下面这个例子中，我们要匹配以“Beautiful”开头并且以点号结尾的字符串。显然，存在两个符合条件的匹配，分别是“Beautiful is better than ugly. Explicit is better than implicit.”和“Beautiful is better than ugly.”。默认情况下，正则表达式使用贪婪匹配，如果要使用非贪婪匹配，只需要在匹配字符串时加上一个“?”。如下所示：

```
In [31]: text = "Beautiful is better than ugly. Explicit is better than implicit."

In [32]: re.findall('Beautiful.*\.', text)
Out[33]: ['Beautiful is better than ugly. Explicit is better than implicit.']

In [34]: re.findall('Beautiful.*?\.', text)
Out[35]: ['Beautiful is better than ugly.']
```

4.2.4 案例：获取 HTML 页面中的所有超链接

在这一小节中，我们简单介绍了正则表达式的语法，重点介绍了 Python 标准库的 re 模块。虽然 Python 的内置字符串自带了很多实用的函数，但是，通过 re 模块可以快速完成一些使用 Python 内置字符串无法完成的功能。我们以一个使用 re 模块解析 HTML 页面中所有超链接的例子结束本节内容。

在这个例子中，我们使用开源的 requests 库获取 Hack News 的内容，然后使用正则表达式解析出所有的 http 或 https 链接。如下所示：

```
In [1]: import re

In [2]: import requests

In [3]: r = requests.get('https://news.ycombinator.com/')

In [4]: re.findall('"(https?://.*?)"', r.content)
Out[4]:
['http://www.ycombinator.com',

 'https://pages.nist.gov/800-63-3/',
 'http://chaosinmotion.com/blog/?p=1184',
  ......
 'https://iohk.io/blog/proof-refinement-basics/',
 'https://www.youtube.com/watch?v=xkdPjbaLngE',
 'https://github.com/HackerNews/API',
 'http://www.ycombinator.com/apply/']
```

---

requests 补充：requests 是用来发送 HTTP 请求的库，也是 Python 生态中最知名的开源项目之一，在 Python 爬虫中广泛使用。requests 的功能与标准库的 urllib2 类似，只是前者的接口设计对工程师更加友好。实现相同的功能，使用 requests 比使用 urllib2 能够节省更多的时间。由于 requests 是一个开源的项目，而不是标准库，所以，使用之前必须先进行安装。如下所示：

```
pip install requests
python -m "import requests"
```

4.3 字符集编码

如果软件工程师只处理英文字符，则不需要了解字符集和编码的问题，那么完全可以跳过这一章节。但是，中国的工程师总是免不了在程序中处理中文，例如，发送中文的电子邮件、爬取中文的网页、处理中文的文本等。这就不可避免地要面对字符集和编码问题。

既然不可避免，那么，我们应该一开始就彻底搞定字符集和编码知识。否则，字符集和编码相关的问题会一直纠缠着我们，成为我们的无尽噩梦。这一小节将介绍字符集编码的历史，Unicode 的概念，Python 程序中如何处理字符集编码问题。

4.3.1　编码历史

在计算机中，所有数据都是以二进制形式存储的。二进制的数据只有在特定的上下文中才有意义，否则，就是一堆不可读的二进制编码。计算机中的字符编码中，最简单也最常用的便是 ASCII 编码。ASCII 编码将 128 个英文的字符和符号映射到一个字节的后 7bit。例如，将数字 0 映射到 48，将大写字母 A 映射到 65，将小写字母 a 映射到 97 等。这 128 个符号只占用了一个字节的后 7 位，最前面的 1bit 统一规定为 0。ASCII 码正好使用一个字节来存储一个字符，处理起来比较简单。

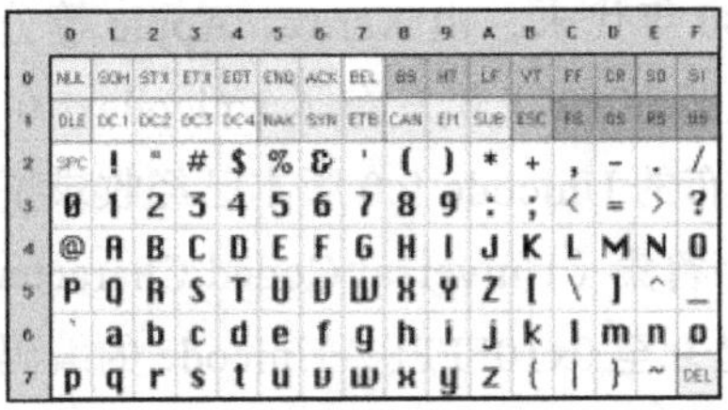

图 4-4　ASCII 编码表

虽然 ASCII 编码简单好用，但是，它仅能表示 128 个字符，这远远满足不了实际需要。例如，各种符号和重音字符并不在 ASCII 码所定义的字符范围中。为了容纳特殊字符，一些标准允许一个 8 位字节的所有 bit 都用来表示字符。这样，一个字节最多就可以表示 255 个字符了，这样的标准叫作 latin-1。在 latin-1 中，127 以上的字符代码分配给了重音和其他特殊字符。例如，将字符 ¥ 映射到 165，将字符 ½ 映射到 189。

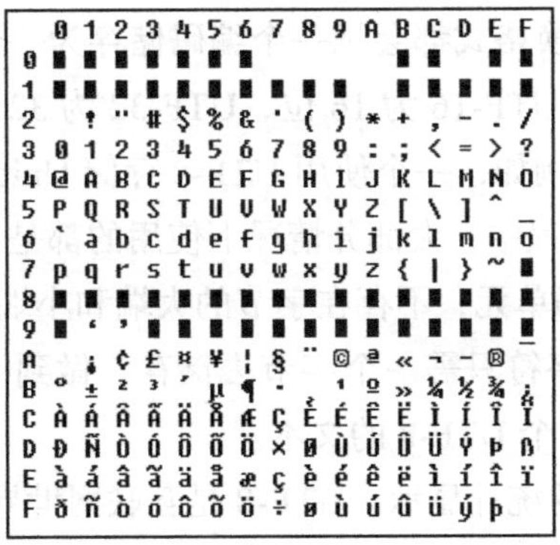

图 4-5　latin-1 编码表

latin-1 和 ASCII 码一样，只使用一个字节存储字符。但是，它仅适合美国英语，甚至一些英语中常用的标点符号和重音符号都不能表示，更加无法表示纷繁复杂的各国语言。因此，各地区制定了不同的编码系统，如中文的GB2312和大五码、日文的JIS编码等。这种各自编码的方式存在一个很严重的问题，即一个文本信息无法混合不同的语言文字。

如果有一种编码，能够将世界上所有的符号都纳入其中，对世界上所有的符号，都赋予一个独一无二的编码，那么，是不是就可以在文本信息中混合使用不同的语言文字了呢？答案是肯定的，Unicode便是这样的一种编码。Unicode（中文：万国码、国际码、统一码）是计算机科学领域里的一项业界标准。它对世界上大部分的文字系统进行了整理、编码，使得电脑可以用更简单的方式来呈现和处理文字。Unicode给每个字符提供了一个唯一的数字，不论是什么平台、不论是什么程序、不论是什么语言。换句话说，Unicode以一种抽象的方式（即数字）来处理字符，并将视觉上的演绎工作（例如字体大小、外观形状、字体形态、文体等）留给其他软件来处理，例如网页浏览器或是文字处理器。

Unicode起源于上世纪80年代末，由Xerox、Apple等公司开始研究，多个机构成立了Unicode联盟。Unicode联盟在1991年发布了Unicode 1.0版本，该版本收录了24种语言，共7161个字符。最新发布的Unicode 9.0版本已经收录了135种语言，共128237个字符。这些字符被收录为统一字符集（Universal Coded Character Set, UCS），每个字符映射至一个整数编码，编码的范围是0至0x10FFFF，Unicode的编码通常记作U+xxxx，但是，在Python中一般记作\uxxxx，其中xxxx为十六进制的数字。例如，“明”的Unicode编码是“\u660E”，“星”的Unicode编码是“\u661F”。

4.3.2 UTF-8编码

Unicode的编码范围是0至0x10FFFF，显然这么大的范围无法像ASCII码一样用一个字节存储。因此，Unicode制定了各种储存编码的方式，这些方式称为Unicode转换格式（Uniform Transformation Format, UTF）。现在流行的Unicode转换格式有UTF-8、UTF-16和UTF-32。每种Unicode转换格式都会把一个编码储存为一到多个编码单元。例如UTF-8的编码单元是8位的字节、UTF-16为16位、UTF-32为32位。除UTF-32外，UTF-8和UTF-16都是可变长度编码。例如，一个使用UTF-8存储Unicode的编码，可能需要用1到6个字节。在我们实际工作过程中，大部分情况下使用的都是UTF-8，这主要是因为：

- UTF-8采用字节为编码单元，不存在字节的大端和小端问题；
- UTF-8中每个ASCII字符只需一个字节去储存，做到了向后兼容，也就是说，一个ASCII文本本身也是一个UTF-8的文本。

Google对网页字符编码的统计显示，UTF-8是互联网世界使用最广泛的编码：

UTF-8是使用最广泛的编码，因此，本书将对UTF-8编码进行深入介绍。在此之前需要强调的是，Unicode是表现形式（UTF-8解码成Unicode），UTF-8是存储形式（Unicode编码成UTF-8）。UTF-8只是Unicode的存储方式之一，只不过是使用最广泛的存储。

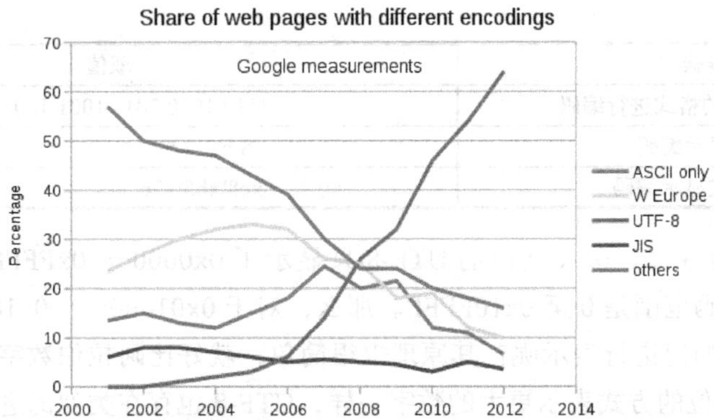

图 4-6 网页字符集编码使用情况统计

UTF-8 的编码规则很简单：

1）对于单字节的符号，字节的第一位设为 0，后面 7 位为这个符号的 unicode 码。对于英语字母，UTF-8 编码和 ASCII 码是相同的，也就是说，做到了向后兼容；

2）对于 x 字节的符号，第一个字节的前 x 位都设为 1，第 x+1 位设为 0，后面字节的前两位一律设为 10，其他没有提及的二进制位，全部为这个符号的 unicode 码。

表 4-3 UTF-8 编码语法

Unicode 符号范围	UTF-8 编码方式
0000 0000-0000 007F	0xxxxxxx
0000 0080-0000 07FF	110xxxxx 10xxxxxx
0000 0800-0000 FFFF	1110xxxx 10xxxxxx 10xxxxxx
0001 0000-0010 FFFF	11110xxx 10xxxxxx 10xxxxxx 10xxxxxx

我们来看一个编码的具体例子，如下所示，“赖”这个字在 Unicode 中，编码是“\u8d56”，编码成 UTF-8 以后是‘\xe8\xb5\x96’。

```
In [1]: first_name = u'赖'

In [2]: first_name
Out[2]: u'\u8d56'

In [3]: first_name.encode('utf-8')
Out[3]: '\xe8\xb5\x96'
```

现在，我们将“\u8d56”根据 UTF-8 的编码规则进行编码，见表 4-4 所示。

表 4-4 UTF-8 编码示例

步骤	取值
汉字	赖
Unicode	\u8d56
Unicode 转换为二进制	1000 1110 0101 0110

（续）

步骤	取值
按照 UTF-8 的格式进行编码	1110 1000 1011 1001 1001 0110
以十六进制显示编码	e 8 b 5 9 6
以字节的方式显示编码	\xe8\xb5\x96

不知读者是否注意，表 x 列出的 UTF-8 只显示了 0x0000 ～ 0xFFFF 范围的编码。但是，Unicode 的编码范围是 0 至 0x10FFFF。那么，对于 0x010000 ～ 0x10FFFF 这个范围的 Unicode 编码应该如何进行表示呢？其原理也很简单，就好比阿拉伯数字只有 0 ～ 9，但是我们却可以通过进位的方式表示更大的数字一样，UTF-8 也存在类似的进位。

UTF-8 编码约定，如果第一个 Unicode 编码是 \uD800 ～ \uDBFF 范围，那么，它便是编码的高代理项（high surrogate），紧随其后的将会是一个编码范围在 \uDC00 ～ \uDFFF 的低代理项（low surrogate）。使用下面的公式将高代理项和低代理项转换回真实的 Unicode 编码：

```
code = 0x10000 + (H - 0xD800) * 0x400 + (L - 0xDC00)
```

Unicode 编码的转换，思想类似于阿拉伯数字的进位。进位以后用两个编码表示一个 Unicode 编码。这也是为什么一个 Unicode 编码使用 UTF-8 存储最多可能需要 6 个字节的原因。

4.3.3 从字符集的问题说起

我们前面花了较大的篇幅来介绍 ASCII、latin-1、Unicode、UTF-8 等概念，那么，这些知识对我们编程有什么指导意义呢？下面来看两个编程中容易遇到的问题。

第一个问题是，在 Python 编程中，如果不使用 Unicode，处理中文时将会遇到一些令人困惑的地方。需要注意的是，这个例子是 Python 2.7 下的例子，因为 Python 3 默认使用 Unicode。如下所示：

```
>>> name = '赖明星'
>>> name
'\xe8\xb5\x96\xe6\x98\x8e\xe6\x98\x
9f'
>>> print name
赖明星
>>> len(name)
9
>>> name[0:1]
'\xe8'
>>> print name[0:1]
```

可以看到，使用中文以后，求字符串的长度和切片操作都没有按照我们预想的方式执行。对于这里的问题，使用 Unicode 便能顺利解决。但是如果没有完全弄清楚字符集编码，使用 Unicode 以后又会面临新的问题，如下所示：

```
>>> name = u'赖明星'
>>> name
u'\u8d56\u660e\u661f'
>>> name[:1]
u'\u8d56'
>>> print(name[:1])
赖
>>> with open('/tmp/data', 'w') as f:
... f.write(name)
...
Traceback (most recent call last):
UnicodeEncodeError: 'ascii' codec can't
encode characters : ordinal not in
range(128)
```

有了我们前面的知识储备再来看这个错误就很简单了。因为我们定义了一个 Unicode 字符串 u'赖明星'。随后，我们想把这个字符串保存到文本文件中，由于我们没有指定文本文件的编码，所以默认是 ASCII 编码。显然，Unicode 表示的汉字是无法使用 ASCII 编码进行存储的，所以 Python 抛出了 UnicodeEncodeError 异常。

4.3.4 Python 2 和 Python 3 中的 Unicode

现在来正式看一下 Python 中的字符串以及与字符编码相关的调用。

Python 3 有两种表示字符序列的类型，分别是 bytes 和 str。前者的实例包含原始的 8 位值，后者的实例包含 Unicode 字符。Python 2 也有两种表示字符序列的类型，分别叫作 str 和 Unicode。与 Python 3 不同的是，str 的实例包含原始的 8 位值，而 Unicode 的实例包含 Unicode 字符。也就是说，在 Python 3 中，字符串默认为 Unicode。但如果在 Python 2 中需要使用 Unicode，则必须在字符串前面显示地加上一个“u”前缀，如下所示：

```
name = u'赖明星'
```

在 Python 2 中，也可以默认使用 Unicode 的字符串，只需要执行下面的导入即可：

```
from __future__ import unicode_literals
```

Python 的字符串具有 encode 方法和 decode 方法。我们可以使用这两个方法对字符串进行编码或解码，下面是一个在 Python 2 下运行的例子：

```
>>> name = '赖明星'
>>> name
'\xe8\xb5\x96\xe6\x98\x8e\xe6\x98\x9f'
>>> new_name = name.decode('utf8')
>>> new_name
u'\u8d56\u660e\u661f'
>>> print new_name
```

```
赖明星
>>> new_name
u'\u8d56\u660e\u661f'
>>> new_name.encode('utf-8')
'\xe8\xb5\x96\xe6\x98\x8e\xe6\x98\x9f'
>>> new_name.encode('utf-16')
'\xff\xfeV\x8d\x0ef\x1ff'
```

我们既然已经知道使用encode对Unicode进行编码，使用decode对字符进行解码，那么，对于4.3.3节中存储中文失败的例子可以使用手动编码的方式解决，如下所示：

```
>>> name = u'赖明星'
>>> with open('/tmp/data.txt', 'w') as f:
... f.write(name.encode('utf-8'))
...
>>> with open('/tmp/data.txt', 'r') as f:
... data = f.read()
...
>>> data.decode('utf-8')
u'\u8d56\u660e\u661f'
```

如果需要写入的字符串比较多，而每次都需要进行编码，程序将会变得非常低效。在Python 2中可以使用codecs模块，在Python 3中内置的open函数就已经支持指定编码格式。指定编码格式以后，当我们写入时会自动将Unicode转换为特定的编码，读取文件时，自动以特定的UTF进行解码。

在Python 2中，使用codes模块进行编码和解码：

```
>>> import codecs
>>> name
u'\u8d56\u660e\u661f'
>>> with codecs.open('/tmp/data.txt', 'w', encoding='utf-8') as f:
... f.write(name)
...
>>> with codecs.open('/tmp/data.txt', 'r', encoding='utf-8') as f:
... data = f.read()
...
>>> data
u'\u8d56\u660e\u661f'
```

在Python 3中，内置的open函数可以指定字符集编码：

```
>>> name = '赖明星'
>>> name
'赖明星'
>>> with open('/tmp/data.txt', 'w', encoding='utf-8') as f:
... f.write(name)
...
3
```

把 Unicode 字符表示为二进制数据有许多种办法，最常见的编码方式就是 UTF-8。但是，读者需要牢记的是，Unicode 是表现形式，UTF-8 是存储形式。UTF-8 是使用最广泛的编码，但仅仅是 Unicode 的一种存储形式。使用 Python 处理 Unicode 时，若想把 Unicode 字符转换成二进制数据，可以使用 encode 方法，若想把二进制数据转换成 Unicode 字符，可以使用 decode 方法。此外，也可以通过 Python 2 的 codecs 模块和 Python 3 的 open 函数来指定编码类型。

在 Python 编程中，应该把编码和解码操作放在程序的最外围来处理，程序的核心部分都使用 Unicode。为了在程序核心部分使用 Unicode，可以在代码中使用下面的辅助函数，函数能够接受 str 或 Unicode 类型并返回需要的字符串类型。

Python 2 的字符集处理辅助函数：

```
def to_unicode(unicode_or_str):
    if isinstance(unicode_or_str, str):
        value = unicode_or_str.decode('utf-8')
    else:
        value = unicode_or_str
    return value
def to_str(unicode_or_str):
    if isinstance(unicode_or_str, str):
        value = unicode_or_str.encode('utf-8')
    else:
        value = unicode_or_str
    return value
```

Python 3 的字符集处理辅助函数：

```
def to_str(bytes_or_str):
    if isinstance(bytes_or_str, bytes):
        value = bytes_or_str.decode('utf-8')
    else:
        value = bytes_or_str
    return value
def to_bytes(bytes_or_str):
    if isinstance(bytes_or_str, str):
        value = bytes_or_str.encode('utf-8')
    else:
        value = bytes_or_str
    return value
```

4.4 Jinja2 模板

在这一小节中，将会介绍在 Python 的 web 开发中广泛使用的模板语言 Jinja2。模板在 Web 开发中使用最为广泛，但是模板的使用并不仅限于 web 开发，适合所有基于文本的格式，因此系统管理员和开发工程师也经常使用模板来管理配置文件。

4.4.1 模板介绍

模板在 Python 的 web 开发中广泛使用，它能够有效地将业务逻辑和页面逻辑分离，使得工程师编写出可读性更好、更加容易理解和维护的代码。

试想一下，要为一个大型的表格构建 HTML 代码，表格中的数据由数据库中读取的数据以及必要的 HTML 字符串连接在一起。这个时候，最简单也最直接的方式就是在 Python 代码中使用字符串拼接的方式生成 HTML 代码。如果真的这么做了，对工程师来说将是个噩梦，而且代码无法维护。

此时，可以使用模板将业务逻辑与页面逻辑分隔开来。模板包含的是一个响应文本的文件，其中包含用占位变量表示的动态部分，其具体值只在请求的上下文中才能知道。使用真实的值替换变量，再返回最终得到的响应字符串，这一过程称为渲染。

web 开发是最需要使用模板的地方，但是，并不是唯一可以使用模板的地方。模板使用范围比大多数工程师接触的都要广泛，因为模板适合所有基于文本的格式，如 HTML，XML，CSV，LaTeX 等。使用模板能够编写出可读性更好、更容易理解和维护的代码，并且使用范围非常广泛，因此怎么使用模板主要取决于工程师的想象力和创造力。例如，本书第十章即将介绍的 Ansible 就使用 Jinja2 来管理配置文件。作为工程师，我们也可以使用 Jinja2 管理工作中的配置文件。一旦学会使用模板管理配置文件，就可以摆脱无数琐碎的文本替换工作。

Python 的标准库自带了一个简单的模板，下面的代码便是一个模板使用的例子。模板包含的是一个响应信息，其中包含用占位变量表示的动态部分，动态部分的取值取决于具体的应用，并且只有在请求的上下文中才能知道。渲染就是使用真实的值替换变量，再返回最终得到的响应字符串。

```
In [1]: from string import Template

In [2]: s = Template('$who is a $role')

In [3]: s.substitute(who='bob', role='teacher')
Out[3]: 'bob is a teacher'

In [4]: s.substitute(who='lily', role='student')
Out[4]: 'lily is a student'
```

Python 自带的模板功能非常有限，例如无法在模板中使用控制语句和表达式，不支持继承和重用等操作。这对于 web 开发来说远远不够，因此，出现了第三方的模板系统。目前市面上有非常多的模板系统，其中最知名的是 Jinja2 和 Mako。

4.4.2 Jinja2 语法入门

Jinja2 是 Flask 作者开发的一个模板系统，起初是仿 Django 模板的一个模板引擎，为

Flask 提供模板支持。但是，由于其灵活、快速和安全等优点被广泛使用。

补充资料：Flask 是一个使用 Python 编写的轻量级 Web 应用框架，本来只是作者的一个愚人节玩笑，不过发布以后大受欢迎，进而成为一个正式的项目。Flask 是 Python 生态中最流行的 Web 框架之一，本身的代码也写得非常优雅，所以有不少 Python 工程师学习 Flask 的源码。

Jinja2 模板引擎之所以使用广泛，是因为它具有以下优点：

- 相对于 Template，Jinja2 更加灵活，它提供了控制结构、表达式和继承等，工程师可以在模板中做更多的事情；
- 相对于 Mako，Jinja2 提供了仅有的控制结构，不允许在模板中编写太多的业务逻辑，避免了工程师乱用行为；
- 相对于 Django 模板，Jinja2 的性能更好；
- Jinja2 模板的可读性很好。

Jinja2 是 Flask 的一个依赖，如果已经安装了 Flask，Jinja2 也会随之安装。当然，也可以单独安装 Jinja2：

```
pip install jinja2
python -c "import jinja2"
```

接下来将详细介绍 Jinja2 的语法。

1. 语法块

Jinja2 可以应用于任何基于文本的格式，如 HTML、XML。大家知道，HTML 本身就是超文本标记语言，里面包含很多 HTML 标签，那么，如何区分一段文本是 Jinja2 语法还是普通的文本呢？为了进行区分，Jinja2 使用大括号的方式表示 Jinja2 的语法。

在 Jinja2 中，存在三种语法：

- 控制结构 {% %}
- 变量取值 {{ }}
- 注释 {# #}

下面是使用 Jinja 控制结构和注释的一个例子：

```
{# note: disabled template because we no longer use this
    {% for user in users %}
        ...
    {% endfor%}
#}
```

可以看到，for 循环的使用与 Python 比较类似，但是，没有了复合语句末尾的冒号。此外需要使用 endfor 作为结束标志。Jinja2 中的 if 语句也一样，没有复合语句末尾的冒号，需要使用 endif 作为结束标志。如下所示：

```
{% if users %}
    <ul>
    {% for user in users %}
        <li>{{ user.username }}</li>
    {% endfor%}
    </ul>
{% endif %}
```

2. 变量

Jinja2 模板中使用的 {{ }} 语法表示一个变量，它是一种特殊的占位符，告诉模板引擎这个位置的值在渲染模板时获取。Jinja2 识别所有的 Python 数据类型，甚至是一些复杂的类型，如列表、字典和对象等，如下所示：

```
<p>A value from a dictionary: {{ mydict['key'] }}.</p>
<p>A value from a list: {{ mylist[3] }}.</p>
<p>A value from a list, with a variable index: {{ mylist[myintvar] }}.</p>
<p>A value from an object's method: {{ myobj.somemethod() }}.</p>
```

3. Jinja2 中的过滤器

变量可以通过"过滤器"进行修改，过滤器可以理解为是 Jinja2 里面的内置函数和字符串处理函数。例如，存在一个名为 lower 的过滤器，它的作用与字符串对象的 lower 方法一模一样。

表 4-5 列出了 Jinja2 比较常用的过滤器，完整的过滤器列表参见 Jinja 的官方文档 http://jinja.pocoo.org/docs/2.9/templates/#builtin-filters

表 4-5 Jinja2 的过滤器

过滤器名	说明
safe	渲染值时不转义
capitalize	把值的首字母转换成大写，其他字母转换成小写
lower	把值转换成小写形式
upper	把值转换成大写形式
title	把值中每个单词的首字母都转换成大写
trim	把值的首尾空格去掉
striptags	渲染之前把值中所有的 HTML 标签都删掉
join	拼接多个值为字符串
replace	替换字符串的值
round	默认对数字进行四舍五入，也可以用参数进行控制
int	把值转换成整型

在 Jinja2 中，变量可以通过"过滤器"修改，过滤器与变量用管道（|）分割。多个过滤器可以链式调用，前一个过滤器的输出会作为后一个过滤器的输入。如下所示：

```
{{ "Hello World" | replace("Hello", "Goodbye") }}
    -> Goodbye World

{{ "Hello World" | replace("Hello", "Goodbye") | upper }}
    -> GOODBYE WORLD

{ 42.55 | round }}
    -> 43.0

{{ 42.55 | round | int }}
    -> 43
```

4. Jinja2 的控制结构

Jinja2 中的 if 语句类似于 Python 中的 if 语句，但是，需要使用 endif 语句作为条件判断的结束。我们可以使用 if 语句判断一个变量是否定义，是否为空，是否为真值。与 Python 中的 if 语句一样，也可以使用 elif 和 else 构建多个分支，如下所示：

```
{% if kenny.sick %}
    Kenny is sick.
{% elif kenny.dead %}
    You killed Kenny! You bastard!!!
{% else %}
    Kenny looks okay ---so far
{% endif %}
```

5. Jinja2 的 for 循环

Jinja2 中的 for 语句可用于迭代 Python 的数据类型，包括列表、元组和字典。在 Jinja 中不存在 while 循环，这也符合了 Jinja2 的“提供仅有的控制结构，不允许在模板中编写太多的业务逻辑，避免了工程师乱用行为”设计原则。

在 Jinja2 中迭代列表：

```
<h1>Members</h1>
<ul>
    {% for user in users %}
        <li>{{ user.username }}</li>
    {% endfor%}
</ul>
```

在 Jinja2 中也可以遍历字典：

```
<dl>
    {% for key, value in d.iteritems() %}
        <dt>{{ key }}</dt>
        <dd>{{ value }}</dd>
    {% endfor%}
</dl>
```

除了基本的 for 循环使用以外，Jinja2 还提供了一些特殊的变量，我们不用定义就可以直接使用这些变量。表 4-6 列出了 Jinja2 循环中可以直接使用的特殊变量。

表 4-6 for 循环中的特殊变量

变量	描述
loop.index	当前循环迭代的次数（从 1 开始）
loop.index0	当前循环迭代的次数（从 0 开始
loop.revindex	到循环结束的次数（从 1 开始）
loop.revindex0	到循环结束的次数（从 0 开始）
loop.first	如果是第一次迭代，为 True，否则为 False
loop.last	如果是最后一次迭代，为 True，否则为 False
loop.length	序列中的项目数
loop.cycle	在一串序列间取值的辅助函数

假设你有一个保存了联系人信息的字典，字典的 key 是联系人的名字，字典的 value 是联系人的电话。你现在想把联系人的信息以表格的形式显示在 HTML 页面上。此时，除了姓名和电话以外，你还希望表格的第一列是序号。这个需求如果在 Python 代码中实现，将会像下面这样：

```
data = dict(bob=13000000001, lily=130000000002, robin=130000000003)
index = 0
for key, value in data.viewitems():
    index += 1
    print(index, key, value, sep=",")
```

Jinja2 为了让工程师尽可能在模板中少写 Python 代码处理业务逻辑，仅在模板中处理显示工作问题，提供了一些特殊变量。对于前面的这个例子，在 Jinja2 中的正确做法如下所示：

```
{% for key, value in data.iteritems() %}
    <tr class="info">
        <td>{{ loop.index}}</td>
        <td>{{ key }}</td>
        <td>{{ value }}</td>
    </tr>
{% endfor%}
```

6. Jinja2 的宏

宏类似于编程语言中的函数，它用于将行为抽象成可重复调用的代码块。与函数一样，宏分为定义和调用，下面是一个声明宏的例子：

```
{% macro input(name, type='text', value='') %}
    <input type="{{ type }}" name="{{ name }}" value="{{ value }}">
{% endmacro %}
```

在宏的定义中，使用macro关键字定义一个宏，input是宏的名称。它有三个参数，分别是name, type和value，其中type和value参数有默认值。可以看到宏的定义与Python的函数定义非常相似，此外，它与Jinja2中的for循环和if语句一样，不需要使用复合语句的冒号，使用endmacro结束宏的定义。

下面是宏的调用，与函数调用类似：

```
<p>{{ input('username', value='user') }}</p>
<p>{{ input('password', 'password') }}</p>
<p>{{ input('submit', 'submit', 'Submit') }}</p>
```

7. Jinja2的继承和Super函数

如果只是使用Jinja2进行配置文件管理，将基本用不到Jinja2继承功能。如果是使用Jinja2进行web开发，那么，继承是Jinja2最吸引人的功能。

Jinja2中最强大的部分就是模板继承。模板继承允许你构建一个包含站点共同元素的基本模板“骨架”，并定义子模板可以覆盖的块。

假设我们有一个名为base.html的HTML文档，里面的内容如下：

```
<html lang="en">
<head>
    {% block head %}
    <link rel="stylesheet" href="style.css" />
        <title>{% block title %}{% endblock %}-My Webpage</title>
    {% endblock %}
</head>
<body>
<div id="content">
    {% block content %}{% endblock %}
</div>
</body>
```

在base.html中，我们使用{% block name %}的方式定义了三个块，这些块可以在子模板中进行替换或调用。

下面是一个名为index.html的HTML文档，文档的内容如下：

```
{% extends "base.html" %}

{% block title %}Index{% endblock%}

{% block head %}
    {{ super() }}
    <style type="text/css">
    .important { color: #336699; }
    </style>
{% endblock%}

{% block content %}
```

```
    <h1>Index</h1>
    <p class="important"> Welcome on my awesome homepage.  </p>
{% endblock%}
```

在 index.html 中，我们使用 {% extends "base.html" %} 继承 base.html，继承以后，base.html 中的所有内容都会在 index.html 中展现。在 index.html 中，我们重新定义了 title 和 content 这两个块的内容。

8. Jinja2 的其他运算

Jinja2 中可以定义变量，为了对变量进行操作，Jinja2 提供了算数操作、比较操作和逻辑操作。使用 Jinja2 模板时，应该尽可能在 Python 代码中进行逻辑处理，在 Jinja2 中仅处理显示问题。因此，一般很少用到 Jinja2 的变量和变量的运算操作。部分 Jinja2 中的运算操作：

- 算数运算 + -* / // % * **
- 比较操作 == != > >= < <=
- 逻辑运算 not and or

4.4.3 Jinja2 实战

前面详细介绍了 Jinja2 的语法，下面来看两个例子以巩固前面的知识。如果读者在 Flask 中使用 Jinja2，则几乎不需要关心 Jinja2 的使用。因为 Jinja2 的开发者和 Flask 的开发者是同一个人，为了便于工程师在 Flask 中使用 Jinja2，作者在 Flask 中很好地集成了 Jinja2。集成以后，想要在 Flask 中使用 Jinja2，只需使用 Flask 包下的 render_template 函数访问模板即可。如果读者想要使用 Jinja2 管理配置文件，则需要简单了解一下 Jinja2 提供的 API。

Jinja2 模块中有一个名为 Environment 的类，这个类的实例用于存储配置和全局对象，然后从文件系统或其他位置加载模板。

大多数应用都在初始化时创建一个 Environment 对象并用它加载模板。配置 Jinja2 为应用加载文档的最简单方式大概是这样：

```
from jinja2 import Environment, PackageLoader
env = Environment(loader=PackageLoader('yourapplication', 'templates'))
```

上面的代码会创建一个 Environment 对象和一个包加载器，该加载器会在 yourapplication 这个 Python 包的 templates 目录下查找模板。接下来，只需要以模板的名字作为参数调用 Environment.get_template 方法即可。该方法会返回一个模板，最后使用模板的 render 方法进行渲染，如下所示：

```
template = env.get_template('mytemplate.html')
print(template.render(the='variables', go='here'))
```

除了使用包加载器以外，也可以使用文件系统加载器。文件系统加载器不需要模板位于一个 Python 包下，可直接访问系统中的文件。为了便于功能演示，我们将在接下来的例子中使用下面这个辅助函数：

```
import os
import jinja2

def render(tpl_path, **kwargs):
    path, filename = os.path.split(tpl_path)
    return jinja2.Environment(
        loader=jinja2.FileSystemLoader(path or './')
    ).get_template(filename).render(**kwargs)
```

1. 基本功能演示

下面来看一个模板渲染的例子，假设我们存在一个名为 simple.html 的文本文件，它的内容如下：

```
<!DOCTYPE html>
<html lang="en">
    <head>
        <!-- 使用过滤器处理表达式的结果 -->
        <title>{{ title | trim }}</title>
    </head>
    <body>
        <!-- 注释 -->
        {# This is a Comment #}
        <ul id="navigation">
            <!-- for 语句，以 endfor 结束 -->
            {% for item in items %}
                <!-- 访问变量的属性 -->
                <li><a href="{{ item.href }}">{{ item['caption'] }}</a></li>
            {% endfor %}
        </ul>
        <p>{{ content }}</p>
    </body>
</html>
```

在这个 HTML 模板中，我们使用 for 循环遍历一个列表，列表中的每一项是一个字典。字典中包含了文字和连接，我们将使用字典中的数据渲染成 HTML 的超链接。此外，我们还会使用 Jinja2 提供的过滤器 trim 删除 title 中的空格。

```
def test_simple():
    title = "Title  H    "
    items = [{'href':'a.com', 'caption':'ACaption'}, {'href':'b.com',
'caption':'Bcaption'}]
    content="This is content"
    result = render('simple.html', **locals())
    print(result)
if __name__ == '__main__':
    test_simple()
```

执行上面的代码，渲染模板的结果如下：

```
<!DOCTYPE html>
<html lang="en">
    <head>
        <!-- 表达式的结果，以及过滤器 -->
        <title>Title  H</title>
    </head>
    <body>
        <!-- 注释 -->

        <ul id="navigation">
            <!-- 语句，以 endfor 结束 -->

                <!-- 访问变量的属性 -->
                <li><a href="a.com">ACaption</a></li>

                <!-- 访问变量的属性 -->
                <li><a href="b.com">Bcaption</a></li>

        </ul>
        <p>This is content</p>
    </body>
</html>
```

可以看到，使用 Jinja2 渲染模板以后 title 中的空格已经被删除，for 循环也正确渲染了多个超链接标签。

2. 继承功能演示

为了演示继承的功能，我们需要使用两个 HTML 文件，分别是 base.html 和 index.html。base.html 的内容如下：

```
<!DOCTYPE html>
<html lang="en">
    <head>
        <!-- 定义代码块，可以在子模块中重载 -->
        {% block head %}
            <link rel="stylesheet" href="style.css" />
            <title>{% block title %}{% endblock %} - My Webpage</title>
        {% endblock %}
    </head>
    <body>
        <div id="content">
            <!-- 定义代码块，没有提供默认内容 -->
            {% block content %}
            {% endblock %}
        </div>
        <div id="footer">
```

```
            <!-- 定义代码块，没有提供默认内容 -->
            {% block footer %}
            {% endblock %}
        </div>
    </body>
</html>
```

index.html 的内容如下：

```
<!-- 写在开头，用以继承 -->
{% extends "base.html" %}

<!-- 标题模块被重载 -->
{% block title %}Index{% endblock %}

<!-- head 模块被重载，并且，使用 super 继承了 base.html 中 head 的内容 -->
{% block head %}
   {{ super() }}
<style type="text/css"> .important { color: #336699; } </style>
{% endblock %}

<!-- 覆盖了 content 模块 -->
{% block content %}
<h1>This is h1 content</h1>
<p class="important">Welcome on my awesome homepage.</p>
{% endblock %}
```

我们使用下面的 Python 代码渲染 Jinja2 模板：

```
def test_extend():
    result = render('index.html')
    print(result)
if __name__ == '__main__':
    test_extend()
```

渲染以后生成的结果如下：

```
<!-- 写在开头，用以继承 -->
<!DOCTYPE html>
<html lang="en">
    <head>
        <!-- 定义代码块，可以在子模块中重载 -->

            <link rel="stylesheet" href="style.css" />
            <title>Index - My Webpage</title>

<style type="text/css"> .important { color: #336699; } </style>

    </head>
    <body>
        <div id="content">
```

```
            <!-- 定义代码块，没有提供默认内容 -->

<h1>This is h1 content</h1>
<p class="important">Welcome on my awesome homepage.</p>

        </div>
        <div id="footer">
            <!-- 定义代码块，没有提供默认内容 -->

        </div>
    </body>
</html>
```

从这个例子中可以看到：

1）我们渲染的是 index.html，并没有直接渲染 base.html，但是最后生成的模板中包含了完整的 HTML 框架，这也是继承广泛的使用场景；

2）我们虽然在 index.html 中定义了 title 块，但是，因为我们使用 {{super() }} 引用了 base.html 中的 HEAD 块，因此，最后渲染的结果中包含了 base.html 中的 head 块和 index.html 中的 head 块。例如，最后渲染的结果中 title 标签的内容是“ Index - My Webpage”，这个字符串就来自 index.html 和 base.html；

3）我们在 index.html 中重新定义了 content 块的内容，因此，最后生成的文档中在正确位置显示了 content 块的内容。

4.4.4 案例：使用 Jinja2 生成 HTML 表格和 XML 配置文件

前面的例子只演示了 Jinja2 的语法，接下来我们看两个更加实际的例子。

1. 使用 Jinja2 生成 HTML 表格

笔者与大多数人一样，比较关心楼市的走向。因此，笔者写了一个爬虫，每天爬取一次杭州的楼市信息并通过电子邮件发送给自己。通过这种方式，便能够“不出门便知天下事”。为了便于阅读，笔者会将爬取到的信息存放在一个 HTML 的表格之中。邮件的效果如图 4-7 所示。

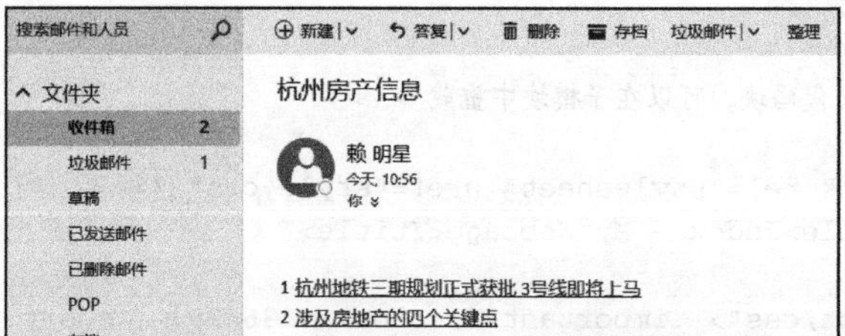

图 4-7 Jinja2 生成电子邮件的示意图

如果不使用模板，只能在 Python 代码中拼接 HTML 代码，如下所示：

```
#!/usr/bin/python
#-*- coding: UTF-8 -*-
from __future__ import print_function
from __future__ import unicode_literals

links = [ {'title': u'杭州地铁三期规划正式获批 3号线即将上马',
          'href':'http://zzhz.zjol.com.cn/system/2016/12/21/021404496.shtml'},
         {'title': u'涉及房地产的四个关键点',
          'href':'http://zzhz.zjol.com.cn/system/2016/12/19/021402558.shtml'},
         {'title': u'潮鸣项目定名“凤起潮鸣”，绿城说的“杭州生活样本”将如何呈现',
          'href':'http://zzhz.zjol.com.cn/system/2016/12/19/021402558.shtml'}]

content= """
<html>
    <body>
        <table>
"""

for index, link in enumerate(links, 1):
    item = "<tr><td>{0}</td><td><a href = '{1}'>{2}</a></td></tr>\n".format(
        index, link['href'], link['title'])
    content += item

content += """
        </table>
    </body>
</html>
"""
print(content)
```

可以看到，上面的代码将业务逻辑和表现逻辑混合在一起，显得比较混乱。这个时候，我们完全可以使用Jinja2模板解决这个问题。

使用Jinja2以后，我们需要一个模板。在这个例子中，模板的名称为hzfc.html，内容如下：

```
<html>
    <body>
        <table>
            {% for item in items %}
            <tr>
                <td>{{ loop.index }}</td>
                <td><a href = "{{ item['href'] }}">{{ item['title'] }}</a></td>
            </tr>
            {% endfor %}
        </table>
    </body>
</html>
```

使用模板以后，我们只需要在Python代码中调用渲染函数即可，在本例中，我们将使用 4.4.3 节中的辅助函数 render。渲染模板的 Python 代码如下所示：

```
#-*- coding: UTF-8 -*-
from __future__ import print_function
from __future__ import unicode_literals
import jinja2

links = [ {'title': u'杭州地铁三期规划正式获批 3号线即将上马', 'href':'http://zzhz.
zjol.com.cn/system/2016/12/21/021404496.shtml'},
        {'title': u'涉及房地产的四个关键点', 'href':'http://zzhz.zjol.com.cn/system/2016
/12/19/021402558.shtml'},
        {'title': u'潮鸣项目定名“凤起潮鸣”，绿城说的“杭州生活样本”将如何呈现', 'href':'http:
//zzhz.zjol.com.cn/system/2016/12/19/021402558.shtml'}]
content = render('hzfc.html', items=links)
print(content)
```

可以看到，当我们将业务逻辑与表现逻辑分离以后，代码自然就变得清晰易懂、易于维护了。

2. 使用 Jinja2 生成 XML 配置文件

下面再来看另一个非常实际的例子，这个例子将使用 Jinja2 生成 xml 格式的配置文件。在笔者所在的云计算项目中，为了快速搭建新环境，需要使用脚本批量的部署管理服务。管理服务之间存在相互依赖的问题，主要是上层服务依赖底层服务。对于上层服务来说，安装软件、部署应用都可以进行自动化，但是生成配置文件就比较困难。这是因为配置项的取值是动态生成的，在一个新的环境中，如果底层服务没有部署完毕，上层根本无法知道一些配置的取值。

对于动态变化的取值，如果使用 shell 脚本，只能通过 sed 进行动态的替换。shell 脚本处理这种情况比较繁琐，而且容易出错，可读性也较差。对于这里的需求，最好的方式是使用模板。在底层服务部署完成以后，通过模板渲染的方式，将底层服务的 ip 和端口写入一个配置文件中，随后，使用 Python 代码读取配置文件，渲染配置文件模板生成新的配置文件。

在本例中，有一个名为 base.cfg 的配置文件，该文件保存了配置参数取值：

```
[DEFAULT]
issa_server_a_host = 10.166.226.151
issa_server_a_port = 8101

issa_server_b_host = 10.166.226.152
issa_server_b_port = 8102

issa_server_c_host = 10.166.226.153
issa_server_c_port = 8103
```

此外，还有一个名为 pass_service1_template.xml 的配置模板，模板的内容如下：

```
<?xml version="1.0" encoding="utf-8" ?>
```

```
<pass_service1>
    <issa_server_a_host>{{ issa_server_a_host }}</issa_server_a_host>
    <issa_server_a_port>{{ issa_server_a_port }}</issa_server_a_host>
    <issa_server_c>{{ issa_server_c_host }}:{{ issa_server_c_port }}</issa_server _c>
</pass_service1>
```

在本例中，存在两个上层服务。另外一个上层服务的配置模板名称为pass_service2_template.xml，内容如下：

```
<?xml version="1.0" encoding="utf-8" ?>

<pass_service2>
    <issa_server_b_host>{{ issa_server_b_host }}</issa_server_b_host>
    <issa_server_b_port>{{ issa_server_b_port }}</issa_server_b_host>
    <issa_server_c>{{ issa_server_c_host }}:{{ issa_server_c_port }}</issa_server _c>
</pass_service2>
```

现在的需求是读入配置文件，然后使用Jinja模板渲染技术将两个上层服务的配置模板渲染成配置文件。相关的Python代码如下：

```
#!/usr/bin/python
#-*- coding: UTF-8 -*-
from __future__ import print_function

import os
try:
    import configparser
except ImportError:
    import ConfigParser as configparser

import jinja2


NAMES = ["issa_server_a_host", "issa_server_a_port", "issa_server_b_host",
"issa_server_b_port", "issa_server_c_host", "issa_server_c_port"]


def render(tpl_path, **kwargs):
    path, filename = os.path.split(tpl_path)
    return jinja2.Environment(
        loader=jinja2.FileSystemLoader(path or './')
    ).get_template(filename).render(**kwargs)


def parser_vars_into_globals(filename):
    parser = configparser.ConfigParser()
    parser.read(filename)

    for name in NAMES:
        globals()[name] = parser.get('DEFAULT', name)
```

```
def main():
    parser_vars_into_globals('base.cfg')
    with open('pass_service1.xml', 'w') as f:
        f.write(render('pass_service1_template.xml', **globals()))

    with open('pass_service2.xml', 'w') as f:
        f.write(render('pass_service2_template.xml', **globals()))


if __name__ == '__main__':
    main()
```

生成上层服务配置的 Python 代码能够同时运行在 Python 2 和 Python 3 下。为了避免今后配置项较多，对于每个配置项都需要单独读取的问题，本例中使用了一个小技巧，即通过给 globals 字典赋值的方式定义全局变量，然后将所有的全局变量传递给模板。模板渲染时只会使用到自己需要的变量，渲染完成以后会在当前目录下生成两个配置文件，分别是 pass_service1.xml 和 pass_service2.xml。pass_service1.xml 的内容如下：

```
<?xml version="1.0" encoding="utf-8" ?>
<pass_service1>
    <issa_server_a_host>10.166.226.151</issa_server_a_host>
    <issa_server_a_port>8101</issa_server_a_host>
    <issa_server_c>10.166.226.153:8103</issa_server_c>
</pass_service1>
```

4.5 本章总结

在这一章中，我们详细介绍了 Python 字符串的方方面面，包括 Python 内置的字符串和字符串处理函数、Python 中的正则表达式、字符集编码和 Jinja2 模板引擎。在介绍 Python 内置的字符串时，介绍了大部分字符串处理函数，通过内置的字符串处理函数可以解决很多实际问题。正则表达式的语法本身比较复杂，但是在 Python 中使用正则表达式却非常简单。读者需要注意的是，Python 有两种不同使用正则表达式的方式，分别是非编译版本和编译版本的正则表达式。本章还非常深入地介绍了字符集编码的知识，彻底解决工程师在 Python 程序中处理字符集编码的难题。最后介绍了流行的模板引擎 Jinja2，Jinja2 由于自身的诸多优点，广泛应用在 Web 开发中。此外，Jinja2 也可以应用于普通的模板管理，在这一章中，我们使用 Jinja2 来管理配置文件。

第 5 章 Chapter 5

Linux 系统管理

工程师管理 Linux 系统，很多情况下都是在对文件进行管理。这是因为在 Unix 及其衍生物（如 Linux）中，一切都被视为一个文件。如普通文件、硬盘、socket 接口，符号连接、命名管道等，所有这些都是文件，甚至目录也被看做是一个文件。这是一个非常伟大的设计，把所有东西都当做文件处理以后，一个显著的优点是可以在上述输入和输出资源上使用相同的一组 Linux 工具、实用程序和 API。

虽然经过几十年的发展，个人计算机系统的易用性已经有了显著的提升，即使对计算机系统不是特别熟悉的电脑使用人员，也能够使用鼠标和键盘进行手工处理文件。但是，如果需要处理成百上千的文件，这些普通的电脑使用人员将会非常为难。一方面是因为手动处理非常繁琐、耗费时间，另一方面，手动处理很容易出错。作为软件工程师或者系统管理员，避免不了要对数据、文件和目录进行处理。并且，很有可能需要大批量地处理文件。如找到某个目录下的文本文件，重命名某个目录下的所有文件，备份某个目录，将数据从一个地方迁移到另一个地方，找到重复文件等。

除了对数据、文件和目录处理以外，本章还会介绍在 Python 中的压缩包管理，包括创建压缩包，解压压缩包，破解压缩包的密码等。压缩包对于系统管理非常有用。例如，需要将系统中某个目录进行打包，然后通过电子邮件附件的形式发送给收件者，这个时候，使用一个压缩包附件比发送多个文件的附件更加便于处理。如果需要部署一个软件，那么，会从互联网上获取一个压缩包，获取完压缩包以后的第一件事情就是对压缩包进行解压，然后再部署到相应的目录下。

虽然 Python 提供了很多系统管理相关的标准库，但有时还是免不了需要在 Python 中执行 Linux 命令。因此，本章还会介绍如何在 Python 代码中执行 Linux 命令，获取 Linux 命令的输出，判断命令是否执行成功等。如果读者是一名系统管理员，或者是对 Linux 系统特别感兴趣的工程师，那么，本章对于你来说会非常有用。读者可以通过了解自己日常中如何在 Python 中实现一些常见的 Linux 管理任务来学习 Python 编程。

本章介绍了 Linux 系统管理的各个方面。首先，本章会介绍如何在 Python 中读写文件内容（5.1 节）；然后，介绍 os 模块中与文件路径相关的函数（5.2 节）；紧接着，介绍了与查找文件相关的标准库（5.3 节）和高级文件处理接口（5.4 节）；之后，我们介绍了如何比较文件和目录，如何通过 md5 校验找到重复的文件（5.5 节）；我们还介绍了如何在 Python 中管理不同格式的压缩包（5.6 节），如何在 Python 中执行外部命令（5.7 节）；最后，介绍了一个综合案例，让读者了解如何使用 Python 部署 MongoDB 数据库（5.8 节）。

5.1 文件读写

文件可以从多个维度进行管理，例如，重命名文件、获取文件属性、判断文件是否存在、备份文件、读写文件等。在这一小节，我们将专注于文件的读写操作。这一节会依次介绍 Python 的文件对象，使用上下文管理器管理文件，使用 for 循环迭代文件内容，常见的文件处理函数等内容，并在最后介绍一个文件处理的综合案例。

5.1.1 Python 内置的 open 函数

在 Python 中，要对一个文件进行操作，只需要使用内置的 open 函数打开文件即可。open 函数接受文件名和打开模式作为参数，返回一个文件对象。工程师通过文件对象来操作文件，完成以后，调用文件对象的 close 方法关闭文件即可。

例如，在当前目录下有一个名为 data.txt 的文件，它的内容如下：

```
Beautiful is better than ugly.
Explicit is better than implicit.
Simple is better than complex.
Complex is better than complicated.
```

接下来，使用 open 函数打开文件，调用文件对象的 read 方法读取文件的所有内容，完成以后，调用文件对象的 close 方法关闭文件，如下所示：

```
In [1]: f = open('data.txt')

In [2]: print(f.read())
Beautiful is better than ugly.
Explicit is better than implicit.
Simple is better than complex.
Complex is better than complicated.

In [3]: f.close()
```

与其他编程语言类似，open 函数默认以 'r' 模式打开，也可以指定文件的打开模式，如表 5-1 所示。

表 5-1 文件的打开模式

模式	含义
'r'	默认以读模式打开文件，如果文件不存在，抛出 FileNotFoundError 异常
'w'	以写模式打开文件，如果文件非空，则文件已有的内容会被清空，如果文件不存在，则创建文件
'x'	创建一个新的文件，如果文件已经存在，抛出 FileExistsError 异常
'a'	在文件末尾追加文件

下面的代码分别演示，打开一个不存在的文件时 'w' 模式与 'x' 模式的区别：

```
In [4]: f = open('data1.txt', 'w')

In [5]: f.write('hello, world')
Out[5]: 12

In [6]: f.close()

In [7]: f = open('data1.txt', 'x')
-------------------------------------------------------------
FileExistsError          Traceback (most recent call last)
<ipython-input-16-e24c4c04f3d8> in <module>()
----> 1 f = open('data1.txt', 'x')

FileExistsError: [Errno 17] File exists: 'data1.txt'

In [8]: f = open('data2.txt', 'x')

In [9]: f.write('hello, world')
Out[9]: 12

In [10]: f.close()
```

5.1.2 避免文件句柄泄露

在计算机程序中，每打开一个文件就需要占用一个文件句柄，而一个进程拥有的文件句柄数是有限的。此外，文件句柄也会占用操作系统的资源，因此，在编写程序处理文件时需要注意，文件处理结束后及时关闭文件。文件句柄泄露或许是最常见的资源泄露问题，也是工程师最容易犯的错误。为了避免打开文件后没有及时关闭，大多数编程语言中都使用 finally 关闭文件句柄。在 Python 中，也可以使用 finally 语句来保证，无论在什么情况下文件都会被关闭。如下所示：

```
try:
    f = open('data.txt')
    print(f.read())
```

```
finally:
    f.close()
```

Python 中还有更加简洁优美的写法，即使用上下文管理器（上下文管理器将在本书的第 11 章进行详细介绍）。虽然使用 finally 语句能够保证资源一定关闭，但是没有上下文管理器简洁好用。如果工程师在可以使用上下文管理器的情况下，使用了 finally 语句，将会被认为代码编写得不够 Pythonic。对于文件打开、处理、再关闭的逻辑，使用上下文管理器的代码如下：

```
with open('data.txt') as f:
    print(f.read())
```

可以看到，使用上下文管理器以后代码行数变少了。在 Python 中，如果想把代码写得简洁优美，就应该在保证可读性的前提下代码行数越少越好。

5.1.3 常见的文件操作函数

Python 的文件对象有多种类型的函数，如刷新缓存的 flush 函数，获取文件位置的 tell 函数，改变文件读取偏移量的 seek 函数。但是，工作中使用最多的还是与读写相关的函数。下面来看几个 Python 中的读写函数。

Python 提供了三个读相关的函数，分别是 read、readline 和 readlines，它们的作用如下：

- read：读取文件中的所有内容；
- readline：一次读取一行；
- readlines：将文件内容存到一个列表中，列表中的每一行对应于文件中的一行。

我们使用 5.1.1 节中的 data.txt 文件，分别测试这三个读函数的效果：

```
In [1]: f = open('data.txt')

In [2]: f.read()
Out[2]: 'Beautiful is better than ugly.\nExplicit is better than implicit.\
nSimple is better than complex.\nComplex is better than complicated.\n'

In [3]: f.seek(0)
Out[3]: 0

In [4]: f.readline()
Out[4]: 'Beautiful is better than ugly.\n'

In [5]: f.seek(0)
Out[5]: 0

In [6]: f.readlines()
Out[6]:
['Beautiful is better than ugly.\n',
 'Explicit is better than implicit.\n',
 'Simple is better than complex.\n',
```

```
'Complex is better than complicated.\n']
```

这里可以看到，read 函数和 readlines 函数都是一次就将所有内容读入到内存中，对于文件较小的情况不会有什么问题。但是，如果处理的是大文件，这种使用方式会占用大量的内存，甚至有可能因为内存占用太多出现 Out-Of-Memory 错误。

Python 提供了两个写函数，分别是 write 和 writelines，它们的区别如下：

- write：写字符串到文件中，并返回写入的字符数；
- writelines：写一个字符串列表到文件中。

依然使用 IPython 对文件对象的写入函数进行测试，并在写入完成以后使用 Linux 的 cat 命令查看文件内容：

```
In [1]: f = open('/tmp/data.txt', 'w')

In [2]: f.write('Beautiful is better than ugly.')
Out[2]: 30

In [3]: f.writelines(['Explicit is better than implicit.', 'Simple is better than complex.'])

In [4]: ! cat /tmp/data.txt
Beautiful is better than ugly.Explicit is better than implicit.Simple is better than complex.
```

在 Python 中，除了使用文件对象的 write 函数和 writelines 函数向文件写入数据以外，也可以使用 print 函数将输出结果输出到文件中。print 函数比 write 和 writelines 函数更加灵活，如下所示：

```
from __future__ import print_function

with open('/tmp/data.txt', 'w') as f:
    print(1, 2, 'hello, world', sep=",", file=f)
```

5.1.4 Python 的文件是一个可迭代对象

如果我们要以行为单位依次处理文件中的每一行，应该怎么读取文件的内容呢？例如，在本书第 4 章的解析 Apache 日志的例子中，我们就是以行为单位读取 Apache 访问日志的。要以行为单位处理文件的内容，可以使用文件对象的 readline 函数和 readlines 函数。readline 每次只读取一行内容，因此，在程序中每处理一行就需要调用一次该函数，这种方式会使得代码变得散乱，可读性较差。readlines 一次将文件中的所有文本都读入内容，对于文件较大的情况也显然不合适。

在 Python 中，还有更好的方式来依次处理文件的内容，即使用 for 循环遍历文件。读者可能会奇怪，为什么在 Python 中可以使用 for 循环遍历文件？这是因为 Python 的 for 循环比大家实际看到的还要通用，它不但可以遍历如字符串、列表、元组这样的可迭代序列，还可以使用迭代器协议遍历可迭代对象。而Python的文件对象实现了迭代器协议，因此，我们可以在for循环中遍历文件内容。也就是说，Python的for循环使用迭代器协议访问对象，只要对象实现了迭代器协议，就可以在Python的for循环中遍历该对象。

使用for循环遍历文件内容的代码如下：

```
with open('data.txt') as inf:
    for line in inf:
        print(line.upper())
```

5.1.5 案例：将文件中所有单词的首字母变成大写

接下来看一个文件处理的综合案例，该案例能够综合利用前面介绍的open函数、文件的打开模式、使用上下文管理器管理文件、使用for循环迭代文件对象等知识。

现在有一个文件，要求将所有单词的首字母转换为大写。这个需求虽然简单，但是，如果不借助于计算机程序，几乎想不到任何可行的方法。解决这个问题的代码如下：

```
with open('data.txt') as inf, open('out.txt', 'w') as outf:
    for line in inf:
        outf.write(" ".join([word.capitalize() for word in line.split()]))
        outf.write("\n")
```

我们继续使用5.1.1中的data.txt文件。读取该文件的内容，对每一行进行处理，然后将处理以后的结果保存到out.txt中。处理完成以后，out.txt文件的内容如下：

```
Beautiful Is Better Than Ugly.
Explicit Is Better Than Implicit.
Simple Is Better Than Complex.
Complex Is Better Than Complicated.
```

可以看到，这个问题使用Python解决非常简单，充分体现了Python简单易用的优点。在这个例子中，使用上下文管理器同时管理了两个文件。以读模式打开输入文件，open函数的默认打开模式就是读，因此，以读模式打开文件的参数可以省略。然后，以写模式打开输出文件。对于输入文件，使用for循环依次遍历文件的每一行，然后使用字符串处理函数split来拆分这一行中的单词，并使用字符串处理函数capitalize将单词的首字母转换为大写。单词转换完成以后，再将各个单词连接起来，组成一个更大的字符串，并写入到输出文件中。

这个例子中，也可以使用print函数来简化输出语句，如下所示：

```
from __future__ import print_function

with open('data.txt') as inf, open('out.txt', 'w') as outf:
    for line in inf:
        print(*[word.capitalize() for word in line.split()], file=outf)
```

可以看到，相对于文件对象的 write 函数，print 函数更加灵活。

5.2 文件与文件路径管理

工程师总是希望将自己的工作进行自动化以提高工作效率，如果可以的话，最好能够编写一份程序在所有平台下运行。对于 Python 工程师来说，编写程序运行在所有平台是一件很简单的事情。Python 标准库的 os 模块对操作系统的 API 进行了封装，并且使用统一的 API 访问不同操作系统的相同功能。os 模块包含与操作系统的系统环境、文件系统、用户数据库以及权限进行交互的函数。充分使用 os 模块就能够编写出跨平台的程序。例如，Linux 下的路径分隔符是“/”，而 Windows 下的路径分隔符是“\”，如果在程序中手动拼接路径，则无法同时满足 Linux 和 Windows 下的需求。这个时候，可以使用 os.path 模块下的 join 函数来拼接目录，也可以使用 os.sep 来表示不同平台的路径分隔符。

os 模块包含了各种不同功能的函数，在这一小节中，我们将专注于与文件路径相关的一些函数。首先将介绍 os 模块的子模块 os.path，os.path 模块下的函数比较常用，而且也比较简单，很适合用来作为学习 os 模块的切入点。

5.2.1 使用 os.path 进行路径和文件管理

为了演示一些有用的例子，讲解 os.path 模块时会用到 os 模块下的 getcwd 和 listdir 函数，前者用来获取当前目录，后者用来列出目录下的所有文件和文件夹。如下所示：

```
In [1]: import os

In [2]: os.getcwd()
Out[2]: '/home/lmx/t'

In [3]: os.listdir('.')
Out[3]:
['dir1',
 'dir3',
 'c.txt',
 '2.jpg',
 'a.py',
 'a.txt',
 '1.jpg',
 'b.txt',
 'dir2',
 'access.log']
```

1. 拆分路径

os.path 模块用来对文件和路径进行管理，显然，它会包含很多拆分路径的函数。os.path 模块中与拆分路径相关的函数有：

- split：返回一个二元组，包含文件的路径与文件名；
- dirname：返回文件的路径；
- basename：返回文件的文件名；
- splitext：返回一个除去文件扩展名的部分和扩展名的二元组。

学习标准库的最佳方式就是打开 IPython 进行简单的测试。下面的代码测试了 split、dirname、basename 和 splitext 这几个函数的功能：

```
In [1]: import os

In [2]: path = "/home/lmx/t/access.log"

In [3]: os.path.split(path)
Out[3]: ('/home/lmx/t', 'access.log')

In [4]: os.path.dirname(path)
Out[4]: '/home/lmx/t'

In [5]: os.path.basename(path)
Out[5]: 'access.log'

In [6]: os.path.splitext(path)
Out[6]: ('/home/lmx/t/access', '.log')
```

2. 构建路径

Python 工程师可以使用 os.path 模块方便地拆分路径，相应地，os.path 模块也包含了用以构建路径的函数。其中最常用的便是 expanduser、abspath 和 join 函数：

- expanduser：展开用户的 HOME 目录，如～、～ username；
- abspath：得到文件或路径的绝对路径；
- join：根据不同的操作系统平台，使用不同的路径分隔符拼接路径。

下面的代码演示了各个函数的用法：

```
In [1]: import os

In [2]: os.getcwd()
Out[2]: '/home/lmx/t'

In [3]: os.path.expanduser('~')
Out[3]: '/home/lmx'

In [4]: os.path.expanduser('~mysql')
Out[4]: '/home/mysql'

In [5]: os.path.expanduser('~lmx/t')
Out[5]: '/home/lmx/t'

In [6]: os.path.abspath('.')
```

```
Out[6]: '/home/lmx/t'

In [7]: os.path.abspath('..')
Out[7]: '/home/lmx'

In [8]: os.path.abspath('../t/a.py')
Out[8]: '/home/lmx/t/a.py'

In [9]: os.path.join('~', 't', 'a.py')
Out[9]: '~/t/a.py'

In [10]: os.path.join(os.path.expanduser('~mysql'), 't', 'a.py')
Out[10]: '/home/mysql/t/a.py'
```

前面介绍 os.path 模块构建路径时，介绍了 abspath 函数，该函数用来返回一个相对路径的绝对路径。相应的，os.path 模块也存在一个函数用来检查一个路径是否为绝对路径。

```
In [11]: os.path.isabs('/home/lmx/t/a.py')
Out[11]: True

In [12]: os.path.isabs('.')
Out[12]: False
```

在 Python 代码中，可以使用 __file__ 这个特殊的变量表示当前代码所在的源文件。在编写代码时，有时需要导入当前源文件父目录下的软件包（如编写单元测试）。因此，需要用到这里的路径函数获取源文件的父目录，如下所示：

```
#!/usr/bin/python
#-*- coding: UTF-8 -*-
from __future__ import print_function

import os

print("current directory :", os.getcwd())
path = os.path.abspath(__file__)
print("full path of current file :", path)
print("parent directory of current file :",
        os.path.abspath(os.path.join(os.path.dirname(path), os.path.pardir)))
```

在笔者的工作环境中执行上面的代码，输出结果如下：

```
current directory : /home/lmx/t
full path of current file : /home/lmx/t/a.py
parent directory of current file : /home/lmx
```

3. 获取文件属性

os.path 模块也包含了若干函数用来获取文件的属性，包括文件的创建时间、修改时间、文件的大小等：

- getatime：获取文件的访问时间；
- getmtime：获取文件的修改时间；
- getctime：获取文件的创建时间；
- getsize：获取文件的大小。

4. 判断文件类型

os.path 模块也提供了若干函数用来判断路径是否存在，以及路径所指文件的类型，这些判断类函数一般以“is”开头，并且返回一个 Boolean 型结果。os.path 模块提供的判断类函数包括：

- exists：参数 path 所指向的路径是否存在；
- isfile：参数 path 所指向的路径存在，并且是一个文件；
- isdir：参数 path 所指向的路径存在，并且是一个文件夹；
- islink：参数 path 所指向的路径存在，并且是一个链接；
- ismount：参数 path 所指向的路径存在，并且是一个挂载点。

充分使用 os.path 模块的函数，就能够实现很多有用的系统管理功能。例如：

1）获取当前用户 home 目录下所有的文件列表：

```
[item for item in os.listdir(os.path.expanduser('～')) if os.path.isfile(item)]
```

2）获取当前用户 home 目录下所有的目录列表：

```
[item for item in os.listdir(os.path.expanduser('～')) if os.path.isdir(item)]
```

3）获取当前用户 home 目录下所有目录的目录名到绝对路径之间的字典：

```
{item: os.path.realpath(item) for item in os.listdir(os.path.expanduser('～'))
if os.path.isdir(item)}
```

4）获取当前用户 home 目录下所有文件到文件大小之间的字典：

```
{item: os.path.getsize(item) for item in os.listdir(os.path.expanduser('～')) if
os.path.isfile(item)}
```

5.2.2 使用 os 模块管理文件和目录

os 模块封装了操作系统的 API，工程师可以使用统一的接口编写跨平台的应用程序。os 模块中有大量的函数，我们这里只介绍与文件处理相关的一些函数。

前面已经介绍了 getcwd 函数，该函数用来获取当前目录，与之相关的是 chdir 函数，该函数用来修改当前目录。如下所示：

```
In [1]: import os

In [2]: os.getcwd()
```

```
Out[2]: '/home/lmx/t'

In [3]: os.chdir(os.path.expanduser('~lmx'))

In [4]: os.getcwd()
Out[4]: '/home/lmx'
```

os 模块也包含了文件和目录的操作函数，包括创建目录、删除目录、删除文件、重命名文件等。

- unlink / remove：删除 path 路径所指向的文件；
- rmdir：删除 path 路径锁指向的文件夹，该文件夹必须为空，否则会报错；
- mkdir：创建一个文件夹；
- rename：重命名文件或文件夹。

下面的代码演示了使用 os 模块进行目录和文件管理的用法：

```
In [5]: ls
1.jpg  2.jpg  access.log  a.py  a.txt  b.txt  c.txt  dir1/  dir2/  dir3/

In [6]: os.remove('1.jpg')

In [7]: os.unlink('2.jpg')

In [8]: os.rmdir('dir1')

In [9]: os.removedirs('dir2')

In [10]: ls
access.log  a.py  a.txt  b.txt  c.txt  dir3/

In [11]: os.mkdir('mydir')

In [12]: ls
access.log  a.py  a.txt  b.txt  c.txt  dir3/  mydir/

In [13]: os.rename('mydir', 'newdir')

In [14]: ls
access.log  a.py  a.txt  b.txt  c.txt  dir3/  newdir/
```

os 模块也包含了修改文件权限、判断文件权限的函数，即 chmod 和 access。chmod 用来修改文件的权限，access 用来判断文件是否具有相应的权限。在 Linux 中，权限分为读、写和执行。因此，os 模块也提供了三个常量来表示读、写、可执行权限，即 R_OK、W_OK 和 X_OK。

下面的程序演示了 chmod 和 access 函数的用法。首先通过命令行读取文件的名称，先判断文件是否存在，如果文件不存在，则直接退出。然后判断文件是否具有读权限，如果没有读权限，则将文件赋予所有用户都具有读、写、执行权限。如果文件存在并且已经具有读权限，读取文件内容。

```
#!/usr/bin/python
#-*- coding: UTF-8 -*-
from __future__ import print_function
import os
import sys

def main():
    sys.argv.append("")
    filename = sys.argv[1]
    if not os.path.isfile(filename):
        raise SystemExit(filename + ' does not exists')
    elif not os.access(filename, os.R_OK):
        os.chmod(filename, 0777)
    else:
        with open(filename) as f:
            print(f.read())

if __name__ == '__main__':
    main()
```

5.2.3 案例：打印最常用的 10 条 Linux 命令

当我们在 Shell 中输入命令并执行时，有非常多的快捷键可以提高我们的工作效率。例如，我们可以在 Bash 中使用 ctrl+r 搜索曾经执行过的 Linux 命令，之所以可以使用 ctrl+r 搜索曾经执行过的 Linux 命令是因为 Bash 跟踪用户之前输入过的命令，并将其保存在～/.bash_history 文件中。我们可以使用 history 命令或者直接读取～/.bash_history 文件的内容来查看命令历史。

～/.bash_history 文件保存了命令的历史，因此，我们可以使用该文件获取命令的列表统计命令的执行次数。在统计时，我们只统计命令的名称即可，以不同的参数调用相同的命令也认为是同一个命令。下面的程序用来统计每条命令的出现次数，然后找出出现次数最多的 10 条命令。如下所示：

```
In [1]: import os

In [2]: from collections import Counter

In [3]: c = Counter()

In [4]: with open(os.path.expanduser('～/.bash_history')) as f:
   ...:     for line in f:
   ...:         cmd = line.strip().split()
   ...:         if cmd:
   ...:             c[cmd[0]]+=1
   ...:
```

```
In [5]: c.most_common(10)
Out[5]:
[('ls', 116),
 ('vi', 55),
 ('cd', 47),
 ('fab', 32),
 ('cat', 25),
 ('python', 13),
 ('ps', 13),
 ('ssh', 11),
 ('pwd', 11),
 ('vim', 11)]
```

5.3 查找文件

这一小节将介绍如何使用 Python 查找特定类型的文件，包括使用字符串匹配文件名的标准库 fnmatch 和 glob，还会介绍遍历目录树的函数 os.walk。通过这些函数以及前面介绍的获取文件的属性，可以做很多有用的事情。

5.3.1 使用 fnmatch 找到特定的文件

在第 4 章介绍字符串匹配时，简单介绍了如何通过字符串的前缀匹配和后缀匹配查找特定类型的文件。例如，下面的例子可找到当前目录下所有的文本文件：

```
In [1]: import os

In [2]: [ item for item in os.listdir('.') if item.endswith('.txt') ]
Out[2]: ['c.txt', 'a.txt', 'b.txt']
```

大部分情况下，使用字符串匹配查找特定的文件就能够满足需求，如果需要更加灵活的字符串匹配，可以使用标准库的 fnmatch 库。这个库专门用来进行文件名匹配，支持使用通配符进行字符串匹配。fnmatch 支持的通配符见表 5-2 所示。

表 5-2 fnmatch 模块支持的通配符

通配符	含义
*	匹配任何数量的字符
?	匹配单个字符
[seq]	匹配 seq 中的字符
[!seq]	匹配除了 seq 以外的任何字符

fnmatch 这个库比较简单，只有 4 个函数，分别是 fnmatch、fnmatchcase、filter 和 translate。其中最常用的是 fnmatch 函数。各个函数的作用如下：

- fnmatch：判断文件名是否符合特定的模式；
- fnmatchcase：判断文件名是否符合特定的模式，不区分大小写；
- filter：返回输入列表中，符合特定模式的文件名列表；
- translate：将通配符模式转换成正则表达式。

为了对 fnmatch 函数和 filter 函数进行演示，我们将创建以下 4 个文件。如果读者使用的 shell 是 Bash，可以使用下面命令的创建这 4 个文件：

```
$ touch {a..b}1.txt {c..d}2.jpg
$ ls
a1.txt  b1.txt  c2.jpg  d2.jpg
```

在 Python 代码中，使用 fnmatch 函数对当前目录下的 4 个文件进行匹配性测试，如下所示：

```
In [1]: import os

In [2]: import fnmatch

In [3]: os.listdir('.')
Out[3]: ['a1.txt', 'c2.jpg', 'b1.txt', 'd2.jpg']

In [4]: [name for name in os.listdir('.') if fnmatch.fnmatch(name, '*.jpg')]
Out[4]: ['c2.jpg', 'd2.jpg']

In [5]: [name for name in os.listdir('.') if fnmatch.fnmatch(name, '[a-c]*')]
Out[5]: ['a1.txt', 'c2.jpg', 'b1.txt']

In [6]: [name for name in os.listdir('.') if fnmatch.fnmatch(name, '[a-c]?.txt')]
Out[6]: ['a1.txt', 'b1.txt']

In [7]: [name for name in os.listdir('.') if fnmatch.fnmatch(name, '[!a-c]*')]
Out[7]: ['d2.jpg']
```

fnmatchcase 函数与 fnmatch 函数几乎一样，只是在匹配文件名时会忽略文件名中字母的大小写。filter 函数与 fnmatch 函数比较类似，区别在于 fnmatch 每次对一个文件名进行匹配判断，filter 函数每次对一组文件名进行匹配判断。filter 函数接受文件名列表为第一个参数，文件名模式为第二个参数，然后以列表的形式返回输入列表中所有符合模式的文件名。如下所示：

```
In [9]: names = os.listdir('.')

In [10]: names
Out[10]: ['a1.txt', 'c2.jpg', 'b1.txt', 'd2.jpg']

In [11]: fnmatch.filter(names, "[a-c]?.txt")
Out[11]: ['a1.txt', 'b1.txt']

In [12]: fnmatch.filter(names, "[!a-c]*")
Out[12]: ['d2.jpg']
```

5.3.2 使用 glob 找到特定的文件

目前，我们要获取特定类型的文件列表，都是先通过 os.listdir 获取文件列表，然后通过字符串匹配或者使用fnmatch进行文件名模式匹配进行过滤。而在Python中还有更加简单的方式，即使用标准库的glob库。

glob的作用相当于os.listdir加上fnmatch。使用glob以后，不需要调用os.listdir获取文件列表，直接通过模式匹配即可，如下所示：

```
In [13]: glob.glob('*.txt')
Out[13]: ['a1.txt', 'b1.txt']

In [14]: glob.glob('[a-c]?.jpg')
Out[14]: ['c2.jpg']

In [15]: glob.glob('[!a-c]?.jpg')
Out[15]: ['d2.jpg']
```

可以看到，Python非常灵活，仅仅是找到目录下特定的文件类型，我们就已经使用了三种不同的方式来匹配文件，分别是字符串后缀匹配，fnmatch模式匹配和glob模式匹配。虽然字符串后缀匹配功能有限，但是，由于大部分情况下需求比较简单，Python工程师也对Python的字符串函数比较熟悉，所以成为了使用最广泛的方式。如果需要更加灵活的匹配文件名方式，可以使用fnmath和glob。

5.3.3 使用os.walk遍历目录树

前面的例子都是查找某一个目录下的文件并通过模式匹配去选择自己需要的文件类型。在实际工作过程中，更有可能遇到的是查找某个目录及其子目录下的所有文件。例如，查找某个目录及其子目录下所有的图片文件，查找某个目录及其子目录下最大的十个文件。对于这类需求，可以使用os模块的walk函数。walk函数遍历某个目录及其子目录，对于每一个目录，walk返回一个三元组（dirpath, dirnames, filenames）。其中，dirpath保存的是当前目录，dirnames是当前目录下的子目录列表，filenames是当前目录下的文件列表。

下面的代码演示了os.walk函数的用法，使用os.walk函数遍历～lmx/t目录及其子目录，并找到所有的图片文件：

```
#!/usr/bin/python
#-*- coding: UTF-8 -*-
import os
import fnmatch

images = ['*.jpg', '*.jpeg', '*.png', '*.tif', '*.tiff']
matches = []

for root, dirnames, filenames in os.walk(os.path.expanduser("～lmx/t")):
    for extensions in images:
        for filename in fnmatch.filter(filenames, extensions):
            matches.append(os.path.join(root, filename))
```

```
print(matches)
```

在遍历目录及其子目录时，如果想要忽略掉某一个子目录，可以直接修改三元组中的dirnames，即从dirnames列表中移除需要忽略掉的目录。如下所示：

```
for root, dirnames, filenames in os.walk(os.path.expanduser(" ~ lmx/t")):
    ......

    if 'exclude_dir' in dirnames:
        dirnames.remove('exclude_dir')
```

5.3.4 案例：找到目录下最大（或最老）的十个文件

前面案例为使用os.walk函数遍历目录并找到目录下的所有图片。下面再来看几个更加实际的需求：

1）找到某个目录及子目录下最大的十个文件；

2）找到某个目录及子目录下最老的十个文件；

3）找到某个目录及子目录下，所有文件名中包含“mysql-bin”的文件；

4）找到某个目录及子目录下，排除.git子目录以后所有的Python源文件。

看到这里的需求，最简单的想法就是参考前面查找图片的例子，对每一个需求提供一个程序。如果是一名在校大学生或者是刚毕业的应届生，问题不是很大。如果是一名已经工作的工程师，对每一个需求提供一个程序，恐怕是不合格的。这里的几个需求，虽然表面上看完全不一样，但是它们都有一个共同的需求，即找到某个目录及其子目录下的某种文件。更加通用的需求是，找到某个目录树中，除部分特殊目录以外，其他目录中的某一些文件。因此，我们可以先实现这个通用的需求，将这个通用的需求抽象成一个函数，再通过调用这个函数来实现其他需求，这样代码就清晰简单的多。如下所示：

```
#!/usr/bin/python
#-*- coding: UTF-8 -*-
import os
import fnmatch

def is_file_match(filename, patterns):
    for pattern in patterns:
        if fnmatch.fnmatch(filename, pattern):
            return True
    return False

def find_specific_files(root, patterns=['*'], exclude_dirs=[]):
    for root, dirnames, filenames in os.walk(root):
        for filename in filenames:
            if is_file_match(filename, patterns):
                yield os.path.join(root, filename)
```

```
        for d in exclude_dirs:
            if d in dirnames:
                dirnames.remove(d)
```

这里定义了一个 find_specific_files 函数，该函数接受三个参数，分别是查找的根路径，匹配的文件模式列表和需要排除的目录列表。其中，匹配模式列表和排除的目录列表都有默认值（默认情况下找到根路径下的所有文件）。

有了 find_specific_files 函数以后，实现任何查找类的需求都非常简单，只需要少量代码就能够实现。例如：

1）查到目录下的所有文件：

```
for item in find_specific_files("."):
    print(item)
```

2）查找目录下的所有图片：

```
patterns= ['*.jpg', '*.jpeg', '*.png', '*.tif', '*.tiff']
for item in find_specific_files(".", patterns):
    print(item)
```

3）查找目录树中，除 dir2 目录以外其他目录下的所有图片：

```
patterns= ['*.jpg', '*.jpeg', '*.png', '*.tif', '*.tiff']
exclude_dirs = ['dir2']
for item in find_specific_files(".", patterns, exclude_dirs):
    print(item)
```

有了 find_specific_files 这个辅助函数以后，再来看前面的需求就会简单的多。例如，对于找到某个目录及子目录下最大的十个文件，现在已经能够通过 find_specific_files 找到某个目录下的所有文件，接下来要做的就是获取文件的大小并按大小排序，排序以后输出最大的十个文件即可。如下所示：

```
files = {name: os.path.getsize(name) for name in find_specific_files('.')}
result = sorted(files.items(), key=lambda d: d[1], reverse=True)[:10]
for i, t in enumerate(result, 1):
    print(i, t[0], t[1])
```

在这个例子中，首先通过字典推导创建了一个字典，字典的 key 是找到的文件，字典的 value 是文件的大小。构建出字典以后，使用 Python 内置的 sorted 函数对字典进行逆序排序。排序完成以后即可获取最大的十个文件。笔者在 MySQL 源码里面运行，得到的结果如下：

```
1 ./.git/objects/pack/pack-6f40c5050007871f17368c349f1db15ae59af33b.pack 1073524236
2 ./.git/objects/pack/pack-6f40c5050007871f17368c349f1db15ae59af33b.idx 34002592
3 ./strings/ctype-eucjpms.c 3639754
4 ./strings/ctype-ujis.c 3629335
5 ./mysql-test/suite/parts/r/partition_alter4_myisam.result 3327484
6 ./mysql-test/suite/parts/r/partition_alter4_innodb.result 3266444
```

```
7 ./mysql-test/suite/engines/iuds/r/strings_update_delete.result 3187152
8 ./mysql-test/suite/engines/iuds/r/type_bit_iuds.result 2972348
9 ./mysql-test/suite/sys_vars/r/max_binlog_cache_size_func.result 2241976
10 ./strings/ctype-cp932.c 1846215
```

也可以指定参数排除 .git 目录，如下所示：

```
files = {name: os.path.getsize(name) for name in find_specific_files('.', exclude_dirs=['.git'])}
result = sorted(files.items(), key=lambda d: d[1], reverse=True)[:10]
for i, t in enumerate(result, 1):
    print(i, t[0], t[1])
```

可以看到，有了 find_specific_files 这个辅助函数以后要实现查找类的功能非常简单，下面再看几个例子。

1）找到某个目录及子目录下最老的十个文件：

```
files = {name: os.path.getmtime(name)for name in find_specific_files('.')}
result = sorted(files.items(), key=lambda d: d[1])[:10]
for i, t in enumerate(result, 1):
    print(i, t[0], time.ctime(t[1]))
```

2）找到某个目录及子目录下，所有文件名中包含“mysql-bin”的文件：

```
files = [name for name in find_specific_files('.', patterns=['*mysql-bin*'])]
for i, name in enumerate(files, 1):
    print(i, name)
```

在这个例子中，除了传递目录以外，还传递了相应的匹配模式。为了支持多种匹配模式，模式匹配这个参数以列表的形式表示。虽然这个例子中只有一个匹配的模式，也必须使用列表的形式传递匹配的模式。通过列表推导获取所有的文件，然后直接输出即可。

3）找到某个目录及子目录下，排除 .git 子目录以后所有的 Python 源文件：

```
files = [name for name in find_specific_files('.', patterns=['*.py'], exclude_dirs= ['.git'])]
for i, name in enumerate(files, 1):
    print(i, name)
```

4）删除某个目录及其子目录下的所有 pyc 文件：

```
files = [name for name in find_specific_files('.', patterns=['*.pyc'])]
for name in files:
    os.remove(name)
```

5.4 高级文件处理接口 shutil

如果读者对比一下 os 模块的函数和 shutil 模块包中的函数，会发现它们有一些重叠。

例如，os.rename 用来重命名一个文件，shutil.move 也可以用来重命名一个文件。那么，为什么会存在两个模块提供相同功能的情况呢？这就涉及标准库模块的定位问题，os 模块是对操作系统的接口进行封装，主要作用是跨平台。shutil 模块包含复制、移动、重命名和删除文件及目录的函数，主要作用是管理文件和目录。因此，它们并不冲突，并且是互补的关系。对于常见的文件操作，shutil 更易于使用。我们应该尽可能使用 shutil 里面的函数，在 shutil 里面没有相应功能的情况下再使用 os 模块下的函数。

5.4.1 复制文件和文件夹

读者通过 IPython 或 Python 内置的 dir 函数查看 shutil 模块下的函数会发现 shutil 下有很多 copy 类的函数。其中使用最多的是 copy 和 copytree。前者用来拷贝一个文件，后者用来拷贝一个目录。与 Linux 下的 cp 命令不同的是，Python 中拷贝文件和拷贝目录是两个不同的函数。如下所示：

```
In [1]: import shutil

In [2]: ls
a.py  dir1/

In [3]: shutil.copy('a.py', 'b.py')

In [4]: ls
a.py  b.py  dir1/

In [5]: shutil.copytree('dir1', 'dir2')

In [6]: ls
a.py  b.py  dir1/  dir2/
```

5.4.2 文件和文件夹的移动与改名

shutil 模块中的 move(src, dst) 用来将路径 src 处的文件移动到 dst 处，并返回新位置的绝对路径。这个函数的作用几乎等同于 Linux 下的 mv 命令。如果 dst 是一个目录，则将文件移动到目录之中；如果 dst 是一个文件名称，则将文件移动到目标目录下，并重命名为 dst。

```
In [1]: import shutil

In [2]: ls
a.py  dir1/

In [3]: shutil.move('a.py', 'b.py')

In [4]: ls
```

```
b.py  dir1/

In [5]: shutil.move('b.py', 'dir1')

In [6]: ls
dir1/

In [7]: ls dir1
b.py
```

5.4.3 删除目录

在 Python 中，如果要删除文件，可以使用 os 模块的 remove 和 unlink 函数，如果要删除目录，可以使用 os 模块的 rmdir 和 removedirs 函数。那么，为什么 shutil 模块还会提供一个名为 rmtree 的函数呢？主要是因为 os.rmdir 和 removedirs 都要求被删除的目录非空，不能进行强制删除。而 shutil.rmtree 不管目录是否非空，都直接删除整个目录。因此，在笔者的使用过程中一般使用 os.unlink 删除单个文件，使用 shutil.rmtree 删除整个目录。如下所示：

```
In [1]: import shutil

In [2]: import os

In [3]: ls
a.py  dir1/

In [4]: os.rmdir('dir1')
---------------------------------------------------------------------------
OSError                                   Traceback (most recent call last)
<ipython-input-4-0d6c3b928819> in <module>()
----> 1 os.rmdir('dir1')
OSError: [Errno 39] Directory not empty: 'dir1'

In [5]: shutil.rmtree('dir1')

In [6]: ls
a.py
```

5.5 文件内容管理

系统管理员在管理服务器时，可能会有这样的疑问：1）两个目录中的文件到底有什么差别？2）系统中有多少重复文件存在？3）如何找到并删除系统中的重复文件？在这一节中，将重点介绍如何使用 Python 解决这几个问题。

5.5.1　目录和文件比较

filecmp 模块包含了比较目录和文件的操作。为了对 filecmp 模块进行测试和验证，我们在当前目录下创建如下文件和目录：

```
$ tree
.
├── dir1
│   ├── a_copy.txt
│   ├── a.txt
│   ├── b.txt
│   ├── c.txt
│   └── subdir1
│       └── sa.txt
└── dir2
    ├── a.txt
    ├── b.txt
    ├── c.txt
    ├── subdir1
    │   └── sb.txt
    └── subdir2

5 directories, 9 files
```

其中，a.txt 和 c.txt 的内容一样，它们是分别创建而成的两个文件。a_copy.txt 文件的内容和 a.txt 一样，但是它是通过 cp 命令拷贝而成。各个文件的内容如图 5-1 所示。

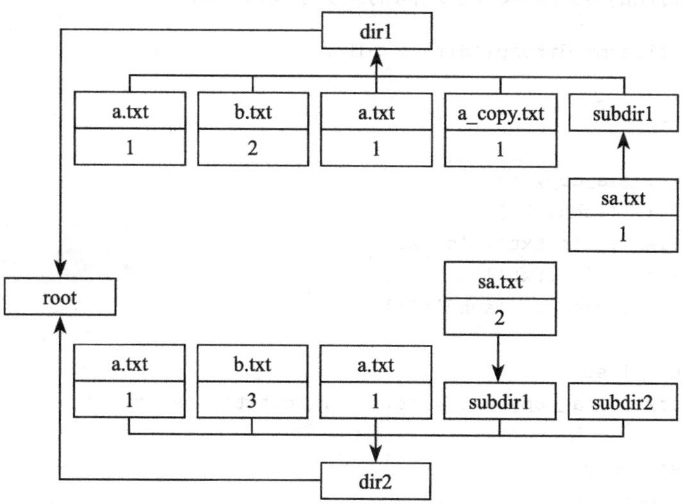

图 5-1　filecmp 实验结构图

filecmp 模块最简单的函数是 cmp 函数，该函数用来比较两个文件是否相同，如果文件相同，返回 True，否则返回 False。我们在 dir1 目录下执行以下代码：

```
In [1]: import filecmp

In [2]: filecmp.cmp('a.txt', 'b.txt')
Out[2]: False
```

```
In [3]: filecmp.cmp('a.txt', 'c.txt')
Out[3]: True

In [4]: filecmp.cmp('a.txt', 'a_copy.txt')
Out[4]: True
```

filecmp 目录下还有一个名为 cmpfiles 的函数，该函数用来同时比较两个不同目录下的多个文件，并且返回一个三元组，分别包含相同的文件、不同的文件和无法比较的文件。在测试环境的顶层目录执行以下代码后效果如下：

```
In [1]: import filecmp

In [2]: filecmp.cmpfiles('dir1', 'dir2', ['a.txt', 'b.txt', 'c.txt', 'a_copy.
txt'])
Out[2]: (['a.txt', 'c.txt'], ['b.txt'], ['a_copy.txt'])
```

cmpfiles 函数用来同时比较两个目录下的文件，也可以使用该函数比较两个目录。但是，在比较两个目录时需要通过参数指定所有可能的文件，显然比较繁琐。filecmp 中还提供了一个名为 dircmp 的函数用来比较两个目录。

调用 dircmp 函数以后会返回一个 dircmp 类的对象，该对象保存了诸多属性，工程师可以通过读取这些属性的方式获取目录之间的差异。如下所示：

```
In [3]: d = filecmp.dircmp('dir1', 'dir2')

In [4]: d.report()
diff dir1 dir2
Only in dir1 : ['a_copy.txt']
Only in dir2 : ['subdir2']
Identical files : ['a.txt', 'c.txt']
Differing files : ['b.txt']
Common subdirectories : ['subdir1']

In [5]: d.left_list
Out[5]: ['a.txt', 'a_copy.txt', 'b.txt', 'c.txt', 'subdir1']

In [6]: d.left_only
Out[6]: ['a_copy.txt']

In [7]: d.right_only
Out[7]: ['subdir2']
```

从这里的测试可以看到，filecmp 模块的 dircmp 函数仅仅比较目录下面的文件和子目录，但是，并不会递归比较子目录的内容。对于目录，dircmp 函数也仅仅是比较函数的名称，不会去比较子目录里面的内容。例如，这个例子中的 dir1/subdir1 和 dir2/subdir1 下面的文件完全不同，但是 dircmp 并不会报告它们之间的差异。

5.5.2　MD5 校验和比较

前面介绍了如何使用 filecmp 模块对文件和目录进行比较，虽然 filecmp 比较文件和目录的使用方式比较简单，但是它有很多无法处理的情况。例如，找到当前目录和子目录下所有相同的文件，比较不同计算机上的文件是否相同。简单的比较两个文件是否相等或者比较两个目录下的文件差异，很多时候并不能满足我们的需求。这个时候，可以通过校验码（chucksum）的方式对文件进行比较。

校验码是通过散列函数计算而成，是一种从任何数据中创建小的数字“指纹”的方法。散列函数把消息或数据压缩成摘要，使得数据量变小，便于进行比较。MD5 是目前使用最广泛的散列算法。理论上看，一个 MD5 哈希值可对应无限个文件，但从现实的角度来看，两个不同的文件几乎不可能有相同的 MD5 哈希值，任何对一个文件的非恶意变更都会导致其 MD5 哈希值改变。因此，MD5 哈希一般用于检查文件完整性，尤其常用于检测文件传输、磁盘错误或其他情况下文件的正确性。

在 Linux 下计算一个文件的 MD5 校验码，只需要以文件名为参数调用 md5sum 命令即可。如下所示：

```
$ md5sum /etc/passwd
a511925e8fece8970fd45f4c49e4b3a7  /etc/passwd
```

在 Python 中计算文件的 MD5 校验码也非常简单，使用标准库中的 hashlib 模块即可。如下所示：

```
In [1]: import hashlib

In [2]: d = hashlib.md5()

In [3]: with open('/etc/passwd') as f:
   ...:     for line in f:
   ...:         d.update(line)
   ...:

In [4]: d.hexdigest()
Out[4]: 'a511925e8fece8970fd45f4c49e4b3a7'
```

5.5.3　案例：找到目录下的重复文件

接下来看一个综合案例，在这个例子中，我们要找到某个目录下所有的重复文件。首先通过 5.3.4 节中的 find_specific_files 函数找到目录下的所有文件，然后通过 5.5.2 节中的 MD5 校验判断文件是否相同。为了让代码尽可能的通用，我们将计算文件的 MD5 校验码的功能封装成一个名为 get_file_checksum 的函数，该函数接受文件名作为参数，返回文件的 MD5 校验码。功能的实现如下所示：

```
#!/usr/bin/python
```

```
#-*- coding: UTF-8 -*-
from __future__ import print_function
import hashlib
import sys
import os
import fnmatch

CHUNK_SIZE = 8192

def find_specific_files(root, patterns=['*'], exclude_dirs=[]):
    # 该函数的实现参考 5.3.4 节
    pass

def get_chunk(filename):
    with open(filename) as f:
        while True:
            chunk = f.read(CHUNK_SIZE)
            if not chunk:
                break
            else:
                yield chunk

def get_file_checksum(filename):
    h = hashlib.md5()
    for chunk in get_chunk(filename):
        h.update(chunk)
    return h.hexdigest()

def main():
    sys.argv.append("")
    directory = sys.argv[1]
    if not os.path.isdir(directory):
        raise SystemExit("{0} is not a directory".format(directory))

    record = {}
    for item in find_specific_files(directory):
        checksum = get_file_checksum(item)
        if checksum in record:
            print('find duplicate file: {0} vs {1}'.format(record[checksum], item))
        else:
            record[checksum] = item

if __name__ == '__main__':
    main()
```

在这个例子中，通过命令行指定需要查找的目录，并在 main 函数中判断用户输入的参数是否为一个正确的目录。判断完成以后，使用 find_specific_files 函数遍历该目录，得到该目录及其子目录下的所有文件。遍历得到文件列表，并将文件和文件的 MD5 校验码保存到一个字典之中。这里有一个实现上的小技巧，为了在一个新的文件到来时，判断该文件是否已经存在于字典中，字典的键是文件的MD5校验码，字典的值是文件的名称。通过这种方式就能够快速判断文件是否已经存在于字典之中。如果文件已经存在于字典之中，则认为当前这个文件和已经存在的某个文件重复，打印这个重复文件。

上面这段程序在笔者的计算机中进行测试，效果如下：

```
$ python find_dup_files.py notexists
notexists is not a directory

$ python find_dup_files.py dir1/
find duplicate file: dir1/aa.txt vs dir1/a.txt
find duplicate file: dir1/aa.txt vs dir1/subdir1/sa.txt
```

5.6 使用Python管理压缩包

压缩包对于系统管理非常有用，例如，我们在备份某些文件时，为了减少磁盘空间占用，会对备份的数据进行压缩。我们需要将多份文件发送给他人的时候，最好通过压缩包的形式发送。压缩包也是互联网上软件发布的标准格式，每一名软件工程师和系统管理员都使用过压缩包。既然我们选择使用Python来进行Linux系统管理，那么，我们就免不了会在Python代码中对压缩包进行处理，包括创建压缩包、解压压缩包、获取压缩包中的文件列表等。在这一节中，我们将学习与压缩包相关的Python标准库。

5.6.1 使用tarfile库读取与创建tar包

在Linux系统管理中，工程师一般使用tar命令来创建压缩包，并且可以指定压缩包的压缩算法。tar命令也可以创建一个不压缩的打包文件，一般称为tar包。tar包仅仅是把多个文件进行打包便于传输，并不会执行压缩操作。也就是说，工程师在使用tar命令时，可以创建一个普通的tar包或者压缩算法压缩过的压缩包。

Python的tarfile标准库提供了tar命令提供的功能，我们也可以使用它创建一个压缩或非压缩的tar包。Python向来以简单易用著称，对于一名计算机初学者来说，Python标准库的tarfile模块或许比Linux下的tar命令更加好用。

1. 读取tar包

与Python的文件管理操作类似，读写一个压缩包，需要执行打开操作，同时指定文件的打开模式，并在操作完毕以后关闭文件。和Python内置的文件管理类似，我们也可以使用上下文管理器来保证文件的关闭逻辑。如下所示：

```
import tarfile
with tarfile.open('tarfile_add.tar') as t:
    for member_info in t.getmembers():
```

```
        print(member_info.name)
```

在这个例子中，我们首先导入tarfile库，然后使用默认的读模式打开tar包。tarfile.open函数会返回一个TarFile的对象，用这个对象表示当前打开的tar包，我们可以通过这个对象的方法操作和读取tar包的内容。例如，在这个例子中，我们通过TarFile对象的getmembers方法获取了tar包中的文件列表。

tarfile中有不少函数，其中，最常用的是：

- getnames：获取tar包中的文件列表；
- extract：提取单个文件；
- extractall：提取所有文件。

2. 创建tar包

从前面的例子可以看到，读一个tar包与读一个文件非常类似，都是以读的方式打开文件并得到一个对象，然后通过这个对象的方法去操作文件。创建一个tar包和写一个文件也比较类似，如下所示：

```
import tarfile
with tarfile.open('tarfile_add.tar', mode='w') as out:
    out.add('README.txt')
```

上面的这段代码中，由于我们是创建一个tar包，所以以写模式打开tar包并得到一个TarFile对象，然后使用TarFile对象的add方法将README.txt文件添加到tar包中。

5.6.2 使用tarfile库读取与创建压缩包

在前一小节中，我们已经介绍了如何使用tarfile模块创建和读取一个tar包。但是，我们创建和读取的是一个没有经过压缩的tar包。一般情况下，我们创建一个tar包的时候都会使用压缩算法进行压缩，以减少数据传输的带宽和磁盘的存储空间。使用tarfile创建和读取压缩包非常简单，只要在打开文件时指定压缩算法即可。对于tarfile的open函数，以“打开模式:压缩算法”的形式打开即可。例如：

1）读取一个用gzip算法压缩的tar包：

```
with tarfile.open('tarfile_add.tar', mode='r:gz') as out:
```

2）创建一个用bzip2算法压缩的tar包：

```
with tarfile.open('tarfile_add.tar', mode='w:bz2') as out:
```

5.6.3 案例：备份指定文件到压缩包中

在这一小节中，我们看一个非常实际的案例，即备份指定文件到压缩包中。这个需求在实际工作中非常常见，例如，备份Apache的访问日志，备份MySQL的binlog日志。将这些数据备份到压缩包中，并在压缩包的名称中使用时间标识，不但有利于文件管理，便于查找，而且能够有效减少磁盘占用空间。

这里还是以备份所有图片为例，将所有图片文件备份到压缩包中，并在压缩包的名称中加入当前时间。如下所示：

```
#!/usr/bin/python
#-*- coding: UTF-8 -*-
from __future__ import print_function
import os
import fnmatch
import tarfile
import datetime


def find_specific_files(root, patterns=['*'], exclude_dirs=[]):
    # 该函数的实现参考 5.3.4 节
    pass

def main():
    patterns= ['*.jpg', '*.jpeg', '*.png', '*.tif', '*.tiff']
    now = datetime.datetime.now().strftime("%Y_%m_%d_%H_%M_%S")
    filename = "all_images_{0}.tar.gz".format(now)
    with tarfile.open(filename, 'w:gz') as f:
        for item in find_specific_files(".", patterns):
            f.add(item)


if __name__ == '__main__':
    main()
```

我们在 5.3.4 节中定义的 find_specific_files 函数十分通用，所以，实现备份指定目录下某一类文件的功能也非常简单。重点在于将遍历到的文件添加到压缩包中。备份完成以后，会在当前目录下生成一个类似于下面这个文件名的、包含当前时间的压缩包：

```
all_images_2017_03_15_20_43_32.tar.gz
```

5.6.4 使用 zipfile 库创建和读取 zip 压缩包

大部分情况下，我们在 Linux 下使用 gzip 或 bzip2 进行压缩，在 Windows 下使用 zip 进行压缩。在这一节中，我们将看一下如何创建和读取 zip 格式的压缩包。

1. 读取 zip 文件

zipfile 模块中有一个名为 ZipFile 的对象，我们通过将 zip 压缩包的名称传递给这个对象的构造函数，就打开了 zip 压缩包文件并得到一个 ZipFile 的对象，然后使用这个对象的方法去读取 zip 压缩包的内容。如下所示：

```
import zipfile
example_zip = zipfile.ZipFile('example.zip')
example_zip.namelist()
```

ZipFile 的常用方法如下：

- namelist：返回 zip 文件中包含的所有文件和文件夹的字符串列表；
- extract：从 zip 文件中提取单个文件；
- extractall：从 zip 文件中提取所有文件。

2. 创建 zip 文件

与文件类似，若想创建一个 zip 格式的压缩文件，必须以写模式打开 zip 文件。与 tarfile 不同的是，ZipFile 的对象是通过 write 方法来添加文件的。如下所示：

```
import zipfile
newZip = zipfile.ZipFile('new.zip', 'w')
newZip.write('spam.txt')
newZip.close()
```

上面这段代码将创建一个新的 zip 文件，名为 new.zip，它包含 spam.txt 压缩后的内容。

3. 使用 Python 的命令行工具创建 zip 格式的压缩包

如果读者是一名具有相关工作经验的工程师，一定遇到过在 Linux 下解压 zip 格式压缩包的需求。Linux 下一般都是用 tar 命令创建和读取压缩包，但是，tar 命令并不支持 zip 格式的压缩包。读取 zip 格式的压缩包需要使用 unzip，而大部分操作系统都没有安装 unzip，因此，在 Linux 下解压 zip 格式的压缩包会比较麻烦。

除了编写 Python 脚本，使用 zipfile 模块解压 zip 格式的压缩包以外，也可以使用 zipfile 模块提供命令行接口。读者以后可以在 Linux 下使用 Python 命令创建和解压 zip 格式的压缩包。zipfile 模块提供的命令行接口包含以下几个选项：

- -l：显示 zip 格式压缩包中的文件列表
- -c：创建 zip 格式压缩包
- -e：提取 zip 格式压缩包
- -t：验证文件是一个有效的 zip 格式压缩包

下面的命令为使用 Python 的 zipfile 模块提供的命令行接口，创建、查看和提取 zip 格式压缩包：

```
python -m zipfile -c monty.zip spam.txt eggs.txt
python -m zipfile -e monty.zip target-dir/
python -m zipfile -l monty.zip
```

5.6.5 案例：暴力破解 zip 压缩包的密码

众所周知，在 Windows 下创建一个 zip 格式的压缩包时，可以对压缩包设置一个密码。

其他用户只有输入正确的密码才能够解压这个压缩包。通过这种方式，可以一定程度上实现对重要文件和私密文件进行保护的目的。此外，如果读者接触电脑的时间比较长，一定遇到过加密后的 zip 压缩包。当我们从互联网上千辛万苦找到一份自己想要的资料以后，解压时发现压缩包经过了加密，而自己又没有密码，这是怎样的一种挫败感。在这一节中，我们将学习一个破解 zip 压缩包密码的例子。

当我们提到“暴力破解密码”这几个字的时候，普通的电脑使用人员都会觉得非常高端，也特别有技术含量。这或许是因为让一个普通的电脑使用人员，尝试大量的密码进行破解几乎是不可能完成的任务。但是，作为懂得编程的工程师，破解 zip 压缩包的密码其实是一件极为简单的事情。使用 Python 的 zipfile 库又进一步降低了破解压缩包密码的难度。接下来，我们就看一下如何破解一个 zip 压缩包的密码。

为了测试破解 zip 压缩密码的程序，可以在 Windows 下创建一个加密的压缩包。创建的方式是，右击文件，选择“添加到压缩文件”选项，然后选择“高级”选项卡，在“高级”选项卡中单击“设置密码”按钮，最后输入加密的密码，单击确定即可。图 5-2 给出了一个加密 zip 压缩包的例子。

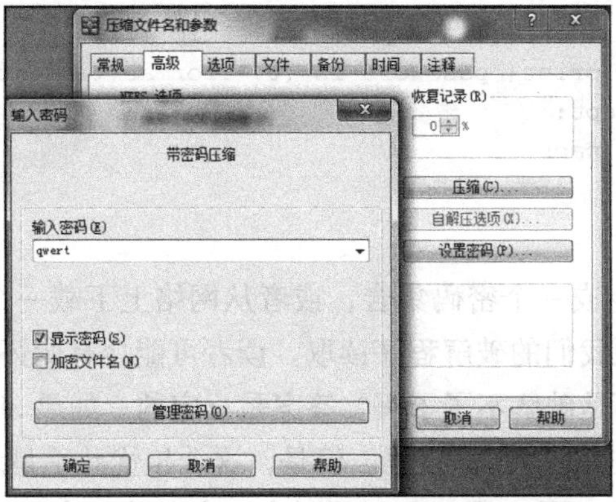

图 5-2 创建一个加密的 zip 压缩包

当我们要解压一个经过加密的压缩包时，只需要在调用 extract 或 extractall 函数时传一个额外的 pwd 参数。这个参数就是 zip 压缩包的密码。如果密码出错，将会抛出一个 RuntimeError 异常，并提示密码出错。如下所示：

```
In [1]: import zipfile

In [2]: f = zipfile.ZipFile('temp.zip')

In [3]: f.extractall(pwd='error')
---------------------------------------------------------------------------
RuntimeError                              Traceback (most recent call last)
----> 1 f.extractall(pwd='error')
......
```

```
   1009                    if ord(h[11]) != check_byte:
-> 1010                        raise RuntimeError("Bad password for file", name)
   1011
   1012                return ZipExtFile(zef_file, mode, zinfo, zd,
RuntimeError: ('Bad password for file', <zipfile.ZipInfo object at 0x7f5332d299b0>)
```

使用Python进行密码破解，其实和手工破解思路类似：对不同的密码反复进行尝试，直至找到正确的密码。但是，手动尝试几十万、几百万、甚至几千万个不同的密码是不现实的，所以，我们需要借助Python来解决这个问题。从前面的例子可以看到，Python在密码错误时会抛出异常，我们的破解程序只需要在Python代码抛出异常时捕获异常，然后继续进行下一次密码尝试，直到找到正确的密码为止。

对于这里的例子，我们只需要将所有可能的密码保存到一个密码文件中，然后读取这个文件中的密码尝试进行破解。在出现异常时忽略异常并进行下一次尝试，在没有出现异常时打印正确的密码。如下所示：

```
In [4]: with open('passwords.txt') as pf:
   ...:     for line in pf:
   ...:         try:
   ...:             f.extractall(pwd=line.strip())
   ...:             print("password is {0}".format(line.strip()))
   ...:         except:
   ...:             pass
   ...:
password is qwert
```

接下来要做的就是生成一个密码集合，或者从网络上下载一个密码的集合。将弱密码保存到文本文件中，以便我们的破解程序读取。读者可能会有所怀疑，如果zip压缩包的密码不在密码集合中，岂不是破解不了了吗？答案是肯定的，如果zip压缩包的密码不在我们的密码集合中，就无法破解zip压缩密码。但是，这个担忧几乎是多余的，这一方面是因为绝大多数人都长期使用弱密码；另一方面是因为，密码的集合只要足够大，总是可以将所有可能的密码集合包含在内的。

补充资料：2011年12月21日，黑客在网上公开了知名网站CSDN的用户数据库，高达600多万个用户的注册邮箱账号和密码遭到曝光和外泄，成为中国互联网历史上一次具有深远意义的网络安全事故。CSDN密码泄露以后有人对这600多万个用户的密码进行了统计，结果显示，有239万人的密码和别人存在重复，在所有密码中，123456789出镜率高居榜首，有23万5千人使用它作为登录密码。

5.6.6 使用shutil创建和读取压缩包

我们已经介绍了如何使用tarfile和zipfile创建和读取不同格式的压缩包，可以看到，在 Python 中使用 tarfile 库创建压缩包非常简单，甚至比 Linux 下的 tar 命令方便很多。然而，在 Python 中还有更加简单的方式创建和解压压缩包，也就是我们已经接触过的 shutil 模块。

shutil 模块是高层次的文件接口，除了包含文件和目录的操作函数以外，还包含了压缩包的创建和解压。shutil 支持的格式可以通过 get_archive_formats 函数获取。如下所示：

```
In [1]: import shutil

In [2]: shutil.get_archive_formats()
Out[2]:
[('bztar', "bzip2'ed tar-file"),
 ('gztar', "gzip'ed tar-file"),
 ('tar', 'uncompressed tar file'),
 ('zip', 'ZIP file')]
```

1. shutil 创建压缩包

使用 shutil 模块创建压缩包，只需调用 shutil 模块下的 make_archive 函数即可。make_archive 函数有多个参数，其中，只有 base_name 与 format 这两个参数是必传的。参数 base_name 是创建的压缩包的名称，参数 format 用来指定压缩包的格式，它的取值只能是 get_archive_formats 函数输出的结果。下面是一个使用 shutil 模块创建压缩包的例子：

```
In [1]: ! ls
app.py  depoly_mongo.py  depoly.sh  fabfile.py  test_pdb.py

In [2]: import shutil

In [3]: shutil.make_archive('backup', 'gztar')
Out[3]: 'backup.tar.gz'

In [4]: shutil.make_archive('backup', 'zip')
Out[4]: 'backup.zip'

In [5]: ! ls
app.py  backup.tar.gz  backup.zip  depoly_mongo.py  depoly.sh  fabfile.py  test_
pdb.py

In [6]: import tarfile

In [7]: f = tarfile.open('backup.tar.gz', 'r:gz')

In [8]: f.getnames()
Out[8]:
['.',
 './test_pdb.py',
 './depoly.sh',
 './app.py',
 './depoly_mongo.py',
```

```
'./fabfile.py']
```

在这个例子中，当前目录下包含4个Python文件和1个shell脚本文件。在当前目录下，以“backup”和“gztar”这两个参数调用make_archive函数，将会自动把当前目录下的所有文件添加到backup.tar.gz中。

调用make_archive函数有几个注意事项：

- base_name是压缩包的名称，但是不包含相应的文件扩展名，make_archive函数会自动加上相应的扩展名；
- format这个参数的取值只能是get_archive_format函数的返回值，在本例中，format只能取值为bztar、gztar、tar和zip；
- make_archive函数的第三个参数是root_dir，root_dir用来指定创建压缩包的目录，默认为当前目录。典型用法是，将当前目录切换到需要创建压缩包的目录，然后再调用make_archive函数创建压缩包。

2. 在Python 3中使用shutil读取压缩包

在Python 2中，shutil模块仅包含了创建压缩包的函数，并没有解压压缩包的函数。在Python 3中，shutil模块包含了一个与make_archive一样好用的解压函数，即unpack_archive函数，该函数的定义如下：

```
shutil.unpack_archive(filename, extract_dir=None, format=None)
```

unpack_archive函数的第一个参数是压缩包的名称，第二个参数是解压以后的保存目录，第三个参数用来指定压缩包的格式。一般情况下，shutil能够根据压缩包的扩展名猜测压缩包的压缩格式，不需要指定format参数。

下面的代码用来将前面创建的压缩包解压到当前目录：

```
In [1]: import shutil

In [2]: ! ls
backup.tar.gz

In [3]: shutil.unpack_archive('backup.tar.gz')

In [4]: ! ls
app.py  backup.tar.gz  depoly_mongo.py  depoly.sh  fabfile.py  test_pdb.py
```

5.7 Python中执行外部命令

虽然Python提供了许多系统管理相关的标准库，并且Python号称“连电池都包含在内”，但是，总有一些特殊的需求是Python没有考虑到，也无法考虑到的。因此，使用Python进行Linux系统管理与运维总是免不了在Python代码中执行shell命令、启动子进程，并捕获命令的输出和退出状态码。这个需求如此常见，以至于Python中有多种方式可以执行命令并捕获输出。目前广泛使用的是标准库的subprocess模块。这一节将首先介绍subprocess模块的定位，然后介绍subprocess模块提供的便利函数，最后介绍Popen这个类的使用方法。

5.7.1 subprocess模块简介

subprocess模块最早是在Python 2.4版本中引入的，正如它名字所反映的，这个模块用于创建和管理子进程。它提供了高层次的接口，用来替换os.system(), os.spawn*(), os.popen*(), popen2.*()和commands.*等模块与函数。subprocess其实非常简单，它提供了一个名为Popen的类来启动和设置子进程的参数。由于这个类比较复杂，subprocess还提供了若干便利函数。这些便利函数都是对Popen这个类的封装，以便工程师能够快速启动一个子进程并获取它们的输出结果。

5.7.2 subprocess模块的便利函数

在subprocess模块中启动子进程，最简单的方式就是使用这一节介绍的便利函数。当这些便利函数不能满足需求时，再使用底层的Popen类。便利函数包括call、check_call与check_output。

1. call

call函数的定义如下：

```
subprocess.call(args, *, stdin=None, stdout=None, stderr=None, shell=False)
```

call函数将运行由args参数指定的命令直到命令结束。call函数的返回值是命令的退出状态码，工程师可以通过退出状态码判断命令是否执行成功。如下所示：

```
In [1]: import subprocess

In [2]: subprocess.call(['ls', '-l'])
total 98480
drwxr-xr-x 3 lmx lmx      4096 Mar 15 22:09 mongo
drwxr-xr-x 4 lmx lmx      4096 Mar 15 22:12 mongodata
-rw-r--r-- 1 lmx lmx 100835152 Mar 15 14:02 mongodb-linux-x86_64-debian71-3.4.0.tgz
Out[2]: 0

In [3]: subprocess.call("exit 1", shell=True)
Out[3]: 1
```

call函数执行的外部命令以一个字符串列表的形式进行传递，如果设置了shell为True，则可以使用一个字符串命令，而不是一个字符串列表来运行子进程。如果设置了shell为True，Python将先运行一个shell，再用这个shell来解释整个字符串。

2. check_call

check_call 函数的作用与 call 函数类似，区别在于异常情况下返回的形式不同。对于 call 函数，工程师通过捕获 call 命令的返回值判断命令是否执行成功，如果成功返回 0，否则返回非 0。对于 check_call 函数，如果执行命令成功，返回 0，如果执行失败，抛出 subprocess.CalledProcessError 异常。如下所示：

```
In [4]: subprocess.check_call(["ls", "-l"])
total 98480
drwxr-xr-x 3 lmx lmx       4096 Mar 15 22:09 mongo
drwxr-xr-x 4 lmx lmx       4096 Mar 15 22:12 mongodata
-rw-r--r-- 1 lmx lmx 100835152 Mar 15 14:02 mongodb-linux-x86_64-debian71-3.4.0.tgz
Out[4]: 0

In [5]: subprocess.check_call("exit 1", shell=True)
---------------------------------------------------------------------------
CalledProcessError                        Traceback (most recent call last)
......
--> 186         raise CalledProcessError(retcode, cmd)
    187     return 0
    188

CalledProcessError: Command 'exit 1' returned non-zero exit status 1
```

3. check_output

从上面的输出结果可以看到，call 和 check_call 函数直接将命令的输出结果输出到命令行终端，这种返回结果的形式很有可能不是你想要的。在实际工作过程中，一般会对获取命令的结果进行进一步的处理，或者将命令的输出打印到日志文件中。如下所示：

```
In [6]: output = subprocess.check_output(['df', '-h'])

In [7]: print(output)
Filesystem      Size  Used Avail Use% Mounted on
rootfs           20G  7.4G   12G  40% /
udev             10M     0   10M   0% /dev
tmpfs           3.2G  260K  3.2G   1% /run
/dev/vdc        200G   16G  185G   8% /ebs
cgroup           16G     0   16G   0% /sys/fs/cgroup

In [8]: lines = output.split('\n')

In [9]: lines
Out[9]:
['Filesystem      Size  Used Avail Use% Mounted on',
 'rootfs           20G  7.4G   12G  40% /',
 'udev             10M     0   10M   0% /dev',
 'tmpfs           3.2G  260K  3.2G   1% /run',
```

```
 '/dev/vdc         200G   16G  185G   8% /ebs',
 'cgroup            16G     0   16G   0% /sys/fs/cgroup',
 '']

In [10]: for line in lines[1:-1]:
    ...:     if line:
    ...:         print(line.split()[-2])
    ...:
40%
0%
1%
8%
0%
```

check_output 函数通过返回值来返回命令的执行结果，显然，无法像 call 函数一样通过返回退出状态码表示异常情况。因此，check_output 函数通过抛出一个 subprocess.CalledProcessError 异常来表示命令执行出错。如下所示：

```
try:
    output = subprocess.check_output(['cmd','arg1','arg2'])
except subprocess.CalledProcessError as e:
    output = e.output
    code = e.returncode
```

默认情况下，check_output 命令只会捕获命令的标准输出。如果想捕获命令的错误输出，需要将错误输出重定向到标准输出。如下所示：

```
output = subprocess.check_output(['cmd','arg1','arg2'], stderr=subprocess.STDOUT)
```

5.7.3 subprocess 模块的 Popen 类

subprocess 模块提供的便利函数都是对 Popen 类的封装，当便利函数无法满足业务的需求时，也可以直接使用 Popen 类。Popen 类更具有灵活性，通过它能处理更多复杂的情况。Popen 类的构造函数如下：

```
class Popen(args, bufsize=0, executable=None,
            stdin=None, stdout=None, stderr=None,
            preexec_fn=None, close_fds=False, shell=False, cwd=None, env=None,
            universal_newlines=False, startupinfo=None, creationflags=0)
```

Popen 的基本使用方式与上一小节中介绍的便利函数类似。在 Unix 系统中，当 shell 设置为 True 时，shell 默认使用 /bin/sh。args 是需要执行的命令，可以是一个命令字符串，也可以是一个字符串列表。

Popen 对象创建后，子进程便会运行。Popen 类提供了若干方法来控制子进程的运行，包括：

- wait：等待子进程结束；

- poll：检查子进程状态；
- kill：给子进程发送 SIGKILL 信号终止子进程；
- send_signal：向子进程发送信号；
- terminate：给子进程发送 SIGTERM 信号终止子进程；
- communicate：与子进程交互。

其中，使用 communicate 函数可以与子进程进行交互，包括输入数据，获取子命令的标准输出和错误输出。下面的函数对 Popen 执行 shell 命令进行封装，封装以后，只要将需要执行的 shell 命令传递给该函数即可。当命令执行成功时，将返回命令的退出状态码和标准输出，当命令执行失败时，将返回退出状态码和错误输出。

```
def execute_cmd(cmd):
    p = subprocess.Popen(cmd,
                         shell=True,
                         stdin=subprocess.PIPE,
                         stdout=subprocess.PIPE,
                         stderr=subprocess.PIPE)
    stdout, stderr = p.communicate()
    if p.returncode != 0:
        return p.returncode, stderr
    return p.returncode, stdout
```

通过 Python 标准库的 subprocess 模块，可以运行外部程序。这极大地拓展了 Python 的功能。例如，可以使用 subprocess 在 Python 中执行复杂的 Linux 命令。

5.8 综合案例：使用 Python 部署 MongoDB

接下来看一个综合案例，使用 Python 部署 MongoDB 数据库。在这个例子中，将会用到本章介绍的各种系统管理相关的标准库，包括 os、os.path、shutil、tarfile 和 subprocess 模块。

假设当前目录下存在一个 MongoDB 安装包，我们的 Python 程序需要将安装包解压到当前目录的 mongo 目录下，并在当前目录下创建一个 mongodata 目录用来保存 MongoDB 的数据库文件。在部署 MongoDB 数据库之前，当前目录下的文件结构如下：

```
.
├── depoly_mongo.py
└── mongodb-linux-x86_64-debian71-3.4.0.tgz

0 directories, 2 files
```

程序部署完成以后，当前目录的文件结构大致如下所示：

```
.
├── depoly_mongo.py
```

```
├── mongo
│   ├── bin
│   │   ├── mongod
├── mongodata
│   ├── mongod.log
└── mongodb-linux-x86_64-debian71-3.4.0.tgz

2 directories, 2 files
```

MongoDB 是当下最流行的文档数据库，具有很好的易用性。启动一个 MongoDB 数据库实例，只需要执行以下几条 shell 命令即可：

```
$ tar -zxf mongodb-linux-x86_64-debian71-3.4.0.tgz
$ mv mongodb-linux-x86_64-debian71-3.4.0 mongo
$ mkdir mongodata
$ mongo/bin/mongod --fork --logpath mongodata/mongod.log --dbpath mongodata
```

这里给出的 shell 命令，只是为了便于不熟悉 MongoDB 的读者了解 MongDB 数据库的启动过程，还有很多情况没有考虑。例如，要将当前目录下的 MongoDB 安装包解压到当前目录下的 mongo 目录中，但是当前目录下已经存在一个名为 mongo 的目录，则会出错。

下面的程序是使用 Python 部署 MongoDB 数据库的完整代码，这段程序综合应用了本章介绍的内容，包括与路径相关的 os.path 模块，与文件管理相关的 shutil 模块，与压缩包相关的 tarfile 模块以及在 Python 中执行 Shell 命令的 subprocess 模块。如下所示：

```
#!/usr/bin/python
#-*- coding: UTF-8 -*-
from __future__ import print_function
import os
import shutil
import tarfile
import subprocess


def execute_cmd(cmd):
    p = subprocess.Popen(cmd,
                         shell=True,
                         stdin=subprocess.PIPE,
                         stdout=subprocess.PIPE,
                         stderr=subprocess.PIPE)
    stdout, stderr = p.communicate()
    if p.returncode != 0:
        return p.returncode, stderr
    return p.returncode, stdout


def unpackage_mongo(package, package_dir):
    unpackage_dir = os.path.splitext(package)[0]
    if os.path.exists(unpackage_dir):
```

```
        shutil.rmtree(unpackage_dir)

    if os.path.exists(package_dir):
        shutil.rmtree(package_dir)

    t = tarfile.open(package, 'r:gz')
    t.extractall('.')

    shutil.move(unpackage_dir, package_dir)


def create_datadir(data_dir):
    if os.path.exists(data_dir):
        shutil.rmtree(data_dir)
    os.mkdir(data_dir)


def format_mongod_command(package_dir, data_dir, logfile):
    mongod = os.path.join(package_dir, 'bin', 'mongod')
    mongod_format = """{0} --fork --dbpath {1} --logpath {2}"""
    return mongod_format.format(mongod, data_dir, logfile)


def start_mongod(cmd):
    returncode, out = execute_cmd(cmd)
    if returncode != 0:
        raise SystemExit('execute {0} error :{1}'.format(cmd, out))
    else:
        print("execute command ({0}) successful".format(cmd))


def main():
    package = 'mongodb-linux-x86_64-debian71-3.4.0.tgz'
    cur_dir = os.path.abspath('.')
    package_dir = os.path.join(cur_dir, 'mongo')
    data_dir = os.path.join(cur_dir, 'mongodata')
    logfile = os.path.join(data_dir, 'mongod.log')

    if not os.path.exists(package):
        raise SystemExit("{0} not found".format(package))

    unpackage_mongo(package, package_dir)
    create_datadir(data_dir)
    start_mongod(format_mongod_command(package_dir, data_dir, logfile))


if __name__ == '__main__':
    main()
```

这段程序中，我们首先在main函数中定义了几个变量，包括当前目录的路径、MongoDB

二进制所在的路径、MongoDB 数据目录所在的路径以及 MongoDB 的日志文件。随后，我们判断 MongoDB 的安装包是否存在，如果不存在，则通过抛出 SystemExit 异常的方式结束程序。正如本章第 2 章所介绍的，SystemExit 会将错误信息输出到标准错误输出，然后以非零的退出码结束程序。

在 unpackage_mongo 函数中，我们通过 Python 程序得到 MongoDB 安装包解压以后的目录。如果该目录已经存在，则删除该目录。随后，我们使用 tarfile 解压 MongoDB 数据库，解压完成以后，将目录重命名为 mongo 目录。在 create_datadir 目录中，我们首先判断 MongoDB 数据目录是否存在，如果存在，删除该目录，随后再创建 MongoDB 的数据目录。在 start_mongod 函数中，我们执行 MongoDB 数据库的启动命令启动 MongoDB 数据库。为了在 Python 代码中执行 Shell 命令，我们使用了 subprocess 库。我们将 subprocess 库执行 Shell 命令的逻辑封装成 execute_cmd 函数。在需要执行 Shell 命令时，直接调用该函数即可。

5.9 本章总结

软件工程师总是希望将所有的任务都自动化。在 Linux 平台下借助 shell 脚本，比较容易实现任务的自动化。在 Windows 下要想实现自动化则不是那么方便（也可以使用 bat 脚本），这是因为 Windows 操作系统就是为普通电脑使用人员设计的，没有提供丰富的命令行程序。如果需要在不同的操作系统中使用不同的脚本语言才能够进行自动化，不如选择一门跨平台的编程语言。很多工程师学习 Python，正是因为 Python 跨平台的特性，写一份程序在不同的操作系统中都能够运行，这对工程师有极大的吸引力。

本章介绍的内容是实现跨平台程序的关键。在这一章中，我们介绍了如何在 Python 中读写文件，如何操作文件和目录，如何使用 Python 管理压缩包，以及如何在 Python 中执行 Linux 命令。

文件操作虽然比较简单，但是，Python 中的文件操作和其他编程语言有着显著的差异，要想写出优美的 Python 代码，还需要借助 Python 的上下文管理器来管理打开的文件，使用迭代器读取文件的内容。os 和 shutil 模块提供了一些用于复制、移动、重命名和删除文件的函数，读者需要充分利用 os 和 shutil 模块，才能够写出跨平台的程序。本章还介绍了 os 模块下的 walk 函数，并对它进行了封装，封装以后可以找到任意目录下的任意文件。使用这个封装后的函数可以实现诸多有用的功能。本章也介绍了如何在 Python 中创建和读取压缩包的功能，将压缩包相关的模块和其他系统管理模块一起使用，可以较为方便地将硬盘上任意位置的一些文件打包。打包以后的文件，相对于许多独立的文件更容易管理和传输。本章最后还介绍了如何在 Python 中执行 Linux 命令，并通过一个 Python 部署 MongoDB 的综合案例介绍了如何利用本章的知识解决工作中的实际问题。

Chapter 6 第6章

使用Python监控Linux系统

Linux下有许多使用Python语言编写的监控工具，如inotify-sync、dstat和glances。此外，如果要根据业务编写简单的监控脚本，很多工程师也会选择Python语言。Python语言是一门简单易学、语法清晰、表达力强的编程语言，非常适合于编写监控程序的场景。使用Python语言编写监控程序具有以下几个优势：

1）Python语言开发效率高。Python语言有自己的优势与劣势，使用Python开发监控程序是一个充分发挥Python优势，避免Python劣势的领域。对于监控程序来说，能够利用Python语言开发效率高的优势尽快完成程序的编写工作。同时，监控程序也不要求性能，因此避免了Python语言性能不如C、C++和Java语言的劣势。

2）Python语言表达能力强。相信任何一位学习Linux的工程师都使用Shell脚本编写过Linux监控程序。虽然Linux下有很多监控工具，也有很多文本处理程序，但是获取监控与解析监控结果是完全不同的工具。解析监控结果的程序不理解监控程序输出结果的具体含义。Python语言中有非常丰富的数据结构，可以以各种方式保存监控结果以便后续处理。

3）利用第三方库开发监控程序。Python的标准库本身非常强大，被称为"连电池都包含在内"。对于一个问题，如果标准库没有提供相应的工具，那么也会有开源的项目来填补这个空白。监控程序正是这样一种情况，在Python语言中具有非常成熟的第三方库帮助开发者简化监控程序的编写工作。

在这一章中，我们首先介绍两个非常优秀的、使用Python语言编写的监控程序（6.1节）；然后介绍proc目录以及如何使用Python编写监控程序（6.2节）；接下来介绍了如何使用psutil库简化监控程序的代码（6.3节）；在随后的内容里，我们将简单介绍如何使用

Python 监控应用程序（6.4 节）；最后还介绍了如何监控文件及目录的变化（6.5 节）。

6.1 Python 编写的监控工具

在这一小节，我们将介绍两个 Python 语言编写的监控工具，分别是 dstat 和 glances。

6.1.1 多功能系统资源统计工具 dstat

根据官方文档的介绍，dstat 是一个用 Python 语言实现的多功能系统资源统计工具，用来取代 Linux 下的 vmstat、iostat、netstat 和 ifstat 等命令。并且，dstat 克服了这些命令的限制，增加了额外的功能、以及更多的计数器与更好的灵活性。dstat 可以在一个界面上展示非常全面的监控信息，因此，在系统监控、基准测试和故障排除等应用场景下特别有用。

我们可以使用 dstat 监控所有系统资源的使用情况，并且可以结合不同的场景定制监控的资源。例如，在同一时间段以相同的时间频率比较网络带宽与磁盘的吞吐率。

dstat 将以列表的形式显示监控信息，并且用不同的颜色进行输出，以可读性较强的单位展示监控数值。例如，对于字节数值，dstat 自动根据数值的大小，以 K、M、G 等单位进行显示，避免了开发者使用其他命令时因为数值太大造成的困惑和错误。此外，使用 dstat 还可以非常方便地编写插件用来收集默认情况下没有收集的监控信息。dstat 是专门为人们实时查看监控信息设计的，因此，默认将监控结果输出到屏幕终端。我们也可以将监控信息以 CSV 格式输出到文件中，以便后续进行处理。

1. dstat 介绍

作为一个多功能的系统资源统计工具，dstat 具有以下特性：

- 综合了 vmstat，iostat，ifstat，netstat 等监控工具的功能，并且提供了更多的监控信息；
- 实时显示监控数据；
- 在问题分析和故障排查时，可以监视最重要的计数器，也可以对计数器进行排序；
- 模块化设计；
- 使用 Python 语言编写，更方便扩展现有的工作任务；
- 容易扩展，便于添加自定义的计数器；
- 包含许多扩展插件；
- 可以分组统计块设备 / 网络设备，并给出汇总信息；
- 可以显示每台设备中断信息；
- 非常准确的时间精度，即便是系统负荷较高也不会延迟显示；
- 准确显示单位，限制转换误差范围；
- 用不同的颜色显示不同的单位，增加可读性；
- 支持 CSV 格式输出，便于将监控信息导入 Gnumeric 和 Excel 以生成图形。

如果操作系统没有默认安装 dstat，那么，需要我们手动进行安装。如下所示：

```
sudo apt-get install dstat
```

安装完成以后，在当前系统中存在一个名为 dstat 的命令，我们可以在终端查看命令的帮助信息和支持的选项。如下所示：

```
$ dstat --help
```

与其他工具不同的是，dstat 命令的 --version 选项，除了显示 dstat 的版本以外，还会显示操作系统的版本、Python 语言的版本、cpu 的个数，以及 dstat 支持的插件列表等详细信息。如下所示：

```
$ dstat --version
Dstat 0.7.2
Written by Dag Wieers <dag@wieers.com>
Homepage at http://dag.wieers.com/home-made/dstat/

Platform posix/linux2
Kernel 3.2.73-amd64
Python 2.7.13 (default, Feb 24 2017, 20:02:19)
[GCC 4.7.2]

Terminal type: xterm (color support)
Terminal size: 41 lines, 183 columns

Processors: 8
Pagesize: 4096
Clock ticks per secs: 100

internal:
    aio, cpu, cpu24, disk, disk24, disk24old, epoch, fs, int, int24, io, ipc, load,
lock, mem, net, page, page24, proc, raw, socket, swap, swapold, sys, tcp, time, udp,
unix,
    vm
/usr/share/dstat:
    battery, battery-remain, cpufreq, dbus, disk-tps, disk-util,......
```

除了使用 dstat 命令的 --version 选项查看 dstat 的详细信息获取可支持的插件以外，还可以使用 dstat 命令的 --list 选项获取 dstat 的插件列表。如下所示：

```
$ dstat --list
```

直接在终端输入 dstat 命令，dstat 将以默认参数运行。默认情况下，dstat 会收集 cpu、磁盘、网络、换页和系统信息，并以一秒钟一次的频率进行输出，直到我们按 ctrl+c 结束。

2. dstat 常用选项

从图 6-1 中可以看到，dstat 会提示我们没有指定任何参数，因此使用 -cdngy 参数运行。

```
lmx@host1:~$ dstat
You did not select any stats, using -cdngy by default.
----total-cpu-usage---- -dsk/total- -net/total- ---paging-- ---system--
usr sys idl wai hiq siq| read  writ| recv  send|  in   out | int   csw
  1   1  98   0   0   0|1924B  35k|   0     0 |   0     0 |1194  1184
  1   1  98   0   0   0|   0  192k|9073B  12k|   0     0 |1979  1808
  1   1  98   0   0   0|   0     0 |6878B 1456B|   0     0 |1773  1792
  1   1  98   0   0   0|   0     0 |7192B 1606B|   0     0 |1694  1641
  1   1  98   0   0   0|   0     0 |8498B 1606B|   0     0 |1781  1663
  1   2  98   0   0   0|   0     0 |6952B 1672B|   0     0 |1667  1648
  0   2  98   0   0   0|   0  104k|8008B 2018B|   0     0 |1784  1763
  1   1  98   0   0   0|   0     0 |7954B 1782B|   0     0 |1652  1607
  0   1  98   0   0   0|   0     0 |9216B 1423B|   0     0 |1619  1677
```

图 6-1　以默认参数运行 dstat

- ❑ -c：显示 cpu 的使用情况。这些列显示了 cpu 时间花费在各类操作的百分比，包括执行用户代码（usr）、执行系统代码（sys）、空闲（idl）和等待 IO（wai）。如果 usr 的值比较高，说明当前系统中 cpu 负载较大；如果 wai 长期处于比较大的值，说明系统 IO 等待比较严重；
- ❑ -d：显示磁盘的读写情况，在进行性能测试时可以使用该字段观察当前的磁盘负载；
- ❑ -n：网络设备发送和接收的数据，这一栏显示网络收发数据的总数；
- ❑ -g：表示换页活动。大多数情况下你都希望看到 in（换入）和 out（换出）的值是 0。如果不为 0，则说明当前系统内存不够用，会严重影响应用程序的性能；
- ❑ -y：系统统计。这一项显示的是中断（int）和上下文切换（csw）。

除了前面介绍的默认参数以外，也可以使用 dstat --help 获取 dstat 的其他选项，dstat 会根据选项的顺序显示监控信息。例如，在图 6-2 中演示了 dstat 的部分选项以及选项的顺序。

- ❑ -t：显示统计系统的当前时间；
- ❑ -l、--load：统计系统负载情况，包括 1 分钟、5 分钟、15 分钟平均值；
- ❑ -p、--proc：统计进程信息，包括 runnable，blocked 和 new 的进程数量；
- ❑ --tcp：显示常用的 TCP 统计；
- ❑ --fs：统计文件打开数和 inodes 数。

```
lmx@host1:~$ dstat -tlp --tcp --fs
----system---- ---load-avg--- ---procs--- ----tcp-sockets---- --filesystem-
     time     | 1m   5m  15m |run blk new|lis act syn tim clo|files  inodes
09-05 09:03:27|0.19 0.18 0.18|  0   0  28|  9   4   0   0   0| 1792   289k
09-05 09:03:28|0.19 0.18 0.18|1.0   0  40|  9   4   0   0   0| 1856   289k
09-05 09:03:29|0.18 0.18 0.18|  0   0  36|  9   4   0   0   0| 1888   289k
09-05 09:03:30|0.18 0.18 0.18|  0   0  40|  9   4   0   0   0| 1824   289k
09-05 09:03:31|0.18 0.18 0.18|  0   0  65|  9   4   0   0   0| 1792   289k
09-05 09:03:32|0.18 0.18 0.18|1.0   0  40|  9   5   0   0   0| 1856   289k
09-05 09:03:33|0.18 0.18 0.18|2.0   0  36|  9   4   0   0   0| 1856   289k
```

图 6-2　dstat 监控系统信息

除了前面介绍的与监控项相关的参数以外，dstat 还可以像 vmstat 和 iostat 一样使用参数控制报告的时间间隔，或者同时指定时间间隔与报告次数。如下所示：

```
Usage: dstat [-afv] [options..] [delay [count]]
```

例如，下面的命令表示以默认的选项运行 dstat，每两秒钟输出一条监控信息，并在输出 10 条监控信息以后退出 dstat。

```
$ dstat 2 10
```

3. dstat 高级用法

dstat 的强大之处不仅仅是因为它聚合了多种工具的监控结果，还因为它能通过附带的插件实现一些高级功能，如找出占用资源最高的进程和用户。dstat 的 --top-(io|bio|cpu|cputime|cputime-avg|mem) 这几个选项可以看到具体是哪个用户和哪个进程占用了相关系统资源，对系统调优非常有效。如查看当前占用 I/O、cpu、内存等最高的进程信息可以使用 --top-mem --top-io --top-cpu 选项。图 6-3 给出了一个例子，演示了如何找出占用资源最多的进程。

```
lmx@host1:~$ dstat --top-mem --top-io --top-cpu
--most-expensive- ----most-expensive---- -most-expensive-
  memory process |     i/o process      |  cpu process
mysqld      2182M|bash       1477B 1475B|main.py       0.2
mysqld      2182M|tmux        508B    0 |main.py       0.4
mysqld      2182M|seq        2012B 7712k|seq            12
mysqld      2182M|seq            0 8456k|seq            12
mysqld      2182M|seq            0 8468k|seq            13
mysqld      2182M|seq            0 8492k|seq            13
```

图 6-3　使用 dstat 的插件收集更多的信息

dstat 的插件保存在 /usr/share/dstat 目录下，读者可以参考它们的实现，编写自己的插件。

4. 将结果输出到 CSV 文件

前面说过，dstat 还可以将监控信息保存到 CSV 文件中，以便后续进行处理。通过 --output 选项指定监控数据输出的文件。如下所示：

```
$ dstat -a --output dstat_utput.csv
```

6.1.2　交互式监控工具 glances

笔者曾经在互联网上看到一篇名为《用十条命令在一分钟内检查 Linux 服务器性能》的文章，这篇文章在互联网上广泛传播，在工程师中有较大的影响力。从这篇文章的标题可以看到，文章强调了三点，分别是一分钟、十条命令和 Linux 服务器性能。换句话说，文章要强调的是，工程师在 Linux 服务器突然负载暴增，告警短信到来时，需要在最短时间内找出 Linux 性能问题，以便对机器性能进行一个初步诊断。

在紧急情况下，工程师需要在尽可能短的时间内查看尽可能多的信息。此时，glances 是一个不错的选择。glances 的设计初衷就是在当前窗口中尽可能多的显示系统信息。

glances 是一款使用 Python 语言开发、基于 psutil 的跨平台系统监控工具。在所有的 Linux 命令行工具中，它与 top 命令最相似，都是命令行交互式监控工具。但是，glances 实现了比 top 命令更齐全的监控，提供了更加丰富的功能。

glances 提供的系统信息包括：

- ❑ CPU 使用率；
- ❑ 内存使用情况；
- ❑ 内核统计信息和运行队列信息；
- ❑ 磁盘 I/O 速度、传输和读 / 写比率；
- ❑ 文件系统中的可用空间；
- ❑ 磁盘适配器；
- ❑ 网络 I/O 速度、传输和读 / 写比率；
- ❑ 页面空间和页面速度；
- ❑ 消耗资源最多的进程；
- ❑ 计算机信息和系统资源。

glances 可以在用户终端上实时显示重要的系统信息，并动态刷新内容。glances 每隔 3 秒钟对其进行刷新，我们也可以使用命令行参数修改刷新的频率。与 dstat 相同的是，glances 可以将捕获到的数据保存到文件中；而不同的是 glances 提供了 API 接口以便应用程序从 glances 中获取数据。

在 Linux 系统中，可以使用 apt-get 命令或者 pip 命令安装 glances。如下所示：

```
$ pip install glances
```

glances 的使用非常简单，直接输入 glances 命令便进入了一个类似于 top 命令的交互式界面。在这个界面中，显示了比 top 更加全面，更加具有可读性的信息。图 6-4 给出了一个 glances 的例子。

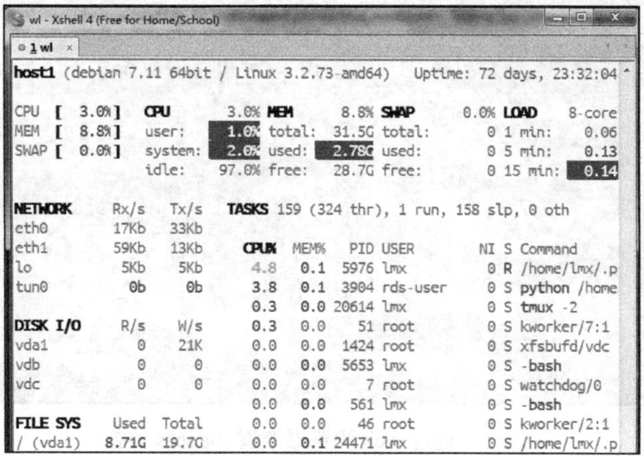

图 6-4　glances 使用示例

为了增加可读性，glances 会以不同的颜色表示不同的状态。其中，绿色表示性能良好，无须做任何额外工作；蓝色表示系统性能有一些小问题，用户应当开始关注系统性能；紫色表示性能报警，应当采取措施；红色表示性能问题严重，应当立即处理。

glances 是一个交互式的工具，因此，我们也可以输入命令来控制 glances 的行为。glances 中常见的命令有：

- h：显示帮助信息；
- q：离开程序退出；
- c：按照 CPU 实时负载对系统进程排序；
- m：按照内存使用状况对系统进程排序；
- i：按照 I/O 使用状况对系统进程排序；
- p：按照进程名称排序；
- d：显示或隐藏磁盘读写状况；
- f：显示或隐藏文件系统信息；
- 1：分开显示每个 CPU 的使用情况。

如果我们安装了 Bottle 这个 web 框架，还能够通过 web 浏览器显示和命令行终端相同的监控界面。如下所示：

```
$ pip install Bottle
$ glances -w
Glances web server started on http://0.0.0.0:61208/
```

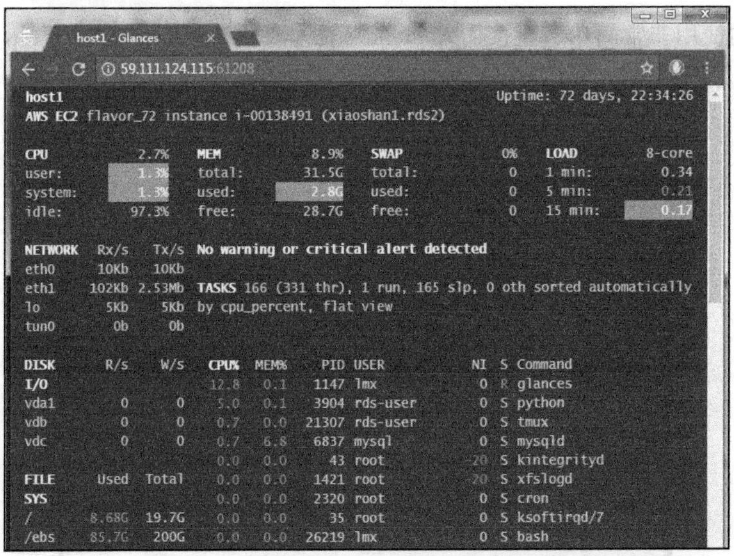

图 6-5　通过 web 浏览器查看 glances 监控

glances 还支持将采集的数据导入到其他服务中心，包括 InfluxDB，Cassandra，CouchDB，OpenTSDB，Prometheus，StatsD，ElasticSearch，RabbitMQ/ActiveMQ，ZeroMQ，Kafka 和 Riemann。

6.2 使用 Python 打造自己的监控工具

这一小节我们将介绍如何使用 Python 语言来监控 Linux 系统。由于 Linux 系统将监控数据保存在 proc 目录下，因此，这一节将先介绍 proc 目录，然后再介绍如何使用 Python 编写相应的监控程序。

6.2.1 Linux 系统的 /proc 目录介绍

在 GUN/Linux 操作系统中，/proc 是一个位于内存中的伪文件系统 (in-memory pseudo-file system)。该目录下保存的不是真正的文件和目录，而是一些“运行时”信息，如系统内存、磁盘 io、设备挂载信息和硬件配置信息等。proc 目录是一个控制中心，用户可以通过更改其中某些文件来改变内核的运行状态。/proc 也是内核提供给我们的查询中心，用户可以通过这些文件查看有关系统硬件及当前正在运行进程的信息。在 Linux 系统中，许多工具的数据来源正是 proc 目录中的内容，例如，lsmod 命令是 cat /proc/modules 命令的别名，lspci 命令是 cat /proc/pci 命令的别名。

proc 目录被称作虚拟文件系统，自然有些独特的属性。如果读者使用 ls 命令查看 /proc 目录下的文件，会发现该目录下的绝大部分文件大小为 0。如下所示：

```
dr-xr-xr-x  2 root root               0 Apr 29 16:26 acpi
dr-xr-xr-x  4 root root               0 Apr 29 16:26 asound
-r--r--r--  1 root root               0 Apr 29 16:26 buddyinfo
dr-xr-xr-x  5 root root               0 Apr 29 16:26 bus
-r--r--r--  1 root root               0 Apr 29 16:26 cgroups
-r--r--r--  1 root root               0 Apr 29 16:26 cmdline
-r--r--r--  1 root root               0 Apr 29 16:26 consoles
-r--r--r--  1 root root               0 Apr 29 16:26 cpuinfo
-r--r--r--  1 root root               0 Apr 29 16:26 crypto
-r--r--r--  1 root root               0 Apr 29 16:26 devices
-r--r--r--  1 root root               0 Apr 29 16:26 diskstats
-r--r--r--  1 root root               0 Apr 29 16:26 dma
dr-xr-xr-x  2 root root               0 Apr 29 16:26 driver
-r--r--r--  1 root root               0 Apr 29 16:26 execdomains
-r--r--r--  1 root root               0 Apr 29 16:26 fb
-r--r--r--  1 root root               0 Apr 29 16:26 filesystems
dr-xr-xr-x 10 root root               0 Apr 29 16:26 fs
-r--r--r--  1 root root               0 Apr 29 16:26 interrupts
-r--r--r--  1 root root               0 Apr 29 16:26 iomem
-r--r--r--  1 root root               0 Apr 29 16:26 ioports
dr-xr-xr-x 32 root root               0 Apr 29 16:26 irq
-r--r--r--  1 root root               0 Apr 29 16:26 kallsyms
-r--------  1 root root 140737486262272 Apr 29 16:26 kcore
```

虽然这些文件大小为 0，但是，我们可以使用 cat、more 或 less 命令查看其中的内容。例如，cmdline 在上面的文件中保存了操作系统的启动参数。可以使用 cat 命令查看该文件中的内容，以此获取操作系统的启动参数：

```
root@host1:/proc# cat /proc/cmdline
BOOT_IMAGE=/boot/vmlinuz-3.2.73-amd64 root=/dev/vda1 ro console=tty0
console=ttyS0,115200 quiet
```

关于每一个文件的含义都可以使用下面的命令查看帮助信息：

```
# man proc
```

通过上述命令查看 kcore 文件的解释可以知道，/proc/kcore 是物理内存的镜像，它会显示文件大小，但不占用实际的磁盘空间，所以，如果看到该文件非常大也不用担心。kcore 文件的大小等于已被使用的物理内存大小加上 4k，该文件可以使用 gdb 工具调试查看内核中的数据结构。

proc 目录中包含了若干文件以及多个名字是数字的目录。proc 目录下的文件保存的是整个系统的信息。名字是数字的目录保存的是进程的信息。目录的名字正是进程的 id，因此，我们可以通过读取 proc 目录下有多少以数字命名的目录来判断当前系统中有多少进程。如下所示：

```
In [1]: import os

In [2]: pids = [ item for item in os.listdir('.') if item.isdigit() ]

In [3]: len(pids)
Out[3]: 158
```

6.2.2 proc 目录下常用文件介绍

proc 目录包含了许多文件，每个文件都保存了系统中某一部分的内容。为了节省篇幅，我们仅介绍部分常用文件。

在编写 Linux 的监控系统时，最基本的监控包括 cpu、内存、磁盘和网络等信息。这些信息可以从下面几个文件中获得：

- /proc/loadavg：保存了系统负载的平均值，其前三列分别表示最近 1 分钟、5 分钟及 15 分钟的平均负载。反映了当前系统的繁忙情况；
- /proc/meminfo：一般由 free 命令统计当前内存使用信息，可以使用文件查看命令直接读取此文件，其内容显示为两列，前者为统计属性，后者为对应的值；
- /proc/diskstats：磁盘设备的磁盘 I/O 统计信息列表；
- /proc/net/dev：网络流入流出的统计信息，包括接收包的数量、发送包的数量，发送数据包时的错误和冲突情况等。

除了使用 proc 目录获取系统的监控信息以外，我们也会经常使用 proc 目录查询系统信息。例如，可以通过 /proc/filesystem 目录查看当前系统中支持的文件系统：

```
# cat /proc/filesystems
```

通过 /proc/cpuinfo 文件可以查看 cpu 的详细信息。例如，使用下面的命令可以查看逻辑 cpu 的个数：

```
# cat /proc/cpuinfo | grep  'processor'
```

其他一些常用的 proc 文件包括：

- /proc/cmdline：在启动时传递至内核的启动参数，通常由 grub 启动管理工具进行传递；
- /proc/devices：系统已经加载的所有块设备和字符设备的信息；
- /proc/mounts：系统中当前挂载的所有文件系统；
- /proc/partitions：块设备每个分区的主设备号（major）和次设备号（minor）等信息，同时包括每个分区所包含的块（block）数目；
- /proc/uptime：系统上次启动以来的运行时间；
- /proc/version：当前系统运行的内核版本号，在作者的 Debian 系统中还会显示系统安装的 gcc 版本；
- /proc/vmstat：当前系统虚拟内存的统计数据。

6.2.3 进程目录下常用文件介绍

proc 目录下有很多名字为数字的目录，目录的名称与进程的 id 一一对应（形如 /proc[pid]），我们可以通过这些目录查看进程相关的信息。显然，目录的名称随着进程的生命周期变化，当进程退出时，相应的目录也会消失。

进程目录下也包含了较多的文件和目录，其中，比较常用的有：

1）cmdline：与 /proc/cmdline 文件类似，保存了当前进程的启动命令；

```
# cat cmdline
udevd--daemon
```

2）cwd：cwd 是一个符号链接，指向进程的运行目录；

3）exe：exe 是一个软链接，指向启动进程的可执行文件，通过 /proc/[pid]/exe 可以启动当前进程的一个拷贝；

4）environ：包含与进程相关联的环境变量，变量名用大写字母表示，其值用小写字母表示；

```
# cat environ
CONSOLE=/dev/consoleHOME=/init=/sbin/initrunlevel=SINIT_VERSION=sysvinit-2.88TERM=linuxBOOT_IMAGE=/boot/vmlinuz-3.2.73-amd64PATH=/sbin:/binRUNLEVEL=SPREVLEVEL=NSHELL=/bin/shPWD=/previous=Nrootmnt=/root
```

5）fd：fd 目录包含了进程打开的每一个文件的文件描述符（file descriptor），这些文件描述符是指向实际文件的一个符号链接；

fd 目录下的文件与文件一一对应，我们可以通过 fd 目录下的文件个数统计当前进程打开的文件句柄数。此外，也可以直接读取文件内容，就像读取真实文件一样。

```
/proc/334/fd# ls
0  1  10  2  3  4  5  6  7  8  9
```

6）limits：保存了进程使用资源的限制信息，包括软限制、硬限制以及取值的单位；

```
# cat limits
Max open files              1024                 4096                 files
Max locked memory          65536                65536                bytes
```

7）task：task 目录下包含了当前进程所运行的每一个线程的相关信息，每个线程的相关信息文件均保存在一个由线程号（tid）命名的目录中。

6.2.4 利用 /proc 目录找到被删除的文件

在这一小节中，我们将演示一个使用 proc 目录恢复文件的例子，以此加深对 proc 目录的理解。

我们以 MySQL 数据库为例来演示如何在 Linux 下恢复已经删除的文件。假设我们有一个正在运行的 MySQL 实例，但是误删 MySQL 数据库中的文件，如共享表空间（ibdata1）或独立表空间（table_name.ibd）。由于 Linux 数据库没有回收站的功能，因此，正常情况下我们无法进行文件恢复。显然，误删数据文件有可能导致 MySQL 数据库启动失败，或者导致数据丢失。在了解 proc 目录以后，我们可以尝试使用 proc 目录恢复已经删除的文件。

假设我们的 MySQL 数据库实例在整个实验过程中都在运行，并且，为了便于实验开启 innodb_file_per_table 参数。接下来，在 test 数据库下创建一张表并插入多条记录。如下所示：

```
SQL> SHOW CREATE TABLE t\G
*************************** 1. row ***************************
       Table: t
Create Table: CREATE TABLE 't' (
  'id' int(11) NOT NULL AUTO_INCREMENT,
  PRIMARY KEY ('id')
) ENGINE=InnoDB AUTO_INCREMENT=23 DEFAULT CHARSET=latin1
1 row in set (0.00 sec)

SQL> SELECT COUNT(*) FROM t;
+----------+
| COUNT(*) |
+----------+
|       22 |
+----------+
1 row in set (0.02 sec)
```

然后，删除表 t 的表空间。如下所示：

```
shell> rm -rf /var/lib/mysql/test/t.ibd
```

表空间删除以后，依然可以查询和修改这张表。如下所示：

```
SQL> INSERT INTO t VALUES (NULL);
Query OK, 1 row affected (0.00 sec)

SQL> SELECT COUNT(*) FROM t;
+----------+
| COUNT(*) |
+----------+
|       23 |
+----------+
1 row in set (0.00 sec)
```

如果表空间文件真的被删除了，那么肯定无法继续在表中插入记录，也无法查询表中的记录。因此，可以确定的是，虽然在文件系统中已经找不到该文件，但是该文件还没有真正被删除。在 Linux 下，如果我们删除了较大的文件，但是使用 df 命令查看发现磁盘可用空间并没有增大，那么很有可能是因为你删除的这个文件正在被某一个进程使用。如果一个文件正在被一个进程使用，那么，执行删除命令时文件并不会被立即删除，占用的磁盘空间也不会释放。

在我们这个例子中，由于有进程（MySQL 进程）打开了该文件，因此，当我们从外部执行删除命令时文件并没有被真正的删除。只有当进程关闭该文件的文件句柄时，文件才会被真正删除。此时，我们依然可以使用 lsof 命令查看已经被删除的文件，如下所示：

```
    shell> lsof | grep t.ibd
    COMMAND  PID   USER  FD    TYPE DEVICE  SIZE/OFF  NODE     NAME
    mysqld 11401  mysql 25uW   REG    7,0    98304    1010691 /var/lib/mysql/test/t.ibd
(deleted)
```

前面说过，系统在 /proc[pid]/fd 目录下保存了所有进程打开的文件。也就是说，虽然从文件系统层面已经无法找到被删除的文件，但是，我们还可以在 proc 目录下找到该文件的文件句柄。如下所示：

```
    shell> ll /proc/11401/fd/25
    lrwx------ 1 mysql mysql 64 Feb 28 16:14 /proc/11401/fd/25 -> /var/lib/mysql/
test/t.ibd (deleted)
```

接下来我们尝试恢复该文件，为了恢复出一个一致性的数据文件，可以先在 MySQL 数据库中为该表加上表锁，以免在恢复文件的过程中还有新的写入。如下所示：

```
SQL> LOCK TABLE t READ;
Query OK, 0 rows affected (0.00 sec)
```

恢复的方式也很简单，直接对文件句柄进行拷贝即可。将数据文件拷贝到 MySQL 的数据库目录下，并修改文件的权限。完成以后，重启 MySQL 数据库。如下所示：

```
shell> cp /proc/11401/fd/25 /var/lib/mysql/test/t.ibd
shell> chown mysql:mysql /var/lib/mysql/test/t.ibd
shell> service mysql restart
..... SUCCESS!
..... SUCCESS!
```

可以看到，当我们理解了 proc 目录的作用以后，只需要简单几步就可以恢复 Linux 下被误删的文件。这里需要注意的是，在恢复文件的过程中，MySQL 进程需要一直保持运行，如果 MySQL 进程关闭了，这里介绍的恢复方法就不起作用了。进程被删除以后，其在 proc 目录下的子目录也将消失，被误删的文件也就没有办法恢复了。

6.2.5 使用 shell 脚本监控 Linux

当我们编写监控程序时，首先需要确定监控的维度。对于 Linux 来说，可以从 cpu、内存、磁盘和网络等维度进行监控。对于这几个监控维度，有以下几个重要的监控项：

- cpu 利用率；
- io 利用率；
- 内存利用率；
- 内存使用量；
- 磁盘空间使用量；
- 磁盘空间利用率；
- 磁盘读写次数；
- 磁盘读写字节数；
- 磁盘读写延时；
- 网络流量带宽。

我们先来看几个简单的例子，下面的 shell 脚本能够获取到当前系统中 cpu 的利用率、内存使用量、内存利用率、磁盘使用量和磁盘的使用比率。如下所示：

```
~$ cat monitor.sh
cpu_idle=$(top -n2 | grep 'Cpu' | tail -n 1 | awk '{ print $8}')
cpu_usage=$(echo "100 - $cpu_idle" | bc)

mem_free=$(free -m | awk '/Mem:/{ print $4 + $6 + $7'})
mem_total=$(free -m | awk '/Mem:/{ print $2'})
mem_used=$(echo "$mem_total - $mem_free" | bc)
mem_rate=$(echo "$mem_used * 100 / $mem_total" | bc)

disk_usage=$(df -h / | tail -n 1 | awk '{ print $5}')
disk_used=$(df -h / | tail -n 1 | awk '{ print $3}')

echo "cpu利用率: $cpu_usage %"
```

```
echo "内存使用量: $mem_used M"
echo "内存利用率: $mem_rate %"
echo "磁盘空间使用量: $disk_used"
echo "磁盘空间利用率: $disk_usage"
```

执行 monitor.sh 脚本，可以得到系统的监控信息。如下所示：

```
~$ bash monitor.sh
cpu 利用率: 2.4 %
内存使用量: 3876 M
内存利用率: 12 %
磁盘空间使用量: 8.6G
磁盘空间利用率: 46%
```

如果我们需要将 shell 脚本的结果通过电子邮件的方式进行发送，那么，可以将监控结果组织成 HTML 的表格形式，以此增加监控数据的可读性。如下所示：

```
cat << EOF
<html>
    <head><title>监控信息</title>
    <body>
    <table>
        <tr><td>cpu 利用率</td><td>$cpu_usage</td></tr>
        <tr><td>内存使用量</td><td>$mem_used</td></tr>
        <tr><td>内存利用率</td><td>$mem_rate</td></tr>
        <tr><td>磁盘空间使用量</td><td>$disk_used</td></tr>
        <tr><td>磁盘空间利用率</td><td>$disk_usage</td></tr>
    </table>
    </body>
</html>
EOF
```

截至目前，这个监控的 shell 脚本还不算特别复杂。接下来看一下如何计算磁盘的读写次数、磁盘读写字节数以及磁盘读写延时。这些信息保存在 /proc/diskstats 文件中，其内容如下：

```
~$ cat /proc/diskstats
 254    0 vda 67660 628 4218906 363840 12490159 9608061 236960584 15760176 0 
3401332 16119720
 254    1 vda1 67505 606 4217490 363556 12477805 9608061 236960584 15758368 0 
3399588 16117436
 254   16 vdb 498 28 3545 80 0 0 0 0 0 80 80
 254   32 vdc 93440 17 19371998 79832 843536 9899 156733477 92758692 0 1354572 
92838008
```

/proc/diskstats 各个字段的含义如下：

```
 The /proc/diskstats file displays the I/O statistics of block devices. Each line 
contains the following 14 fields:
  1 - major number
```

```
 2 - minor mumber
 3 - device name
 4 - reads completed successfully
 5 - reads merged
 6 - sectors read
 7 - time spent reading (ms)
 8 - writes completed
 9 - writes merged
10 - sectors written
11 - time spent writing (ms)
12 - I/Os currently in progress
13 - time spent doing I/Os (ms)
14 - weighted time spent doing I/Os (ms)
```

对于获取磁盘详细监控的需求，难点不在于解析 /proc/diskstats 文件，而在于 /proc/diskstats 文件的字段比较多，如何将 /proc/diskstats 中各个字段保存到一个可读性更强的变量名中是一个难题。在 shell 脚本中，只能逐个字段进行解析，并且，需要在解析的时候非常仔细，以免弄错了各个字段的含义。

可以看到，虽然使用 shell 脚本可以获取到系统的监控信息，但是，shell 脚本具有较多的局限性。例如：

1）没有丰富的数据结构。对于解析磁盘详细信息的需求，只能将不同的字段保存到不同的变量名中。如果需要解析多块磁盘的多个字段，则需要使用非常多的变量才能够保存这些字段；

2）不便于数学计算。shell 脚本的强大之处在于命令行工具，数学计算向来不是 shell 脚本的强项。例如，对于前面计算内存使用率的需求，Python 中可以直接进行计算，而在 shell 脚本中需要使用 echo 命令拼接计算的字符串，然后将计算表达式传递给 bc 命令，并获取 bc 命令的执行结果。这意味着在 shell 脚本中绕了很大一圈才获取了内存使用率，而在 Python 语言中直接计算即可；

```
"{0:.2f}".format((mem_total - mem_free) * 100 / mem_total)
```

3）shell 脚本中无法使用模板。如果要将监控结果以 HTML 的形式发送给收件人，那么，需要将结果保存为一个 HTML 的字符串。在 shell 脚本中，除了在 shell 代码中拼接 HTML 字符串也没有更好的办法。在 Python 中，则可以使用 Jinja2 模板，将计算逻辑与表现逻辑分离开来，使得代码具有更好的可读性和可维护性。

6.2.6 使用 Python 监控 Linux

在 Python 语言中，对于 cpu 利用率、内存使用量、内存利用率、磁盘使用量等监控项，可以参考 shell 脚本中获取监控的方式实现。在下一节中，我们还会介绍更好的方法。为了节省篇幅，在这一小节中仅介绍如何在 Python 中更好地获取磁盘 io 统计信息。

磁盘的详细监控信息位于 /proc/diskstats 文件中。获取监控信息的难点在于该文件具有较多的字段，每个字段具有不同的含义。在 Python 语言中，可以定义一个类来表示磁盘的监控项。对于这个需求，我们还可以使用命名元组（namedtuple）。/proc/diskstats 文件的每一行都保存了一块磁盘的 io 统计信息，并且在 /proc/diskstats 文件中，每一行都有相同个数的字段，字段的个数和顺序也非常明确。因此，我们可以考虑使用 namedtuple 来保存 diskstats 文件中的字段，在读取时，可以使用更加具有可读性的名称来引用 diskstats 文件中的字段。如下所示：

```
#!/usr/bin/python
# -*- coding: UTF-8 -*-
from __future__ import print_function
from collections import namedtuple

Disk = namedtuple('Disk', 'major_number minor_number device_name'
                          ' read_count read_merged_count read_sections'
                          ' time_spent_reading write_count write_merged_count'
                          ' write_sections time_spent_write io_requests'
                          ' time_spent_doing_io weighted_time_spent_doing_io')


def get_disk_info(device):
    """
    从/proc/diskstats中读取磁盘的IO信息
    $ cat /proc/diskstats
      254 32 vdc 614 0 22180 408 51203 2822 1857922 1051716 0 40792 1052064
    """
    with open("/proc/diskstats") as f:
        for line in f:
            if line.split()[2] == device:
                return Disk(*(line.split()))
    raise RuntimeError("device ({0}) not found !".format(device))


def main():
    disk_info = get_disk_info('vdc')

    print(disk_info)

    print("磁盘写次数：{0}".format(disk_info.write_count))
    print("磁盘写字节数：{0}".format(long(disk_info.write_sections) * 512))
    print("磁盘写延时：{0}".format(disk_info.time_spent_write))


if __name__ == '__main__':
    main()
```

在这段程序中，我们用到了若干编程技巧。首先，我们定义了一个名为 Disk 的命名元组，用该元组保存磁盘 io 统计的各项字段。其次，由于字段较多，我们在定义命名元组时用到了字符串的自动拼接技术。最后，在 get_disk_info 函数中，由于我们的命名元组中定

义的字段与 /proc/diskstats 文件中的各个字段个数相同且顺序一致，因此，我们直接将单行字符串 split 成列表，然后在解引用后传递给创建元组的调用，而不用解析每一个字段并为每一个字段进行赋值。

通过选择正确的编程语言，使用合适的数据结构，并在编程时使用一点小技巧可使我们获取磁盘 io 统计信息的脚本程序具有更好的可读性和可维护性。

6.3 使用开源库监控 Linux

在这一小节中，我们将介绍一个在 Python 生态中广泛使用的开源项目，即 psutil。随后，我们将使用 psutil 重构前一小节编写的监控程序。笔者曾经使用 psutil 将网易内部的监控模块从一千多行重构到一百多行。可见，选择稳定可靠、功能强大的开源项目能够有效提高工作效率、提升程序的可维护性。最后，这一节还会简单介绍 psutil 提供的进程管理功能。

6.3.1 psutil 介绍

psutil 是一个开源且跨平台的库，其提供了便利的函数用来获取操作系统的信息，如 cpu、内存、磁盘、网络等信息。此外，psutil 还可以用来进行进程管理，包括判断进程是否存在、获取进程列表、获取进程的详细信息等。psutil 广泛应用于系统监控、进程管理、资源限制等场景。此外，psutil 还提供了许多命令行工具提供的功能，包括 ps, top, lsof, netstat, ifconfig, who, df, kill, free, nice, ionice, iostat, iotop, uptime, pidof, tty, taskset, pmap。

psutil 是一个跨平台的库，支持 Linux, Windows, OSX, Sun Solaris, FreeBSD，OpenBSD 以及 NetBSD 等操作系统。同时，psutil 也支持 32 位与 64 位的系统架构，支持 Python 2.6 到 Python 3.6 之间所有的 Python 版本。psutil 具有简单易用、功能强大、跨平台等诸多优点，广泛应用于开源项目中，比较有名的有 glances、facebook 的 osquery、google 的 grr 等。psutil 不但广泛应用于 Python 语言开发的开源项目中，还被移植到了其他编程语言中，如 Go 语言的 gopsutil、C 语言的 cpslib、Rust 语言的 rust-psutil、Ruby 语言的 posixpsutil 等。作为一个不算复杂的开源项目，psutil 可以说是非常成功了。

psutil 是一个第三方的开源项目，因此，需要先安装才能够使用。安装语句如下：

```
$ pip install psutil
```

psutil 包含了若干异常、类、功能函数和常量。其中，功能函数用来获取系统的信息，如 cpu、内存、磁盘、网络和用户等信息。类用来实现进程管理的功能。

6.3.2 psutil 提供的功能函数

在这一小节中，我们将学习如何使用 psutil 来简化使用 shell 脚本获取监控信息的程序，并获取 cpu、内存、磁盘和网络等不同维度，下面来介绍 psutil 提供的功能函数。

1. cpu

与 cpu 相关的功能函数：

1）cpu_count 默认返回逻辑 cpu 的个数，也可以指定 logical=False 获取物理 cpu 的个数。

```
In [1]: import psutil

In [2]: psutil.cpu_count()
Out[2]: 8

In [3]: psutil.cpu_count(logical=False)
Out[3]: 4
```

2）cpu_percent 返回 cpu 的利用率，可以通过 interval 参数阻塞式地获取 interval 时间范围内的 cpu 利用率，否则，获取上一次调用 cpu_percent 这段时间以来的 cpu 利用率。可以使用 percpu 参数指定获取每个 cpu 的利用率，默认获取整体的 cpu 利用率。

```
In [4]: psutil.cpu_percent()
Out[4]: 2.1

In [5]: psutil.cpu_percent(percpu=True)
Out[5]: [2.3, 2.1, 2.1, 2.0, 2.1, 2.0, 2.1, 2.0]

In [6]: psutil.cpu_percent(interval=2, percpu=True)
Out[6]: [2.5, 2.0, 2.0, 3.0, 3.5, 3.5, 2.5, 3.0]
```

3）cpu_times 以命名元组的形式返回 cpu 的时间花费，也可以通过 percpu 参数指定获取每个 cpu 的统计时间。

```
In [7]: psutil.cpu_times()
Out[7]: scputimes(user=239976.27, nice=0.0, system=377223.16, idle=43747668.99,
            iowait=3931.93, irq=1.91, softirq=2550.16, steal=2709.76, guest=0.0,
guest_nice=0.0)
```

4）cpu_times_percent 与 cpu_times 类似，但是返回的是耗费时间的比例。

```
In [8]: psutil.cpu_times_percent()
Out[8]: scputimes(user=0.7, nice=0.0, system=1.4, idle=97.8,
        iowait=0.0, irq=0.0, softirq=0.0, steal=0.0, guest=0.0, guest_nice=0.0)
```

5）cpu_stats 以命名元组的形式返回 cpu 的统计信息，包括上下文切换、中断、软中断和系统调用的次数。

```
In [9]: psutil.cpu_stats()
Out[9]: scpustats(ctx_switches=6190326214, interrupts=6233614475,
    soft_interrupts=6416105598, syscalls=0)
```

2. 内存

与内存相关的功能函数：

1）virtual_memory 以命名元组的形式返回内存使用情况，包括总内存、可用内存、内存利用率、buffer 和 cached 等。除了内存利用率，其他字段都以字节为单位返回。

```
In [1]: import psutil

In [2]: psutil.virtual_memory()
Out[2]: svmem(total=33811652608, available=30820622336, percent=8.8,
        used=2731253760, free=391606272, active=11037499392, inactive=20825890816,
        buffers=235970560, cached=30452822016, shared=278528)

In [3]: def bytes2human(n):
   ...:     symbols = ('K', 'M', 'G', 'T', 'P', 'E', 'Z', 'Y')
   ...:     prefix = {}
   ...:     for i, s in enumerate(symbols):
   ...:         prefix[s] = 1 << (i + 1) * 10
   ...:     for s in reversed(symbols):
   ...:         if n >= prefix[s]:
   ...:             value = float(n) / prefix[s]
   ...:             return '%.1f%s' % (value, s)
   ...:     return "%sB" % n
   ...:

In [4]: bytes2human(psutil.virtual_memory().total)
Out[4]: '31.5G
```

2）swap_memory 以命名元组的形式返回 swap memory 的使用情况，显然，对 swap memory 的统计包含了页的换入与换出。

```
In [5]: psutil.swap_memory()
Out[5]: sswap(total=0, used=0, free=0, percent=0.0, sin=0, sout=0)
```

3. 磁盘

与磁盘相关的功能函数：

1）disk_partitions 返回所有已经挂载的磁盘，以命名元组的形式返回。命名元组包含磁盘名称、挂载点、文件系统类型等信息。可以通过 disk_partitions 获取挂载点挂载的磁盘。

```
In [1]: import psutil

In [2]: psutil.disk_partitions()
Out[2]:
[sdiskpart(device='/dev/vda1', mountpoint='/', fstype='ext4',
opts='rw,relatime,errors=remount-ro,user_xattr,barrier=1,data=ordered'),
 sdiskpart(device='/dev/vdc', mountpoint='/ebs', fstype='xfs', opts='rw,relatime,
attr2,delaylog,noquota')]
```

```
In [3]: def get_disk_via_mountpoint(mountpoint):
   ...:     disk = [item for item in psutil.disk_partitions()
   ...:             if item.mountpoint == mountpoint]
   ...:     return disk[0].device
   ...:

In [4]: get_disk_via_mountpoint('/')
Out[4]: '/dev/vda1'

In [5]: get_disk_via_mountpoint('/ebs')
Out[5]: '/dev/vdc'
```

2）disk_usage 获取磁盘的使用情况，包括磁盘的容量、已经使用的磁盘容量、磁盘的空间利用率等。类似于 Linux 下的 df 命令，但是，disk_usage 以命名元组的形式返回结果，不用像 df 命令一样去解析字符串。

```
In [6]: psutil.disk_usage('/')
Out[6]: sdiskusage(total=21136728064, used=9180790784, free=10882555904,
percent=45.8)

In [7]: psutil.disk_usage('/').percent
Out[7]: 45.8

In [8]: type(psutil.disk_usage('/').percent)
Out[8]: float
```

3）disk_io_counters 以命名元组的形式返回磁盘 io 统计信息，包括读的次数、写的次数、读字节数、写字节数等。有了 disk_io_counters 函数，省去了解析 /proc/diskstats 文件的烦恼。

```
In [9]: psutil.disk_io_counters()
Out[9]: sdiskio(read_count=161460, write_count=13365983, read_bytes=12080841216,
                write_bytes=201943180800, read_time=443568, write_time=108614532,
                read_merged_count=651, write_merged_count=9651379, busy_time=4779440)

In [10]: psutil.disk_io_counters(perdisk=True)
Out[10]:
{'vdb': sdiskio(read_count=498, write_count=0, read_bytes=1815040,
             write_bytes=0, read_time=80, write_time=0,
             read_merged_count=28, write_merged_count=0, busy_time=80),
'vdc': sdiskio(read_count=93440, write_count=846026, read_bytes=9918462976,
             write_bytes=80265627136, read_time=79832, write_time=92762140,
             read_merged_count=17, write_merged_count=9900, busy_time=1356480)}
```

4. 网络

与网络相关的功能函数：

1）net_io_counter 返回当前系统中网络 io 统计信息是监控系统中最需要关注的网络信息。net_io_counter 函数以命名元组的形式返回了每块网卡的网络 io 统计信息，包括收发字节数、收发包的数量、出错情况与删包情况。使用 net_io_counter 函数与自己解析 /proc/net/dev 文件内容实现的功能相同。

```
In [1]: import psutil

In [2]: psutil.net_io_counters()
Out[2]: snetio(bytes_sent=36030337501, bytes_recv=145528694790,
               packets_sent=121599248, packets_recv=789586632,
                errin=0, errout=0, dropin=0, dropout=315)

In [3]: psutil.net_io_counters(pernic=True)
Out[3]:
{'eth0': snetio(bytes_sent=9784137724, bytes_recv=93870882899,
        packets_sent=53323382, packets_recv=82479304, errin=0,
         errout=0, dropin=0, dropout=0),
 'eth1': snetio(bytes_sent=11896115872, bytes_recv=41286624839,
  packets_sent=8189926, packets_recv=649325334, errin=0,
  errout=0, dropin=0, dropout=0)}
```

2）net_connections 以列表的形式返回每个网络连接的详细信息，可以使用该函数查看网络连接状态，统计连接个数以及处于特定状态的网络连接个数。

```
In [4]: psutil.net_connections()
Out[4]:
[sconn(fd=-1, family=2, type=1, laddr=('0.0.0.0', 9023),
 raddr=(), status='LISTEN', pid=None),
 sconn(fd=9, family=2, type=1, laddr=('59.111.124.115', 59817),
  raddr=('61.172.201.195', 80), status='ESTABLISHED', pid=30656),
 ......
In [5]: conns = psutil.net_connections()

In [6]: len([conn for conn in conns if conn.status == 'TIME_WAIT'])
Out[6]: 16
```

3）net_if_addrs 以字典的形式返回网卡的配置信息，包括 ip 地址或 mac 地址、子网掩码和广播地址。

```
In [7]: psutil.net_if_addrs()
Out[7]:
{'eth1': [snic(family=2, address='59.111.124.115',
    netmask='255.255.248.0', broadcast='59.111.127.255', ptp=None),
  snic(family=10, address='fe80:th1', netmask='ffff:ffff::', broadcast=None,
ptp=None),
  snic(family=17, address='f:01:f4', netmask=None, broadcast='ff:ff', ptp=None)],
    ......
```

4）net_if_stats 返回网卡的详细信息，包括是否启动、通信类型、传输速度与 mtu。

```
In [8]: psutil.net_if_stats()
Out[8]:
```

```
{'eth0': snicstats(isup=True, duplex=0, speed=0, mtu=1400),
 'eth1': snicstats(isup=True, duplex=0, speed=0, mtu=1500)}
```

5. 其他

1）users 以命名元组的方式返回当前登录用户的信息，包括用户名，登录时间，终端与主机信息。

```
In [1]: import psutil

In [2]: psutil.users()
Out[2]:
[suser(name='lmx', terminal='pts/0', host='210.32.120.98', started=1493623424.0),
 suser(name='lmx', terminal='pts/27', host='210.32.120.98', started=1493623552.0)]
```

2）boot_time 以时间戳的形式返回系统的启动时间。

```
In [3]: import datetime

In [4]: psutil.boot_time()
Out[4]: 1487993254.0

In  [5]:  datetime.datetime.fromtimestamp(psutil.boot_time()).strftime("%Y-%m-%d
%H:%M:%S")
Out[5]: '2017-02-25 11:27:34'
```

6.3.3　综合案例：使用 psutil 实现监控程序

接下来，我们将使用本章介绍的 psutil 收集监控信息，使用第 3 章介绍的 Jinja2 模板渲染监控报告，并使用即将在第 7 章介绍的 yagmail 将监控报告发送给管理员。收集系统的监控信息并通过邮件的形式发送给管理员是一个经典的、实用的、具有较高学习价值的程序。相信大多数运维工程师都曾经使用 shell 脚本写过类似的程序。在这一小节，我们将使用 Python 编写一个这样的监控程序。

在我们的监控程序中，使用 psutil 收集了 cpu 的信息、开机时间、内存信息以及磁盘空间等信息，读者也可以根据需要收集磁盘 io 信息与网络 io 信息。为了保证程序的可读性和可维护性，监控程序使用不同函数来收集不同维度的监控信息，并以字典的形式返回，以此来保证函数短小单一的目的。函数保持短小和单一以后，程序的可读性与可维护性自然就增加了不少。如下所示：

```
#!/usr/bin/python
# -*- coding: UTF-8 -*-
from __future__ import unicode_literals
import os
import socket
from datetime import datetime
```

```
import jinja2
import yagmail
import psutil


EMAIL_USER = 'joy_lmx@163.com'
EMAIL_PASSWORD = '123456'
RECIPIENTS = ['me@mingxinglai.com']


def render(tpl_path, **kwargs):
    path, filename = os.path.split(tpl_path)
    return jinja2.Environment(
        loader=jinja2.FileSystemLoader(path or './')
    ).get_template(filename).render(**kwargs)


def bytes2human(n):
    symbols = ('K', 'M', 'G', 'T', 'P', 'E', 'Z', 'Y')
    prefix = {}
    for i, s in enumerate(symbols):
        prefix[s] = 1 << (i + 1) * 10
    for s in reversed(symbols):
        if n >= prefix[s]:
            value = float(n) / prefix[s]
            return '%.1f%s' % (value, s)
    return "%sB" % n


def get_cpu_info():
    cpu_count = psutil.cpu_count()
    cpu_percent = psutil.cpu_percent(interval=1)
    return dict(cpu_count=cpu_count, cpu_percent=cpu_percent)


def get_memory_info():
    virtual_mem = psutil.virtual_memory()

    mem_total = bytes2human(virtual_mem.total)
    mem_percent = virtual_mem.percent
    mem_free = bytes2human(virtual_mem.free + virtual_mem.buffers + virtual_mem.cached)
    mem_used = bytes2human(virtual_mem.total * virtual_mem.percent)

    return dict(mem_total=mem_total, mem_percent=mem_percent,
                mem_free=mem_free, mem_used=mem_used)


def get_disk_info():
    disk_usage = psutil.disk_usage('/')

    disk_total = bytes2human(disk_usage.total)
```

```
    disk_percent = disk_usage.percent
    disk_free = bytes2human(disk_usage.free)
    disk_used = bytes2human(disk_usage.used)

    return dict(disk_total=disk_total, disk_percent=disk_percent,
                disk_free=disk_free, disk_used=disk_used)


def get_boot_info():
    boot_time = datetime.fromtimestamp(psutil.boot_time()).strftime("%Y-%m-%d %H:%M:%S")
    return dict(boot_time=boot_time)


def collect_monitor_data():
    data = {}
    data.update(get_boot_info())
    data.update(get_cpu_info())
    data.update(get_memory_info())
    data.update(get_disk_info())
    return data
```

我们将所有收集到的监控数据保存在一个字典中，并以解引用的方式传递给 render 函数。render 函数的作用非常简单，在默认情况下根据模板的名称在当前目录下查找模板，然后使用 Jinja2 进行模板渲染。模板渲染以后，就得到一个 HTML 形式的字符串。在这个例子中，我们的模板将不同的监控项以表格的形式进行组织。如下所示：

```
<html>
    <head><title> 监控信息 </title>
    <body>
        <table border="1">
            <tr><td> 服务器名称 </td><td>{{hostname}}</td></tr>
            <tr><td> 开机时间 </td><td>{{boot_time}}</td></tr>

            <tr><td>cpu 个数 </td><td>{{cpu_count}}</td></tr>
            <tr><td>cpu 利用率 </td><td>{{cpu_percent}}</td></tr>

            <tr><td> 内存总量 </td><td>{{mem_percent}}</td></tr>
            <tr><td> 内存利用率 </td><td>{{mem_total}}</td></tr>
            <tr><td> 内存已用空间 </td><td>{{mem_used}}</td></tr>
            <tr><td> 内存可用空间 </td><td>{{mem_free}}</td></tr>

            <tr><td> 磁盘空间总量 </td><td>{{disk_total}}</td></tr>
            <tr><td> 磁盘空间利用率 </td><td>{{disk_percent}}</td></tr>
            <tr><td> 磁盘已用空间 </td><td>{{disk_used}}</td></tr>
            <tr><td> 磁盘可用空间 </td><td>{{disk_free}}</td></tr>
        </table>
    </body>
</html>
```

模板渲染完成以后，使用 yagmail 将监控数据以邮件的形式发送给收件人。需要注意的是，在我们的程序中使用Unicode表示中文，因此，在发送邮件时需要将Unicode进行编码。如下所示：

```
def main():

    hostname = socket.gethostname()
    data = collect_monitor_data()
    data.update(dict(hostname=hostname))

    content = render('monitor.html', **data)

    with yagmail.SMTP(user=EMAIL_USER, password=EMAIL_PASSWORD,
                      host='smtp.163.com', port=25) as yag:
        for recipient in RECIPIENTS:
            yag.send(recipient, "监控信息".encode('utf-8'), content.encode('utf-8'))


if __name__ == '__main__':
    main()
```

6.3.4 psutil进程管理

psutil提供的功能函数一般是用来获取系统信息，尤其是与监控相关的信息。此外，psutil还提供了其他与进程管理相关的函数，包含获取进程列表、判断进程是否存在以及进程管理的类封装。

1）Process类 对进程的封装。可以使用该类的方法获取进程的详细信息，或者给进程发送信号。

```
In [1]: import psutil

In [2]: init_process = psutil.Process(1)

In [3]: init_process.cmdline()
Out[3]: ['init [2]', '', '']
```

Process类包含了很多方法来获取进程的详细信息。下面是几个较常用的方法：

- name：获取进程的名字；
- cmdline：获取启动进程的命令行参数；
- create_time：获取进程的创建时间；
- num_fds：进程打开的文件个数；
- num_threads：进程的子进程个数；
- is_running：判断进程是否正在运行；
- send_signal：给进程发送信号，其作用与os.kill(pid, sig)相同；
- kill：发送SIGKILL信号结束进程，其作用与os.kill(pid, signal.SIGKILL)相同；

- terminate：发送 SIGTERM 信号结束进程，其作用与 os.kill（pid, signal.SIGTERM）相同。

2）pids 以列表的形式返回当前正在运行的进程。

```
In [4]: psutil.pids()[:5]
Out[4]: [1, 2, 3, 5, 6]
```

3）pid_exists 判断给定的 pid 是否存在。

在 Linux 下，很多程序会将进程的 pid 保存在一个文本文件中。在 Python 语言中，如果想判断该进程是否存在或者获取进程的详细信息，可以从文本文件中读入进程的 pid，并使用 pid_exists 判断进程是否存在。如果进程存在，则以进程的 pid 为参数创建一个 Process 的对象，然后使用该对象获取进程的详细信息，并发送信号给进程。

```
In [5]: psutil.pid_exists(1)
Out[5]: True

In [6]: psutil.pid_exists(10245)
Out[6]: False
```

4）process_iter 迭代当前正在运行的进程，需要注意的是，process_iter 直接返回 Process 对象，而 pids 返回进程的 pid 列表。

6.4 使用 pyinotify 监控文件系统变化

在这一小节，我们将介绍如何使用 pyinotify 监控文件系统的变化。

6.4.1 pyinotify 模块介绍

pyinotify 是一个 Python 模块，用来监测文件系统的变化。 pyinotify 依赖于 Linux 内核 inotify 功能。 inotify 是一个事件驱动的通知器，其通知接口从内核空间到用户空间通过三个系统调用。pyinotify 结合这些系统调用，并提供一个顶级的抽象和一个通用的方式来处理这些功能。

pyinotify 依赖 Linux 的 inotify 功能，而 Linux 在 2.6.13 版本以后才提供了 inotify。因此，pyinotify 需要在 Linux 2.6.13 或更高版本的 Linux 系统上运行。

pyinotify 是第三方模块，需要安装以后才能使用。直接使用 pip 安装即可：

```
pip install pyinotify
```

pyinotify 安装完成以后，可以直接在命令行使用。默认情况下，在命令行终端打印相关的事件。如下所示：

```
$ python -m pyinotify /tmp
<Event dir=False mask=0x2 maskname=IN_MODIFY name=tmpfAWhWky path=/tmp pathname=/
```

```
tmp/tmpfAWhWky wd=1 >
    <Event dir=False mask=0x2 maskname=IN_MODIFY name=tmpf8SRTTZ path=/tmp pathname=/
tmp/tmpf8SRTTZ wd=1 >
```

6.4.2 pyinotify 模块 API

Notifier 是 pyinotify 模块最重要的类，用来读取通知和处理事件。默认情况下，Notifier 处理事件的方式是打印事件。Notifier 类的初始化函数接受多个参数，但只有 WatchManager 对象是必传的参数。WatchManager 保存了需要监视的文件和目录，以及监视文件和目录的哪些事件。Notifier 根据 WatchManager 中的配置确定需要处理的事件。如下所示：

```
import pyinotify

# Instanciate a new WatchManager
wm = pyinotify.WatchManager()
# Add a new watch on /tmp for ALL_EVENTS.
wm.add_watch('/tmp', pyinotify.ALL_EVENTS)

# Associate this WatchManager with a Notifier
notifier = pyinotify.Notifier(wm)

# Loop forever and handle events.
notifier.loop()
```

在这个例子中，我们首先创建了一个 WatchManager 对象；然后，使用 WatchManager 对象的 add_watch 方法添加对文件的监视事件，其中，pyinotify.ALL_EVENTS 表示所有事件；最后，创建了一个 Notifier 对象，并在创建对象时将 WatchManager 对象作为参数传递给 Notifier 对象，将 WatchManager 与 Notifier 关联起来。接着，调用 notifier.loop 循环处理事件。默认处理事件的方式是打印事件。因此，上面这段程序的效果与 python -m pyinotify /tmp 命令的效果相同。

在这个例子中，我们监视了 /tmp 目录下的所有事件，我们也可以仅仅监视部分事件。例如，在下面的例子中，我们仅监视创建和删除事件。如下所示：

```
import pyinotify

wm = pyinotify.WatchManager()

mask = pyinotify.IN_DELETE | pyinotify.IN_CREATE
wm.add_watch('/tmp', mask)

notifier = pyinotify.Notifier(wm)
notifier.loop()
```

6.4.3 事件标志与事件处理器

inotify 提供了多种事件，pyinotify 仅仅是对 inotify 的 Python 封装。因此，事件的名称和含义都一模一样。表 6-1 给出了 inotify 提供的部分事件。

表 6-1 inotify 提供的事件

事件标志	事件含义
IN_ACCESS	被监控项目或者被监控目录中的条目被访问。例如，一个打开的文件被读取
IN_MODIFY	被监控项目或者被监控目录中的条目被修改。例如，一个打开的文件被修改
IN_ATTRIB	监控项目或者被监控目录中条目的元数据被修改。例如，时间戳或者许可被修改
IN_CLOSE_WRITE	一个打开且等待写入的文件或目录被关闭
IN_CLOSE_NOWRITE	一个以只读方式打开的文件或目录被关闭
IN_OPEN	文件或目录被打开
IN_MOVED_FROM	被监控项目或者被监控目录中的条目被移出监控区域
IN_MOVED_TO	文件或目录被移入监控区域
IN_CREATE	在被监控目录中创建了子目录或文件
IN_DELETE	被监控目录中有子目录或文件被删除
IN_CLOSE	文件被关闭，等同于 (IN_CLOSE_WRITE
IN_MOVE	文件被移动，等同于 (IN_MOVED_FROM

在具体实现时，事件仅仅是一个标志位。所以，我们可以使用“与”操作来合并多个事件。

在前面的例子中，我们仅仅指定了需要监视的文件和事件，事件选择的是默认处理方式。在很多情况下，需要定制事件的处理方式以实现特殊的功能。定制事件处理方式的方法是，继承 ProcessEvent 类，并实现“process_EVENT_NAME”方法。例如，想要在创建新文件时发送一个通知，可以新建一个事件处理类，实现 process_IN_CREATE 方法。并在 process_IN_CREATE 方法中实现自己的业务逻辑。如下所示：

```
from __future__ import print_function
import pyinotify

wm = pyinotify.WatchManager()
mask = pyinotify.IN_DELETE | pyinotify.IN_CREATE

class EventHandler(pyinotify.ProcessEvent):
    def process_IN_CREATE(self, event):
        print("Creating:", event.pathname)

    def process_IN_DELETE(self, event):
        print("Removing:", event.pathname)

handler = EventHandler()
notifier = pyinotify.Notifier(wm, handler)
wdd = wm.add_watch('/tmp', mask, rec=True)

notifier.loop()
```

利用 pyinotify 可以做一些有趣的事情。例如，https://github.com/copton/react 实现了一

个命令行工具，当源文件发生改变时，自动执行单元测试。

6.5 监控应用程序

本章的前几个小节介绍了 Python 在 Linux 监控中的应用。在实际工作中，一般都需要同时监控服务器以及应用程序。例如，当前系统中运行了 MySQL 数据库一个完整的监控程序需要监控服务器的信息和数据库的信息。

6.5.1 使用 Python 监控 MySQL

数据库作为应用程序的核心组件，一般都需要进行细粒度的监控。以 MySQL 数据库为例，对 MySQL 数据库的监控应该包括数据库连接数、qps、tps、Buffer Pool 命中率、复制延迟、Binlog 文件大小等。

对于 MySQL 数据库来说，大部分监控只需要执行 SQL 语句并进行简单的计算即可。例如，要获取 MySQL 的 qps，只需要执行下面的 SQL 语句并得到结果即可：

```
mysql> show global status like 'Questions';
+---------------+----------+
| Variable_name | Value    |
+---------------+----------+
| Questions     | 38282898 |
+---------------+----------+
1 row in set (0.00 sec)
```

我们将在本书的第 11 章介绍如何在 Python 代码中连接 MySQL 数据库。

如果要获取 MySQL 的 Binlog 文件大小，我们只需要执行 SQL 语句，然后在 SQL 语句的结果中进行简单的计算即可。例如，下面是一个 MySQL 实例的 Binlog 文件：

```
mysql> show master logs;
+------------------+-----------+
| Log_name         | File_size |
+------------------+-----------+
| mysql-bin.000003 |   8395958 |
| mysql-bin.000004 |   2028985 |
+------------------+-----------+
2 rows in set (0.00 sec)
```

当我们使用 Python 代码连接数据库执行 SQL 语句时，我们会得到一个二维的元组，元组中的每一项代表了一个 Binlog 文件。有了二元组以后，使用 Python 代码进行简单的计算便得到了 Binlog 文件的大小。如下所示：

```
rows = (('mysql-bin.000003', 8395958), ('mysql-bin.000004', 2028985))
binlog_size = sum(row[1] for row in rows)
```

6.5.2 使用 Python 监控 MongoDB

对于 MySQL 数据库，我们使用 Python 连接 MySQL 实例执行 SQL 语句，并从返回的结果中获取我们想要的信息。对于 MongoDB 数据库来说，获取监控的方法也比较类似。区别在于，MongoDB 本身就返回给我们一个字典形式的数据，因此，Python 处理 MongoDB 数据库的监控信息比处理 MySQL 数据库更加方便。如下所示：

```
from __future__ import print_function
import pymongo
client = pymongo.MongoClient(host='127.0.0.1:27017')
client.admin.authenticate('laimingxing', 'laimingxing')
rs = client.admin.command('replSetGetStatus')

print("set:", rs['set'])
print("myState:", rs['myState'])
print("num of members:", len(rs['members']))
```

6.6 本章总结

在本章中，我们首先介绍了两个使用 Python 语言编写的监控工具，即 dstat 和 glances。这两个工具相对于传统的 Linux 监控工具，提供了更好的可读性、更加完善的监控信息以及更加丰富的功能。使用这两个工具，不但能够提高分析定位问题的效率，还能减少学习多个工具的成本。随后，本章详细介绍了 Linux 下的 proc 目录，并且介绍了一个使用 proc 目录恢复已删除文件的案例。通过这个案例，一方面希望帮助读者在紧急情况下恢复数据，另一方面可以加深对 proc 目录的理解。本章还介绍了如何使用 psutil 编写监控程序以及如何使用 pyinotify 监控文件系统变化。其中，psutil 是一个广泛使用的开源项目，很多知名开源软件（如 glances）都依赖 psutil，psutil 也已经被移植到其他编程语言中。可以看到，在 Python 语言中具有非常成熟的第三方库帮助开发者简化监控程序的编写工作。在本章最后，我们还讨论了如何使用 Python 监控 MySQL 数据库和 MongoDB 数据库。如果说监控 Linux 系统，Shell 脚本还能与 Python 语言一较高下。那么，在监控应用程序方面，Python 的优势非常明显。Python 语言优秀的表达能力、丰富的数据结构和简洁明了的语法都使得它在编写监控程序方面游刃有余。Python 语言有自己的优势与劣势，使用 Python 开发监控程序是一个充分发挥 Python 优势，避免 Python 劣势的领域。对于监控程序来说，可以利用 Python 语言开发效率高的优势，尽快完成程序的编写工作；与此同时，又避免了 Python 语言性能不如 C、C++ 和 Java 语言的劣势。

Chapter 7 第 7 章

文档与报告

作为软件工程师，最可能被误解的事情就是被认为很会修电脑。除此之外，第二被误解的事情恐怕就是被认为 Word 和 Excel 操作很厉害。这些都是其他专业的人员对软件工程师的误会。软件工程师喜欢折腾，但并不一定会修电脑。软件工程师花费大量的时间与计算机打交道，并不能说明 Word 和 Excel 操作很厉害。相反，就我认识的软件工程师而言，其 Word 和 Excel 水平远不如一些经常处理文档的人士。之所以会出现这样的情况，是因为软件工程师喜欢将工作自动化，而 Word 和 Excel 本身就是设计给普通人员使用的软件，有着很好的交互式操作，但是，Word 和 Excel 对自动化的支持并不友好。在这一章中，我们将会学习如何使用 Python 来编辑文档，包括 Excel 文档与 PDF 文档。

工作中最单调乏味的事情就是根据用户需求对各种各样的信息进行归档。如根据文件的日期或文件的类型进行归档。这样的需求本身就让人十分烦恼，如果能够使用 Python 程序来归档文件，那么就可以方便地解决烦恼。在这一章中，我们将以 iPhone 手机中的照片为例，学习如何使用 Python 帮助我们完成与归档相关的一些工作。如根据照片的拍摄时间或照片的拍摄地点进行归档。

处理完文档或者对照片进行归档以后，接下来可能需要将文档或照片发送给同事和朋友。因此，我们还将学习如何使用 Python 发送电子邮件。虽然随着移动互联网的发展，通信的方式越来越多样化，但是电子邮件依然是工作中最主要的通信方式。作为软件工程师，我们经常使用邮件发送警告信息、监控信息和业务报表等。这一章会详细介绍如何在 Python 语言中发送电子邮件、接收电子邮件和删除电子邮件。

在这一章中，将首先介绍如何使用 Python 语言处理 Excel 文档（7.1 节）；然后介绍如何使用 Python 语言操作 PDF 文档（7.2 节）以及如何使用 Python 获取图片的元信息（7.3

节)；随后，将介绍如何使用Python发送电子邮件（7.4节）与接收电子邮件（7.5节）；最后，本章还将介绍一个综合案例，即使用Python语言打造一款Linux命令行的邮件客户端（7.6节）。

7.1 使用Python处理Excel文档

在这一小节，我们将会学习如何使用Python来操作Excel文档以及如何利用Python语言的函数和表达式操纵Excel文档中的数据。虽然微软公司本身提供了一些函数，我们可以使用这些函数操作Excel文档。但是，使用Excel自带的函数受限于Excel软件的功能限制。换句话说，只有微软提供了某种功能，我们才能使用相应的功能解决问题。如果微软没有提供相应的函数应对一个复杂的功能，那么，我们只能进行重复性操作。使用Python语言操作Excel则不然，我们可以灵活应用Python语言的所有功能，读取、计算和编辑Excel文档中的数据。

除了使用Python语言操作Excel文档以外，读者还可以使用VBA操作Excel文档。VBA（Visual Basic for Applications）是Visual Basic的一种宏语言，是微软开发出来在其桌面应用程序中执行自动化任务的编程语言，主要用来扩展Windows应用程序（特别是Microsoft Office软件）的功能。灵活应用VBA这门宏语言能够在处理文档时显著提高工作效率，但是,VBA代码可读性差、应用领域有限。而Python语言拥有文档丰富、语法清晰、易于学习、跨平台等诸多优点。因此，笔者强烈建议使用Python语言来处理Excel文档，不要浪费时间学习VBA。

7.1.1 openpyxl简介与安装

根据官方文档的介绍，openpyxl是一个读写Excel 2010（xlsx/xlsm）文档的Python库，如果要处理更早格式的Excel文档，需要用到另外的库。openpyxl是一个比较综合的工具，能够同时读取和修改Excel文档。XlsxWriter也是一个与Excel处理相关的知名项目，仅支持创建和写入Excel文档，不支持读取Excel文档。

openpyxl是一个开源项目，因此，在使用之前需要先进行安装：

```
pip install openpyxl
```

7.1.2 使用openpyxl读取Excel文档

在使用openpyxl操作Excel文档之前，我们简单回顾一下Excel文档，帮助我们理解openpyxl对Excel文档的抽象。一个Excel文档称为一个工作簿，在Office 2010下，典型工作簿的文件扩展名为xlsx。一个工作簿可以包含多个表格（在Excel又称为sheet）。打开工作簿后会默认显示一个表格，这个表格一般称为活跃表。表格中包含若干单元格，所有单元格都有一个唯一的坐标。Excel通过行和列表示一个单元格，其中，行的坐标使用数字表示，列的坐标使用字母表示。例如，表格中左上角的单元格，其坐标为“A1”，该单元格下方的单元格坐标为“A2”，左边的单元格坐标为“B1”。

理解了Excel的构成以后，再来看openpyxl对Excel的抽象就会觉得很好理解。openxpyxl中有三个不同层次的类，分别是Workbook、Worksheet和Cell。Workbook是对Excel工作簿的抽象，Worksheet是对表格的抽象，Cell是对单元格的抽象。每一个类都包含了若干属性和方法，以便于我们通过这些属性和方法获取表格中的数据。

例如，我们要打开一个Excel表格或者创建一个Excel文档，都需要创建一个Workbook对象。我们需要获取Excel文档中的某一张表，应该先创建一个Workbook对象，然后使用该对象的方法来得到一个Worksheet对象。如果要读取或者修改某个单元格，我们需要先获得Worksheet对象，然后再获取代表单元格的Cell对象。

在接下来的例子中，我们将使用下面的Excel文档（见图7-1）进行实验。读者可以在本书的附件中找到该文档，文档的名称为example.xlsx。

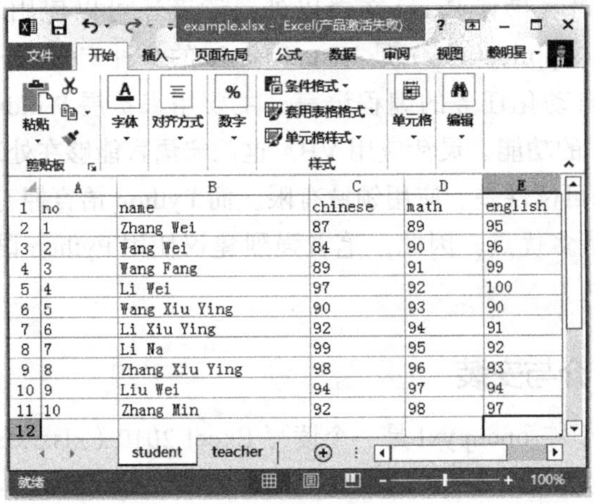

图7-1　openpyxl模块使用到的Excel文档

一个Workbook对象代表一个Excel文档，因此，在操作一个Excel之前，应该先创建一个Workbook对象。对于创建一个新的Excel文档，直接进行Workbook类调用即可。对于读取一个已有的Excel文档，可以使用openpyxl模块的load_workbook函数。该函数接受多个参数，但只有filename参数为必传参数。filenmame可以是一个文件名，也可以是一个打开的文件对象。如下所示：

```
In [1]: import openpyxl

In [2]: wb = openpyxl.load_workbook('example.xlsx')
```

调用完load_workbook函数以后，我们就得到了一个Workbook对象。Workbook对象有很多的属性和方法，其中，大部分方法都与 sheet 相关。Workbook 对象的部分属性如下：

- ❑ active：获取活跃的 Worksheet；
- ❑ read_only：是否以 read_only 模式打开 Excel 文档；
- ❑ encoding：文档的字符集编码；
- ❑ properties：文档的元数据，如标题，创建者，创建日期等；
- ❑ worksheets：以列表的形式返回所有的 Worksheet。

下面是我们附件中 example.xlsx 文件的属性，包括活跃的 Worksheet、只读属性和字符集编码。如下所示：

```
In [3]: wb.active
Out[3]: <Worksheet "student">

In [4]: wb.read_only
Out[4]: False

In [5]: wb.encoding
Out[5]: 'utf-8'

In [6]: wb.worksheets
Out[6]: [<Worksheet "student">, <Worksheet "teacher">]
```

Workbook 对象的方法大都与 Worksheet 相关。常用的方法如下：

- ❑ get_sheet_names：获取所有表格的名称；
- ❑ get_sheet_by_name：通过表格名称获取 Worksheet 对象；
- ❑ get_active_sheet：获取活跃的表格；
- ❑ remove_sheet：删除一个表格；
- ❑ create_sheet：创建一个空的表格；
- ❑ copy_worksheet：在 Workbook 内拷贝表格。

附件的 example.xlsx 文件中包含了两个表格。其中，名为 teacher 的表格为活跃表格。如下所示：

```
In [7]: wb.get_sheet_names()
Out[7]: [u'student', u'teacher']

In [8]: wb.get_active_sheet()
Out[8]: <Worksheet "teacher">

In [9]: wb.get_sheet_by_name(u'student')
Out[9]: <Worksheet "student">
```

有了 Worksheet 对象以后，我们可以通过这个 Worksheet 对象获取表格的属性，得到单元格中的数据，修改表格中的内容。openpyxl 提供了非常灵活的方式来访问表格中的单元格和数据。常用的 Worksheet 属性如下：

- title：表格的标题；
- dimensions 表格的大小，这里的大小是指有含有数据的表格大小。例如，对于 example.xlsx 文件，dimensions 属性的值为 'A1:E11'；
- max_row 表格的最大行；
- min_row 表格的最小行；
- max_column 表格的最大列；
- min_column 表格的最小列；
- rows 按行获取单元格（Cell 对象）；
- columns 按列获取单元格（Cell 对象）；
- freeze_panes 冻结窗格；
- values 按行获取表格的内容（数据）。

对于附件中的 example.xlsx 文件，其拥有的属性如下所示：

```
In [10]: ws = wb.get_sheet_by_name('student')


In [11]: ws.title
Out[11]: u'student'

In [12]: ws.dimensions
Out[12]: 'A1:E11'

In [13]: ws.max_column
Out[13]: 5

In [14]: ws.min_column
Out[14]: 1

In [15]: ws.max_row
Out[15]: 11

In [16]: ws.min_row
Out[16]: 1

In [17]: ws.columns
Out[17]: <generator object _cells_by_col at 0x7fe5a4d89640>

In [18]: ws.rows
Out[18]: <generator object _cells_by_row at 0x7fe5a5d32550>

In [19]: ws.values
Out[19]: <generator object values at 0x7fe5ac289780>
```

在这段代码中，我们首先通过 Workbook 的 get_sheet_by_name 方法获取 Worksheet 对象。接着，通过不同的属性名获取 student 这张表的属性。其中，columns、rows 和 values 这几个属性都是通过生成器（生成器在本书的 11 章进行了详细介绍）的方式返回数据。

openpyxl 并不知道我们的表格中有多少数据，在数据量大的情况下，如果一次获取所有数据，势必会占用较多的内存。因此，openpyxl 的设计中，需要返回数据时都是通过生成器的方式返回。对于附件中的 student 表，因为记录较少，我们可以使用 list 函数或 tuple 函数获取所有的数值。需要注意的是，columns 与 rows 返回的是 Cell 对象，values 返回的是数据。

freeze_panes 这个参数比较特别，主要用于在表格较大时冻结顶部的行或左边的列。对于冻结的行或列，就算用户滚动电子表格，也是始终可见的。每个 Worksheet 对象都有一个 freeze_panes 属性，可以设置为一个 Cell 对象或一个单元格坐标的字符串，单元格上面的行和左边的列将会冻结（注意单元格所在的行和列并不会冻结）。例如，我们需要冻结第一行，那么 freeze_panes 取值应该为 A2，如果要冻结第一列，freeze_panes 取值为 B1。如果要同时冻结第一行和第一列，则 freeze_panes 取值为 B2。freeze_panes 取值为 None 表示不冻结任何窗格。

下面是 Worksheet 常用的一些方法：

- iter_rows：按行获取所有单元格（Cell 对象）；
- iter_columns：按列获取所有的单元格；
- append：在表格末尾添加数据；
- merged_cells：合并多个单元格；
- unmerge_cells：移除合并的单元格。

iter_rows 方法和 iter_columns 方法在参数取默认值时，与 rows 属性和 columns 属性的作用相同。区别在于，iter_rows 方法和 iter_columns 方法可以通过函数参数限定访问表格的范围。如下所示：

```
In [20]: list(ws.iter_rows(min_row=2, max_row=4, min_col=1, max_col=3))
Out[20]:
[(<Cell u'student'.A2>, <Cell u'student'.B2>, <Cell u'student'.C2>),
 (<Cell u'student'.A3>, <Cell u'student'.B3>, <Cell u'student'.C3>),
 (<Cell u'student'.A4>, <Cell u'student'.B4>, <Cell u'student'.C4>)]
```

从 Worksheet 的属性和方法的使用中可以看到，很多属性和方法返回的不是某一个具体的数值，而是一个 Cell 对象。一个 Cell 对象就代表一个单元格，我们可以直接使用 Excel 坐标的方式获取 Cell 对象，也可以使用 Worksheet 的 cell 方法获取 Cell 对象。如下所示：

```
In [21]: ws['A1']
Out[21]: <Cell u'student'.A1>

In [22]: ws['A2']
Out[22]: <Cell u'student'.A2>

In [23]: ws.cell(row=1, column=2)
Out[23]: <Cell u'student'.B1>

In [24]: ws.cell(row=2, column=1)
```

```
Out[24]: <Cell u'student'.A2>
```

Cell 对象比较简单，其常用的属性如下：

- row：单元格所在的行；
- column：单元格所在的列；
- value：单元格的取值；
- cordinate：单元格的坐标。

为了熟悉 openpyxl 提供的各种 API，接下来我们使用 4 种不同的方法来打印 student 表中的内容。为了对数据的格式进行控制，我们使用 print 函数而不是 print 语句进行打印。

下面是通过 Worksheet 的 values 方法打印表格中的数据，这也是打印数据最简单的方法。values 通过生成器访问数据并按行返回，因此，我们使用 for 循环遍历表格的内容。

```
In [25]: from __future__ import print_function

In [26]: for row in ws.values:
    ...:     print(*row)
```

我们也可以使用 Worksheet 的 rows 属性来遍历表格中的数据。rows 属性按行返回 Cell 对象，因此，我们使用列表推导来获取每一个 Cell 对象的值。如下所示：

```
In [27]: for row in ws.rows:
    ...:     print(*[cell.value for cell in row])
```

Worksheet 的 iter_rows 方法在不加任何参数的情况下，与 rows 属性效果相同，因此，这种方法与前一种方法看起来很像。

```
In [28]: for row in ws.iter_rows():
    ...:     print(*[cell.value for cell in row])
```

最后这种方式是最麻烦的方式，也是大家最容易想到的方式。我们首先获取表格的最小行数和最大行数，然后获取最小列数与最大列数，通过行和列的索引确定一个唯一单元格。确定单元格以后，打印单元格的值。这种方式是每确定一个单元格打印一次，因此，我们在 print 函数中将 end 参数取值为空格来避免换行，并在内层 for 循环结束以后，显示地进行换行。如下所示：

```
In [29]: for i in range(ws.min_row, ws.max_row + 1):
    ...:     for j in range(ws.min_column, ws.max_column + 1):
    ...:         print(ws.cell(row=i, column=j).value, end=' ')
    ...:     print()
```

7.1.3 使用 openpyxl 修改 Excel 文档

openpyxl 不但可以读取 Excel 文档，而且还可以修改 Excel 文档，包括修改单元格的数据、合并单元格、修改单元格的字体、在 Excel 文档中画图等。我们接下来将介绍如何使用 openpyxl 创建工作簿，创建和删除表格，修改单元格的数据。然后，我们通过计算 example.xlsx 文件中每位同学的平均分来演示如何修改一份 Excel 文档。

一个 Workbook 对象就代表了一个工作簿，因此，新建一个工作簿就是创建一个 Workbook 对象。创建完 Workbook 对象以后，默认会有一个名为“ sheet1”的表格，我们可以通过表格的名称或 get_active_sheet 方法来获取这个表格。获取表格以后，可以通过给表格的 title 属性赋值的方式来修改表格的名称。

```
In [1]: from openpyxl import Workbook
In [2]: wb = Workbook()

In [3]: wb.get_sheet_names()
Out[3]: [u'Sheet']

In [4]: ws = wb.get_active_sheet()

In [5]: ws.title
Out[5]: u'Sheet'

In [6]: ws.title = 'student'

In [7]: ws.title
Out[7]: u'student'
```

创建完 Workbook 以后，就可以使用 create_sheet 方法创建新的表格，也可以使用 remove_sheet 方法删除表格。如下所示：

```
In [8]: wb.create_sheet(index=0, title="new sheet")
Out[8]: <Worksheet "new sheet">

In [9]: wb.get_sheet_names()
Out[9]: [u'new sheet', u'student']

In [10]: wb.remove_sheet(wb.get_sheet_by_name('student'))

In [11]: wb.get_sheet_names()
Out[11]: [u'new sheet']

In [12]: ws = wb.get_active_sheet()

In [13]: ws.title
Out[13]: u'new sheet'
```

如果要填充单元格的数据，可以直接对单元格赋值。openpyxl 还能够自动处理 Python 数据类型到 Excel 数据类型之间的转换。如下所示：

```
In [14]: ws['A1'] = 'Hello, world'
```

```
In [15]: import datetime

In [16]: ws['A2'] = datetime.datetime.now()
```

我们已经创建了工作簿，同时在工作簿中创建了表格，并为表格中的部分单元格进行了赋值。此时，磁盘上还没有一个 Excel 文档保存了这些信息，我们需要调用 Workbook 的 save 方法将数据保存到磁盘中。如下所示：

```
In [17]: wb.save('sample.xlsx')
```

下面来看一个案例，用来巩固 openpyxl 读取和修改 Excel 文档的知识。附件里的 example.xlsx 文件保存了十位学生的信息，其中，最后三列分别是学生的语文、英语和数学成绩。现在，我们希望计算每一位学生的平均分和总分，并保存到表格的右侧中。

为了计算学生的成绩，我们首先需要打开 Excel 文档，并创建一个 Workbook 对象。有了 Workbook 对象以后，通过表格的名称获取我们需要操作的表格。在我们下面的代码中，将表格传递给 process_worksheet 函数。在 process_worksheet 函数中，我们首先获取了表格的最大列，用来确定平均分与总分的列坐标。随后，我们需要使用 Worksheet 的 ifer_rows 方法遍历每一位学生的成绩，iter_rows 方法支持指定遍历的起点和终点。在我们的表格中，第一行保存的是表头信息，不需要计算。因此，我们通过传递 min_row 为 2 表示从第二行开始遍历。表格的第一列保存的是学生的学号，第二列保存的是学生的姓名，这也是我们在计算平均分和总分时不会使用的数据。因此，我们通过传递 min_col 为 3 表示从第三列开始遍历。iter_rows 函数按行返回单元格，因此，我们只需要循环遍历 iter_rows 函数的结果，就实现了计算每一位学生的平均分和总分的功能。需要注意的是，iter_rows 函数返回的是 Cell 对象，所以，我们在计算成绩之前需要先通过一个列表推导表达式，得到每一个单元格的取值。随后计算平均分和总分，并且通过每一行的第一个单元格获取平均分和总分的行坐标。有了行坐标和列坐标以后，直接通过 Worksheet 对象的 cell 方法为单元格复制。这就实现了计算平均分和总分，并且保存到表格右侧的功能。

process_worksheet 函数处理完毕以后，当前所做的修改都还在内存之中，我们需要调用 Workbook 的 save 方法将 Workbook 所表示的工作簿保存到磁盘文件中。如下所示：

```
#!/usr/bin/python
#-*- coding: UTF-8 -*-
import openpyxl

def process_worksheet(sheet):
    avg_column = sheet.max_column + 1
    sum_column = sheet.max_column + 2

    for row in sheet.iter_rows(min_row=2, min_col=3):
        scores = [cell.value for cell in row]
        sum_score = sum(scores)
        avg_score = sum_score / len(scores)
```

```
        # 计算平均分和总分，并且保存到最后两列
        sheet.cell(row=row[0].row, column=avg_column).value = avg_score
        sheet.cell(row=row[0].row, column=sum_column).value = sum_score

    # 设置平均分和总分的标题部分
    sheet.cell(row=1, column=avg_column).value = 'avg'
    sheet.cell(row=1, column=sum_column).value = 'sum'

def main():
    wb = openpyxl.load_workbook('example.xlsx')
    sheet = wb.get_sheet_by_name('student')
    process_worksheet(sheet)
    wb.save('example_copy.xlsx')

if __name__ == '__main__':
    main()
```

修改完成以后，当前目录下存在一个名为 example_copy.xlsx 的文件，该文件的内容相对于附件中的 example.xlsx 文件增加了两列，分别是学生的平均分和总分，如图 7-2 所示。

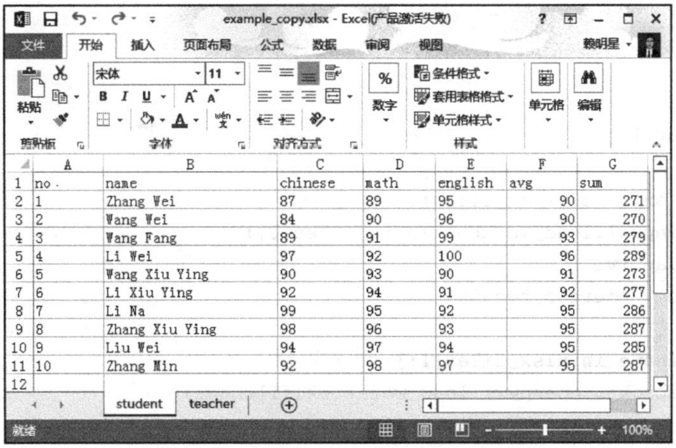

no	name	chinese	math	english	avg	sum
1	Zhang Wei	87	89	95	90	271
2	Wang Wei	84	90	96	90	270
3	Wang Fang	89	91	99	93	279
4	Li Wei	97	92	100	96	289
5	Wang Xiu Ying	90	93	90	91	273
6	Li Xiu Ying	92	94	91	92	277
7	Li Na	99	95	92	95	286
8	Zhang Xiu Ying	98	96	93	95	287
9	Liu Wei	94	97	94	95	285
10	Zhang Min	92	98	97	95	287

图 7-2 计算平均分和总分以后的结果

7.1.4 案例：合并多个 Excel 文档到一个 Excel 文档

我们也可以使用 Excel 的函数实现计算学生平均分和总分的例子，而且更加简单快捷。如果说计算平均分和总分的例子达到的是事倍功半的效果，那么，接下来这个例子将实现事半功倍！

现在，假设你是公司的人力资源管理部人才发展中心的员工，需要组织公司 2017 年的技术分享。因此，你需要将一个类似于图 7-3 的报名表格发送给公司的各位同事，让公司的同事自行填写。填写完成以后，你需要将每一位同事返回的 Excel 文档进行合并。需要注意的是，部分同事可能填写多行。同事们填写完毕以后，会将报名表再发送给你。你收到

了每位同事的报名表后，接下来要做的是，将这些报名表合并到一张汇总表中。

	A	B	C	D	E	F	G
1	主讲人姓名	工号	二级部门	职位	分享主题	分享内容简介 (200-300字)	主讲人简介 (100-200字)
2	张三	256	基础架构部	技术专家	Python语言在Linux下的应用	本次分享将会从三个不同维度来介绍Python在Linux下的应用，包括：1）使用Python语言编写系统管理脚本；2）使用Python语言编写的开源工具管理Linux；3）使用Ansible进行自动化部署。	张三毕业于国内排名前三的大学，先后就职于BAT。张三精通Python语言，熟悉Linux运维。对Python语言在Linux下的应用有着深刻理解。

图 7-3 技术分享报名表

将多个 Excel 文档合并成单个文件，表面上看是个简单的需求。但是，因为我们的数据在不同的 Excel 文档中，即便是熟练的 Excel 操作人员也没有办法快速进行处理。这个时候，只能依次打开各个文档，并将内容手动拷贝到汇总表中。对于有编程背景的技术人员，我们不可能允许这么低效率的重复工作。这个时候就显现出使用 Python 语言处理 Excel 的优势。

对于这里的需求，使用 Python 语言处理将会非常简单。如下所示：

```
#!/usr/bin/python
import os
import glob

import openpyxl

def merge_xlsx_files(xlsx_files):
    wb = openpyxl.load_workbook(xlsx_files[0])
    ws = wb.active
    ws.title = "merged result"

    for filename in xlsx_files[1:]:
        workbook = openpyxl.load_workbook(filename)
        sheet = workbook.active
        for row in sheet.iter_rows(min_row=2):
            values = [cell.value for cell in row]
            ws.append(values)

    return wb

def get_all_xlsx_files(path):
    xlsx_files = glob.glob(os.path.join(path, '*.xlsx'))
    sorted(xlsx_files, key=str.lower)
    return xlsx_files

def main():
    xlsx_files = get_all_xlsx_files(os.path.expanduser('~lmx'))
    wb = merge_xlsx_files(xlsx_files)
```

```
        wb.save('merged_form.xlsx')


    if __name__ == '__main__':
        main()
```

在这个例子中，我们首先通过 glob 获取了指定目录下所有的 Excel 文档。然后，我们将这些文档按照文件名称进行了排序。排序以后，在 merge_xlsx_files 函数中尝试合并多个 Excel 文档。我们合并 Excel 的思路也很简单：1）获取第一个文档中的表格（我们的 Excel 文档中只有一个表格）；2）依次遍历其他文件中的报名表，并通过 iter_rows 函数忽略报名表中的首行内容；3）通过列表推导获取报名表中的数据，然后调用 Worksheet 的 append 函数将数据添加到汇总表的末尾。上述操作完成以后，返回 Workbook 对象。在 main 函数中，我们调用 Workbook 的 save 方法将汇总表保存到 merged_form.xlsx 文件中。

我们只花费几分钟时间编写了不到 30 行的 Python 代码，就实现了将多个 Excel 文档合并成单个文件的功能。因为是 Python 程序进行处理，所以无论有多少张表需要合并都能够快速处理，并且不会出错，也不会抱怨处理的表格太多。

7.2 使用 Python 操作 PDF 文档

PDF（Portable Document Format）是一种便携式文档格式，这种文档格式与操作系统平台无关。PDF 文件无论是在 Windows，Unix 还是在苹果公司的 Mac OS 操作系统中都是通用的，这一特点使它成为在 Internet 上进行电子文档发行和数字化信息传播的理想文档格式。虽然 PDF 便于传输和阅读，但是，编辑 PDF 却很不容易。PyPDF2 对编辑 PDF 提供了有限的支持，我们可以使用 PyPDF2 模块读取、合并和写入 PDF 文档。

7.2.1 PyPDF2 安装与介绍

PyPDF2 是一个纯 Python 的开源库，能够分割或合并 PDF 文件，也可以裁剪或转换 PDF 文件中的页面。我们还可以使用 PyPDF2 查看 PDF 文件的元信息，对 PDF 文件进行加密，破解 PDF 文件的密码等。

PyPDF2 是一个开源的库，因此，在使用之前需要先安装。如下所示：

```
pip install PyPDF2
```

读者可以在 PyPDF2 的官方文档 https://pythonhosted.org/PyPDF2/index.html 中找到 PyPDF2 的使用文档。从官方文档中我们知道，PyPDF2 提供了 4 个主要的类，分别是 PdfFileWriter、PdfFileReader、PdfFileMerger 和 PageObject。前三个类分别用以读取 PDF 文件、写入 PDF 文件与合并 PDF 文件。PageObject 类代表了一个 PDF 页面，可以使用 PdfFileReader 类的 getPage 方法得到一个 PageObject 对象。

7.2.2 使用 PdfFileReader 读取 PDF 文件

为了测试 PyPDF2，我们使用数据库领域的红宝书进行测试。读者可以在 http://www.redbook.io/ 下载红宝书，也可以在本书的附件下载名为 redbooks.pdf 的文件。下载完成以后，打开该 PDF 文件。这是一份 54 页的 PDF 文档，其首页如图 7-4 所示。

图 7-4 本书用来演示 PyPDF2 使用的 PDF 文档封面

学习一个库，最好的方式就是使用 IPython 进行练习。IPython 能够看到程序的中间结果，也可以方便地获取帮助信息。接下来，我们就使用 IPython 学习 PyPDF2 的使用。在 IPython 的交互模式下输入以下代码：

```
In [1]: import PyPDF2

In [2]: reader = PyPDF2.PdfFileReader(open('redbooks.pdf', 'rb'))

In [3]: reader.getNumPages()
Out[3]: 54

In [4]: reader.getIsEncrypted()
Out[4]: False

In [5]: page = reader.getPage(4)
```

```
In [6]: page.extractText()
Out[6]: u"ReadingsinDatabaseSystems,5thEdition\n(2015)\nChapter1:Background......
```

在这段程序中，我们首先导入 PyPDF2 模块，然后以二进制读模式打开 redbooks.pdf 文件，并将它传递给 PdfFileReader 类的初始化函数。PdfFileReader 的初始化函数会返回一个 PdfFileReader 类的对象，我们可以使用这个对象来获取 PDF 文件的信息。

例如，我们通过 getNumPages 函数知道，该 PDF 文件共有 54 页。getIsEncrypted 方法会返回一个布尔值，表示 PDF 是否经过了加密。如果 PDF 文件是经过加密的，那么，在调用 decrypt 函数进行解密前无法通过 getPage 函数获取 PDF 的页面。在这个例子中，PDF 文件并没有加密，因此，我们可以使用 getPage 函数获取 PDF 的页面。

我们通过传递下标给 getPage 函数的方式获取 PDF 页面。在 PyPDF2 中，下标从 0 开始，与 Python 内置的字符串、列表和元组等保持一致。在这个例子中，我们需要读取第 5 页的内容，因此，使用 getPage(4) 获取第 5 页的页面。

PdfFileReader 类的 getPage 函数会返回一个 PageObject 对象，该对象支持一些方法，如旋转页面的 rotateClockwise 方法，合并页面的 mergePage 方法。在这个例子中，我们通过 PageObject 类的 extractText 方法提取页面中的文本。从该方法的返回结果来看，提取 PDF 文本的效果并不理想。

我们还可以通过 PdfFileReader 类的 getDocumentInfof 方法获取 PDF 文件的元信息。该方法会返回一个字典，字典中的每一项都保存了 PDF 文件的描述以及取值，逐一打印该字典中的元素就能够打印出 PDF 文件所有的元信息。如下所示：

```
In [7]: reader.getDocumentInfo()
Out[7]:
{'/CreationDate': u"D:20160218030020-08'00'",
 '/Creator': u'pdftk 2.02 - www.pdftk.com',
 '/ModDate': u"D:20170112180833+08'00'",
 '/Producer': u'itext-paulo-155 (itextpdf.sf.net-lowagie.com)'}
```

7.2.3 使用 PdfFileWriter 创建 PDF 文件

有时候，我们需要编辑 PDF 页面。例如，去除 PDF 文件中的第一页，从一个 PDF 文件中提取几个页面保存到另一个文件。PyPDF2 并不能直接编辑 PDF 文件，但是，我们可以利用 PyPDF2 从一个 PDF 文档拷贝需要的页面到另一个 PDF 文档，通过这种迂回的方式实现编辑 PDF 的功能。

例如，我们现在要修改 redbooks.pdf 文件，仅仅保存该文件的第 2 页、第 5 页和第 6 页。我们将这几个页面抽取出来，保存到另外一个 PDF 文件中，并对这个 PDF 文件进行加密。如下所示：

```
In [1]: import PyPDF2
```

```
In [2]: reader = PyPDF2.PdfFileReader(open('redbooks.pdf', 'rb'))

In [3]: output = PyPDF2.PdfFileWriter()

In [4]: output.addPage(reader.getPage(1))

In [5]: output.addPage(reader.getPage(4))

In [6]: output.addPage(reader.getPage(5))

In [7]: output.getNumPages()
Out[7]: 3
```

在这个例子中，我们创建了一个 PdfFileWriter 对象和一个 PdfFileReader 对象。接着，我们使用 PdfFileReader 对象的 getPage 方法获取需要的 PDF 页面，并通过 PdfFileWriter 对象的 addPage 方法增加页面。PdfFileWriter 类有很多方法，如添加空白页的 addBlankPage 方法、添加书签的 addBookmark 方法、添加元信息的 addMetadata 方法以及对 PDF 进行加密的 encrypt 方法。在 PdfFileWriter 类的所有方法中，最常用的是 addPage 方法。

在这里的例子中，我们还使用了 getNumPages 方法获取 PdfFileWriter 拥有的 PDF 页面数。我们也可以使用 encrypt 方法对 PDF 文件进行加密。如下所示：

```
In [8]: output.encrypt('123456')

In [9]: outputStream = open("PyPDF2-output.pdf", "wb")

In [10]: output.write(outputStream)

In [11]: outputStream.close()
```

创建了 PdfFileWriter 对象以后，这个对象就代表一个新的 PDF 文档。但是，此时在磁盘中并没有一个 PDF 文件。要生成实际的文件，必须调用 PdfFileWriter 对象的 write 方法。write 方法接受一个以二进制模式打开的文件。因为我们是要创建一个新的文件，因此，使用写模式打开。打开文件以后，将文件对象传递给 PdfFileWriter 对象的 write 方法。write 方法调用完成以后，磁盘上就产生了一个新的 PDF 文件。

由于我们对这个 PDF 文件进行了加密，所以，当我们打开这个文件时，PDF 阅读器会提示输入密码。图 7-5 给出了打开加密 PDF 文件的例子。

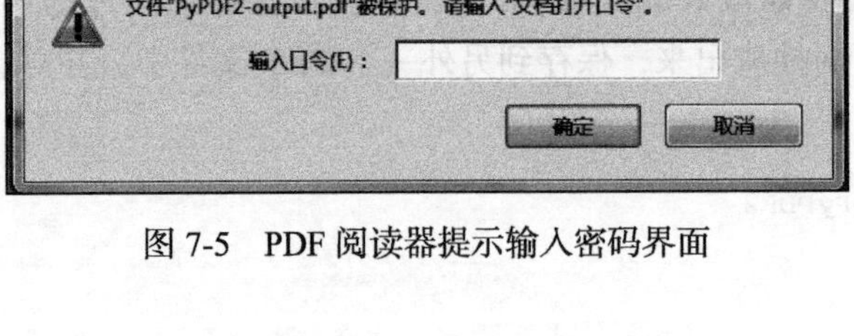

图 7-5 PDF 阅读器提示输入密码界面

虽然这个编辑 PDF 的例子比较简单，但是已经可以满足一些简单的 PDF 编辑需求。例如，对 PDF 文件进行加密、裁剪 PDF 文件、调整 PDF 页面的顺序等。

7.2.4 修改 PDF 页面

如果需要修改 PDF 的页面，PyPDF2 也提供了部分支持，如旋转页面、添加水印。

PageObject 类中有部分方法可以修改 PDF 页面，其中，rotateClockwise 和 rotateCounter-Clockwise 方法用来旋转页面。这两个方法只接受一个参数，且参数取值必须是 90 的倍数，表示旋转多少度。下面的代码将 redbooks.pdf 文件的首页旋转 180 度，并保存到一个新的文件中。如下所示：

```
In [1]: import PyPDF2

In [2]: reader = PyPDF2.PdfFileReader(open('redbooks.pdf', 'rb'))

In [3]: writer = PyPDF2.PdfFileWriter()

In [4]: page = reader.getPage(0)

In [5]: page.rotateClockwise(180)

In [6]: writer.addPage(page)

In [7]: outputStream = open("rotate-page-test.pdf", "wb")

In [8]: writer.write(outputStream)

In [9]: outputStream.close()
```

在这个例子中，我们首先打开 PDF 文件，创建 PdfFileWriter 对象和 PdfFileReader 对象，并通过 getPage 方法获取 redbooks.pdf 文件的首页。获取首页以后，调用 rotateClockwise 旋转 PDF 页面，并将旋转后的页面写入 rotate-page-test.pdf 文件中。整个过程完成以后，当前目录下新增了一个名为 rotate-page-test.pdf 的文件。图 7-6 给出了 rotate-page-test.pdf 文件的内容。可以看到，该文件仅有一个页面，即 redbooks.pdf 首页旋转 180 度以后的结果。

PageObject 还有一个名为 mergePage 的方法，该方法用来将两个页面进行合并，合并以后组成一个新的页面。我们可以使用该方法为 PDF 添加水印。例如，在笔者的实验过程中使用 Micsoft Word 创建一个新的 Word 文档，在 Word 文档中插入“加密文件”这几个艺术字，然后将 Word 文档保存为 PDF 文件。读者可以使用类似的方法生成一个水印文件，或者使用本书附件中的 watermark.pdf 文件进行测试。如下所示：

图 7-6 使用 PyPDF2 旋转 PDF 页面

```
In [1]: import PyPDF2

In [2]: reader = PyPDF2.PdfFileReader(open('redbooks.pdf', 'rb'))

In [3]: watermark = PyPDF2.PdfFileReader(open('watermark.pdf', 'rb'))

In [4]: writer = PyPDF2.PdfFileWriter()

In [5]: for i in range(reader.getNumPages()):
   ...:     page = reader.getPage(i)
   ...:     page.mergePage(watermark.getPage(0))
   ...:     writer.addPage(page)
   ...:

In [6]: outputStream = open("watermark-test.pdf", "wb")

In [7]: writer.write(outputStream)

In [8]: outputStream.close()
```

在这个例子中，我们创建了两个 PdfFileReader 对象和一个 PdfFileWriter 对象。我们通过 for 循环遍历 redbooks.pdf 文件，对该 PDF 文件中的每一个页面都合并我们创建的水印文件。完成以后使用 addPage 方法将合并后的页面添加到 PdfFileWriter 对象中。最后，将

PdfFileWriter 对象保存到 watermark-test.pdf 文件中。图 7-7 给出了 watermark-test.pdf 文件的第二页。可以看到，我们已经为 redbooks.pdf 文件添加了水印。

图 7-7 为 PDF 增加水印

7.2.5 使用 PdfFileMerger 合并多个 PDF 文件

假定现在有一个很无聊的任务，需要将多个 PDF 文件合并成一个 PDF 文件。并且，每个 PDF 文件都有相同的封面，合并成一个 PDF 文件以后只有一个封面。

我们可以模仿 7.2.4 节中的例子，使用 for 循环遍历所有的文件和所有的页面，并使用 addPage 方法将每个页面都添加到合并的 PDF 文件中。但这种方法比较繁琐，PyPDF2 还提供了更好的方法来合并 PDF 文件。

PyPDF2 提供了一个名为 PdfFileMerger 的类，顾名思义，该类用来合并多个 PDF 文件。下面是 PyPDF2 官方给出的 PdfFileMerger 使用示例：

```
from PyPDF2 import PdfFileMerger

merger = PdfFileMerger()

input1 = open("document1.pdf", "rb")
input2 = open("document2.pdf", "rb")
input3 = open("document3.pdf", "rb")
```

```
# add the first 3 pages of input1 document to output
merger.append(fileobj = input1, pages = (0,3))

# insert the first page of input2 into the output beginning after the second page
merger.merge(position = 2, fileobj = input2, pages = (0,1))

# append entire input3 document to the end of the output document
merger.append(input3)

# Write to an output PDF document
output = open("document-output.pdf", "wb")
merger.write(output)
```

这个例子首先创建了一个 PdfFileMerge 对象，然后打开了三个 PDF 文件（注意是三个文件，而不是三个 PdfFileReader 对象），最后，通过 PdfFileMerge 对象的 append 方法和 merge 方法将 PDF 文件的页面添加到新的 PDF 文件中。append 方法通过 fileobj 参数确定要添加的 PDF 文件，通过 pages 参数指定要将哪些 PDF 页面添加到新的 PDF 文件中，并将要添加的页面添加到 merger 对象的末尾。merge 方法相对于 append 方法，增加了 position 参数，我们可以通过 position 参数指定页面插入的位置。append 方法和 merge 方法的 pages 参数非常灵活，该参数是一个三元组（start, stop[, step]），分别表示起点、终点和步长。我们可以通过该参数指定合并 PDF 文件中的页面。

有了 PdfFileMerger 对象以后，要将目录下的多个 PDF 文件合并成一个 PDF 文件就非常容易了，基本步骤如下：

1）找到工作目录下所有 PDF 文件；

2）为了有序添加 PDF 文件，将所有 PDF 文件按文件名进行排序；

3）除了第一页外，将每个 PDF 的所有页面添加到 PdfFileMerger 对象中；

4）将 PdfFileMerger 对象保存到磁盘中。

完整的程序如下：

```
import os
import glob
import PyPDF2

def get_all_pdf_files(path):
    all_pdfs = glob.glob("{0}/*.pdf".format(path))
    all_pdfs.sort(key=str.lower)
    return all_pdfs

def main():
    all_pdfs = get_all_pdf_files(os.path.expanduser('~lmx/'))
    if not all_pdfs:
        raise SystemExit('No pdf file found!')

    merger = PyPDF2.PdfFileMerger()
```

```
    with open(all_pdfs[0], 'rb') as first_obj:
        merger.append(first_obj)

    for pdf in all_pdfs[1:]:
        with open(pdf, 'rb') as obj:
            reader = PyPDF2.PdfFileReader(obj)
            merger.append(fileobj=obj, pages=(1, reader.getNumPages()))

    with open('merge-pdfs.pdf', 'wb') as f:
        merger.write(f)

if __name__ == '__main__':
    main()
```

在这个程序中，我们首先通过glob模块获取了lmx用户home目录下所有PDF文件，并根据文件名对文件进行了排序。随后，我们创建了一个PdfFileMerger对象，并使用append方法将第一个PDF文件完整保存，接着将其他PDF文件依次添加到PdfFileMerger对象中。对于其他PDF文件，我们需要去除第一页，保留其他页面，因此，我们先构建了PdfFileReader对象。构造PdfFileReader对象是为了获取PDF总页数，知道PDF有多少页面以后才能够给pages参数传递正确的参数。最后，将这些内容写入硬盘上的一个文件中，这样就实现了将指定目录下多个PDF文件合并成一个PDF文件的功能。而且，目录下有多少PDF文件都不是问题，程序会依次处理所有的文件。

7.3 使用Python归档图片

在本书第5章中，我们介绍了多种方法在Python程序中找到某一类文件。找到以后，可以对这一类文件进行归档。但是，有时候我们有更加丰富的需求。例如，整理照片时，如果我们拍摄的所有照片都是jpg格式，那么，按照后缀名进行归档没有任何意义，我们希望根据照片的大小、创建者、时间和地点进行分类。在这一小节中，我们就来看看如何使用Python对图片进行处理。

7.3.1 Exif信息介绍

Exif（Exchangeable image file format）是可交换图像文件格式的简称，可以记录照片的属性信息和拍摄数据。Exif可以附加于JPEG、TIFF、RIFF等文件之中，为其增加有关数码相机拍摄信息的内容。换句话说，我们平时拍摄的照片，除了图像以外还有很多信息。包括拍摄照片的时间、地点、大小、设备、光圈、快门、焦距、色彩等，这些就是Exif信息。如果我们分享照片时将Exif信息一起分享，那么，这些信息将会泄露我们的隐私，甚至造成一定的麻烦。当然，我们也可以根据别人分享的照片获取到照片的拍摄时间与地点。

Windows 7操作系统具备对Exif的原生支持，通过鼠标右键单击图片打开菜单，单击属性并切换到详细信息标签下即可直接查看Exif信息。例如，本书附件中的iphone6_pic.jpg是笔者在日本旅游时拍摄的照片。通过Windows 7的照片查看器，可以查看照片拍摄的详细地点，如图7-8所示。

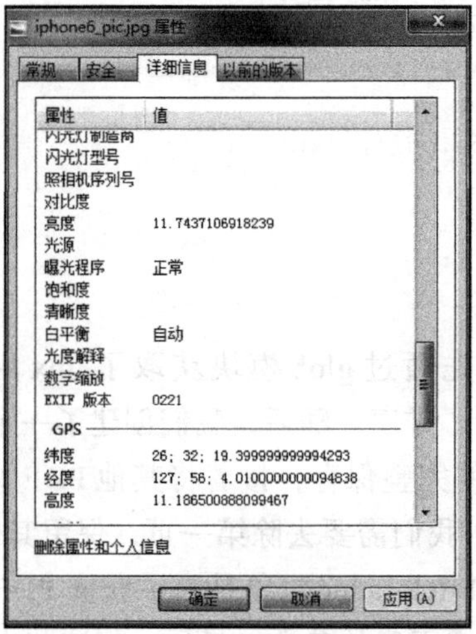

图7-8 Windows 7下的照片查看器查看照片详细信息

在Linux下，我们可以通过一个名为exiftool的命令行工具查看照片的元信息。exiftool可以显示非常全面的信息，如果将所有信息都显示出来，几张纸都打印不下。使用exiftool之前需要安装，可以从http://www.sno.phy.queensu.ca/～phil/exiftool/下载以后根据说明文档进行安装。下面是使用exiftool解析附件中iphone6_pic.jpg的例子：

```
$ exiftool iphone6_pic.jpg
  File Name                       : iphone6_pic.jpg
  Make                            : Apple
  Camera Model Name               : iPhone 6
  Orientation                     : Rotate 90 CW
  Software                        : 9.3.1
  Modify Date                     : 2016:05:08 10:19:55
  Lens Info                       : 4.15mm f/2.2
  Lens Make                       : Apple
  Lens Model                      : iPhone 6 back camera 4.15mm f/2.2
  GPS Latitude Ref                : North
  GPS Longitude Ref               : East
  GPS Altitude Ref                : Above Sea Level
  GPS Time Stamp                  : 01:19:55
  GPS Speed Ref                   : km/h
  GPS Speed                       : 0
  GPS Img Direction Ref           : True North
  GPS Img Direction               : 278.0913706
  GPS Dest Bearing Ref            : True North
  GPS Dest Bearing                : 278.0913706
```

```
GPS Date Stamp                  : 2016:05:08
GPS Horizontal Positioning Error: 5 m
Aperture                        : 2.2
GPS Altitude                    : 11.1 m Above Sea Level
GPS Date/Time                   : 2016:05:08 01:19:55Z
GPS Latitude                    : 26 deg 32' 19.40" N
GPS Longitude                   : 127 deg 56' 4.01" E
GPS Position                    : 26 deg 32' 19.40" N, 127 deg 56' 4.01" E
Megapixels                      : 8.0
Run Time Since Power Up         : 4:42:02
Scale Factor To 35 mm Equivalent: 7.0
Shutter Speed                   : 1/4950
Create Date                     : 2016:05:08 10:19:55.364
Date/Time Original              : 2016:05:08 10:19:55.364
```

exiftool显示的信息非常全面，这里仅仅给出了部分信息。可以看到，exiftool显示的信息非常专业，有一些信息需要有摄影知识才能看懂。但是，即便是对摄影一点都不了解的读者也能看到，exiftool暴露了不少隐私信息，如照片拍摄的详细时间和具体位置。

7.3.2 在Python使用PIL查看图片元信息

我们介绍了两个获取Exif信息的工具，分别是Windows下的照片查看器和Linux下的exiftool。这两个工具虽然可以查看照片的Exif信息，但是，不便于在程序中处理照片。如果能够在程序中处理Exif信息，那么，就可以做很多有趣的事情。例如，iPhone手机的相册中有一个"回忆"的功能，可以根据拍摄时间将照片组织在一起，然后以幻灯片的形式展示。再比如，百度网盘可以将存放在网盘中的照片以地图的形式展示，以便用户查看自己去过的地方。

如何将照片渲染到地图上已经超出了本书的范围，但是，我们会讲解如何在Python程序中获取Exif信息。有了Exif信息以后，我们也可以像iPhone手机一样以时间维度组织照片，或像百度网盘一样以地理位置组织照片。

PIL（Python Imaging Library）是Python生态中最有名的图片处理相关库，它使我们能够在Python中处理图片。PIL包含了很多图片处理相关的功能，也支持多种图片格式。使用PIL之前，需要先进行安装：

```
pip install Pillow
```

如果读者通过pip安装的Pillow包缺少部分驱动，那么，可以从PIL的官网下载压缩包，从源码安装，并根据源码中的安装文档安装PIL需要的依赖。

PIL可以很方便地处理图片，如创建缩略图、旋转、滤镜、输出文字、调色板等。PIL中最重要的类便是Image，一个Image对象表示一张图片。

下面的程序用来显示照片的信息。为了显示照片的信息，我们首先从PIL中导入Image类，并使用Image.open方法打开图片。PIL对open函数进行了优化，当我们使用open函数打开图片时，仅仅是将一个Image对象与磁盘上的一张照片相关联，此时此刻并没有真的将照片载入内存，只有当我们处理图片时才会将照片载入内存。有了Image对象以后，可以通过Image对象的format、size、mode等获取图片的详细信息。如下所示：

```
In [1]: from __future__ import print_function

In [2]: from PIL import Image

In [3]: im = Image.open('iphone6_pic.jpg')

In [4]: print(im.format, im.size, im.mode)
JPEG (3264, 2448) RGB
```

也可以调用Image对象的方法对图片进行处理。例如，下面的代码可将图片旋转45度。完成以后，调用save方法将修改过后的图片保存到磁盘中。

```
In [5]: rotate_im = im.rotate(45)

In [6]: rotate_im.save('rotate.jpg')
```

下面再来看一个例子，假设我们要为当前目录下所有图片文件创建缩略图。虽然有一些工具对编辑图片提供了支持，但是，大批量图片创建缩略图依然是一项很琐碎的工作。此时，我们可以使用PIL来创建缩略图。创建缩略图的思路也很简单，首先获取所有的照片，然后使用Image.open方法创建Image对象。创建完Image对象以后，通过该对象的thumbnail方法创建缩略图。最后，将创建的缩略图保存到磁盘中。如下所示：

```
import glob
import os

from PIL import Image

size = 128, 128

for infile in glob.glob("*.jpg"):
    file, ext = os.path.splitext(infile)
    im = Image.open(infile)
    im.thumbnail(size)
    im.save(file + ".thumbnail", "JPEG")
```

在调用Image对象的thumbnail方法时，我们需要传递一个二元组的参数，这个二元组中的值代表缩略图的长和高。

Image类的_getexif方法可以获取图片的Exif信息。但是，PIL返回的Exif信息只是相应的编码和取值，可读性较差。如下所示：

```
In [7]: im._getexif()
Out[7]:
{271: u'Apple',
```

```
272: u'iPhone 6',
274: 6,
282: (72, 1),
283: (72, 1),
296: 2,
305: u'9.3.1',
306: u'2016:05:08 10:19:55',
```

为了增加可读性，或者说知道每一个字段的具体含义，我们需要用到 PIL.ExifTags.TAGS 和 PIL.ExifTags.GPSTAGS 这两个字典。这两个字典的键是 16 位整数的 Exif 标签，值是 Exif 标签的描述字符串。如下所示：

```
In [8]: from PIL.ExifTags import TAGS

In [9]: TAGS[272]
Out[9]: 'Model'

In [10]: TAGS[271]
Out[10]: 'Make'

In [11]: from PIL.ExifTags import GPSTAGS

In [12]: GPSTAGS[20]
Out[12]: 'GPSDestLatitude'

In [13]: GPSTAGS[21]
Out[13]: 'GPSDestLongitudeRef'
```

有了 Exif 的信息以及 TAGS 与 GPSTAGS 字典以后，我们可以使用 Python 程序编写一个类似于 exiftool 的工具。如下所示：

```
from __future__ import print_function
import sys
import os

from PIL import Image
from PIL.ExifTags import TAGS
from PIL.ExifTags import GPSTAGS

def get_iamge_meta_info(filename):
    exif_data = {}
    with Image.open(filename) as img:
        data = img._getexif()
        for tag, value in data.iteritems():
            decoded = TAGS.get(tag)
            exif_data[decoded] = value

        if exif_data['GPSInfo']:
            gps_data = {}
```

```
            for tag, value in exif_data['GPSInfo'].iteritems():
                decoded = GPSTAGS.get(tag)
                gps_data[decoded] = value
            exif_data['GPSInfo'] = gps_data

    return exif_data

def main():
    sys.argv.append("")
    filename = sys.argv[1]
    if not os.path.exists(filename):
        raise SystemExit("{0} is not exists".format(filename))

    exif_data = get_iamge_meta_info(filename)

    for key, value in exif_data.iteritems():
        print(key, value, sep=':')


if __name__ == '__main__':
    main()
```

在这个例子中，我们首先通过 sys.argv 获取用户在命令行传递的文件名，为了处理用户没有传递任何图片的异常情况，我们先向 sys.argv 列表中增加一个空的元素，然后再去获取命令行传递的文件名。获取到文件名以后，通过 os.path.exists 函数判断文件是否存在，如果文件不存在，抛出异常并退出程序。随后，我们将文件名传递给 get_iamge_meta_info 函数，该函数使用 Image 类的 open 方法得到一个 Image 对象，并使用该对象的 _getexif 方法得到照片的 Exif 信息。正如前面交互式编程中所演示的，_getexif 方法以字典形式返回 Exif 信息，而字典的键是相应的编码，可读性较差。因此，我们需要使用 TAGS 和 GPSTAGS 字典将编码转换成可读性更强的描述字符串。转换成可读性更强的描述字符串以后，将结果保存到 exif_data 字典中。最后，get_iamge_meta_info 函数将图片的 Exif 信息以字典的形式返回给调用者。

利用 Python 生态中的 Pillow 库，我们仅用 40 行代码就实现了一个类似于 exiftool 的命令行工具。更重要的是，我们在 Python 程序中获取 Exif 信息以后，可以继续在 Python 程序中对图片进行后续处理，如根据图片的拍摄时间、拍摄地点、使用设备等进行图片归档。

7.4 发送报告

电子邮件是职场人士重要的沟通方式，很多职场人士每天都会花费大量的时间检查和答复邮件。作为工程师，我们能否使用编程语言减少处理邮件的时间呢？答案是肯定的。普通人发送邮件都是使用邮件客户端，发送过程包括打开邮件客户端，单击相应的选项，然后单击新建邮件，填写收件人及邮件内容，最后单击发送。Python 是一门“连电池都包含在内”的编程语言，毫无疑问，Python 标准库提供了对发送和接收邮件的支持。

使用程序处理邮件可以解决一些使用手动发送邮件很难处理的问题。例如：

1）在自动化任务完成时，发送邮件通知。想象一下，你正在执行一个自动化任务，这个任务可能需要执行好几个小时。如果没有程序通知，你可能需要每隔几分钟就回到计算机旁边检查程序的状态。作为工程师，我们可以写一个程序来解决这个问题——在自动化任务完成时通过邮件通知我们。通过这种方式，我们在离开计算机时能专注于更重要的事情。

2）使用程序群发邮件。如果你需要群发邮件，但又不希望被人知道这封邮件是群发的，再或者说，你要为很多人发送类似的邮件（如发送不同的祝福信息，发送专属的优惠码）。如果不借助计算机程序，我们不得不对每一位收件人都发送一次邮件，整个过程十分枯燥乏味。使用程序就很简单，我们只需要一个 for 循环就可以实现向每一位收件人发送邮件的功能。

3）使用程序实现邮件炸弹。我们再来看另外一个需求，假设读者写了一封情书，需要发送给心仪的女生。非常不幸的是，因为你过于紧张，将邮件发给了前女友，而邮件一旦发出去就没有办法撤回。这个时候，我们可以尝试连续向这位错误的收件人发送一百封相同标题的垃圾邮件。正常人在收到一百多封相同标题的邮件时，只会打开前几封邮件，然后删除所有相同的邮件，并抱怨互联网上垃圾邮件泛滥。通过这种方式，可以很大概率避免你的前女友看到你写的这封情书。

7.4.1 SMTP 协议

在计算机网络的应用层存在很多知名协议。如 HTTP 是计算机用来通过因特网发送网页的协议。SMTP（“Simple Mail Transfer Protocol”）是简单邮件传输协议，它是一组用于从源地址到目的地址传输邮件的规范，通过它来控制邮件的中转方式。SMTP 规定电子邮件应该如何格式化、如何加密，以及如何在邮件服务器之间传递。SMTP 服务器就是遵循 SMTP 协议的发送邮件服务器。

如果读者配置过邮件客户端（如 Thunderbird、Outlook、网易邮箱大师或其他程序），那么，应该已经了解了 SMTP 服务器和端口号。SMTP 服务器的域名和端口号由电子邮件提供商提供，我们可以在互联网上搜索“电子邮件提供商 SMTP 客户端配置”找到相应的服务器和端口。SMTP 服务器的域名通常是电子邮件提供商的域名，前面加上 SMTP 前缀。如 Gmail 的 SMTP 服务器是 smtp.gmail.com，网易的 SMTP 服务是 smtp.163.com。表 7-1 列出了一些常见的电子邮件提供商及其 SMTP 服务器。

表 7-1 常见的电子邮件提供商及 SMTP 服务器

电子邮件提供商	SMTP 服务器域名
google	smtp.gmail.com
网易	smtp.163.com
腾讯	smtp.qq.com
新浪	smtp.sina.com
微软	smtp.live.com

7.4.2 邮箱设置（以QQ邮箱为例）

如果要使用Python程序发送电子邮件，除了配置正确的SMTP服务器域名和端口号以外，一般还需要进行一些额外的设置。例如，笔者在写书时测试了网易的163邮箱和腾讯的QQ邮箱，默认情况下，这两家邮件服务提供商都不允许使用程序发送电子邮件。如果想使用程序发送电子邮件，需要手动开启SMTP服务，并获取一个专用的授权码。下面以腾讯的QQ邮箱为例，说明如何开启SMTP服务。

进入QQ邮箱的主界面，单击“设置”，选择“账户”选项卡，下拉找到“POP3/IMAP/SMTP/Exchange/CardDAV/CalDAV服务”。默认情况下所有服务都是关闭的，我们选择第二项，即开启“IMAP/SMTP服务”，如图7-9所示。

图7-9 QQ邮箱开启SMTP服务的界面

开启IMAP/SMTP服务需要进行安全认证。认证方式是通过短信，发送“配置邮件客户端”到指定的号码。

上述步骤完成以后，单击确定就可以得到一个授权码。在我们的Python程序中使用该授权码访问邮件服务器。

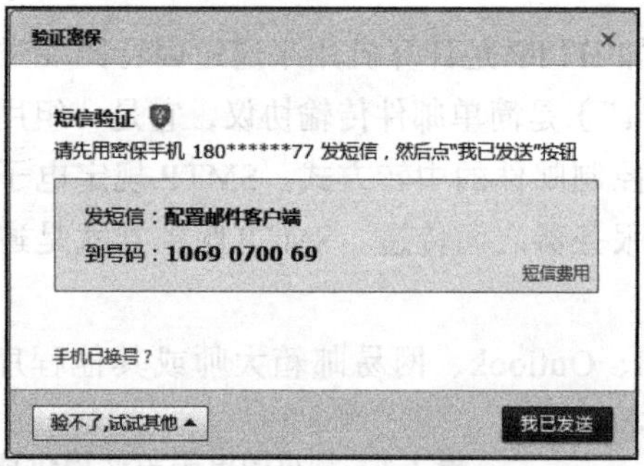

图7-10 QQ邮箱设置授权码的界面

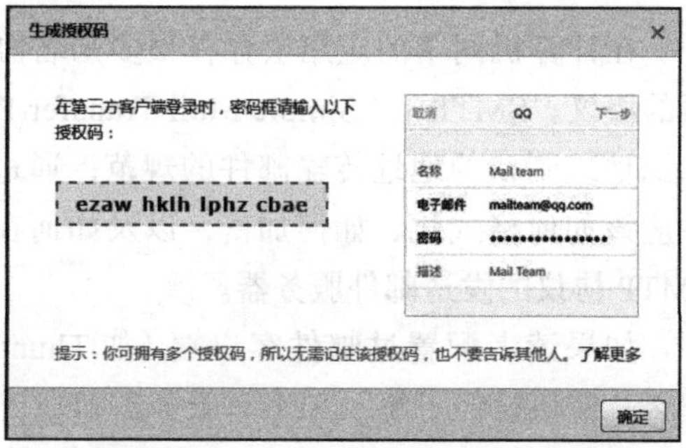

图7-11 QQ邮箱返回授权码的界面

7.4.3 使用标准库的smtplib与mime发送邮件

了解SMTP协议，得到邮箱的授权码以后就可以使用Python代码发送电子邮件了。Python标准库有多个与邮件相关的模块，其中，smtplib模块负责发送邮件。smtplib发送邮件大概分为以下几个步骤：

1）连接到 SMTP 服务器；

2）发送 SMTP 的“Hello”消息；

3）登录到 SMTP 服务器；

4）发送电子邮件；

5）关闭 SMTP 服务器的连接。

对于简单的邮件，smtplib 的使用是非常简单的。在下面的代码中，我们首先以邮件服务器的域名和端口号为参数，调用 SMTP 的初始化函数创建了一个 SMTP 对象。创建 SMTP 对象以后，调用 ehlo 方法与 SMTP 服务“打招呼”。如下所示：

```
In [1]: import smtplib

In [2]: smtp = smtplib.SMTP('smtp.qq.com', 25)

In [3]: smtp.ehlo()
Out[3]:
(250,
 'smtp.qq.com\nPIPELINING\nSIZE 73400320\nSTARTTLS\nAUTH LOGIN PLAIN\nAUTH=LOGIN\
nMAILCOMPRESS\n8BITMIME')
```

有了到 SMTP 服务器的连接以后，可以调用 starttls 方法将当前会话转换成一个加密的会话。

```
In [4]: smtp.starttls()
Out[4]: (220, 'Ready to start TLS')
```

将 smtp 会话加密以后就可以传输敏感信息了（如登录 SMTP 服务器的用户名和密码）。如果我们没有调用 starttls 方法启用加密会话，而是直接调用 login 方法登录 SMTP 服务器，smtplib 将会抛出一个 SMTPAuthenticationError 异常。调用 starttls 方法启用加密以后，可以使用 login 方法登录 SMTP 服务器。如果登录成功，login 方法会返回认证成功的字符串。如果登录失败，login 方法会抛出 SMTPAuthenticationError 异常。

```
In [5]: smtp.login('403720692@qq.com', 'ezazcbae')
Out[5]: (235, 'Authentication successful')
```

登录 SMTP 服务器以后，可以调用 sendmail 方法发送电子邮件。sendmail 方法有三个必传的参数，分别是发件人、收件人和邮件内容。

```
In [6]: smtp.sendmail('403720692@qq.com', 'me@mingxinglai.com', 'Subject: this is
title\nthis is content')
Out[6]: {}
```

邮件发送完成以后，调用 quit 方法断开与 SMTP 服务器的连接。

```
In [7]: smtp.quit()
Out[7]: (221, 'Bye')
```

上面的示例虽然可以发送电子邮件，但是，邮件还很不完整。例如，在网易邮箱中查看我们刚才发送的邮件，可以明显看到两个问题，一是“收件人”栏内容为空，二是邮件内容缺失，如图 7-12 所示。

图 7-12 不完整的邮件示意图

为了构造完整的邮件，我们需要借助 email 模块。email 模块用来构造邮件和解析邮件内容，构造一个邮件就是创建一个 Message 对象，如果构造的是一个 MIMEText 对象，就表示构造一个纯文本的邮件，如果构造的是一个 MIMEImage 对象，就表示构造了一个作为附件的图片。如果要把多个对象组合起来，就需要用到 MIMEMultipart 对象。email 模块下有多个构建邮件内容的类，包括 Message、MIMEBase、MIMEText、MIMEAudio、MIMEImage 和 MIMEMultipart。我们通过两个例子来学习 email 模块的用法。

下面的代码是一个发送纯文本邮件的例子。这个例子中，我们在 send_mail 函数中构建了一个 MIMEText 对象，并通过这个 MIMEText 对象设置收件人、发件人和邮件主题。设置完成以后，根据前面介绍的步骤一步一步发送电子邮件。如下所示：

```
from __future__ import print_function
import smtplib
from email.mime.text import MIMEText

SMTP_SERVER = "smtp.qq.com"
SMTP_PORT = 25


def send_mail(user, pwd, to, subject, text):
    msg = MIMEText(text)
    msg['From'] = user
    msg['To'] = to
    msg['Subject'] = subject

    smtp_server = smtplib.SMTP(SMTP_SERVER, SMTP_PORT)
    print('Connecting To Mail Server.')
    try:
        smtp_server.ehlo()
        print('Starting Encrypted Seccion.')

        smtp_server.starttls()
        smtp_server.ehlo()
        print('Logging Into Mail Server')
```

```
        smtp_server.login(user, pwd)
        print('Sending Mail.')
        smtp_server.sendmail(user, to, msg.as_string())
    except Exception as err:
        print('Sending Mail Failed: {0}'.format(err))
    finally:
        smtp_server.quit()


def main():
    send_mail('403720692@qq.com', 'ezawhklhlphzcbae',
              'joy_lmx@163.com', 'Important', 'Test Message')


if __name__ == '__main__':
    main()
```

前面这个例子仅仅发送纯文本的电子邮件，如果需要发送带有附件的邮件，需要构建一个MIMEMultipart对象，并通过MIMEMultipart的attach方法添加附件。例如，下面这段程序是Python官方给出的例子，在这个例子中，我们将多个png文件作为附件一起发送。为了发送附件，首先构造一个MIMEMultipart对象，并通过该对象设置发件人、收件人和邮件主题。对于图片附件，为每张图片构造一个MIMEImage对象，并使用MIMEMultipart的attach方法添加图片附件。如下所示：

```
# Import smtplib for the actual sending function
import smtplib

# Here are the email package modules we'll need
from email.mime.image import MIMEImage
from email.mime.multipart import MIMEMultipart

COMMASPACE = ', '

# Create the container (outer) email message.
msg = MIMEMultipart()
msg['Subject'] = 'Our family reunion'
# me == the sender's email address
# family = the list of all recipients' email addresses
msg['From'] = me
msg['To'] = COMMASPACE.join(family)
msg.preamble = 'Our family reunion'

# Assume we know that the image files are all in PNG format
for file in pngfiles:
    # Open the files in binary mode.  Let the MIMEImage class automatically
    # guess the specific image type.
    fp = open(file, 'rb')
    img = MIMEImage(fp.read())
    fp.close()
```

```
    msg.attach(img)

# Send the email via our own SMTP server.
s = smtplib.SMTP('localhost')
s.sendmail(me, family, msg.as_string())
s.quit()
```

7.4.4 使用开源的 yagmail 发送邮件

我们这里给出的 Python 发送电子邮件的例子还很简单，但是，程序已经越来越复杂了。在 Python 官方给出的一个发送电子邮件的例子中，有一堆复杂的模块导入操作。如下所示：

```
import smtplib
import mimetypes

from email import encoders
from email.message import Message
from email.mime.audio import MIMEAudio
from email.mime.base import MIMEBase
from email.mime.image import MIMEImage
from email.mime.multipart import MIMEMultipart
from email.mime.text import MIMEText
```

相信读者和我一样，看到这一堆导入操作就已经对 Python 发送电子邮件产生了“敬畏之心”。Python 和 Python 标准库在数据结构方面非常强大，但是，在网络和邮件这两块设计得并不好。正是由于标准库的不完美，才有了更多更好的开源项目。对于 Python 工程师来说，可谓是“失之东隅，收之桑榆”。Python 标准库中发送电子邮件的模块比较复杂，因此，有许多开源的库提供了更加易用的接口来发送电子邮件。其中，yagmail 是一个使用比较广泛的开源项目。yagmail 的底层依然使用 smtplib 和 email 模块，但是，相对于直接使用 smtplib 和 email 模块，yagmail 提供了更加 Pythonic 的接口，并具有更好的易用性。

yagmail 是开源的第三方库，因此，在使用之前需要安装：

```
pip install yagmail
```

下面的程序使用 yagmail 发送了一封带有附件的电子邮件：

```
In [1]: import yagmail

In [2]: yag = yagmail.SMTP(user='40372@qq.com', password='ewcbe', host='smtp.
qq.com', port=25)

In [3]: content = ['This is the body, and here is just text',
        'You can find an image file and a pdf file attached.',
        'iphone6_pic.jpg', 'redbooks.pdf']

In [4]: yag.send('joy_lmx@163.com', 'This mail come from yagmail', content)
```

```
Out[4]: {}

In [5]: yag.close()
```

在这段程序中，我们首先导入 yagmail 模块，然后创建一个 yagmail.SMTP 对象，接着使用 yagmail.SMTP 对象的 send 方法发送电子邮件。邮件发送完成以后，调用 close 方法关闭连接。yagmail 会自动帮我们处理邮件的格式和内容，省去了通过 email 模块构造邮件的繁琐步骤，因此显著减少了代码的行数。

在实际使用中，我们还可以使用上下文管理器进一步优化关闭连接的逻辑，使得代码更加清晰易懂。如下所示：

```
import yagmail
with yagmail.SMTP(user=user_mail, password=password, host=smtp_server, port=port)
as yag:
    yag.send(recipients, subject, content)
```

7.5 接收邮件

这一小节我们将学习如何使用 imapclient 模块接收电子邮件以及如何使用 pyzmail 模块解析电子邮件。使用 Python 程序接收邮件，应用场景没有使用 Python 程序发送邮件广泛，因此，这一小节将简单介绍如何使用 Python 接收邮件。

7.5.1 接收邮件协议 IMAP 与 POP3

SMTP 是发送电子邮件的协议，相应的，也有接收电子邮件的协议。接收电子邮件有两种协议，分别是 POP3 和 IMAP。POP3 协议允许电子邮件客户端下载服务器上的邮件，但是在客户端的操作（如移动邮件、标记已读等）不会反馈到服务器上。例如，通过客户端收取了邮箱中的 3 封邮件并移动到其他文件夹，邮箱服务器上的这些邮件是没有同时移动的。IMAP 提供了 webmail 与电子邮件客户端之间的双向通信，客户端的操作都会反馈到服务器上，对邮件进行的操作，服务器上的邮件也会做相应的动作。与此同时，IMAP 跟 POP3 一样提供了方便的邮件下载服务，让用户能进行离线阅读。IMAP 提供的摘要浏览功能可以让你在阅读完所有的邮件到达时间、主题、发件人、大小等信息后再作出是否下载的决定。此外，IMAP 更好地支持了从多个不同设备中随时访问新邮件。

总之，IMAP 为用户带来更为便捷和可靠的体验。POP3 更易丢失邮件或多次下载相同的邮件，IMAP 通过邮件客户端与 webmail 之间的双向同步功能能更好地避免这些问题。因此，本书仅介绍如何在 Python 程序中通过 IMAP 协议接收电子邮件。

7.5.2 使用开源从 imapclient 接收邮件

Python 标准库自带了 imaplib 模块，我们可以使用该模块接收电子邮件。但是，开源的

imapclient 模块更加好用。imapclient 是一个开源的模块，在使用之前，需要先安装。如下所示：

```
pip install imapclient
```

安装完成以后就可以使用imapclient接收邮件了。下面是我们在IPython中测试imapclient使用的例子。首先我们导入了imapclient模块，然后创建了一个IMAPClient对象。创建完IMAPClient对象以后，调用login方法进行登录。登录成功的情况下，imapclient会返回相应的提示信息。如下所示：

```
In [1]: import imapclient

In [2]: imap = imapclient.IMAPClient('imap.qq.com', ssl=True)

In [3]: imap.login('403720692@qq.com', 'ezawhklhlphzcbae')
Out[3]: 'Success login ok'
```

紧接着，我们可以使用imap提供的方法读取和操作邮件。例如，list_folders用来获取收件箱，select_folder用来选择收件箱。如下所示：

```
In [4]: imap.list_folders()
Out[4]:
[(('\\NoSelect', '\\HasChildren'), '/', u'\u5176\u4ed6\u6587\u4ef6\u5939'),
 (('\\HasNoChildren',), '/', u'INBOX'),
 (('\\HasNoChildren',), '/', u'Sent Messages'),
 (('\\HasNoChildren',), '/', u'Drafts'),
 (('\\HasNoChildren',), '/', u'Deleted Messages'),
 (('\\HasNoChildren',), '/', u'Junk')]

In [6]: imap.select_folder(u'INBOX')
Out[6]:
{'EXISTS': 60,
 'FLAGS': ('\\Answered', '\\Flagged', '\\Deleted', '\\Draft', '\\Seen'),
 'PERMANENTFLAGS': ('\\*',
  '\\Answered',
  '\\Flagged',
  '\\Deleted',
  '\\Draft',
  '\\Seen'),
 'READ-WRITE': True,
 'RECENT': 0,
 'UIDNEXT': 364,
 'UIDVALIDITY': 1495419124,
 'UNSEEN': ['33']}
```

只有选择收件箱以后，才能够调用IMAPClient对象的search方法查找邮件。search方法会返回一个列表，可以理解为是邮件的id，我们可以通过IMAPClient对象的fetch方法获取邮件的内容。如下所示：

```
In [7]: uids = imap.search(['ALL'])

In [8]: uids
Out[8]: [362, 363, 364, 365, 366, 367, 368, 369, 370, 371, 372, 373, 374, 375]

In [9]: raw_message = imap.fetch(362, ['BODY[]'])
```

此时虽然获取到了邮件的内容，但是几乎没有任何可读性。我们可以使用 pyzmail 来解析电子邮件的内容。

7.5.3 使用 pyzmail 解析邮件

根据 pyzmail 官方介绍，pyzmail 是一个高层次的邮件库，提供了读取、构造和发送邮件的功能。pyzmail 隐藏了字符集编码和 MIME 编码解码问题，对于用户来说，只需要使用 pyzmail 提供的功能构造和解析电子邮件即可。

与 IMAPClient 类似，pyzmail 也是一个开源的库，在使用之前需要先安装：

```
pip install pyzmail
```

安装完 pyzmail 就可以使用 pyzmail 解析前面获取的邮件内容。解析方式是，调用 pyzmail.PyzMessage 模块下的 factory 函数，该函数会返回一个 PyzMessage 对象。PyzMessage 对象有很多的方法和属性，我们可以通过 PyzMessage 对象的方法和属性获取想要的信息。如下所示：

```
In [10]: message = pyzmail.PyzMessage.factory(raw_message[362]['BODY[]'])

In [11]: message.get_addresses('from')
Out[11]:
[(u'\u6d77\u4fe1\u7535\u89c6\u5b98\u65b9\u65d7\u8230\u5e97',
  'best@newletter.southinfo.net')]

In [12]: message.get_addresses('to')
Out[12]: [(u'403720692@qq.com', '403720692@qq.com')]

In [13]: message.get_addresses('cc')
Out[13]: []

In [14]: message.get_subject()
Out[14]: u'\u4eb2\u7231\u54d2\u80e1\u56fd\u4e3d'

In [15]: message.text_part.get_payload().decode(message.text_part.charset)
```

7.5.4 使用 imapclient 删除邮件

使用 IMAPClient 删除邮件非常简单，只需要传递一个 UID 列表给 IMAPClient 对象的 delete_messages 方法即可。delete_messages 方法会将邮件加上 \Deleted 标志。此时，并没有真正删除邮件，如果需要永久删除邮件，调用 expunge 方法。如下所示：

```
In [16]: imap.delete_messages(uids)
Out[16]:
{362: ('\\Deleted', '\\Seen'),
 363: ('\\Deleted',),
 373: ('\\Deleted',),
 374: ('\\Deleted', '\\Seen'),
 375: ('\\Deleted',)}

In [17]: imap.expunge()
Out[17]:
('EXPUNGE Done',
 [(2, 'EXPUNGE'),
  (2, 'EXPUNGE'),
  (2, 'EXPUNGE'),
  (2, 'EXPUNGE'),
  (2, 'EXPUNGE')])
```

7.6 综合案例：使用 Python 打造一个 geek 的邮件客户端

虽然我们已经介绍了如何在 Python 程序中发送电子邮件。但是，程序中发送电子邮件依然不够方便。在这一小节，我们将开发一个命令行的邮件客户端。通过这个命令行的邮件客户端，我们可以实现一条命令发送电子邮件。我们的命令行客户端项目名为 emcli，项目地址位于 https://github.com/lalor/emcli 。

7.6.1 emcli 的功能设计

在开发一个程序之前，首先需要进行功能设计。而在此之前，需要弄清楚功能需求。对于我们的 emcli 项目，我们希望它能够实现在命令行使用一条命令发送电子邮件。此外，还需要支持发送邮件附件的功能，以便于我们在命令行中通过邮件客户端传送邮件。

emcli 的需求非常简单，仅仅是发送电子邮件，这也符合 Linux 中一条命令只做一件事情的原则。发送邮件需要用到很多的输入信息，包括：

- ❑ SMTP 服务器的域名；
- ❑ SMTP 服务器的端口号；
- ❑ 登录 SMTP 服务器的用户名；
- ❑ 登录 SMTP 服务器的密码；
- ❑ 邮件的主题；
- ❑ 邮件的内容；
- ❑ 邮件的附件；
- ❑ 邮件的收件人。

发送一封带附件的邮件至少需要用到这里的 8 种信息，否则就没有办法正确发送邮件。对于这里的 8 种信息，如果所有信息都通过命令行指定，然后使用 argparse 库解析这些命令行参数，那么 emcli 将没有任何易用性可言。

为了提高 emcli 的易用性，我们应该尽可能减少需要命令行指定的参数。可以看到，对于前面的 8 种信息，前 4 种信息是与邮件内容无关的信息，后 4 种信息是与邮件内容相关的信息。为了减少命令行参数，我们可以将邮件内容无关的信息保存到配置文件中，将邮件内容相关的信息通过命令行参数来指定。因此，我们增加一个 ~/.emcli.cnf 文件，该文件保存了 SMTP 服务器的域名、端口号以及登录 SMTP 服务器的用户名和密码。如下所示：

```
$ cat ~/.emcli.cnf
[DEFAULT]
smtp_server = smtp.qq.com
smtp_port = 25
username = 403720692@qq.com
password = abc123
```

当我们调用 emcli 程序时，程序会自动读取～/.emcli.cnf 文件中的内容，使用～/.emcli.cnf 文件中的配置来发送邮件。

对于一封邮件来说，邮件的主题、内容和收件人是必需的，邮件的附件不是必须的。因此，emcli 项目的命令行参数解析，邮件的附件应该是一个可选的参数，其他几个是必选的参数。此外，而邮件的标题一般只有一句话，而邮件的内容一般比较复杂。如果邮件的内容也通过命令行参数指定，那么，emcli 的易用性也会很差。为了能够以比较灵活的方式指定邮件内容，我们可以通过 sys.stdin 读取标准输入获取邮件的内容。当内容简单时，可以使用管道的方式得到邮件内容；当邮件的内容复杂时，可以通过输入重定向的方式获取内容。综上所述，我们的邮件客户端使用方式如下：

```
$ echo "This is content" | emcli -s "This is subject" -r a@163.com b@163.com
$ emcli -s "This is subject" -a *.py -r a@163.com < /etc/passwd
```

在第一条命令中，我们通过管道来获取邮件内容，通过“-s”选项指定邮件的主题，通过“-r”选项指定收件人。收件人是一个必传的参数，并且，收件人可以有多个。在第二条命令中，我们使用输入重定向的方式读取 /etc/passwd 文件的内容作为邮件体。并且，通过“-a”选项指定邮件的附件。

7.6.2 emcli 的功能实现

emcli 项目主要是封装 Python 发送邮件的功能，并提供一个好用的命令行接口，而不是提供一个与 yagmail 竞争的开源库。因此，发送邮件的功能可以直接使用开源的 yagmail。

在开发emcli项目时，首先需要做的是解析命令行参数，以此获取邮件的主题、内容、附件和收件人等信息。解析命令行参数可以使用标准库的argparse库。如下所示：

```
def get_argparse():
    parser = argparse.ArgumentParser(description='A email client in terminal')
    parser.add_argument('-s', action='store', dest='subject', required=True,
                help='specify a subject (must be in quotes if it has spaces)')
    parser.add_argument('-a', action='store', nargs='*', dest='attaches',
                required=False, help='attach file(s) to the message')
    parser.add_argument('-f', action='store', dest='conf', required=False,
                help='specify an alternate .emcli.cnf file')
    parser.add_argument('-r', action='store', nargs='*', dest='recipients',
                required=True, help='recipient who you are sending the email to')
    parser.add_argument('-v', action='version', version='%(prog)s 0.2')
    return parser.parse_args()
```

emcli除了使用argparse解析命令行参数以外，还需要使用ConfigParser解析配置文件的内容，以此获取SMTP服务器的地址和端口。如下所示：

```
def get_meta_from_config(config_file):
    config = ConfigParser.SafeConfigParser()

    with open(config_file) as fp:
        config.readfp(fp)

    meta = Storage()
    for key in ['smtp_server', 'smtp_port', 'username', 'password']:
        try:
            val = config.get('DEFAULT', key)
        except (ConfigParser.NoSectionError, ConfigParser.NoOptionError) as err:
            logger.error(err)
            raise SystemExit(err)
        else:
            meta[key] = val

    return meta
```

我们通过命令行参数获取了与邮件相关的内容，通过配置文件获取了与SMTP服务器相关的信息。接下来就可以使用yagmail发送电子邮件了。如下所示：

```
def send_email(meta):
    content = get_email_content()
    body = [content]
    if meta.attaches:
        body.extend(meta.attaches)

    with yagmail.SMTP(user=meta.username, password=meta.password,
                host=meta.smtp_server, port=int(meta.smtp_port)) as yag:
```

```
        logger.info('ready to send email "{0}" to {1}'.format(meta.subject, meta.
recipients))
        ret = yag.send(meta.recipients, meta.subject, body)
```

7.6.3 使用 setuptools 打包源码

当我们开发完一个功能以后，接下来要做的就是分发软件包。Python 中有多个库可以帮助我们分发软件包，现在使用最广泛的是 setuptools。

setuptools 是 distutils 增强版的集合，也是由 PEAK（Python Enterprise Application Kit）开发的工具。它可以帮助我们更简单地创建和分发 Python 包，尤其是拥有依赖关系的复杂情况。

使用 setuptools 打包源码主要是编写 setup.py 文件并在文件中调用 setup 函数。emcli 项目的 setup.py 文件内容如下：

```
#!/usr/bin/env python
# coding: utf-8
from setuptools import setup

setup(
    name='emcli',
    version='0.3',
    author='Mingxing LAI',
    author_email='me@mingxinglai.com',
    url='https://github.com/lalor/emcli',
    description='A email client in terminal',
    packages=['emcli'],
    install_requires=['yagmail'],
    tests_require=['nose', 'tox'],
    entry_points={
        'console_scripts': [
            'emcli=emcli:main',
        ]
    }
)
```

setup 函数有很多参数，在 emcli 项目中仅用到了很少一部分。各个参数的含义如下：

- name：项目的名称
- version：项目的版本
- author：作者的名字
- author_email：作者的联系方式
- url：项目的主页
- description：简短介绍

- packages：项目的代码
- install_requires：项目依赖
- tests_requires：测试依赖
- entry_points：命令行程序的入口

有了合适的 setup.py 文件就可以方便地安装 emcli 项目了。如下所示：

```
python setup.py install
```

如果需要将软件包安装到其他机器上，可以使用下面的命令生成一个 tar 包。如下所示：

```
python setup.py sdist
```

执行完上面的命令会在当前目录下创建一个 dist 目录。dist 目录下保存了 emcli 的安装包：

```
$ tree dist/
dist/
└── emcli-0.3.tar.gz

0 directories, 1 file
```

7.6.4 使用 twine 上传到 PyPi

在 Python 生态中，工程师已经习惯了使用 pip 命令安装软件包。为了让最终用户可以使用 pip 命令安装 emcli 项目，我们需要将 emcli 发布到 PyPI（http://pypi.python.org）上。因此，我们需要在 PyPI 上注册一个账号。

账号注册完成以后，在 HOME 目录下创建一个 .pypirc 文件，并在文件中填入 PyPI 的用户名和密码：

```
[pypi]
username: <your username>
password: <your password>
```

配置好用户名和密码以后，还需要安装一个名为 twine 的小工具。twine 是一个将软件包上传到 PyPI 上的工具。如下所示：

```
pip install twine
```

使用 twine 将 emcli 上传到 PyPI：

```
twine dist/*
```

上传完成以后，任何人都可以在自己的电脑上使用 pip 命令安装我们的命令行邮件客户端。

7.7 本章总结

在这一章中，我们首先介绍了如何使用 Python 操作文档，包括 Excel 文档和 PDF 文档。在介绍 Python 操作 Excel 文档时，我们列举了一个使用 Excel 的函数无法解决，但是使用 Python 可以轻易解决的例子。虽然 Python 对 PDF 操作的支持有限，但是，我们也可以组合这些有限的功能对 PDF 进行操作，以此完成丰富多样的需求。随后，我们还介绍了如何在 Python 中查看图片的元信息，相信读者可以通过 Python 程序对图片进行更快、更好、更有趣的整理。

本章还介绍了如何在 Python 中发送邮件和接收邮件，本章最后重点介绍了如何使用 Python 语言构造一个命令行邮件客户端。这个程序虽然短小，但是非常完整，实现了功能设计、开发和发布的一整套流程。读者可以通过 emcli 项目的源码学习如何开发一个开源项目并发布到互联网上供其他工程师使用。

Chapter 8 第8章

网　　络

网络可以将多台主机进行连接，使得网络中的主机可以相互通信。在网络通信中，使用最广泛的通信协议是TCP/IP协议簇，因此，Python也提供了相应的应用程序接口（API），使得工程师可以在Python程序中创建网络连接、进行网络通信。

计算机之间可以相互通信以后，就开始涉及网络安全问题。现如今网络情况复杂安全环境恶劣。就在笔者写这本书时，全球范围内爆发了名为“永恒之蓝”的勒索蠕虫病毒。该病毒是历史上第一个短时间内冲击全球、带有蠕虫性质的勒索病毒，其影响范围之广、传播速度之快都非常罕见。

Python是一门应用领域非常广泛的语言，除了在科学计算、大数据处理、自动化运维等领域广泛应用以外，在计算机网络领域中使用也非常广泛。这主要得益于Python语言的开发效率高、入门门槛低、功能强大等优点。工程师可以使用Python语言管理网络，计算机黑客可以使用Python语言或者Python语言编写的安全工具进行渗透测试、网络分析、安全防范等。

在这章中，我们将介绍Python在网络方面的应用，包括网络通信、网络管理和网络安全。我们首先介绍如何使用Python语言列出网络上所有活跃的主机（8.1节）；然后介绍一个端口扫描工具（8.2节）；接着介绍如何使用IPy方便地进行IP地址管理（8.3节）；随后，介绍了一个DNS工具包（8.4节）；最后，我们介绍了一个非常强大的网络嗅探工具（8.5节）。

8.1　列出网络上所有活跃的主机

在这一小节中，我们将会学习如何在Shell脚本中调用ping命令得到网络上活跃的主机列表，随后，我们使用 Python 语言改造这个程序，以此支持并发的判断。

8.1.1 使用 ping 命令判断主机是否活跃

ping 命令是所有用户都应该了解的最基础的网络命令，ping 命令可以探测主机到主机之间是否能够通信，如果不能 ping 到某台主机，则表明不能和这台主机进行通信。ping 命令最常使用的场景是验证网络上两台主机的连通性以及找出网络上活跃的主机。

为了检查网络上两台主机之间的连通性，ping 命令使用互联网控制协议（ICMP）中的 ECHO_REQUEST 数据报，网络设备收到该数据报后会做出回应。ping 命令可以通过网络设备的回复得知两台主机的连通性以及主机之间的网络延迟。

ping 命令的使用非常简单，直接使用主机名、域名或 IP 地址作为参数调用 ping 命令即可。如下所示：

```
$ ping www.baidu.com
PING www.a.shifen.com (115.239.210.27) 56(84) bytes of data.
64 bytes from 115.239.210.27: icmp_req=1 ttl=58 time=1.45 ms
64 bytes from 115.239.210.27: icmp_req=2 ttl=58 time=1.48 ms
64 bytes from 115.239.210.27: icmp_req=3 ttl=58 time=1.48 ms
64 bytes from 115.239.210.27: icmp_req=4 ttl=58 time=1.49 ms
```

ping 命令会连续发送数据报，并将结果打印到屏幕终端上。如果主机不可达，ping 将会显示“Destination Host Unreachable”的错误信息。如下所示：

```
$ ping 192.168.0.1
PING 192.168.0.1 (192.168.0.1) 56(84) bytes of data.
From 124.160.128.125 icmp_seq=1 Destination Net Unreachable
From 124.160.128.125 icmp_seq=2 Destination Net Unreachable
```

除了检查网络上两台主机之间的连通性外，ping 命令还可以粗略地估计主机之间的网络延迟情况。在 ping 命令的输出结果中，time 字段的取值表示网络上两台主机之间的往返时间，它是分组从源主机到目的主机一个来回的时间，单位是毫秒。我们可以通过这个时间粗略估计网络的速度以及监控网络状态。例如，在笔者的工作经历中遇到过一个使用 ping 命令解决线上问题的案例。当时的情况是应用程序使用我们提供的数据库服务，在每个整点时都会出现应用程序建立数据库连接失败的情况。通过前期排查，可以确定的是应用的请求已成功发出，数据库的压力并不是特别大，数据库连接也没有满。因此，问题很有可能出在网络上面。为此，我们增加了一个 ping 延迟监控。通过监控发现，在每个整点时 ping 的网络延迟变大，甚至大到了不可接受的程度。有了这个线索以后，接着排查网络问题，通过分析定位发现是因为宿主机上有定时任务，导致每个整点宿主机的 cpu 压力增加，从而引发了前面所说的建立数据库连接失败的错误。

默认情况下，ping 命令会不停地发送 ECHO_REQUEST 数据报并等待回复，直到按下 Ctrl+C 为止。我们可以用选项 -c 选项限制所发送的 ECHO_REQUEST 数据报数量。用法如下：

```
$ ping -c 2 www.baidu.com
PING www.a.shifen.com (115.239.210.27) 56(84) bytes of data.
64 bytes from 115.239.210.27: icmp_req=1 ttl=58 time=1.43 ms
64 bytes from 115.239.210.27: icmp_req=2 ttl=58 time=1.52 ms

--- www.a.shifen.com ping statistics ---
2 packets transmitted, 2 received, 0% packet loss, time 1001ms
rtt min/avg/max/mdev = 1.438/1.480/1.522/0.042 ms
```

在这个例子中，ping命令发送了2个ECHO_REQUEST数据报就停止发送，这个功能对于脚本中检查网络的连通性非常有用。

ping命令将结果打印到屏幕终端，我们通过ping命令的输出结果判断主机是否可达，这种方式虽然直观，但是不便于程序进行处理。在程序中可以通过ping命令的返回码判断主机是否可达，当主机活跃时，ping命令的返回码为0，当主机不可达时，ping命令的返回码非0。

有了上面的基础以后，要判断网络上活跃的主机就非常容易了。我们只需要ping每一台主机，然后通过ping命令的返回值判断主机是否活跃。下面这段Shell程序就是用来判断网络中的主机是否可达：

```
for ip in 'cat ips.txt'
do
    if ping $ip -c 2 &> /dev/null
    then
        echo "$ip is alive"
    else
        echo "$ip is unreachable"
    fi
done
```

在这个例子中，我们首先将主机地址以每行一个地址的形式保存到ips.txt文件中，然后通过cat命令读取ips.txt文件中的内容，使用for循环迭代ips.txt中保存的主机。

为了减少视觉杂讯，使用输出重定向的方式将ping命令的结果输出到/dev/null中，以此避免信息在终端上打印。为了简化起见，我们直接在if语句中调用ping命令，Shell脚本能够根据ping命令的返回码判断命令执行成功还是失败。

8.1.2 使用Python判断主机是否活跃

前面的Shell脚本中，虽然所有的IP地址都是彼此独立，但是，我们的程序依然是顺序调用ping命令进行主机探活。由于每执行一次ping命令都要经历一段时间延迟（或者接收回应，或者等待回应超时），所以，当我们要检查大量主机是否处于活跃状态时需要很长的时间。对于这种情况可以考虑并发地判断主机是否活跃。

Shell脚本可以非常快速地解决简单的任务，但是，对于比较复杂的任务，Shell脚本就无能为力。如这里的并发判断主机是否活跃的需求。对于这种情况，可以使用Python语言编写并发的程序，以此加快程序的执行。如下所示：

```
from __future__ import print_function
import subprocess
import threading

def is_reacheable(ip):
    if subprocess.call(["ping", "-c", "1", ip]):
        print("{0} is alive".format(ip))
    else:
        print("{0} is unreacheable".format(ip))

def main():
    with open('ips.txt') as f:
        lines = f.readlines()
        threads = []
        for line in lines:
            thr = threading.Thread(target=is_reacheable, args=(line,))
            thr.start()
            threads.append(thr)

        for thr in threads:
            thr.join()

if __name__ == '__main__':
    main()
```

在这个例子中，我们首先打开 ips.txt 文件，并通过 File 对象的 readlines 函数将所有 IP 地址读入内存。读入内存以后，IP 地址保存在一个列表中，列表的每一项正好是一个地址。对于每一个 IP 地址都创建一个线程（本书在第 11 章对线程进行了详细介绍）。由于线程之间不共享任何数据，因此，不需要进行并发控制，这也使得整个程序变得简单。在 Python 中要判断两台主机是否可达有两种不同的方法，一种是在 Python 程序中调用 ping 命令实现，另一种是使用 socket 编程发送 ICMP 数据报。为了简单起见，在我们这里的例子中使用前一种方法。为了调用系统中的 ping 命令，我们使用了 subprocess 模块。

我们的 Python 程序最终也是调用 ping 命令判断主机是否活跃，从思路上来说，和前面的 Shell 脚本是一样的。区别就在于 Python 程序使用并发加快了程序的执行效率。在笔者的测试环境中，测试了 36 个 IP 地址，其中，有 12 个 IP 地址不可达，需要等待网络超时才能返回，另外 24 个 IP 地址可达。使用 Linux 自带的 time 命令进行粗略计时，Shell 脚本的执行时间是 1 分 48 秒，Python 程序的执行时间是 10 秒。两个程序执行时间的差异，根据网络规模和网络环境将会显著不同。这里要表达的是，使用 Python 语言只需要很少的代码就能够将一个程序改造成并发的程序，通过并发来大幅提升程序的效率。

8.1.3　使用生产者消费者模型减少线程的数量

在前面的例子中，我们为每一个 IP 地址创建一个线程，这在 IP 地址较少的时候还算可行，但在IP地址较多时就会暴露出各种问题（如频繁的上下文切换）。因此，我们需要限制线程的数量。

列出网络上所有活跃主机的问题，其实是一个简单的生产者和消费者的问题。生产者和消费者问题是多线程并发中一个非常经典的问题，该问题描述如下：

有一个或多个生产者在生产商品，这些商品将提供给若干个消费者去消费。为了使生产者和消费者能并发执行，在两者之间设置一个缓冲区，生产者将它生产的商品放入缓冲区中，消费者可以从缓冲区中取走商品进行消费。生产者只需要关心这个缓冲区是否已满，如果未满则向缓冲区中放入商品，如果已满，则需要等待。同理，消费者只需要关心缓冲区中是否存在商品，如果存在商品则进行消费，如果缓冲区为空，则需要等待。

生产者和消费者模型的好处是，生产者不需要关心有多少消费者、消费者何时消费、以怎样的速度进行消费。消费者也不需要关心生产者，这就实现了程序模块的解耦。

我们这里的问题比生产者和消费者模型还要简单，只需要一次性将所有的IP地址读入到内存中，然后交由多个线程去处理。也就是说，我们一开始就生产好了所有的商品，只需要消费者消费完这些商品即可。如下所示：

```
from __future__ import print_function
import subprocess
import threading
from Queue import Queue
from Queue import Empty

def call_ping(ip):
    if subprocess.call(["ping", "-c", "1", ip]):
        print("{0} is alive".format(ip))
    else:
        print("{0} is unreacheable".format(ip))

def is_reacheable(q):
    try:
        while True:
            ip = q.get_nowait()
            call_ping(ip)
    except Empty:
        pass

def main():
    q = Queue()
    with open('ips.txt') as f:
        for line in f:
            q.put(line)

    threads = []
    for i in range(10):
        thr = threading.Thread(target=is_reacheable, args=(q,))
```

```
        thr.start()
        threads.append(thr)

    for thr in threads:
        thr.join()

if __name__ == '__main__':
    main()
```

在这个例子中创建了10个线程作为消费者线程，我们可以修改range函数的参数控制线程的个数。此外，我们还用到了一个新的数据结构，即Queue。引入Queue是因为多个消费者之间存在并发访问的问题，即多个消费者可能同时从缓冲区中获取商品。为了解决并发问题，我们使用了Python标准库的Queue。Queue是标准库中线程安全的队列（FIFO）实现，提供了一个适用于多线程编程的先进先出的数据结构，非常适合用于生产者和消费者线程之间的数据传递。

在这段程序中，我们首先将所有IP地址读入内存并放入Queue中，消费者不断从Queue中获取商品。需要注意的是，如果我们使用Queue的get方法，当Queue中没有商品时，线程将会阻塞等待直到有新的商品为止。而在这个例子中不需要消费者阻塞等待，因此，使用了Queue的get_nowait方法。该方法在有商品时直接返回商品，没有商品时抛出Empty异常。消费者线程不断从Queue中获取IP地址，获取到IP地址以后调用call_ping函数判断主机是否可达，直到没有商品以后退出线程。

8.2 端口扫描

仅仅知道网络上的主机是否可达还不够，很多情况下，我们需要的是一个端口扫描器。使用端口扫描器可以进行安全检测与攻击防范。例如，在2017年5月12日，全球范围内爆发了基于Windows网络共享协议的永恒之蓝（Wannacry）勒索蠕虫。仅仅五个小时，包括美国、中国、俄罗斯以及整个欧洲在内的100多个国家都不同程度地遭受永恒之蓝病毒攻击，尤其是高校、大型企业内网和政府机构专网，被攻击的电脑被勒索支付高额赎金才能解密恢复文件，对重要数据造成严重损失。永恒之蓝利用Windows系统的445端口进行蠕虫攻击，部分运营商已经在主干网络上封禁了445端口，但是教育网以及大量企业内网并没有此限制，从而导致了永恒之蓝勒索蠕虫的泛滥。所以作为工程师，一方面需要在日常维护养成良好的习惯，如配置防火墙、进行网络隔离、关闭不必要的服务、及时更新补丁；另一方面可以掌握一些安全相关的工具，在日常中进行安全防范，在紧急情况下进行安全检测。在这一小节，我们将介绍如何使用Python进行端口扫描。有了端口扫描器，我们可以快速了解主机打开了哪些不必要的端口，以便及时消灭安全隐患。

在这一小节中，我们将使用Python语言编写一个端口扫描器，然后介绍大名鼎鼎的端口扫描工具nmap，最后，通过python-nmap在Python代码中调用nmap进行端口扫描。

8.2.1 使用 Python 编写端口扫描器

在 Linux 下，可以使用 ping 命令要判断一台主机是否可达，而判断一个端口是否打开，可以使用 telnet 命令。我们可以模仿 8.1 节中并行 ping 的例子，在 Python 代码中调用 telnet 命令判断一个端口是否打开，但是 telnet 命令存在一个问题，当我们 telnet 一个不可达的端口时，telnet 需要很久才能够超时返回，并且，telnet 命令没有参数控制超时时间。此外，如果 Python 标准库中有相应的模块，应该尽可能地使用 Python 的标准库，而不是在 Python 代码中执行 Linux 命令。这一方面能够增加代码的可读性、可维护性，另一方面也能够保证程序跨平台运行。

为了使用 Python 编写端口扫描器，我们需要简单了解 socket 模块。socket 模块为操作系统的 socket 连接提供了一个 Python 接口。有了 socket 模块，我们可以完成任何使用 socket 的任务。

socket 模块提供了一个工厂函数 socket，socket 函数会返回一个 socket 对象。我们可以给 socket 函数传递参数，以此创建不同网络协议和网络类型的 socket 对象。默认情况下，socket 函数会返回一个使用 TCP 协议的 socket 对象。如下所示：

```
In [1]: import socket

In [2]: s = socket.socket()

In [3]: s.connect(('10.166.224.14', 80))

In [4]: s.send("GET / HTTP/1.0 \r\n")
Out[4]: 17

In [5]: print s.recv(200)
Out[5]:
HTTP/1.1 400 Bad Request
Date: Thu, 18 May 2017 00:42:48 GMT
Server: Apache/2.2.22 (Debian)
Vary: Accept-Encoding
Content-Length: 301
Connection: close
Content-Type: text/html; charset=iso-8859-

In [6]: s.close()
```

在这个例子中，socket 工厂函数以默认参数 AF_INET 和 SOCK_STREAM 创建了一个名为 s 的 socket 对象，该对象可以在进程间进行 TCP 通信。创建完对象以后，我们使用 connect 函数连接到远程服务器的 80 端口，并发送一个 HTTP 请求到远程服务器，发送完毕之后，接收服务器响应的前 200 个字节。最后，调用 socket 对象的 close 方法关闭连接。

在这个例子中，我们用到了 socket 工厂函数、socket 的 connect 方法、send 方法、recv 方法和 close 方法，这也是 socket 中最常使用的一些方法。

接下来，我们就看一下如何使用简单的socket接口编写一个端口扫描器。如下所示：

```
from __future__ import print_function
from socket import *

def conn_scan(host, port):
    conn = socket(AF_INET, SOCK_STREAM)
    try:
        conn.connect((host, port))
        print(host, port, 'is avaliable')
    except Exception as e:
        print(host, port, 'is not avaliable')
    finally:
        conn.close()

def main():
    host = "10.166.224.14"
    for port in range(20, 5000):
        conn_scan(host, port)

if __name__ == '__main__':
    main()
```

在这个端口扫描的例子中，conn_scan用来判断端口是否可用。该函数尝试建立与目标主机和端口的连接，如果成功，打印一个端口开放的消息，否则，打印一个端口关闭的消息。

除了使用socket套接字编程的方式判断端口是否可用以外，还可以使用Python标准库的telnet模块。该模块中包含了一个Telnet类，该类的对象表示一个telnet的连接。创建一个Telnet对象并不会建立到远程主机的连接，需要显示地使用open方法建立连接。open方法接受三个参数，分别是主机名、端口号和超时时间。如下所示：

```
#!/usr/bin/python
from __future__ import print_function
import telnetlib

def conn_scan(host, port):
    t = telnetlib.Telnet()
    try:
        t.open(host, port, timeout=1)
        print(host, port, 'is avaliable')
    except Exception, e:
        print(host, port, 'is not avaliable')
    finally:
        t.close()

def main():
    host = '10.166.224.14'
    for port in range(80, 5000):
```

```
        conn_scan(host, port)

if __name__ == '__main__':
    main()
```

对于上面这段程序，我们可以参考多线程的 ping 程序，以及使用生产者和消费者模型的 ping 程序，将这段程序扩展成多主机和多线程的端口扫描器。

与 ping 程序不同的是，端口扫描需要用到两个参数，即主机地址和端口号。当我们有了主机的列表和端口号的列表以后，如何能够快速地得到所有主机与端口号的组合呢？对于这个问题，有多种不同的方法。其中，比较方便的是使用列表推导。如下所示：

```
In [1]: l1 = ('a', 'b', 'c')

In [2]: l2 = (22, 80)

In [3]: list([(x,y) for x in l1 for y in l2])
Out[3]: [('a', 22), ('a', 80), ('b', 22), ('b', 80), ('c', 22), ('c', 80)]
```

使用列表推导虽然比较方便，但是，这个列表推导表达式本身比较复杂。因此，我们可以考虑使用 itertools 模块中的 product 函数。Python 标准库的 itertools 模块提供了一组非常有用的函数，读者很有必要了解 itertools 模块中提供的函数。在 itertools 模块中有一个名为 product 的函数，该函数用来返回多个可迭代对象的笛卡尔积。注意，product 比前面的列表推导表达式更加通用，它可以返回多个可迭代对象的笛卡尔积。这里的例子只需要计算两个可迭代对象的笛卡尔积。如下所示：

```
In [4]: from itertools import product

In [5]: list(product(l1, l2))
Out[5]: [('a', 22), ('a', 80), ('b', 22), ('b', 80), ('c', 22), ('c', 80)]
```

有了主机和端口的组合以后，我们可以参照生产者和消费者模型的例子，开发一个多线程的端口扫描器。但是我们并没有必要这么做，因为除了使用多线程编程编写端口扫描器以外，还可以使用 Python-nmap 模块更加方便地进行端口扫描。

8.2.2 使用 nmap 扫描端口

Python-nmap 模块是对 nmap 命令的封装。nmap 是知名的网络探测和安全扫描程序，是 Network Mapper 的简称。nmap 可以进行主机发现（Host Discovery）、端口扫描（Port Scanning）、版本侦测（Version Detection）、操作系统侦测（Operating System Detection），nmap 是网络管理员必用的软件之一。nmap 因为功能强大、跨平台、开源、文档丰富等诸多优点，在安全领域使用非常广泛。

在使用之前，需要先安装 nmap。如下所示：

```
sudo apt-get install nmap
```

nmap的使用非常灵活，功能又很强大，因此nmap有很多命令行选项。使用nmap时，首先需要确定要对哪些主机进行扫描，然后确定怎么进行扫描（如使用何种技术，对哪些端口进行扫描）。

nmap具有非常灵活的方式指定需要扫描的主机，我们可以使用nmap命令的-sL选项来进行测试。-sL选项仅仅打印IP列表，不会进行任何操作。如下所示：

```
$ nmap -sL 192.168.0.0/30

Starting nmap 6.00 ( http://nmap.org ) at 2017-05-12 21:15 CST
nmap scan report for 192.168.0.0
nmap scan report for 192.168.0.1
nmap scan report for 192.168.0.2
nmap scan report for 192.168.0.3
nmap done: 4 IP addresses (0 hosts up) scanned in 0.01 seconds
```

nmap提供了非常灵活的方式来指定主机，包括同时指定多个IP、通过网段指定主机、通过通配符指定主机等。如下所示：

```
nmap -sL 192.168.0.101 192.168.0.102 192.168.0.103
nmap -sL 192.168.0.*
nmap -sL 192.168.0.101,102,103
nmap -sL 192.168.0.101-110
nmap -sL 192.168.0.* --exclude 192.168.0.100
nmap -sL 192.168.0.0/30
```

除了上面指定主机的方式，我们也可以将IP地址保存到文件中，通过-iL选项读取文件中的IP地址。如下所示：

```
nmap -iL ip.list
```

1. 主机发现

端口扫描是nmap的重点，除此之外，我们也可以使用nmap检查网络上所有在线的主机，实现类似8.1节中列出网络上所有活跃的主机的功能。使用-sP或-sn选项可以告诉nmap不要进行端口扫描，仅仅判断主机是否可达。如下所示：

```
$ nmap -sP 10.166.224.*
$ nmap -sn 10.166.224.*

Starting nmap 6.00 ( http://nmap.org ) at 2017-05-12 19:54 CST
nmap scan report for 10.166.224.1
Host is up (0.00037s latency).
nmap scan report for 10.166.224.2
Host is up (0.0017s latency).
nmap scan report for 10.166.224.14
Host is up (0.0013s latency).
nmap scan report for 10.166.224.62
Host is up (0.0015s latency).
```

```
nmap done: 256 IP addresses (4 hosts up) scanned in 13.51 seconds
```

2. 端口扫描

端口扫描是 nmap 最基本也是最核心的功能，用于确定目标主机 TCP/UDP 端口的开放情况。不添加任何参数便是对主机进行端口扫描。默认情况下，nmap 将会扫描 1000 个最常用的端口号。如下所示：

```
$ nmap 10.166.224.140

Starting nmap 6.00 ( http://nmap.org ) at 2017-05-12 21:26 CST
nmap scan report for 10.166.224.140
Host is up (0.00036s latency).
Not shown: 995 closed ports
PORT     STATE SERVICE
80/tcp   open  http
111/tcp  open  rpcbind
443/tcp  open  https
1046/tcp open  wfremotertm
5000/tcp open  upnp

nmap done: 1 IP address (1 host up) scanned in 0.07 seconds
```

在进行端口扫描时，nmap 提供了大量的参数控制端口扫描。包括端口扫描协议、端口扫描类型、扫描的端口号。如下所示：

- 端口扫描协议：T（TCP）、U（UDP）、S（SCTP）、P（IP）；
- 端口扫描类型：-sS/sT/sA/sW/sM: TCP SYN/Connect()/ACK/Window/Maimon scans；
- 扫描的端口号：-p 80,443 -p 80-160。

nmap 中的端口扫描协议、扫描类型和端口号相关的选项，可以结合起来使用。如下所示：

```
-p22; -p1-65535; -p U:53,111,137,T:21-25,80,139,8080,S:9
```

nmap 通过探测将端口划分为 6 个状态，表 8-1 给出了每个状态的含义。

表 8-1 nmap 中端口状态的含义

端口状态	状态含义
open	端口是开放的
closed	端口是关闭的
filtered	端口被防火墙 IDS/IPS 屏蔽，无法确定其状态
unfiltered	端口没有被屏蔽，但是否开放需要进一步确定
open|filtered	端口是开放的或被屏蔽
closed|filtered	端口是关闭的或被屏蔽

在进行端口扫描时，可以使用不同的端口扫描类型。常见的端口扫描类型如下：

- TCP SYNC SCAN：半开放扫描，这种类型的扫描为发送一个 SYN 包，启动一个 TCP 会话，并等待响应的数据包。如果收到的是一个 reset 包，表明端口是关闭的；如果收到的是一个 SYNC/ACK 包，则表示端口是打开的。
- TCP NULL SCAN：NULL 扫描把 TCP 头中的所有标志位都设置为 NULL。如果收到的是一个 RST 包，则表示相应的端口是关闭的。
- TCP FIN SCAN：TCP FIN 扫描发送一个表示结束一个活跃的 TCP 连接的 FIN 包，让对方关闭连接。如果收到了一个 RST 包，则表示相应的端口是关闭的。
- TCP XMAS SCAN：TCP XMAS 扫描发送 PSH、FIN、URG 和 TCP 标志位被设置为 1 的数据包，如果收到一个 RST 包，则表示相应端口是关闭的。

3. 版本侦测

nmap 在进行端口扫描时，还可以进行版本侦测。版本检测功能用于确定开放端口上运行的应用程序及版本信息。如下所示：

```
$ nmap -sV 10.166.224.140
```

4. 操作系统检测

操作系统侦测用于检测主机运行的操作系统类型及设备类型等信息。nmap 拥有丰富的系统数据库，可以识别 2600 多种操作系统与设备类型。如下所示：

```
sudo nmap -sO 10.166.224.140
```

8.2.3 使用 python-nmap 进行端口扫描

我们在上一小节中，花了较多的篇幅介绍 nmap。Python 的 Python-nmap 仅仅是对 nmap 的封装，因此，要使用 Python-nmap，必须先了解 nmap。Python-nmap 相对于 nmap，主要的改进在于对输出结果的处理。Python-nmap 将 nmap 的输出结果保存到字典之中，我们只需要通过 Python 的字典就可以获取到 nmap 的输出信息，不用像 Shell 脚本一样通过字符串处理和正则表达式来解析 nmap 的结果。Python-nmap 将 nmap 的强大功能与 Python 语言优秀的表达能力进行了完美的结合，使用 Python 语言丰富的数据结构保存结果，以便后续继续进行处理，如使用 Python-nmap 生成相关的报告。

Python-nmap 是开源的库，因此，在使用之前需要手动进行安装。如下所示：

```
pip install python-nmap
```

Python-nmap 的使用非常简单，我们只需要创建一个 PortScanner 对象，并调用对象的 scan 方法就能够完成基本的 nmap 端口扫描。如下所示：

```
In [1]: import nmap

In [2]: nm = nmap.PortScanner()
```

```
In [3]: nm.scan('10.166.224.14,140', '22-1000')
```

当我们创建 PortScanner 对象时，Python-nmap 会检查系统中是否已经安装了 nmap，如果没有安装，抛出 PortScannerError 异常。调用 PortScanner 对象的 scan 方法进行扫描以后就可以通过该类的其他方法获取本次扫描的信息。如命令行参数、主机列表、扫描的方法等。如下所示：

```
In [4]: nm.command_line()
Out[4]: 'nmap -oX - -p 22-1000 -sV 10.166.224.14,140'

In [5]: nm.scaninfo()
Out[5]: {'tcp': {'method': 'connect', 'services': '22-1000'}}

In [6]: nm.all_hosts()
Out[6]: ['10.166.224.14', '10.166.224.140']
```

Python-nmap 还提供了以主机地址为键，获取单台主机的详细信息。包括获取主机网络状态、所有的协议、所有打开的端口号，端口号对应的服务等。如下所示：

```
In [7]: nm['10.166.224.14'].state()
Out[7]: 'up'

In [8]: nm['10.166.224.14'].all_protocols()
Out[8]: ['tcp']

In [9]: nm['10.166.224.14']['tcp'].keys()
Out[9]: [80, 111]

In [10]: nm['10.166.224.14']['tcp'][80]
Out[10]:
{'conf': '10',
 'cpe': 'cpe:/a:apache:http_server:2.2.22',
 'extrainfo': '(Debian)',
 'name': 'http',
 'product': 'Apache httpd',
 'reason': 'syn-ack',
 'state': 'open',
 'version': '2.2.22'}
```

Python-nmap 是对 nmap 的 Python 封装，因此，我们也可以通过 Python-nmap 指定 nmap 命令的复杂选项。如下所示：

```
nm.scan(hosts='192.168.1.0/24', arguments='-n -sP -PE -PA21,23,80,3389')
```

8.3 使用 IPy 进行 IP 地址管理

在网络设计中，首先要做的就是规划 IP 地址。IP 地址规划的好坏直接影响路由算法的效率，包括网络性能和可扩展性。在IP地址规划中，需要进行大量的IP地址计算，包括网段、网络掩码、广播地址、子网数、IP类型等计算操作。在大量的计算操作中，如果没有一个好的工具，计算IP地址是一个很无趣又容易出错的事情。在Perl语言中，可以使用NET::IP模块，在Python语言中，可以使用开源的IPy模块进行操作。

8.3.1 IPy模块介绍

IPy模块是一个处理IP地址的模块，它能够自动识别IP地址的版本、IP地址的类型。使用IPy模块，可以方便地进行IP地址的计算。

IPy是第三方的开源模块，因此，在使用之前需要先安装。直接使用pip安装即可：

```
pip install ipy
```

8.3.2 IPy模块的基本使用

IPy模块有一个IP类，这个类几乎可以接受任何格式的IP地址和网段。如下所示：

```
In [1]: from IPy import IP

In [2]: IP(0x7f000001)
Out[2]: IP('127.0.0.1')

In [3]: IP('127.0.0.1')
Out[3]: IP('127.0.0.1')

In [4]: IP('127.0.0.0/30')
Out[4]: IP('127.0.0.0/30')

In [5]: IP('1080:0:0:0:8:800:200C:417A')
Out[5]: IP('1080::8:800:200c:417a')

In [6]: IP('127.0.0.0-127.255.255.255')
Out[6]: IP('127.0.0.0/8')
```

IP类包含了许多的方法，用来进行灵活的IP地址操作。例如：

❑ version：获取IP地址的版本；

```
In [7]: IP('10.0.0.0/8').version()
Out[7]: 4

In [8]: IP('::1').version()
Out[8]: 6
```

❑ len：得到子网IP地址的个数；

```
In [9]: IP('127.0.0.0/30').len()
Out[9]: 4
```

```
In [10]: IP('127.0.0.0/28').len()
Out[10]: 16
```

- iptype：返回 IP 地址的类型；

```
In [11]: IP('127.0.0.1').iptype()
Out[11]: 'PRIVATE'

In [12]: IP('8.8.8.8').iptype()
Out[12]: 'PUBLIC'
```

- int ：返回 IP 地址的整数形式；

```
In [13]: IP('8.8.8.8').int()
Out[13]: 134744072
```

- strHex：返回 IP 地址的十六进制形式；

```
In [14]: IP('8.8.8.8').strHex()
Out[14]: '0x8080808'
```

- strBin：返回 IP 地址的二进制形式。

```
In [15]: IP('8.8.8.8').strBin()
Out[15]: '00001000000010000000100000001000'
```

有一个方便的函数能够将 IP 转换为不同的格式，在工作环境中将会非常有用。例如，以数字的形式在数据库中存储 IP 地址，在数据库中存储 IP 地址有两种形式，第一种是以变长字符串的形式将 IP 地址保存到数据库中，另一种是将 IP 地址转换为整数以后保存到数据库中。将 IP 地址转换为整数进行存储能够有效地节省存储空间，提高数据库的存储效率和访问速度。因此，在最佳实践中，我们一般将 IP 地址以数字的形式保存到数据库中。需要 IP 地址时，再将数字形式的 IP 地址转换为字符串格式的 IP 地址。这个需求十分常见，因此，MySQL 提供了两个函数，分别用以将字符串形式的 IP 地址转换为数据格式的 IP 地址，以及将数字格式的 IP 地址转换为字符串形式的 IP 地址。如下所示：

```
mysql> SELECT INET_ATON('10.166.224.14');
+----------------------------+
| INET_ATON('10.166.224.14') |
+----------------------------+
|                  178708494 |
+----------------------------+
1 row in set (0.00 sec)

mysql> SELECT INET_NTOA('178708494');
+------------------------+
| INET_NTOA('178708494') |
+------------------------+
| 10.166.224.14          |
```

```
+------------------------+
1 row in set (0.00 sec)
```

除了使用 MySQL 自带的函数以外，我们也可以使用 IP 类提供的 int 方法将字符串形式的 IP 地址转换为数字形式的 IP 地址。要将数字形式的 IP 地址转换回字符串形式的 IP 地址，可以直接使用数字的方式创建 IP 对象。如下所示：

```
In [16]: IP(178708494)
Out[16]: IP('10.166.224.14')

In [17]: "{0}".format(IP(178708494))
Out[17]: '10.166.224.14'
```

8.3.3 网段管理

IP 类的构造函数可以接受不同格式的 IP 地址，也可以接受网段。如下所示：

```
In [1]: from IPy import IP

In [2]: IP('127.0.0.0/24')
Out[2]: IP('127.0.0.0/24')

In [3]: IP('127.0.0.0-127.255.255.255')
Out[3]: IP('127.0.0.0/8')

In [4]: IP('127.0.0.0/255.0.0.0')
Out[4]: IP('127.0.0.0/8')
```

网段包含多个 IP 地址，我们可以直接使用 len 方法或者 Python 内置的 len 函数得到网段中 IP 地址的个数，也可以直接使用 for 循环迭代网段，以此遍历各个 IP。如下所示：

```
In [5]: ips = IP('10.166.224.144/28')

In [6]: ips.len()
Out[6]: 16

In [7]: len(ips)
Out[7]: 16

In [8]: for ip in ips:
   ...:     print(ip)
   ...:
10.166.224.144
10.166.224.145
10.166.224.146
......
```

IP 类有一个名为 strNormal 的方法，该方法接受一个 wantprefixlen 参数，参数的合法取值为 0 ～ 3，每一个取值代表一种网段的显示方式。如下所示：

```
In [9]: ips.strNormal(0)
Out[9]: '10.166.224.144'

In [10]: ips.strNormal(1)
Out[10]: '10.166.224.144/28'

In [11]: ips.strNormal(2)
Out[11]: '10.166.224.144/255.255.255.240'

In [12]: ips.strNormal(3)
Out[12]: '10.166.224.144-10.166.224.159'
```

通过 IP 类，我们也可以方便地判断一个 IP 是否属于一个网段，判断子网是否包含于另一个网段中，以及两个网段是否有重叠。如下所示：

```
In [13]: '10.166.224.155' in IP('10.166.224.144/28')
Out[13]: True

In [14]: IP('10.166.224.144/29') in IP('10.166.224.144/28')
Out[14]: True

In [15]: IP('10.166.224.0/28').overlaps('10.166.224.144/28')
Out[15]: 0
```

对于网段，我们可以方便地获取网络地址掩码以及网络的广播地址。如下所示：

```
In [16]: ips.netmask()
Out[16]: IP('255.255.255.240')

In [17]: ips.broadcast()
Out[17]: IP('10.166.224.159')
```

8.4 使用 dnspython 解析 DNS

8.4.1 dnspython 简介与安装

dnspython 是 Python 实现的一个 DNS 工具集，它支持几乎所有的记录类型，可以用于查询、传输并动态更新 ZONE 信息，同时支持 TSIG（事务签名）验证消息和 EDNS0（扩展 DNS）。使用 dnspython 可以代替 Linux 命令行下的 nslookup 以及 dig 等工具。

dnspython 是第三方的开源模块，因此，使用之前需要先进行安装：

```
pip install dnspython
```

8.4.2 使用 dnspython 进行域名解析

dnspython 提供了丰富的 API，其中，高层次的 API 根据名称和类型执行查询操作，低层次的 API 可以直接更新 ZONE 信息、消息、名称和记录。在所有 API 中，最常使用的是域名查询。dnspython 提供了一个 DNS 解析类 resolver，使用它的 query 方法可以实现域名的查询功能。

```
    dns.resolver.query(qname, rdtype=1, rdclass=1, tcp=False, source=None, raise_on_
no_answer=True, source_port=0)
```

query 方法各参数的含义如下：

- qname：查询的域名；
- rdtype：指定 RR 资源；
  - A：地址记录（Address），返回域名指向的 IP 地址；
  - NS ：域名服务器记录（Name Server），返回保存下一级域名信息的服务器地址。该记录只能设置为域名，不能设置为 IP 地址；
  - MX：邮件记录（Mail eXchange），返回接收电子邮件的服务器地址；
  - CNAME：规范名称记录（Canonical Name），别名记录，实现域名间的映射；
  - PTR ：逆向查询记录（Pointer Record），反向解析，与 A 记录相反，将 IP 地址转换为主机名。
- rdclass：网络类型；
- tcp：指定查询是否启用 TCP 协议；
- source：查询源的地址；
- source_port：查询源的端口；
- raise_on_no_answer：指定查询无应答时是否触发异常，默认为 True。

在使用 dnspython 查询 DNS 相关信息之前，我们先简单了解一下 dig 命令，以便对照查看 Python 程序的输出结果与 dig 命令的输出结果。

dig 的全称是 domain information groper，它是一个灵活探测 DNS 的工具，可以执行 DNS 查找，并显示从查询的名称服务器返回的答案。由于 dig 命令灵活易用、输出明确，因此，大多数 DNS 管理员都使用 dig 解决 DNS 问题。

在笔者的主机上运行 dig 命令查找 dnspython.org 域名的信息。运行结果如下：

```
$ dig dnspython.org

; <<>> DiG 9.8.4-rpz2+rl005.12-P1 <<>> dnspython.org
;; global options: +cmd
;; Got answer:
;; ->>HEADER<<- opcode: QUERY, status: NOERROR, id: 31073
;; flags: qr rd ra; QUERY: 1, ANSWER: 1, AUTHORITY: 4, ADDITIONAL: 0

;; QUESTION SECTION:
;dnspython.org.                  IN      A

;; ANSWER SECTION:
```

```
dnspython.org.          93      IN      A       52.218.16.130

;; AUTHORITY SECTION:
dnspython.org.          3393    IN      NS      ns-518.awsdns-00.net.
dnspython.org.          3393    IN      NS      ns-1253.awsdns-28.org.
dnspython.org.          3393    IN      NS      ns-2020.awsdns-60.co.uk.
dnspython.org.          3393    IN      NS      ns-343.awsdns-42.com.

;; Query time: 0 msec
;; SERVER: 202.101.172.46#53(202.101.172.46)
;; WHEN: Thu May 18 12:06:15 2017
;; MSG SIZE  rcvd: 184
```

在 Python 代码中，可以使用 dnspython 查询 A 记录。如下所示：

```
from __future__ import print_function
import dns.resolver

data = dns.resolver.query('dnspython.org', 'A')

for item in data.response.answer:
    print(item)
```

Python 程序的输出结果如下：

```
dnspython.org. 3 IN A 52.218.16.130
```

使用 dnspython 实现 NS 记录，查询方法如下：

```
from __future__ import print_function
import dns.resolver

res = dns.resolver.query('dnspython.org', 'NS')
for item in res.response.answer:
    print(item)
```

Python 程序查询 NS 记录的结果如下：

```
dnspython.org. 3600 IN NS ns-2020.awsdns-60.co.uk.
dnspython.org. 3600 IN NS ns-343.awsdns-42.com.
dnspython.org. 3600 IN NS ns-518.awsdns-00.net.
dnspython.org. 3600 IN NS ns-1253.awsdns-28.org.
```

从输出结果来看，使用 dig 命令或 dnspython 模块都是一样的。如果在命令行操作，建议使用 dig 命令。如果要使用程序管理 DNS 或查询 DNS 的内容，则推荐使用 dnspython 模块。

8.5 网络嗅探器 Scapy

Scapy 是一个 Python 语言编写的工具，使用 Scapy 可以发送、嗅探、剖析和伪造网络数据报。Scapy 涉及比较底层的网络协议，因此，不可避免地导致 Scapy 的接口复杂。虽然 Scapy 的接口复杂，但整体思路却非常简单，就是发送数据报和接收数据报。在发送数据报时，Scapy 提供了相关的辅助类来帮助我们构造数据报，在接收数据报时，Scapy 也提供了相应的函数来帮助我们过滤和解析数据报。在这一小节中，首先我们将介绍 Scapy 的功能和安装方式，然后介绍 Scapy 的基本使用，接着介绍如何使用 Scapy 发送数据报，并通过一个 DNS 查询的例子演示 Scapy 发送数据报，最后介绍如何使用 Scapy 进行网络嗅探，并通过一个抓取敏感信息的例子来演示 Scapy 的网络嗅探。

8.5.1 Scapy 简介与安装

Scapy 是一个强大的交互式数据报处理程序，它能够伪造或者解码大量的网络协议数据报，能够发送、捕捉、匹配请求和回复数据报。Scapy 可以轻松处理大多数经典任务，如端口扫描、路由跟踪、探测、攻击或网络发现等。使用 Scapy 可以替代 hping，arpspoof，arp-sk，arping，p0f 等功能，甚至可以替代 nmap，tcpdump 和 tshark 的部分功能。此外，Scapy 还有很多其他工具没有的优秀特性，如发送无效数据帧、注入修改的 802.11 数据帧、在 WEP 上解码加密通道（VOIP）、ARP 缓存攻击（VLAN）等。

Scapy 是使用 Python 语言开发的工具，因此，我们可以直接使用 pip 安装：

```
$ pip install scapy
```

Scapy 运行时需要对网络接口进行控制，所以需要 root 权限。在这一小节的例子中，我们都使用 sudo 权限来运行 Scapy 程序或与 Scapy 相关的 Python 程序。

Scapy 提供了非常丰富的功能，不同的功能依赖不同的软件。启动 Scapy 命令行工具时，Scapy 会进行相应的检查并给出提示。如下所示：

```
$ sudo scapy
INFO: Can't import matplotlib. Won't be able to plot.
INFO: Can't import PyX. Won't be able to use psdump() or pdfdump().
WARNING: No route found for IPv6 destination :: (no default route?)
INFO: Can't import python ecdsa lib. Disabled certificate manipulation tools
Welcome to Scapy (e8586fe)
```

例如，使用 Scapy 生成图形化的示意图需要安装 matplotlib 库。但没有安装 matplotlib 并不影响 Scapy 的基本使用。

8.5.2 Scapy 的基本使用

在本书中，我们会介绍 Scapy 的一些基本用法，完整的使用方法可以参考 Scapy 的官方文档 http://www.secdev.org/projects/scapy/doc/usage.html 。

我们有两种方式运行 Scapy，一种是直接启动 Scapy 进入一个交互式界面，另一种是在 Python 程序中调用 Scapy 提供的功能。与其他软件不同的是，Scapy 的交互模式其实就是

Python 的交互模式。因此，我们可以在 Scapy 的交互模式下导入 Python 的包，使用 Python 的语法，执行 Python 中的语句。如下所示：

```
>>> import sys
>>> print sys.version
2.7.3  (default, Jun 21 2016, 18:38:19)
[GCC 4.7.2]
```

既然知道了 Scapy 的交互模式是 Python 的交互模式这个事实，那我们就可以轻易地将 Scapy 交互模式的代码放置在 Python 的源文件中，使用 Python 程序的方式进行软件开发。要在 Python 程序中使用 Scapy 的功能，只需要导入 scapy.all 模块即可。如下所示：

```
from __future__ import print_function
from scapy.all import *
print(ls())
```

在 Scapy 的交互式工具中，我们可以通过 ls() 显示 Scapy 支持的所有协议、lsc() 列出 Scapy 支持的所有命令、conf 显示所有的配置信息、help(cmd) 显示某一命令的使用帮助等。如下所示：

```
>>> ls()
AH          : <member 'name' of 'Packet' objects>
ARP         : <member 'name' of 'Packet' objects>
ASN1P_INTEGER : <member 'name' of 'Packet' objects>
......
>>> lsc()
arpcachepoison      : Poison target's cache with (your MAC,victim's IP) couple
arping              : Send ARP who-has requests to determine which hosts are up
bind_layers         : Bind 2 layers on some specific fields' values
>>> conf
auto_fragment = 1
checkIPID  = 0
checkIPaddr = 1
checkIPsrc = 1
......
>>> help(sniff)
Help on function sniff in module scapy.sendrecv:

    sniff(count=0, store=1, offline=None, prn=None, lfilter=None, L2socket=None,
timeout=None, opened_socket=None, stop_filter=None, iface=None, *arg, **karg)
        Sniff packets
......
```

如果读者对网络编程特别感兴趣，你一定会喜欢上 Scapy。我们不但可以使用 Scapy 嗅探和发送数据报，甚至还可以使用 Scapy 学习计算机网络相关知识。例如，我们可以使用 ls 查看协议的详细格式。如下所示：

```
>>> ls(ARP)
```

```
hwtype     : XShortField                           = (1)
ptype      : XShortEnumField                       = (2048)
hwlen      : ByteField                             = (6)
plen       : ByteField                             = (4)
op         : ShortEnumField                        = (1)
hwsrc      : ARPSourceMACField                     = (None)
psrc       : SourceIPField                         = (None)
hwdst      : MACField                              = ('00:00:00:00:00:00')
pdst       : IPField                               = ('0.0.0.0')
>>> ls(IP)
version    : BitField (4 bits)                     = (4)
ihl        : BitField (4 bits)                     = (None)
tos        : XByteField                            = (0)
len        : ShortField                            = (None)
id         : ShortField                            = (1)
flags      : FlagsField (3 bits)                   = (0)
frag       : BitField (13 bits)                    = (0)
ttl        : ByteField                             = (64)
proto      : ByteEnumField                         = (0)
chksum     : XShortField                           = (None)
src        : SourceIPField (Emph)                  = (None)
dst        : DestIPField (Emph)                    = (None)
options    : PacketListField                       = ([])
```

8.5.3 使用 Scapy 发送数据报

Scapy 的数据报遵循了网络协议中经典的 TCP/IP 四层模型，即链路层、网络层、运输层和应用层。Scapy 为各层协议都提供了辅助类，我们要做的就是把这些类实例化并修改对象的取值，以此来构造数据报。每一层都可以通过类调用创建相应的数据报，如 IP()，TCP()，UDP() 等，不同层之间通过“/”来连接。如下所示：

```
>>> packet1 = IP(dst='10.166.224.14')
>>> packet2 = IP(dst='10.166.224.14')/TCP(dport=80)
>>> packet3 = IP(dst='10.166.224.14')/ICMP()
```

display 方法可以查看当前数据报的内容，即各个参数的取值情况。例如，下面就显示了我们构造的第一个数据报中各个字段的取值。

```
>>> packet1.display()
###[ IP ]###
  version= 4
  ihl= None
  tos= 0x0
  len= None
  id= 1
  flags=
  frag= 0
  ttl= 64
```

```
  proto= ip
  chksum= None
  src= 10.166.226.151
  dst= 10.166.224.14
  \options\
```

字段都有默认值，如果我们建立一个类的实例，没有传给它任何参数，那么，它的参数取值就是默认值。如果传递了相应的参数，就使用用户传递的参数。如果使用 del 删除了某个参数，就恢复了默认值。如下所示：

```
>>> packet1.dst
'10.166.224.14'
>>> packet1.ttl = 32
>>> packet1.ttl
32
>>> del packet1.ttl
>>> packet1.ttl
64
```

图 8-1 给出了参数设置的示意图。可以看到，如果我们没有提供相应的参数取值（user set fields），参数将使用默认值（default fields）。之后，如果我们在这个类的上层进行操作（比如 IP 的上面定义 TCP），那么，数据报的取值将由上层协议进行覆盖。

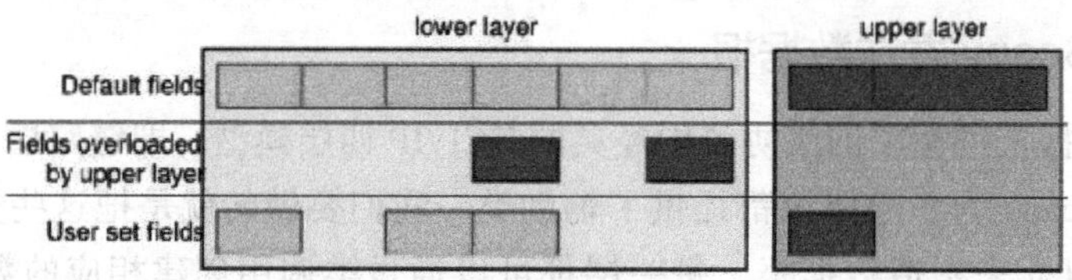

图 8-1　Scapy 数据报的参数设置

8.5.4　使用 Scapy 构造 DNS 查询请求

下面以 DNS 解析为例，介绍如何使用 Scapy 构造数据报并发送请求。假设我们使用的 DNS 服务器地址为 8.8.8.8，现在，我们需要获取百度（ <www.baidu.com> ）的 IP 地址。为了获取百度的 IP 地址，我们需要创建一个 DNS 的请求包。如下所示：

```
>>> dns=DNS(rd=1,qd=DNSQR(qname='www.baidu.com'))
```

DNS 是一个应用层协议，底层可以使用 UDP 或 TCP 协议。无论是 TCP 协议还是 UDP 协议，都依赖 IP 协议进行网络报传输。因此，完整的 DNS 请求数据报如下所示：

```
>>> packet = sr1(IP(dst='8.8.8.8')/UDP()/dns)
Begin emission:
.............................Finished to send 1 packets.
...................................................................*
Received 98 packets, got 1 answers, remaining 0 packets
```

在这个例子中，我们使用sr1函数发送和接收数据报，sr1在三层发送数据报，并且接收第一个回复。收到回复以后，我们可以使用show方法来查看数据报的详细内容。如下所示：

```
>>> packet[DNS].show()
###[ DNS ]###
    id= 0
    qr= 1L
    opcode= QUERY
    aa= 0L
    tc= 0L
    rd= 1L
    ra= 1L
    z= 0L
    ad= 0L
    cd= 0L
    rcode= ok
    qdcount= 1
    ancount= 3
    nscount= 0
    arcount= 0
    \qd\
     |###[ DNS Question Record ]###
     |  qname= 'www.baidu.com.'
     |  qtype= A
     |  qclass= IN
    \an\
     |###[ DNS Resource Record ]###
     |  rrname= 'www.baidu.com.'
     |  type= CNAME
     |  rclass= IN
     |  ttl= 698
     |  rdlen= 18
     |  rdata= 'www.a.shifen.com.'
     |###[ DNS Resource Record ]###
     |  rrname= 'www.a.shifen.com.'
     |  type= A
     |  rclass= IN
     |  ttl= 9
     |  rdlen= 4
     |  rdata= '14.215.177.38'
     |###[ DNS Resource Record ]###
     |  rrname= 'www.a.shifen.com.'
     |  type= A
     |  rclass= IN
     |  ttl= 9
     |  rdlen= 4
     |  rdata= '14.215.177.37'
    ns= None
    ar= None
```

DNS应答包里面包含了非常详细的信息。例如，在这个应答中我们可以看到，DNS支持递归查询（ra 取值为 1 表示 DNS 服务器支持递归查询，ra 取值为 0 表示不支持递归查询)。百度的域名解析给出了 3 个结果（ancount 取值为 3）。在这个例子中，我们通过手动构造数据报的方式，正确发送了 DNS 请求，解析了百度的 IP 地址。

在构造数据报时，如果有应用的数据，数据部分可以直接使用字符。如下所示：

```
>>> a=Ether()/IP(dst="www.slashdot.org")/TCP()/"GET /index.html HTTP/1.0 \n\n"
>>> hexdump(a)
0000    FA 16 3E E3 22 86 FA 16  3E 05 FC 27 08 00 45 00   ..>."...>..'..E.
0010    00 43 00 01 00 00 40 06  02 AD 0A A6 E0 0E D8 22   .C....@........"
0020    B5 30 00 14 00 50 00 00  00 00 00 00 00 00 50 02   .0...P........P.
0030    20 00 45 AA 00 00 47 45  54 20 2F 69 6E 64 65 78    .E...GET /index
0040    2E 68 74 6D 6C 20 48 54  54 50 2F 31 2E 30 20 0A   .html HTTP/1.0 .
0050    0A
```

如果我们安装了 PyX，还可以直接将数据报 dump 成一个 PostScript 或 PDF 文件。例如，图 8-2 给出了一个 Scapy 官方提供的解析数据报的例子。

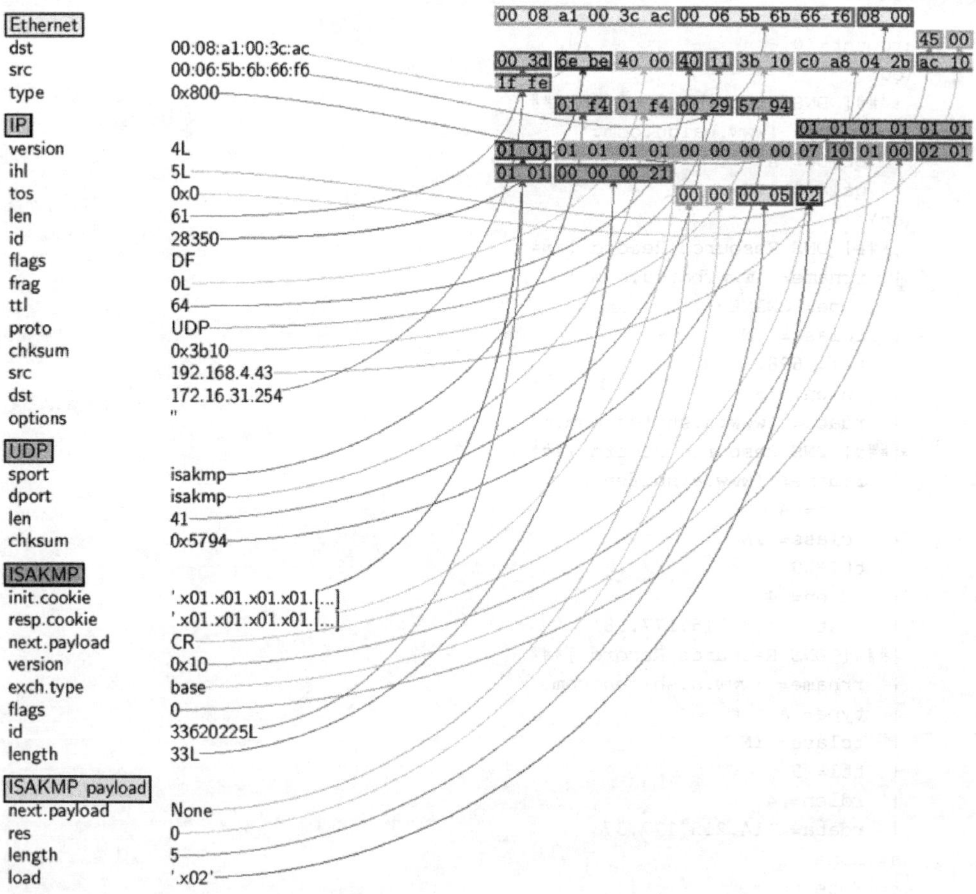

图 8-2 Scapy 生成的数据报示意图

8.5.5 使用Scapy进行网络嗅探

Scapy除了可以伪造数据报并接收响应结果以外，还可以用于数据报嗅探。对数据报进行嗅探的函数为sniff，sniff函数的详细使用方法如下：

```
sniff(filter="", iface="any", prn=function, count=N)
```

sniff函数的参数说明如下：

- filter：用来表示想要捕获数据报类型的过滤器，如只捕获ICMP数据报，则filter取值为“ICMP”，只捕获80端口的TCP数据报，则filter取值为“TCP and (port 80)”；
- iface：设置嗅探器所要嗅探的网卡，默认对所有网卡进行嗅探；
- prn：指定嗅探到符合过滤器条件的数据报时所调用的回调函数，这个回调函数只接受一个参数，即收到的数据报；

```
def pack_callback(packet):
    print (packet.show())
sniff(prn=pack_callback, iface="eth0", count=1)
```

- count：指定需要嗅探的数据报的个数。

下面是一个非常简单的sniff使用示例。在这个例子中，我们仅仅捕获三个ICMP的数据报，并且直接打印数据报的信息。前面说过，Scapy的交互模式就是Python的交互模式，因此，我们可以直接使用Python的库、语法和语句。sniff要求prn是一个回调函数，因此，我们传递给prn参数的是一个lambda函数。如下所示：

```
>>> a=sniff(filter="icmp", prn=lambda x: x.summary(), count=3)
Ether / IP / ICMP 59.111.124.115 > 59.111.124.115 echo-request 0 / Raw
Ether / IP / ICMP 59.111.124.115 > 59.111.124.115 echo-request 0 / Raw
Ether / IP / ICMP 59.111.124.115 > 59.111.124.115 echo-reply 0 / Raw
```

8.5.6 案例：使用Scapy嗅探信用卡信息

sniff可以进行网络嗅探捕获网络上的数据报。显然，我们也可以使用Scapy抓取一些敏感信息。下面就是使用正则表达式来寻找信用卡卡号的例子。在我们的程序中，尝试寻找Visa、MasterCard和American Express这几种信用卡。信用卡卡号相关的正则表达式可以在http://www.regular-expressions.info/creditcard.html中找到。

```
from __future__ import print_function
import re

from scapy.all import *

def find_credit_card(packet):
    raw = packet.sprintf('%Raw.load%')
    america_re = re.findall('3[47][0-9]{13}', raw)
```

```
        master_re = re.findall('5[1-5][0-9]{14}', raw)
        visa_re = re.findall ('4[0-9][0-9]{12}(?:[0-9]{3})?', raw)
        if america_re:
            print("Founc American Express Card: ", america_re[0])
        if master_re:
            print("Founc MasterCard Card: ", master_re[0])
        if visa_re:
            print("Founc Visa Card: ", visa_re[0])

def main():
    print("Starting Credit Card Sniffer")
    sniff(filter="tcp", prn=find_credit_card, store=0)

if __name__ == '__main__':
    main()
```

在这个例子中，sniff函数会把抓到的每个数据报作为一个参数传递给find_credit_card函数，find_credit_card函数通过正则表达式匹配的方式查找信用卡。可以看到，我们只使用了几行Python代码，就完成了一个窃取信用卡信息的程序。读者可以在自己的电脑上试一试这个例子，但是，千万要记住保护好自己的信用卡信息，也不要使用Python程序干坏事。

8.6 本章总结

在这一章中，我们介绍了Python语言在网络领域的应用，包括网络通信、网络管理和网络安全。我们首先介绍了如何使用Python并发判断主机是否活跃，并通过Queue实现了简单的生产者和消费者模型，这个模型也可以应用于端口探测。随后，我们介绍了如何使用Python进行端口扫描，重点介绍了nmap这个端口扫描工具，另外还介绍了Python在网络管理方面的应用，包括IP地址管理和DNS解析。在本章最后，我们还介绍了一个Python语言编写的网络嗅探器，即Scapy。通过这一章的介绍，我们了解了Python语言在网络领域的应用。

第9章 Chapter 9

Python自动化管理

对于一名刚开始接触Linux系统管理的工程师来说，他眼里的系统管理的步骤可能是：使用SSH登录服务器，修改应用相关的配置文件，执行一些Linux命令，重启相应的进程，最后退出服务器。如果还有更多的服务器，那么，就重复上述过程。上面这一系列步骤是Linux系统管理的基础知识，是系统管理的基本功。但是，在实际工作中，一般不会手动对服务器进行操作，而是使用程序进行自动化管理。即使服务器的数量很少，也推荐大家编写程序进行自动化。相对于手动管理服务器，自动化管理有许多优点。例如：

1）**效率高**：自动化操作效率比手动操作效率高。这里的效率高可以从两方面来理解：一方面是程序执行的效率比手动操作的效率高；另一方面是指对工程师来说，使用程序可以提高自身的工作效率，减少不必要的时间浪费。即使只有一台服务器，手动操作虽然可以很快完成，但其操作效率也不能与程序相提并论。如果管理的是服务器集群，显然，人工操作非常不现实，不但效率低下，而且枯燥乏味，费时费力。程序的好处是一次编写，多次运行。虽然在编写程序的时候，花费的时间可能比单次手动操作的时间多，但是，只要程序编写完成，就可以多次反复地运行，节省大量时间。

2）**不容易犯错**：俗话说“人无完人”，如果一直使用人工管理的方式管理服务器集群，那么，出错是不可避免的。工程师会有情绪的变化，也会有身体健康状况等问题，但程序不会。只要编写完成，并且考虑到了相应的异常，程序总是能够严格一致地执行管理操作。

3）**享受乐趣**：从事计算机行业有一个天然的好处，那就是不用进行重复性的工作。有任何重复性的工作，我们都可以通过编写程序消灭掉。消灭重复性的工作，不但节省工作时间，还能够获得更多的乐趣和成就感。以管理服务器集群为例，看到自己编写的程序、指挥成百上千的服务器按照既定的需求执行操作，是不是有种指点江山、挥斥方遒的感觉？

这一章将会讨论如何使用 Python 批量管理服务器。首先，我们将会介绍批量管理服务器的基础知识，即 SSH 协议（9.1 节），随后，本章会介绍一个 Python 编写的批处理工具（9.2 节），然后将会介绍如何在 Python 程序中对远程服务器进行操作（9.3 节）；在本章的最后，我们会介绍一个非常强大的系统管理工具（9.4 节），即 Fabric，这一部分是本章的重点和难点。

9.1 使用 SSH 协议访问远程服务器

SSH（Secure Shell）是一种由 IETF 的网络工作小组制定、创建在应用层和传输层基础上的安全协议，为计算机上的 Shell 提供安全的传输和使用环境。

9.1.1 SSH 协议

在互联网早期，通信都是明文的，如 rsh、FTP、POP 和 Telnet。一旦通信报文被截获，内容就泄漏无疑。1995 年，芬兰学者 Tatu Ylonen 设计了 SSH 协议，将登录信息全部加密，成为互联网安全的一个基本解决方案。这个方案迅速在全世界获得推广，目前已经成为 Linux 系统的标准配置。

SSH 只是一种协议，存在多种实现，既有商业实现，也有开源实现。目前，在 Linux 下广泛使用的是 OpenSSH，它是一款应用广泛的开源软件。本文即将介绍的 paramiko 是 SSH 协议的一种 Python 实现。

SSH 除了提供安全的传输和登录以外，还可以进行批量命令执行，使用非常方便。正是由于 SSH 简单好用的特点，本章介绍的几个工具以及下一章即将介绍的 Ansible，都依赖 SSH 进行远程服务器的管理。使用 SSH 的好处非常明显，既充分利用了现成的机制，又省去了在远程服务器安装代理（Agent）程序。因此，诸多自动化工具都依赖于 SSH。

9.1.2 OpenSSH 实现

OpenSSH（OpenBSD Secure Shell）是 OpenBSD 的一个子项目，是 SSH 协议的开源实现。在服务端，OpenSSH 启动 sshd 守护进程，该进程默认监听 22 端口。客户端使用用户名和密码连接服务端。连接成功以后，OpenSSH 返回给用户一个 Shell，用户可以使用该 Shell 在远程服务器执行命令。

在 Debian 系统中，OpenSSH 的服务端默认读取 /etc/ssh/sshd_config 中的配置。在生产环境中，为了防止黑客攻击，一般会修改 ssh 服务的默认端口号。修改 ssh 服务默认端口号就是在 /etc/ssh/sshd_config 中完成的。我们也可以通过该配置文件禁止用户使用密码进行认证，只能使用密钥认证。修改完配置文件以后，执行下面的命令重启 OpenSSH 的守护进程才能生效：

```
/etc/init.d/ssh restart
```

OpenSSH的客户端是一个名为ssh可执行程序，我们可以使用ssh命令连接远程服务器。如下所示：

```
ssh username@remote_host
```

如果服务端不是使用默认22端口号，可以通过SSH命令的-p参数指定建立连接的端口号：

```
ssh username@remote_host -p port
```

我们也可以不进入交互式的Shell，直接使用ssh命令在远程服务器中执行Linux命令：

```
ssh username@remote_host 'COMMANDS'
```

ssh会读取/etc/ssh/ssh_config文件中的配置。例如，远程服务器使用的不是默认的22端口号，我们只需要在/etc/ssh/ssh_config进行简单的配置，就可以在连接远程服务器时省去指定端口号的参数。除了修改/etc/ssh/ssh_config文件以外，更常见的做法是修改用户home目录下的～/.ssh/config文件。

例如，我们经常需要使用某一个用户名、端口号访问某一台远程服务器。为了省去记住服务器ip的负担，很多工程师会编写一个Shell脚本，在脚本中保存用户名、端口号和ip地址。在下次登录时，可以省去输入的烦恼。如下所示：

```
$ cat go.sh
#!/bin/bash
ssh lmx@10.166.224.14 -p 2092
$ bash go.sh
```

对于这里的需求，还有更好的解决方案。ssh命令会读取～/.ssh/config文件中配置，因此，我们可以在～/.ssh/config文件中提前配置好访问远程服务器的信息。如下所示：

```
$ cat ~ /.ssh/config
Host host2
    StrictHostKeyChecking no
    HostName 10.166.224.14
    Port 2092
    ForwardAgent yes
    User lmx
    Controlpath ~ /.ssh/ssh-%r@%h:%p.sock

Host *
    StrictHostKeyChecking no
    HostName %h
    Port 2092
    User lmx
    Controlpath ~ /.ssh/ssh-%r@%h:%p.sock
```

配置完成以后，直接在命令行执行ssh host2就可以使用用户名lmx，以及端口号2092

登录到10.166.224.14中。此外，我们还使用通配符的方式定义了ssh默认的用户名与端口号。假设我们要使用用户名lmx、端口号2092访问10.166.226.152。有了前面的配置以后，可以在命令行直接进行登录。如下所示：

```
ssh 10.166.226.152
```

可以看到，我们只需要在～/.ssh/config文件中进行简单的配置就能够有效提高工作效率。

9.1.3 使用密钥登录远程服务器

在上面的例子中，我们没有指定认证的方式，默认使用密码进行认证。在生产环境中，一般不使用密码认证，一方面是因为密码认证没有密钥认证安全；另一方面，密码认证每次登录时都需要输入密码，比较繁琐。使用密钥认证，省去了输入密码的烦恼，因此，在生产环境中，一般会使用密钥进行登录。

密钥登录的原理也很简单，即事先将用户的公钥储存在远程服务器上（～/.ssh/authorized_keys文件）。使用密钥登录时，远程服务器会向用户发送一段随机字符串，SSH使用用户的私钥加密字符串后发送给远程服务器。远程服务器用事先储存的公钥进行解密，如果成功，就证明用户是可信的，直接允许登录Shell，不再要求密码。

OpenSSH除了提供服务端的sshd、客户端的SSH程序以外，还提供了若干与密钥认证相关的工具。其中，ssh-keygen是用来生成密钥对的工具。如下所示：

```
$ ssh-keygen
Generating public/private rsa key pair.
Enter file in which to save the key (/home/lmx/.ssh/id_rsa):
Enter passphrase (empty for no passphrase):
Enter same passphrase again:
Your identification has been saved in /home/lmx/.ssh/id_rsa.
Your public key has been saved in /home/lmx/.ssh/id_rsa.pub.
The key fingerprint is:
eb:cf:a1:a9:48:2d:2c:23:69:1a:5e:47:85:2f:95:a6 lmx@host2
The key's randomart image is:
+--[ RSA 2048]----+
|                 |
|       . .       |
|      . =        |
|       *         |
|      E .S       |
| . ....  .       |
|+.o.+.. . .      |
|+o.+.o . + .     |
|..  . ..+.o      |
+-----------------+
```

ssh-keygen执行完以后，用户的～/.ssh目录下会存在一个名为id_rsa的私钥文件与一个名为 id_rsa.pub 的公钥文件。

接下来要做的是将公钥保存到远程服务器的～/.ssh/authorized_keys 文件中。可以使用下面的命令将公钥保存到远程服务器的 authorized_keys 文件中：

```
ssh user@host 'mkdir -p .ssh && cat >> .ssh/authorized_keys' < ~/.ssh/id_rsa.pub
```

上面的命令是使用 Shell 脚本的方式将公钥保存到远程服务器，除此之外，OpenSSH 专门提供了一个名为 ssh-copy-id 的工具。我们可以使用该工具将公钥保存到远程服务器中，这种方式比前面 Shell 脚本的方式更加方便。如下所示：

```
ssh-copy-id -i ~/.ssh/id_rsa.pub remote-host
```

配置私钥认证以后，就可以直接使用私钥进行登录。ssh 命令会默认读取～/.ssh/id_rsa 这个私钥文件。如果私钥文件保存在其他位置，或者是其他名称，可以使用 -i 参数指定私钥文件的地址。如下所示：

```
ssh lmx@10.166.224.14 -p 2092 -i ~/your_private_file
```

使用私钥登录时需要注意，私钥文件与远程服务器中 authorized_keys 文件的权限都必须为 600，否则登录会出错。这也是工程师使用私钥登录时最容易遇到的错误。

9.1.4 使用 ssh-agent 管理私钥

OpenSSH 还提供了一个名为 ssh-agent 的程序，该程序可以简化 SSH 私钥的管理操作。ssh-agent 是个长时间持续运行的守护进程（daemon），它的唯一目的就是对私钥进行高速缓存。

使用 ssh-agent 有以下几个好处：

1）如果我们使用了一个加密的私钥，那么，使用这个私钥时，将需要输入密码才能使用私钥文件。如果我们使用加密的私钥并且没有使用 ssh-agent，那么，将不得不在每次使用这个私钥时都输入密码。如果使用 ssh-agent 管理私钥，只需要在私钥加入到 ssh-agent 的那一刻输入密码，在之后的使用中都不用输入私钥的密码；

2）如果我们有多台远程服务器与多个私钥文件，使用 ssh-agent 以后，不用在每次登录服务器时都使用 -i 参数指定使用哪一个私钥文件。ssh-agent 将会尝试使用不同的私钥文件建立连接，直至成功；

3）使用 ssh-agent 可以实现私钥转发功能。假设现在有三台服务器，分别是 A、B、C。其中，A 是我们的控制节点，我们可以在 A 上直接访问 B，但是，我们无法直接访问 C。如果要访问 C，就只能先登录 B，再从 B 登录 C。对于这种情况，是否需要在 B 中保存用户的私钥呢？对于这里的情况，我们可以使用 agent forwarding，使用 agent forwarding 以后，不用将私钥保存到 B 服务器上，只需要在 A 中保存私钥，在 B 和 C 中保存公钥，便可在 A 中访问 B 与 C 这两台服务器。为了使用 agent forwarding，我们必须使用 ssh-agent 管理私钥。

如果在 Windows 下使用 Xshell 进行 SSH 访问，要启动 ssh-agent 非常简单，只需要在“连接”→“SSH”中勾选“使用密码处理的 Xagent（SSH 代理）”即可。

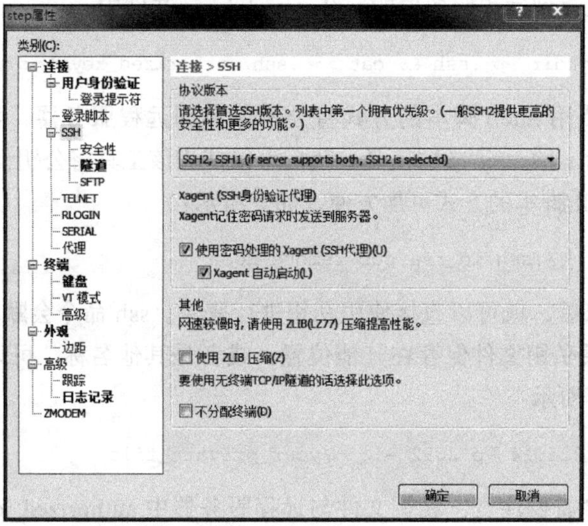

图 9-1 在 Windows 下启动 ssh-agent

在 Linux 下，直接执行 ssh-agent 命令启动 ssh-agent 即可。启动以后，使用 ssh-add 命令将私钥添加到 ssh-agent 中。如下所示：

```
$ ssh-agent
SSH_AUTH_SOCK=/tmp/ssh-pUIzSWPTVprZ/agent.14778; export SSH_AUTH_SOCK;
SSH_AGENT_PID=14783; export SSH_AGENT_PID;
echo Agent pid 14783;

$ ssh-add ~/.ssh/id_rsa
Identity added: /home/lmx/.ssh/id_rsa
```

私钥添加完成以后，可以执行 ssh_add -L 命令查看哪些私钥已经被添加到 ssh-agent 中。如下所示：

```
$ ssh-add -L
ssh-rsa AAAAB3NzaCxxxxx......xxxx2dNKzx/qjAYIdaVuuhMesQ5n8= mac_air
ssh-rsa AAAAB3Nzxxxxxxx......xxxxnmT431XKh51Z8c7ZFXZ id_rsa
```

启动 ssh-agent 以后，当我们尝试与远程服务器建立连接时，ssh 客户端将会尝试使用存储在 ssh-agent 中的私钥与远程服务器进行认证。

9.2 使用 Polysh 批量管理服务器

在这一小节，我们将会学习一个 Python 编写的系统管理工具，即 Polysh。Polysh 本身是一个很简单的工具，在某些应用场景下能够极大地提高我们的工作效率。

9.2.1 批量修改密码

假设现在有这样一个需求：信息安全部门的同事反馈线上服务器的root密码太弱了，存在一定的安全隐患，需要将root用户的密码修改为更加复杂的密码。

如果我们手动应该怎么处理呢？使用普通用户登录，如果该用户有sudo权限，那么，使用sudo权限修改root用户的密码。再或者，我们直接使用root用户登录，然后修改自己的密码。但是，不管是普通用户还是root用户都存在一个问题，修改密码是交互式的，非常难以进行自动化。如下所示：

```
lmx@host2: ~ $ sudo passwd root
Enter new UNIX password:
Retype new UNIX password:
passwd: password updated successfully
```

当我们输入sudo passwd root以后，系统会输出“ Enter new UNIX password:”，此时，需要我们输入新的密码；之后，系统会再次输出“ Retype new UNIX password:”，我们再次输入root密码。如果两次输入密码一致，并且是一个合法的密码，那么，密码将被顺利修改。

对于修改用户密码这个需求，整个过程是交互式的，与我们平时编写脚本进行批处理有明显差异。如果我们不使用脚本进行处理，那么，就只能对每一台服务器手动操作一遍。显然，手动修改密码的方式存在大量重复性劳动，并且非常枯燥乏味。这个时候，有经验的Linux系统管理员会考虑使用一个名为expect的工具。

expect是一个用来处理交互场景的命令，借助expect，我们可以将交互过程进行自动化。expect的思路非常简单，就是启动一个进程，然后监视进程的输出，如果进程的输出和当前期望得到的字符串匹配，则将输入发送给该进程。expect一般用于ssh、ftp、passwd、telnet等需要交互式处理的命令。

pexpect是expect命令的Python封装，有了pexpect，我们就可以在Python代码中进行远程服务器交互式处理。pexpect不是Python标准库的一部分，因此，在使用之前，首先需要安装。直接使用pip安装即可：

```
pip install pexpect
```

spawn是pexpect模块主要的类，用来启动一个子进程。spawn提供了很多与子程序交互的方法，如匹配字符串的expect方法，发送数据的sendline方法。例如，下面是一个将scp传输文件自动化的例子：

```
import pexpect

# spawn启动scp程序
```

```
child = pexpect.spawn('scp your_files usere@host')

# expect 方法等待子程序产生的输出，判断是否匹配期望的字符串
child.expect('Password:')

# 匹配到期望的字符串以后，发送密码串作为输入
child.sendline(your_password)
```

虽然我们可以通过 pexpect 实现交互式命令的自动化，但是，这个过程依然比较繁琐。而且，为了使用 pexpect，我们需要先手动操作一遍，才能知道命令的输出字符串是什么。此外，还需要在处理匹配字符串时非常仔细，以免字符串匹配失败。pexpect 不尽如人意，因此，我们需要更加高效的工具。

9.2.2 Polysh 的使用

Polysh 是一个交互式命令，可以批量对服务器进行处理。也就是说，我们可以同时登录多台服务器，并在各台服务器上同时执行相同的操作。Polysh 非常适合应用在需要交互式处理的场景。例如前面修改 root 用户密码的例子，使用 Polysh 命令可以很快完成批量修改服务器的 root 密码。下面来看一下 Polysh 的安装和使用。

Polysh 是一个 Python 编写的工具，因此，直接使用 pip 安装即可：

```
sudo pip install polysh
```

Polysh 的参数非常简单，如下所示：

```
$ polysh --help
Usage: /usr/local/bin/polysh [OPTIONS] HOSTS...
Control commands are prefixed by ":". Use :help for the list

Options:
    --version              show program's version number and exit
    -h, --help             show this help message and exit
    --hosts-file=FILE      read hostnames from given file, one per line
    --command=CMD          command to execute on the remote shells
    --ssh=SSH              ssh command to use [exec ssh -oLogLevel=Quiet -t
                           %(host)s exec bash --noprofile]
    --user=USER            remote user to log in as
    --no-color             disable colored hostnames [enabled]
    --password-file=FILE   read a password from the specified file. - is the tty.
    --log-file=LOG_FILE    file to log each machine conversation [none]
    --abort-errors         abort if some shell fails to initialize [ignore]
    --debug                print debugging information
```

其中，--hosts-file 用以指定 ip 地址列表，--user 用以指定登录远程服务器的用户，--ssh 的用法与普通 ssh 命令类似，需要在这里指定端口号和私钥。因此，完整的使用方法如下所示：

```
polysh --ssh='exec ssh -p 22 -i ~ /.ssh/id_rsa.private' --user=lmx --hosts-file=hosts
```

有了Polysh这样的交互式工具，再来处理我们修改root用户密码的需求就非常简单了。图9-2给出了一个使用Polysh修改密码的例子。

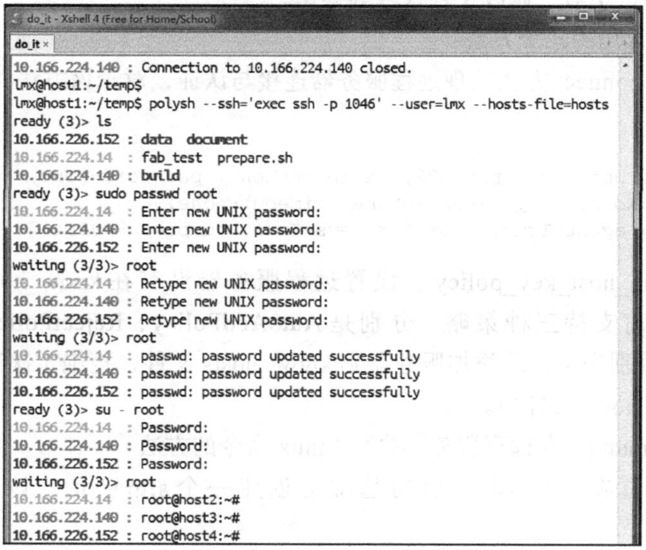

图9-2　Polysh使用演示

9.3　SSH协议的Python实现paramiko

SSH是一个协议，OpenSSH是其中一个开源实现。paramiko是一个Python的库，该库支持Python 2.6+和Python 3.3+版本，实现了SSHv2协议（底层使用cryptography）。也就是说，有了paramiko以后，我们就可以在Python代码中直接使用SSH协议对远程服务器执行操作，而不是调用ssh命令对远程服务器进行操作。

paramiko实现了SSHv2的客户端协议和服务端协议，在本书中，我们只介绍paramiko的客户端用法。

9.3.1　paramiko的安装

paramiko是用Python实现的，所以，直接使用pip安装即可。安装完成以后尝试进行导入，以此确定是否安装成功。

```
$ sudo pip install paramiko
$ python -c "import paramiko"
```

9.3.2　SSHClient类与SFTPClient类

paramiko包含两个核心组件，分别是SSHClient和SFTPClient，前者的作用类似于Linux下的ssh命令，后者的作用类似于Linux下的sftp命令。SSHClient类是对SSH会话的封装，该类封装了传输（transport）、通道（channel）及SFTPClient建立的方法（open_sftp），通常用于执行远程命令。SFTPClient类是对SFTP客户端的封装，用以实现远程文件操作，如文件上传、下载、修改文件权限等操作。

SSHClient类常用的几个方法：

1）connect：connect方法实现远程服务器连接与认证，对于该方法，只有hostname是必传参数。

```
connect(self, hostname, port=22, username=None, password=None,
        pkey=None, key_filename=None, timeout=None,
        allow_agent=True, look_for_keys=True, compress=False)
```

2）set_missing_host_key_policy：设置远程服务器没有在know_hosts文件中记录时的应对策略。目前支持三种策略，分别是AutoAddPolicy、RejectPolicy（默认策略）与WarningPolicy，分别表示自动添加服务器到know_hosts文件、拒绝本次连接、警告并将服务器添加到know_hosts文件中。

3）exec_command：在远程服务器执行Linux命令的方法。

4）open_sftp：在当前ssh会话的基础上创建一个sftp会话。该方法会返回一个SFTPClient对象。

SFTPClient类常用的几个方法：

- put：上传本地文件到远程服务器；
- get：从远程服务器下载文件到本地；
- mkdir：在远程服务器上创建目录；
- remove：删除远程服务器中的文件；
- rmdir：删除远程服务器中的目录；
- rename：重命名远程服务器中的文件或目录；
- stat：获取远程服务器中文件的详细信息；
- listdir：列出远程服务器中指定目录下的内容。

这里仅仅介绍了paramiko中SSHClient与SFTPClient类的常用方法，完整的API可以参考官方文档http://docs.paramiko.org/en/2.1/api/sftp.html。

9.3.3 paramiko的基本使用

在前一小节中，我们介绍了SSHClient类与SFTPClient类以及它们的常用方法。在这一节中，我们将使用第2章介绍的IPython对这两个类进行测试。

在进行远程服务器操作之前，首先需要连接远程服务器并进行认证。paramiko与ssh命令一样，支持密码认证和密钥认证两种方式。

（1）使用密码认证

```
import paramiko
ssh = paramiko.SSHClient()
```

```
ssh.set_missing_host_key_policy(paramiko.AutoAddPolicy())
ssh.connect("ip",  port, "username", "password")
```

（2）使用密钥认证

```
ssh = paramiko.SSHClient()
ssh.connect('IP', port, 'username', key_filename='私钥')
```

在建立 SSH 连接以后，可以通过 SSHClient.exec_command 方法执行 Shell 命令。执行 Shell 命令以后并不会直接打印命令的输出，而是返回几个 Channel。每个 Channel 都类似于 Python 的文件对象，可以调用 Channel 的 readlines 方法读取输出结果，如下所示：

```
In [1]: import paramiko

In [2]: client = paramiko.SSHClient()

In [3]: client.set_missing_host_key_policy(paramiko.AutoAddPolicy())

In [4]: client.connect('10.166.224.14', 2092, 'lmx')

In [5]: stdin, stdout, stderr = client.exec_command('ls -l')

In [6]: print(stdout.readlines())
['total 8\n', 'drwxr-xr-x 2 lmx lmx 4096 Feb 11 09:52 fab_test\n', '-rw-r--r-- 1 lmx lmx 14
43 Feb 10 12:01 prepare.sh\n']
```

如果 Shell 命令执行失败，paramiko 不会有任何提示信息，需要我们自行处理，如下所示：

```
In [7]: stdin, stdout, stderr = client.exec_command('l -s')

In [8]: stderr.readlines()
Out[8]: ['bash: l: command not found\n']
```

SFTPClient 将会复用 SSHClient 的认证信息。复用的方式也非常简单，直接使用 SSHClient 的 open_sftp 方法即可。SFTPClient 提供了大量的文件操作的 API，可以进行文件上传、文件下载，修改文件权限，修改文件所有者等。在这个例子中，我们使用 open_sftp 函数创建 SFTPClient 的对象，然后使用该对象的方法将本地的 monitor.py 文件上传到远程服务器。如下所示：

```
In [9]: sftp = client.open_sftp()

In [10]: sftp.put('monitor.py', 'monitor.py')
Out[10]: <SFTPAttributes: [ size=186 uid=1003 gid=1003 mode=0o100644 atime=1486973671 mtime=1486973671 ]>

In [11]: sftp.stat('monitor.py')
Out[11]: <SFTPAttributes: [ size=0 uid=1003 gid=1003 mode=0100755 atime=1492915581
```

```
mtime=1492915581 ]>

    In [12]: sftp.rename('monitor.py', 'monitor.txt')

    In [13]: sftp.remove('monitor.txt')
```

9.3.4 使用 paramiko 部署监控程序

下面是一个使用 paramiko 的完整例子。在这个例子中，我们将远程服务器的 ip 地址保存在 hosts 文件中，并通过一个 for 循环遍历该文件中的 ip 地址。每一个 ip 都会建立一个连接，然后将本地的 monitor.py 文件上传到远程服务器，上传到远程服务器以后，通过 SFTPClient 的 chmod 方法修改 monitor.py 文件的权限。如下所示：

```
#!/usr/bin/python
#-*- coding: UTF-8 -*-
from __future__ import print_function
import paramiko

def depoly_monitor(ip):

    with paramiko.SSHClient() as client:
        client.set_missing_host_key_policy(paramiko.AutoAddPolicy())
        client.connect(ip, 2092, 'lmx')

        stdin, stdout, stderr = client.exec_command('ls -l')
        print(stdout.readlines())
        with client.open_sftp() as sftp:
            sftp.put('monitor.py', 'monitor.py')
            sftp.chmod('monitor.py', 0o755)


def main():
    with open('hosts') as f:
        for line in f:
            depoly_monitor(line.strip())

if __name__ == '__main__':
    main()
```

我们在介绍 SSHClient 和 SFTClient 类时仅仅介绍了如何建立连接。在生产环境中，我们还应当调用 SSHClient 与 SFTPClient 对象的 close 方法及时关闭连接。此外，也可以像这里的例子一样，使用 Python 的上下文管理器及时关闭连接。

9.4 自动化部署工具 Fabric

Fabric 是基于 Python 2（2.5 ～ 2.7）一个 Python 的库，与此同时，它也是一个命令行工具。使用 Fabric 提供的命令行工具调用程序，能够非常方便地执行应用部署和系统管理操作。

Fabric 依赖 paramiko 进行 SSH 交互，Fabric 的作者也是 paramiko 的作者。读者可以理解为 Fabric 对 paramiko 进行了封装，封装完成以后，不需要像使用 paramiko 一样自己处理 SSH 连接、任务分发、异常处理等繁琐工作，只需要专注于自己的需求即可。也就是说，当我们使用 paramiko 时，还是自己编写 Python 程序进行服务器远程操作，只是 paramiko 提供了 Python 进行 SSH 连接的库。这个时候我们不但要处理 SSH 连接、异常等细节，如果要并发地执行服务器批量操作，还需要使用并发编程加速我们的任务执行。这们，我们需要耗费更多的精力在 Python 编程上，而不是应用部署和系统管理这样的实际需求上。因此，对于较为复杂的操作，Fabric 是一个很好的选择。

Fabric 的设计思想是提供几个简单的 API 来完成所有部署，因此，Fabric 对基本的系统管理操作进行了封装，如命令执行，文件上传，并行操作和异常处理。我们只要熟悉了 Fabric 提供的接口并灵活应用，就能够快速地编写自动化部署和系统管理的 Python 程序，实现丰富多样的功能。

9.4.1 Fabric 安装

Fabric 使用 Python 编写，直接用 pip 安装即可。虽然 Fabric 依赖 paramiko、crypto 等库，但是，使用 pip 能够很好地处理依赖情况。

```
pip install fabric
```

安装完成以后，尝试进行导入，如果导入成功，则说明安装没有问题：

```
python -c "import fabric"
```

Fabric 比较特殊，它既是一个 Python 库，也是一个命令行工具。它的命令行工具不是 Fabric，而是 fab。我们可以通过下面的语句获得命令行工具的简单说明以及验证 Fabric 是否安装正确：

```
$ fab --help
```

9.4.2 Fabric 使用入门

Fabric 的典型使用方式是，创建一个 Python 文件，该文件包含一到多个函数，然后使用 fab 命令调用这些函数。这些函数在 Fabric 中称为 task。例如，下面的 Python 程序是 Fabric 的一个例子：

```
from fabric.api import run, sudo
from fabric.api import env

env.hosts= ['10.166.224.14', '10.166.224.14']
```

```
env.port= 2902
env.user='lmx'

def hostname():
    run('hostname')

def ls(path='.'):
    run('ls {}'.format(path))

def tail(path='/etc/passwd', line=10):
    sudo('tail -n {0} {1}'.format(line, path))
```

fab 命令执行时，默认引用一个名为 fabfile.py 的文件，我们也可以通过“-f”参数指定 fabfile 文件。为了简单起见，我们将上面的程序保存在 fabfile.py 中。

在这个例子中，我们用到了 Fabric 提供的三个封装，分别是 run、sudo 与 env。它们的作用如下：

- run：执行远程命令的封装；
- sudo：以 sudo 权限执行远程命令；
- env：保存配置信息的字典。

Fabric 提供了一个名为 env 的字典，该字典保存了相关的配置信息。例如，我们将服务器的 ip 地址保存到 env.hosts 中，由于笔者实验环境的 SSH 服务不是默认的 22 端口，所以，在 env.port 中配置了 SSH 服务的端口号。如果不指定远程服务器的用户名，默认使用当前用户名，也可以通过 env.user 配置远程执行用户名。

上面这段 Python 程序是一个简单的 fabfile 文件，现在，可以使用 fab 执行 fabfile.py 中的任务了。在执行任务之前，可以通过 --list 参数获取所有的任务列表，如下所示：

```
$ fab --list
Available commands:

    hostname
    ls
    tail
```

接下来就测试一下 Fabric 执行命令：

1）获取所有服务器的 hostname。

```
fab hostname
```

2）像函数一样传递参数。

```
fab ls:/home
fab ls:path=/home
```

3）使用多个参数的情况。

```
fab tail
```

```
fab tail:/etc/sudoers,3
fab tail:path=/etc/sudoers,line=3
fab tail:line=3,path=/etc/sudoers
```

4）异常情况。给 Fabric 的 task 传递参数基本上和给函数传递参数逻辑一样，因此，下面这种情况将会报错。

```
fab tail:3,path=/etc/sudoers
```

执行任务的时候，我们也可以一次指定多个 task，Fabric 会保持任务的顺序并依次执行：

```
fab hostname ls
```

这个例子演示了 Fabric 的基本使用与设计思想。在本章接下来的内容中，还会介绍 Fabric 提供的其他封装，并演示 Fabric 如何进行应用部署。

9.4.3 fab 的命令行参数

fab 命令作为 Fabric 程序的命令行入口，提供了丰富的参数调用。

```
$ fab --help
Usage: fab [options] <command>[:arg1,arg2=val2,host=foo,hosts='h1;h2',...] ...
Options:
-h, --help show this help message and exit
--initial-sudo-password-prompt
Force sudopassword prompt up-front
-l, --list print list of possible commands and exit
--set=KEY=VALUE,... comma separated KEY=VALUE pairs to set Fab envvars
```

常用的命令行参数如下：

- -l：查看 fabric 的任务列表；
- -f：Fabric 默认入口文件名为 fabfile.py，如果不使用默认入口文件名，则需要使用该参数指定 fab 的入口文件；
- -g：指定网管设备，比如堡垒机环境中，填写堡垒机的 IP；
- -H：在命令行指定目标服务器，用逗号分隔多个服务器；
- -P：以并行方式运行任务，默认为串行；
- -R：以角色名区分不同的服务；
- -t：连接的超时时间，以秒为单位；
- -w：命令执行失败时警告，默认是终止任务；
- --：Fabric 提供的便捷操作可以实现不写一行代码进行远程操作。

```
fab -H 10.166.224.14,10.166.224.140 --port=2092 --user=lmx -- 'ip a'
```

9.4.4 Fabric 的 env 字典

Fabric 除了可以通过命令行参数修改相应的配置以外，还可以直接修改 env 字典进行配置。env 是一个全局唯一的字典，保存了 Fabric 所有的配置。在 Fabric 的实现中，它是一个 _AttributeDict 实例。下面来看一下 _AttributeDict 的实现：

```
class _AttributeDict(dict):
    """
    Dictionary subclass enabling attribute lookup/assignment of keys/values.

    For example::

        >>> m = _AttributeDict({'foo': 'bar'})
        >>> m.foo
        'bar'
        >>> m.foo = 'not bar'
        >>> m['foo']
        'not bar'

    ''_AttributeDict'' objects also provide ''.first()'' which acts like
    ''.get()'' but accepts multiple keys as arguments, and returns the value of
    the first hit, e.g.::

        >>> m = _AttributeDict({'foo': 'bar', 'biz': 'baz'})
        >>> m.first('wrong', 'incorrect', 'foo', 'biz')
        'bar'

    """
    def __getattr__(self, key):
        try:
            return self[key]
        except KeyError:
            # to conform with __getattr__ spec
            raise AttributeError(key)

    def __setattr__(self, key, value):
        self[key] = value

    def first(self, *names):
        for name in names:
            value = self.get(name)
            if value:
                return value
```

_AttributeDict 的实现非常简单，重点是覆盖了内置的 __getattr__ 方法和 __setattr__ 方法。_AttributeDict 之所以要对内置的 dict 对象进行第二次封装，就是为了覆盖这两个方法，以便于更加方便地使用字典。

我们比较一下使用 Python 内置字典和使用 Fabric 封装以后字典之间的差异，读者就能够理解封装以后的好处了：

```
# 使用内置字典
storage = dict()
storage['a'] = 'value_a'
print(storage['a'])

# 使用封装以后的字典
storage = _AttributeDict()
storage.a = 'value_a'
print(storage.a)

# 也可以像内置字典一样使用
print(storage['a'])
```

env 中包含了所有的配置，几乎 Fabric 的所有行为都可以通过直接修改 env 字典进行控制。读者可以通过 Fabric 的官方文档查看 Fabric 所有配置，也可以直接打印 env 字典看到所有配置。例如，我们的 fabfile.py 内容如下：

```
import json

from fabric.api import env

print(json.dumps(env, indent=4))

def hello(name="world"):
    print("Hello %s!" % name)
```

现在，只需要在命令行终端执行 fab -l 就能够看到所有 Fabric 配置。

由于 Fabric 的配置列表较长，为了节省篇幅，这里就不一一进行讨论了。在 Fabric 的 env 字典中，最常用的配置有：

- env.hosts：定义目标服务器列表；
- env.exclude_hosts：排除特定的服务器；
- env.user：SSH 到远程服务器的用户名；
- env.port：远程服务器的端口号；
- key_filename：私钥文件的地址；
- password：SSH 到远程服务器的密码。

9.4.5 Fabric 提供的命令

Fabric 的设计思想是提供几个简单的 API 来完成所有的部署，因此，Fabric 对基本的系统管理操作进行了封装。在这一小节中，我们将介绍部分 Fabric 命令封装。

1）run 在远程服务器上执行 shell 命令；

```
# Create a directory
run("mkdir /tmp/trunk/")
```

```
# Capture the output of "whoami" command
result = run('whoami')
# Check if command failed
result.failed
```

2）sudo sudo 与 run 类似，使用管理权限在远程服务器上执行 shell 命令；

```
# Create a directory
sudo("mkdir /var/www")
```

run 和 sudo 函数还有一个比较重要的参数，即 pty，用于设置伪终端，如果我们执行命令以后需要有一个常驻的服务进程，则需要设置 pty=False，避免因为 Fabric 退出导致进程退出，如下所示：

```
sudo("/etc/init.d/redis-server restart", pty=False)
```

3）local local 用以执行本地命令。local 是对 Python 的 Subprocess 进行封装，便于在本地执行 shell 命令，如果需要更加复杂的功能，可以直接使用 Subprocess；

```
# Create a source distribution tar archive (for a Python App.)
local("python setup.py sdist --formats=gztar", capture=False)

# Extract the contents of a tar archive
local("tar xzvf /tmp/trunk/app.tar.gz")
```

4）get 从远程服务器获取文件，通过 remote_path 参数声明从何处下载，通过 local_path 参数声明下载到何处；

```
# Download some logs
get(remote_path="/tmp/log_extracts.tar.gz", local_path="/logs/new_log.tar.gz")

# Download a database back-up
get("/backup/db.gz", "./db.gz")

# remote_path may contain shell glob syntax
get("/var/log/apache2/*.log", "/tmp")
```

5）put 将本地的文件上传到远程服务器，参数与 get 类似，此外，还可以通过 mode 参数执行远程文件的权限设置；

```
# Upload a tar archive of an application
put("/local/path/to/app.tar.gz", "/tmp/trunk/app.tar.gz")

# local_path may contain shell glob syntax
put('*.py', 'cgi-bin/')

# use the mode kwarg to specify an exact mode,
put('index.html', 'index.html', mode=0755)
```

6）reboot 重启远程服务器，可以通过 wait 参数设置等待几秒以后开始重启；

```
# Reboot the remote system
reboot()

# Reboot after 30 seconds
reboot(wait=30)
```

7）prompt 用以在 Fabric 执行任务的过程中与管理员进行交互，作用类似于 raw_input。

```
# With validation, i.e. requiring integer input:
prompt('Please specify process nice level: ', key='nice', validate=int)
```

9.4.6 Fabric 提供的上下文管理器

Fabric 将所有的配置都保存在全局的 env 字典中，我们可以直接修改 env 字典来改变 Fabric 的配置。但是，有时候我们并不希望修改全局的配置参数，只是希望临时修改部分配置。例如，修改当前工作的目录，修改日志的输出级别等。

这样的需求非常常见，所以在 shell 脚本中有专门的语法来支持这样的操作。如下所示：

```
#!/bin/bash
pwd
(cd /tmp && pwd )
pwd
```

在 Fabric 中，我们可以通过 Fabric 提供的上下文管理器临时修改参数配置，而不会影响全局配置。当程序进入上下文管理器的作用域时，临时修改就会起作用；当程序离开上下文管理器时，临时修改就会消失。接下来根据不同的作用，介绍 Fabric 提供的上下文管理器。

1. Fabric 设置

1）cd 切换远程目录；

```
with cd('/var/www'):
    run('ls') # Turns into "cd /var/www && ls"
```

2）lcd 与 cd 类似，不过是切换本地目录；

3）path 配置远程服务器 PATH 环境变量；

path 用于设置远程服务器的 PATH 环境变量，以便在执行 shell 命令时正确找到相应的应用程序。该修改只对当前会话有效，不会影响远程服务器的其他操作。path 的修改也支持多种模式：

- ❑ append：默认行为，将给定的路径添加到 PATH 后面，效果相当于 PATH=$PATH:<path>；
- ❑ prepend：将给定的路径添加到 PATH 前面，效果相当于 PATH=<path>:$PATH；
- ❑ replace：替换当前环境的 PATH 环境变量，效果相当于 PATH=<path>。

4）prefix 顾名思义就是前缀的意思，实际效果是对于 prefix，每个命令都执行一遍；例如，有如下的 Fabric 代码：

```
with cd('/path/to/app'):
    with prefix('workon myvenv'):
        run('./manage.py syncdb')
        run('./manage.py loaddata myfixture')
```

转换成 Shell 脚本，相当于：

```
$ cd /path/to/app && workon myvenv && ./manage.py syncdb
$ cd /path/to/app && workon myvenv && ./manage.py loaddata myfixture
```

5）shell_env 设置 Shell 脚本的环境变量；

例如，有如下 Fabric 代码：

```
with shell_env(ZMQ_DIR='/home/user/local'):
    run('pip install pyzmq')
```

转换成 Shell 脚本相当于：

```
$ export ZMQ_DIR='/home/user/local' && pip install pyzmq
```

6）settings 通用的设置，用于临时覆盖 env 变量；

```
with settings(user='foo'):
    do something
```

7）remote_tunnel 通过 SSH 的端口转发建立转发通道。

```
with remote_tunnel(3306):
    run('mysql -u root -p password')
```

通过端口转发就可以访问本地端口的形式，访问远程的 MySQL 实例。

2. 输出相关

hide 隐藏指定类型的输出。

```
def my_task():
    with hide('running', 'stdout', 'stderr'):
        run('ls /var/www')
```

hide 的可选类型有 7 种，表 9-1 给出了 7 种选项及其含义。

表 9-1 Fabric 的日志分类

类型	含义
status	状态信息，如服务器断开了连接，用户使用 Ctrl+C 等，如果 Fabric 顺利执行，不会有状态信息
aborts	终止信息，一般将 Fabric 当做库使用的时候需要关闭
warnings	警告信息，如 grep 的字符串不在文件中
running	Fabric 运行过程中的输出

（续）

类型	含义
stdout	执行 shell 命令的标准输出
stderr	执行 shell 命令的错误输出
user	用户输出，类似于 Python 代码中的 print 函数

此外，为了便于用户设置，对输出的类型进行了进一步的封装。具体的封装见表 9-2。

表 9-2 Fabric 日志类型的封装

别名	实际的输出类型
output	stdout、stderr
everything	stdout、stderr、warnings、running、user
commands	stdout、running

（1）show 与 hide 相反，显示指定类型的输出；

（2）quiet 隐藏全部输出，仅在执行错误的时候发出警告信息，类似于下面的设置；

```
settings(hide('everything'), warn_only=True).
```

（3）warn_only settings(warn_only=True) 的简便用法。

默认情况下，当命令执行失败时，Fabric 会停止执行后续命令。但是，有时候我们是允许部分命令失败的，比如 run('rm /tmp/notexists') 在文件不存在的时候有可能失败，这时可以用 with settings(warn_only=True) 执行命令，这样 Fabric 只会打出警告信息而不会中断执行。

9.4.7 Fabric 提供的装饰器

Fabric 提供的命令一般都是执行某一个具体的操作，提供的上下文管理器一般都是用于临时修改配置参数。而 Fabic 提供的装饰器，既不是执行具体的操作，也不是修改参数，而是控制如何执行这些操作，在哪些服务器上执行这些操作。也就是说，Fabric 的装饰器与任务执行紧密相关。

在详细介绍 Fabric 提供的装饰器前，我们还需要了解 Fabric 的 Task、host 和 role 以及 Fabric 的执行模型等概念。这几个概念与 Fabric 的装饰器紧密相关。

1. Fabric 的 task

task 就是 Fabric 需要在远程服务器执行的任务。task 是一个抽象，可以理解为一件可大可小的事情。例如，获取远程服务器的服务器名称，或者在远程服务器部署一个 Flask 都是 task，具体怎么组织，取决于实际需求与应用场景。

在 Fabric 中，有 3 种方法可以定义一个 task：

1）默认情况下，fabfile 中的所有可调用对象都是一个 task，Python 中的函数是一个可调用对象，因此，在我们现有的例子中都是使用的这种方式定义 task；

2）继承自 Fabric 的 task 类，这种方式比较难用，不推荐使用；

3）使用 Fabric 的 task 装饰器，这是使用 Fabric 最快速的方式，也是推荐的用法。

```
from fabric.api import task, run

@task
def mytask():
    run("a command")
```

这里有一个注意事项，默认情况下，fabfile 中的所有可调用对象都是一个 task。但是，如果用户使用 task 装饰器显示地定义了一个 task，那么，其他没有通过 task 装饰器装饰的函数将不会被认为是一个 task。例如，如果我们有一个 fabfile，内容如下：

```
from fabric.api import task, run

@task
def mytask():
    run("a command")

def notask():
    run("a command")
```

虽然这个 fabfile 文件中有两个函数，但是，只有使用 task 装饰器修饰的函数才是一个 task，而 notask 函数不是一个 task。我们可以通过 fab --list 命令查看当前 fabfile 中的所有 task：

```
$ fab --list
Available commands:

    mytask
```

2. Fabric 的 host

为了便于用户使用，Fabric 提供了非常灵活的方式来指定对哪些远程服务器执行操作。在我们现有的知识中，使用了两种方式来指定远程服务器，分别是：

- 通过修改 env 的 hosts 列表指定远程服务器列表；
- 通过 fab 的命令行参数（-H）指定服务器列表。

除此之外，还有几个与 host 相关的注意事项：

1）指定 host 时，可以同时指定用户名和端口号；

```
username@hostname:port
```

其中，用户名和端口号都不是必须的。

2）通过命令行指定要对哪些 hosts 执行哪些任务；

```
fab mytask:hosts="host1;host2"
```

3）通过 hosts 装饰器指定要对哪些 hosts 执行当前 task；

```
@hosts('host1', 'host2')
```

```
def mytask():
    run('ls /var/www')
```

4）通过 env.reject_unknown_hosts 控制未知 host 的行为，该选项默认为 True，类似于将 SSH 的 StrictHostKeyChecking 选项设置为 no。

```
ssh -o StrictHostKeyChecking=no
```

3. Fabric 中的 role

在生产环境中，如果不是服务负载很小的初创企业，那么，业务程序一般不会放在一台服务器中。典型的做法是不同的服务器负责不同的功能。例如，几台服务器运行业务程序，另外几台服务器运行数据库服务，剩余几台服务器提供缓存服务等。显然，不同的服务器提供不同的服务，因此，不同的服务器需要安装不同的软件，执行不同的操作。这其中，对于某一类服务器，如数据库服务，又是完全一样的。此时，我们可以为不同的服务提供不同的 fabfile，然后分别为不同的服务器执行一次 Fabric 程序。此外，也可以使用 Fabric 的 role。

role 是对服务器进行分类的手段，使用 role 可以定义服务器的角色，以便对不同的服务器执行不同的操作。Role 逻辑上将服务器进行了分类，分类以后，我们需要指定某一类服务器时指定 role 的名称即可，一个 role 包含一到多台服务器。

role 的定义保存在 env.roledef 中，如下所示：

```
from Fabric.api import env
env.roledefs['webservers'] = ['www1', 'www2', 'www3']

from Fabric.api import env

env.roledefs = {
    'web': ['www1', 'www2', 'www3'],
    'dns': ['ns1', 'ns2']
}
```

当我们定义好 role 以后，我们可以通过 roles 装饰器指定在哪些 Role 上运行当前这个 task。如下所示：

```
from fabric.api import run, roles

env.roledefs = {
    'db': ['db1', 'db2'],
    'web': ['web1', 'web2', 'web3'],
}

@roles('db')
def migrate():
    # Database stuff here.
    pass
```

```
@roles('web')
def update():
    # Code updates here.
    pass
```

当然，我们也可以混合使用 hosts 和 roles 这两个装饰器，如下所示：

```
from fabric.api import env, hosts, roles, run

env.roledefs = {'role1': ['b', 'c']}

@hosts('a', 'b')
@roles('role1')
def mytask():
    run('ls /var/www')
```

对于这种情况，Fabric 将会合并 hosts 装饰器里面的服务器和 roles 里面的服务器，对于这个例子，任务将分别在 'a'、'b'、'c' 中执行。但混合使用 host 和 role 容易造成混乱，一般不建议这么做。

4. Fabric 的执行模型

Fabric 执行任务的步骤如下：

1）创建一个任务列表，这些任务就是通过 fab 命令行参数指定的任务，Fabric 会保持这些任务的顺序；

2）对于每个任务，构造需要执行该任务的服务器列表，服务器列表可以通过命令行参数指定，可以通过修改 env.hosts 指定，也可以通过 hosts 和 roles 装饰器指定；

3）遍历任务列表，对于每一台服务器分别执行任务。可以将任务列表和服务器列表看做是两个 for 循环，其中，任务列表是外层循环，服务器列表是内存循环，Fabric 默认是串行执行的，也可以通过装饰器或命令行参数确定任务执行的方式，如下所示：

```
for task in tasks:
    for host in hosts:
        execute(task in host)
```

4）对于没有指定服务器的任务默认为本地任务，仅执行一次；

可以看到，Fabric 默认是串行执行的。如果 task 执行的时间都很短，并且服务器也比较少，那么，串行执行也没有什么问题。但是，如果任务执行的时间较长，或者服务器较多，串行执行就大大降低了工作效率。这个时候可以使用 Fabric 的并行执行模式。

Fabric 有多种方式指定任务并行指定：

1）通过命令行参数 -P(--parallel) 通知 Fabric 并行执行 task；

2）通过 env.parallel 设置是否需要并行执行；

3）通过 parallel 装饰器通知 Fabric 并行执行 task。

5. Fabric 的装饰器

我们已经介绍了 Fabric 的 task、host、role 以及 Fabric 的执行模型。在介绍这些概念的同时，我们还介绍了 task、hosts、roles 和 parallel 装饰器。此外，还有两个装饰器也非常有用：

- runs_once：只执行一次，防止 task 被多次调用。例如，我们需要将本地服务器中的目录打包，然后上传到各个服务器并进行部署。显然，上传到各个服务器和部署应该对于每一台服务器运行一次，而本地打包操作，则应该只运行一次。这个时候，就可以使用 runs_once 装饰器。

例如，对于下面这个 fabfile，在单次部署中，无论 test 函数中有多少 execute，hello 函数都只会执行一次。

```
from fabric.api import execute, runs_once, task

@runs_once
def hello():
    print "Hello Fabric!"

@task
def test():
    execute(hello)
    execute(hello)
```

- serial：强制当前 task 串行执行。使用该装饰器以后，即使用户通过命令行参数 --parallel 指定需要串行执行，在执行被 serial 装饰器修改过的 task 时，依然会串行执行。通过前面的执行模型可以知道，Fabric 的执行是以 task 为单位的，对于每一个 task，在需要执行该 task 的服务器上执行完以后才继续下一个 task 的执行。正是由于 Fabric 这样的设计，我们才可以选择部分 task 并行执行，部分 task 串行执行。

从前面的介绍可以看到，所有装饰器都是对 Fabric 如何执行 task 以及在哪些服务器上执行 task 进行控制。表 9-3 汇总了 Fabric 的装饰器。

表 9-3 Fabric 提供的装饰器

装饰器	含义
hosts	定义执行 task 的服务器列表
roles	定义执行 task 的 role 列表
parallel	并行执行该 task
serial	串行执行该 task
task	定义一个 task
run_once	该 task 仅执行一次

9.4.8 其他功能函数

Fabric 中还有其他一些有用的封装，包括执行 task 的 execute 函数、部分帮助函数以及在终端以不同颜色输出的渲染函数。

1. 封装 task

Fabric 提供了一个名为 execute 的函数，用来对 task 进行封装。execute 函数最大的好处就是将一个大的任务拆分成多个小任务，每个小的任务相互独立，互不干扰。这就好比编程的最佳实践里面，函数要尽可能的短小。函数短小以后，不但函数名称起到了一定的解释性作用，而且也更容易被复用，也更好维护。下面是使用 execute 将 migrage 和 update 组合成一个新的 task 的示例：

```
from fabric.api import run, roles, execute

env.roledefs = {
    'db': ['db1', 'db2'],
    'web': ['web1', 'web2', 'web3'],
}

@roles('db')
def migrate():
    # Database stuff here.
    pass

@roles('web')
def update():
    # Code updates here.
    pass

def deploy():
    execute(migrate)
    execute(update)
```

2. util 函数

util 函数，顾名思义，就是一些辅助性的功能函数，这些函数位于 fabric.utils 下，常用的几个函数有：

- abort：终止函数执行，打印错误信息到 stderr，并且以退出码为 1 退出；
- warn：输出警告信息，但是不会终止函数的执行；
- puts：打印输出，类似于 Python 中的 print 函数。

3. 带颜色终端输出

Fabric 为了让输出日志更具有可读性，对命令行终端的带颜色输出进行了封装。封装以后，使用 print 打印带有不同颜色的文本。封装函数位于 fabric.colors 中，包含的函数有：

- blue（text，bold=False）；
- cyan（text，bold=False）；
- green（text，bold=False）；
- magenta（text，bold=False）；
- red（text，bold=False）；
- white（text，bold=False）；
- yellow（text，bold=False）。

使用方法如下：

```
from fabric.colors import green

print(green("This text is green!"))
```

9.4.9 使用Fabric源码安装redis

在这一小节中，我们将会使用源码安装的方式在远程服务器上安装redis。读者可以执行下面的Linux命令获取到一份redis源码，然后对这里的例子进行测试。

```
wget http://download.redis.io/releases/redis-3.2.8.tar.gz
tar -zxf redis-3.2.8.tar.gz
rm -rf redis-3.2.8.tar.gz
```

从我们的fabfile文件内容中可以看到，我们部署任务分为4步：

1）首先在本地执行“make test”命令及redis的单元测试。如果单元测试存在错误，提示用户是否需要继续部署。单元测试执行完成以后，删除redis的二进制文件，并将redis源码打包成一个tar包。显然，在本地执行单元测试和创建tar包的步骤只需要执行一次，因此，我们使用runs_once装饰器修饰test函数。

2）接下来就是将redis的源码上传到远程服务器，并执行“make install”命令进行安装。安装redis需要管理权限，因此，我们使用sudo函数执行“make install”命令。

3）安装完成以后，清理远程服务器中的文件与目录。在远程服务器中清理文件时，我们可以指定绝对路径，也可以像下面这样，先使用cd这个上下文管理器切换到/tmp目录下，然后再执行删除操作。

4）清理本地的文件压缩包文件，本地文件清理一次即可，因此，我们使用runs_once装饰器修饰clean_local_file函数。

完整的fabfile代码如下：

```
#!/usr/bin/python
from fabric.api import (local, put, abort, run, cd, task, execute, settings,
                        env, runs_once, lcd, sudo)
from fabric.contrib.console import confirm
from fabric.colors import green

env.user = 'lmx'
env.port = 2092
env.hosts = open('hosts').readlines()

@task
@runs_once
def test():
    with settings(warn_only=True), lcd("redis-3.2.8"):
        result = local("make test", capture=True)
        if result.failed and not confirm("Tests failed. Continue anyway?"):
            abort("Aborting at user request.")
```

```
        else:
            green("All tests passed without errors!")

    with lcd("redis-3.2.8"):
        local("make clean")
    local("tar -czf redis-3.2.8.tar.gz redis-3.2.8")

@task
def deploy():
    put("redis-3.2.8.tar.gz", "/tmp/redis-3.2.8.tar.gz")
    with cd("/tmp"):
        run("tar xzf redis-3.2.8.tar.gz")
        with cd("redis-3.2.8"):
            sudo("make install")

@task
def clean_file():
    with cd("/tmp"):
        sudo("rm -rf redis-3.2.8.tar.gz")
        sudo("rm -rf redis-3.2.8")
@task
def clean_local_file():
    local("rm -rf redis-3.2.8.tar.gz")

@task
def install():
    execute(test)
    execute(deploy)
    execute(clean_file)
    execute(clean_local_file)
```

将这里的代码保存到当前目录下的 fabfile.py 文件中，然后执行下面的命令运行即可：

```
$ fab --list
Available commands:

clean_file
clean_local_file
deploy
install
test

$fab install
```

命令执行完毕以后，我们就在远程服务器中使用源码安装的方式安装了 redis。在这个例子中，redis 仅仅是一个测试程序，主要用于演示如何将本地的程序部署到远程服务器。读者可以测试使用 Fabric，将自己的应用程序部署到远程服务器。

9.4.10 综合案例：使用 Fabric 部署 Flask 应用

接下来看一个使用 Fabric 部署应用的综合案例。在这个例子中，我们将使用 Python 生态里最流行的 Flask 框架编写的应用，以及现下最流行的缓存数据库 redis。不同于上一小节中的例子，在这个案例中，我们将直接使用 apt-get 命令安装 redis 数据库。我们将 redis 部署在数据库服务器上，将 Flask 的应用部署在 web 服务器上。

我们的实验环境如图 9-3 所示。

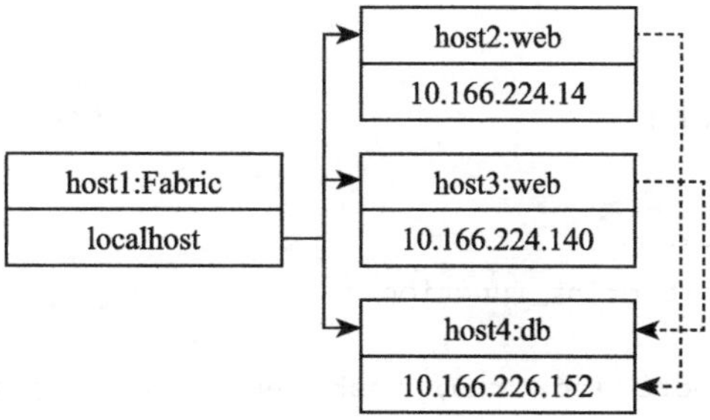

图 9-3 实验环境服务器结构图

实验环境与部署说明如下：

- host1 是我们 Fabric 程序运行的服务器，host2 和 host3 是 web 服务器，host4 是数据库服务器。在这个例子中，部署了两个 Web 服务器和一个数据库服务器。这两个 Web 服务器共享一个数据库服务。我们将在 host1 中对 host2、host3 和 host4 进行自动化部署；
- 在数据库服务器里，我们需要判断 redis 服务是否已经启动，如果没有，安装 redis 软件。由于 redis 安装完成以后会自动启动，且只能本地访问，因此为了让 web 服务器访问 redis 服务，需要修改 redis 的参数配置，改成任意服务器均可访问。修改完 redis 的配置文件以后，需要重启 redis 服务以使配置文件生效；
- 在 Web 服务器中需要安装 Flask 框架、访问 redis 的 Python 驱动以及运行 Flask 应用的 Web 服务器（gunicorn）。

Flask 的内容已经超出了本书的大纲，感兴趣的读者可以参考 Flask 的官方文档 http://flask.pocoo.org/ 进行学习。我们的 Flask 应用代码如下：

```
#!/usr/bin/python
#-*- coding: UTF-8 -*-

import redis
from flask import Flask

app = Flask(__name__)

@app.route('/user/<int:identify>')
def get(identify):
    r = redis.StrictRedis(host='10.166.226.152', port=6379, db=0)
    username = r.get(identify)
```

```
    if username is None:
        return "not found", 404
    else:
        return username

if __name__ == '__main__':
    app.run()
```

我们的 fabfile 文件如下：

```
#!/usr/bin/python
#-*- coding: UTF-8 -*-
from __future__ import print_function

from fabric.api import (cd, run, task, env, roles, put, execute, hide, set_
missing_host_key_policyings, sudo)
from fabric.colors import red, green, yellow
from fabric.contrib.files import exists

env.user = 'lmx'
env.port = 2092
env.roledefs = { 'web': ["10.166.224.14", "10.166.224.140"],
                 'db': ["10.166.226.152"] }

def is_redis_installed():
    with settings(hide('everything'), warn_only=True):
        result = run("netstat -tl | grep -w 6379")
        return result.return_code == 0

def install_redis():
    sudo("apt-get install redis-server")

def change_redis_conf():
    sudo("sed -i 's/bind 127.0.0.1/bind 0.0.0.0/' /etc/redis/redis.conf")

def reboot_redis():
    sudo("/etc/init.d/redis-server restart", pty=False)

@task
@roles('db')
def depoly_db():

    if is_redis_installed():
        print(yellow('redis was successfully installed'))
    else:
        install_redis()
```

```
        change_redis_conf()

        reboot_redis()

        print(green('redis has successfully installed'))

def is_python_package_installed(package):
    with settings(hide('everything'), warn_only=True):
        result = run("python -c 'import {0}'".format(package))
        return result.return_code == 0

def install_python_package(package):
    sudo('pip install {0}'.format(package))

def pip_install_if_need(package):
    if not is_python_package_installed(package):
        install_python_package(package)
        print(green('{0} has installed'.format(package)))
    else:
        print(yellow('{0} was installed'.format(package)))

def install_package():
    for package in ['gunicorn', 'flask', 'redis']:
        pip_install_if_need(package)

def kill_web_app_if_exists():
    with cd('/tmp'):
        if exists('app.pid'):
            pid = run('cat app.pid')
            print(yellow('kill app which pid is {0}'.format(pid)))
            with settings(hide('everything'), warn_only=True):
                run('kill -9 {0}'.format(pid))
        else:
            print(red('pid file not exists'))

def upload_web_app():
    put('app.py', '/tmp/app.py')

def run_web_app():
    with cd('/tmp'):
         run('gunicorn -w 1 app:app -b 0.0.0.0:5000 -D -p /tmp/app.pid --log-file
/tmp/app.log', pty=False)

def restart_web_app():
    kill_web_app_if_exists()
    run_web_app()
```

```
@task
@roles('web')
def depoly_web():

    install_package()

    upload_web_app()

    restart_web_app()

@task
def depoly_all():
    execute(depoly_db)
    execute(depoly_web)
```

在fabfile文件中，首先导入了Fabric的API，然后，通过修改env字典的方式对Fabric进行了简单的配置。这个例子在env字典中配置了访问远程服务器的用户名和端口号，并且，根据服务器的不用作用定义了2个role。服务器分类以后，部署服务只需要引用role的名称即可，非常方便。通过role名称引用服务器的方式，在服务器数量较多时优势更为明显。我们这里的fabfile文件定义了3个task，分别是depoly_db、depoly_web和depoly_all。其中，depoly_all是对depoly_db和depoly_web的封装。封装以后，我们既可以分别部署数据库服务器和Web服务器，也可以一次部署所有服务器。

在depoly_db部署任务中，首先通过redis的端口号是否存在判断redis数据库是否已经存在。如果redis数据库已经存在并启动完成，什么都不做，否则，我们将会执行apt-get命令安装redis数据库。redis数据库安装完成以后只能本地访问，因此，使用sed命令修改redis数据库的配置文件，修改完成以后重启redis数据库。

在depoly_web部署任务中，首先安装相关的依赖包，包括Flask框架、gunicorn服务器与访问redis数据库的驱动。软件安装完成以后，将我们的应用程序上传到远程服务器中并重启Web服务器。在重启Web服务器的过程中，我们首先读取app.pid文件中的进程id，如果该文件不存在，则认为应用没有运行，如果该文件存在，则读取文件中的进程id并通过kill命令关闭进程。关闭应用程序以后，再次使用gunicorn服务器启动应用程序，以达到重启应用的目的。

有了上面这个fabfile文件以后，我们只需要执行fab depoly_all命令就能够一键完成数据服务和Web服务的部署工作。当我们有一个新的环境时，只需要简单配置服务器的地址就能够完成一键部署。

9.5 本章总结

在这一章中，我们介绍了几个不同级别的自动化管理工具，分别是：①使用Polysh批量操作服务器；②在Python程序中，使用paramiko进行远程服务器操作；③使用Fabric进行自动化部署和系统管理。其中，Polysh较为简单，在需要交互式处理的场景中非常有用。paramiko比较底层，如果我们只是编写简单的Python程序，可以使用paramiko。如果需要进行比较复杂的系统管理操作，建议使用Fabric。Fabric是本章的重点与难点，它的设计思想是提供几个简单的API完成所有的部署，因此，Fabric对基本的系统管理操作进行了封装。在这一章中，我们对Fabric提供的API进行了简单分类。Fabric通过全局的env字典保存配置信息；通过函数（可调用对象）提供系统管理操作；通过上下文管理器临时修改Fabric的配置；通过装饰器控制任务的执行方式。这里的分类虽然不是完全准确，但是，对于读者理解和学习Fabric有极大的好处。我们只要熟悉了Fabric提供的接口并灵活应用，就能够快速地编写自动化部署和系统管理的Python程序，实现丰富多样的功能。

Chapter 10 第 10 章

深入浅出 Ansible

在 IT 行业，工程师习惯于编写程序来解决所有的问题。当然，在软件发布、应用部署和机器扩容时，工程师也希望借助软件来消灭重复劳动。因此，各种自动化部署工具应运而生。在机器扩容时，将一台新的服务器配置成一台应用服务器，这中间需要经历很多步骤，包括配置 DNS、创建用户、配置防火墙、部署应用、部署监控、自动测试等一系列操作。

最开始的时候，工程师通过手动登录服务器的方式来部署应用。这样不但费时费力，而且枯燥乏味，还特别容易出错。因此，当服务器的数量增大时，工程师一般会将命令写成脚本，通过 SSH 到远程服务器执行脚本的方式来简化部署工作。当服务器规模不大、应用也不复杂时，使用脚本半人工的方式进行部署是一种比较简单有效的手段。但是，当服务器规模进一步增大，通过 SSH 执行脚本的方式将会变得困难。而且，随着应用部署的依赖越来越多，需要使用的脚本也越来越多。如果部署一个应用需要依赖几十个脚本，那么，脚本将会变得无法管理。

在复杂的部署任务中，脚本部署也不是长久之计，我们需要更加强大的自动化工具。运维发展到今天，已经有了各种成熟的自动化部署工具，这些自动化部署工具能够有效解决手动部署和脚本部署的不足之处。在层出不穷的自动化运维工具中，Ansible 是一颗冉冉升起的新星。最近几年，越来越多的公司和个人开始了解和使用 Ansible。在 Ansible 出现之前，行业中已经有很多开源配置工具了，其中，使用最为广泛、知名度最高的便是 Puppet。甚至有一段时间，Puppet 是配置管理的代名词。工程师一提到配置管理、自动化部署，首先想到的便是 Puppet。Puppet 经过多年的发展，牢牢占据了市场第一的位置。但是，Puppet 的功能越强大，其缺点也越明显。Puppet 最大的缺点便是大而全，大而全以后导致功能复杂，甚至可以说过于繁琐。运维自动化工具是用来简化运维工作的，如果工具本身比较复杂，就会增加使用者犯错的概率，也会增加使用和推广的难度。

Ansible 依靠它的简单易用、无客户端依赖、功能强大等优点，逐渐获得了无数开发者和运维工程师的青睐。虽然 Ansible 相对于其他配置工具来说比较简单。但是，因为配置工具本身的复杂性，不可避免地导致本章内容所占篇幅较多。

在本章中，我们将会由浅入深地介绍 Ansible 的使用。本章首先会介绍 Ansible 的优势与特点（10.1 节）；然后介绍基本的 Ansible 使用（10.2 节）；紧接着，介绍 Ansible 中的 Inventory 管理（10.3 节）；在介绍 Playbook 之前（10.6 节），先介绍了 YAML 语法（10.4 节）与 Ansible 中的常用模块（10.5 节）；随后，我们介绍与 Playbook 密切相关的 role（10.7 节）；我们将介绍完 Playbook 的完整语法以后，再介绍 Ansible 的配置文件（10.8 节）与 Playbook 的最佳实践（10.9 节）。

10.1 Ansible 介绍

Ansible 是一个简单的自动化引擎，可完成配置管理、应用部署、服务编排以及其他各种 IT 需求。Ansible 也是一款使用 Python 语言开发实现的开源软件，其依赖 Jinja2、paramiko 和 PyYAML 这几个 Python 库。Ansible 的作者是 Michael DeHaan，Michael DeHaan 同时也是知名软件 Cobber 的作者和 Func 的共同作者。Michael DeHaan 于 2012 年创建了 AnsibleWorks 公司，之后改名为 Ansible 公司。Ansible 公司于 2015 年 10 月被红帽公司 (Red Hat) 收购。

在这一小节，我们将首先介绍 Ansible 的优点，然后比较 Ansible 与 Fabric 之间的差异，最后介绍 Ansible 相对于 Saltstck 的优点。

10.1.1 Ansible 的优点

Ansible 作为配置管理工具，通常与 Puppet、Chef 和 Salt 进行比较。这其中，Puppet 发布于 2005 年，Chef 发布于 2008 年，Saltstack 发布于 2012 年，Ansible 发布于 2013 年。从发布时间来说，Ansible 完全没有任何优势，那么，是什么特性让 Ansible 进入了工程师的视野并逐渐获取青睐的呢？要回答这个问题，还得先看一下 Ansible 有哪些优点。

Ansible 具有以下几个优点：

- 安装部署简单。Ansible 只需要在主控端部署 Ansible 环境，被控端无须做任何操作。换句话说，在安装 Ansible 时，远程服务器无须安装任何依赖。因此，相对于其他配置管理器，Ansible 安装部署非常简单。省去了客户端的安装，在数千台规模的大型数据中心意味着少了一些路由和安全策略的配置，省去了很多不必要的麻烦；
- 基于 SSH 进行配置管理，充分利用现成的机制。Ansible 不依赖于客户端，直接使用 SSH 进行配置管理，在 Ansible 早期版本中，默认使用 paramiko 进行配置管理，从

Ansible 1.3 版本开始，Ansible 默认使用 OpenSSH 实现各服务器间通信；

- Ansible 不需要守护进程。因为 Ansible 依赖 OpenSSH 进行通信，不需要安装客户端，因此，服务端也不需要像其他配置管理一样使用一个守护进程。Ansible 的安装和维护都变得更加简单，系统更加安全可靠；
- 日志集中存储。所有操作日志都存储在 Ansible 发起服务器，可以采用自定义的格式，这样可以很方便地知晓哪些服务器操作有问题，哪些已经成功，也便于日后追溯；
- Ansible 简单易用。Ansible 和其他配置管理工具一样，运行一个部署命令就可以完成应用的部署，使用非常简单。此外，Ansible 使用 YAML 语法管理配置，YAML 本身是一种可读性非常强的标记语言，工程师几乎像阅读英文一样阅读 YAML 的配置文件。因为 Ansible 使用 YAML 管理配置，所以，使用 Ansible 不需要使用者具有任何编程背景。运维自动化工具本身是用来简化运维工作的，如果其本身比较复杂（如 Puppet），甚至需要一定的程序开发能力，那么，就会增加使用者的使用难度和犯错的概率；
- Ansible 功能强大。Ansible 通过模块来实现各种功能，目前，Ansible 已经有了 950 多个模块，工程师也可以使用任何语言编写自定义的 Ansible 模块；
- Ansible 设计优秀，便于分享。Ansible 使用 role 组织 Playbook 并提供了分享 role 的平台（galaxy.ansible.com），便于大家分享和复用。充分使用 role，可以编写可读性更强的配置文件。使用开源的 role，能够有效节省编写 Playbook 的时间；
- Ansible 对云计算和大数据平台都有很好的支持。从 Ansible 的模块列表可以看到，Ansible 包含了大量与云服务、AWS、OpenStack、Docker 等相关的模块。并且，Ansible 便于扩展，当出现新的事务时可以根据需要编写自定义的模块。

Ansible 作为自动化系统运维的一大利器，在构建整个体系过程中有着举足轻重的地位。其简单易用、易于安装、功能强大、便于分享、内含大量模板等都是它的魅力所在，再加上易封装、接口调用方便，Ansible 正在被越来越多的大公司采用。

10.1.2 Ansible 与 Fabric 之间比较

在本书的第 9 章，我们介绍了另一款与自动化部署相关的工具，即 Fabric。Fabric 和 Ansible 有什么差别呢？简单来说，Fabric 像是一个工具箱，提供了很多好用的工具用于在远程服务器执行命令。而 Ansible 则提供了一套简单的流程，只需要按照它的流程来做就能轻松完成任务。这就像是库和框架的关系一样，其中，Fabric 是库，而 Ansible 是框架。

Fabirc 与 Ansible 之间的共同点是：

- 都基于 paramiko 开发；
- 都使用 ssh 和远程服务器通讯，不需要在远程服务器上安装客户端。

Fabric 与 Ansible 之间的主要区别：

- Fabric 简单，Ansible 复杂。因此，Fabric 的学习成本低，Ansible 的学习成本高；
- Fabric 通过 SSH 执行简单的命令，Ansible 将模块拷贝到远程服务器后执行，执行完成以后删除模块；
- 使用 Fabric 需要具有 Python 编程背景，使用 Ansible 则不需要；
- Fabric 对常用的管理操作和 SSH 连接操作进行了封装，工程师通过编写简单的代码就能完成要做的事情。Ansible 不需要工程师编写任何代码，直接编写 YAML 格式的配置文件来描述要做的事情；
- Fabric 提供了基本的接口，业务逻辑需要用户自己实现，Ansible 提供了大量模块，用户只需要学习模块的用法即可完成复杂的任务。

10.1.3 Ansible 与 SaltStack 之间比较

SaltStack 是一个集中化的管理平台，具备服务部署、配置管理、远程执行等功能，被成很多工程师看作简化版的 puppet。SaltStack 与 Ansible 都是使用 Python 语言实现的，可以部署到不同的系统环境中，且都具有良好的二次开发特性。在执行命令时，Ansible 和 SaltStack 都支持 Ad-hoc 操作模式，也可以将命令写入 YAML 格式文件中再批量执行。此外，Ansible 和 SaltStack 的返回结果都是 JSON 格式，便于后续处理。SaltStack 与 Ansible 都具有功能强大、使用灵活等特点，两者都提供丰富的模板及 API，对云计算和大数据平台都有很好的支持。SaltStack 与 Ansible 具有如此多的相似性，因此，在公司和个人进行技术选型时，SaltStack 最常拿来与 Ansible 进行比较。

Ansible 与 Salt 之间的区别：

- Ansible 安装部署简单。默认情况下，SaltStack 需要安装客户端接收服务端发送过来的命令。Ansible 无须在被控服务器部署任何客户端代理，直接通过 SSH 通道进行远程命令执行或下发配置。因此，Ansible 安装和部署更加简单；
- SaltStack 响应速度更快。默认情况下，Ansible 使用标准 SSH 连接，而 SaltStack 使用 ZeroMQ 进行通信和传输。因此，仅响应速度来讲，SaltStack 比 Ansible 快很多，甚至快十几倍。但是，在一般的运维场景下，Ansible 的响应速度完全可以满足需求；
- Ansible 更安全。Ansible 使用标准 SSH 连接传输数据，不需要在远程主机上启动守护进程。此外，标准 SSH 数据传输本身就是加密传输，远程主机不易被攻击；
- 对 windows 的支持：SaltStack 对 Windows 的支持比较友好，Ansible 从 1.7 版本才加入 Windows 支持。由于 Windows 默认没有 SSH，而 Ansible 又依赖 SSH 进行通信，所以，在 Windows 下 Ansible 需要依赖 Power Shell 来实现远程管理。Ansible 要求必须使用 Linux 系统来运行控制端；
- Ansible 自身运维比较简单。SaltStack 需要在 Master 和 Minion 主机启动一个守护进程，自身需要检测守护进程的运行状态，增加了运维成本。Ansible 和服务器之间使用SSH进行通信，服务器上只需要运行SSH进程就可以进行运维操作。因此，从工具本身的运维角度来说，Ansible要比SaltStack简单很多。

10.2 Ansible使用入门

我们将在这一节介绍Ansible的安装与基本使用，然后在接下来的章节中介绍Ansible的高级用法。

10.2.1 安装Ansible

Ansible不需要安装客户端，因此，相对于其他配置管理工具，Ansible的安装简单得多，只需要在控制端安装Ansible即可。Ansible使用Python语言开发，我们可以直接使用pip进行安装，也可以使用Linux下的包管理工具（如yum、apt-get）进行安装。如下所示：

```
pip install ansible
```

Ansible依赖Python与SSH，因此，服务器需要安装SSH和Python 2.5或2.5以上版本的Python。SSH和Python是大多数操作系统中默认安装的软件，这进一步降低了Ansible安装部署的难度。除了SSH和Python以外，服务器端不需要再预装任何软件。在控制端（ansible命令运行的那台机器）需要安装Python 2.6或更高版本的Python程序，且Ansible的控制端只能运行在Linux下。

与其他库和工具不同的是，Ansible包含了多个工具。安装完Ansible以后，控制端会增加以下几个可执行程序：

- ansible
- ansible-doc
- ansible-playbook
- ansible-vault
- ansible-console
- ansible-galaxy
- ansible-pull

这些可执行程序将在之后使用时进行详细介绍。

10.2.2 Ansible的架构

为了更好的理解Ansible，在介绍Ansible的使用之前，我们先看一下Ansible的架构图，如图10-1所示。

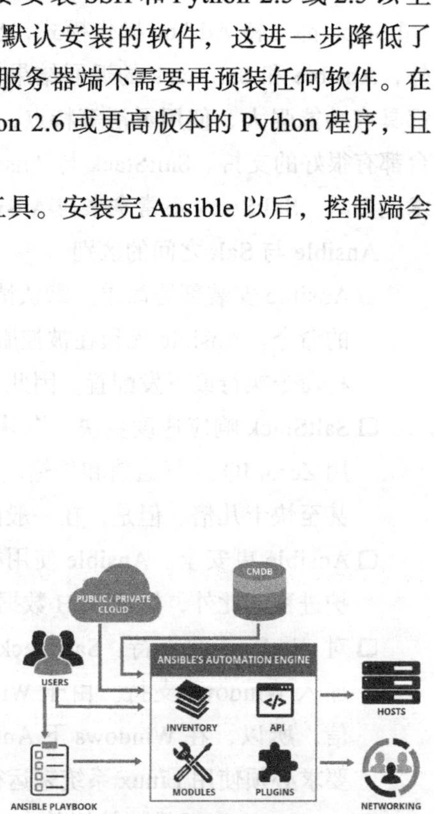

图10-1 Ansible的架构图

在Ansible中，用户通过Ansible编排引擎操作主机。其中，主机可以通过配置文件配置，调用云计算的接口获取，或者访问 CMDB 中的数据库。Ansible 的编排引擎由 Inventory、API、Modules（模块）和 Plugins 组成。Ansible 的典型用法是，工程师将需要在远程服务器执行的操作写在 Ansible Playbook 中，然后使用 Ansible 执行 Playbook 中的操作。

10.2.3　Ansible 的运行环境

使用 Ansible 操作远程服务器时，首先需要确定的是操作哪些服务器，然后再确定对这些服务器执行哪些操作。Ansible 会默认读取 /etc/ansible/hosts 文件中配置的远程服务器列表。例如，在我们这一小节的例子中，/etc/ansible/hosts 文件内容如下：

```
$ cat /etc/ansible/hosts
[test]
127.0.0.1
10.166.224.14
```

Ansible 中存在一个名为 ping 的模块，该模块并不是测试服务器的网络是否连接，而是尝试建立 SSH 连接，以便验证用户的 SSH 是否已经正确配置。如下所示：

```
$ ansible test -m ping
127.0.0.1 | SUCCESS => {
    "changed": false,
    "ping": "pong"
}
10.166.224.14 | SUCCESS => {
    "changed": false,
    "ping": "pong"
}
```

在这个例子中，test 代表了我们定义的两台服务器，-m 指定了需要操作的模块，ping 是一个模块的名称。当 ping 模块返回成功时，说明 Ansible 可以使用当前的配置 ssh 到远程服务器进行操作。如果 ping 模块返回失败，可以尝试手动 ssh 到远程服务器，以便找到错误原因。

Ansible 默认使用当前用户和默认的 22 端口号与远程服务器建立 SSH 连接。如果需要使用其他用户，或者使用非默认的 SSH 端口号，可以在 host 之后增加用户名和端口号的配置。如下所示：

```
$ cat /etc/ansible/hosts
[test]
127.0.0.1 ansible_user=lmx ansible_port=2092
10.166.224.14 ansible_user=lmx ansible_port=2092
```

一般情况下，工作环境的服务器 ssh 用户名和 ssh 端口号都是相同的。如果我们有很多的远程服务器，每一台服务器都需要配置 ansible_user 或 ansible_port 参数，如果依然使用前面的方式进行配置，会显得非常冗余。对于这种情况，可以在 Ansible 配置文件中修改相应的配置。

Ansible 默认使用 /etc/ansible/ansible.cfg 文件，我们可以在 ansible.cfg 中设定一些默认值，这样就不需要对同样的内容输入多次。如下所示：

```
$ cat /etc/ansible/ansible.cfg
[defaults]
remote_port = 2092
remote_user = lmx
```

10.2.4 Ansible 的 ad-hoc 模式

ping 模块是 Ansible 中最简单的模块，而 command 模块则是工程师最熟悉的模块。command 模块的作用非常简单，就是在服务器中执行 shell 命令。在 Ansible 中，通过 -m 参数指定模块名称，通过 -a 参数指定模块的参数。因此，使用 command 模块在远程服务器执行 shell 命令的语句如下：

```
$ ansible test -m command -a "hostname"
10.166.224.14 | SUCCESS | rc=0 >>
host2

127.0.0.1 | SUCCESS | rc=0 >>
host1

$ ansible test -m command -a "whoami"
127.0.0.1 | SUCCESS | rc=0 >>
lmx

10.166.224.14 | SUCCESS | rc=0 >>
lmx
```

command 是 Ansible 中的默认模块，当我们省略 -m 参数时，默认使用 command 模块。如下所示：

```
ansible test -a "whoami"
```

大部分情况下，Ansible 的模块包含多个参数，参数使用 "key=value" 的形式表示，各个参数之间使用空格分隔。如下所示：

1）将本地文件拷贝到服务器中：

```
ansible test -m copy -a "src=/tmp/data.txt dest=/tmp/data.txt"
```

2）修改文件的所有者和权限：

```
ansible all -m file -a "dest=/tmp/data.txt mode=500 owner=root group=root" -become
```

在这个示例中，-become 参数类似于 Linux 命令下的 sudo。

3）在远程服务器中安装软件：

```
ansible test -m apt -a "name=tmux state=present" -become
ansible test -m apt -a "name=git state=present" -become
```

这里演示了 copy、file 和 apt 模块的基本用法。这些模块的具体用法以及不同的模块需要传递哪些参数的知识点将 10.5 节进行详细介绍。

10.2.5 使用 playbook 控制服务器

前面通过 ansible 命令执行操作的方式，称为 ad-hoc。我们可以使用 ad-hoc 来执行非常简单的操作，也可以使用 ad-hoc 的方式来学习模块的使用方法。但是，在实际的生产环境中，我们一般将远程服务器需要做的事情写在一个 YAML 配置文件中。

例如，将本地文件拷贝到远程服务器并修改文件所有者，然后安装软件的功能，写在 YAML 的配置文件中以后，其内容如下：

```
$ cat test_playbook.yml
---
- hosts: test
  become: yes
  become_method: sudo
  tasks:
  - name: copy file
    copy: src=/tmp/data.txt dest=/tmp/data.txt

  - name: change mode
    file: dest=/tmp/data.txt mode=500 owner=root group=root

  - name: ensure packages installed
    apt: pkg={{ item }} state=present
    with_items:
      - tmux
      - git
```

这个 YAML 文件称为 Ansible Playbook。Playbook 中首先包含了一些声明信息，如 hosts 关键字声明该 Playbook 应用的服务器列表，become 和 become_method 表示在远程服务器通过 sudo 执行操作。Playbook 最后包含了若干个 task，每一个 task 对应于前面的一条 ad-hoc 命令。具体执行时，多个 task 按序执行。读者或许不能完全理解这个 YAML 文件，现在只需要对 Ansible 的执行方式有一个认识即可。本章后续内容将会详细介绍如何编写 Ansible Playbook。

有了 Playbook 以后，通过 ansible-playbook 命令执行。如下所示：

```
ansible-playbook test_playbook.yml
```

上面这条命令的效果与上一小节中多条 ad-hoc 命令的效果是一样的。关于 YAML 的语法，如何编写 playbook 以及模块的使用方式等将在本章后续小节中进行详细介绍。在这一节中，读者只需要知道 Ansible 有两种操作远程服务器的方式，分别是 ad-hoc 与 Playbook。

10.3 Inventory 管理

在 Ansible 中，将可管理的服务器集合称为 Inventory。因此，Inventory 管理便是服务器管理。这一节中，我们将会详细讨论 Inventory 管理。

10.3.1 hosts 文件位置

我们已经演示了 Ansible 如何对远程服务器执行操作，可以看到，Ansible 在执行操作时，首先需要确定对哪些服务器执行操作。默认情况下，Ansible 读取 /etc/ansible/hosts 文件中的服务器配置，获取需要操作的服务器列表。Ansible 定义与获取服务器列表的方式比这个要灵活得多。

在 Ansible 中，有三种方式指定 hosts 文件，分别是：

1）默认读取 /etc/ansible/hosts 文件；

2）通过命令行参数的 -i 指定 hosts 文件；

3）通过 ansible.cfg 文件中的 inventory 选项（老版本的 Ansible 中通过 hostfile 选项指定）指定 hosts 文件。

例如，当前系统中除了 /etc/ansible/hosts 文件以外，在 lmx 用户的 home 目录下也存在一个名为 hosts 的文件，该 hosts 文件的内容如下：

```
$ cat hosts
[test]
10.166.224.14
10.166.224.140
```

ansible 命令的 --list-hosts 选项用来显示匹配的服务器列表，我们可以通过该参数验证服务器的匹配操作。在 lmx 用户的 home 目录下执行下面操作，查看服务器匹配情况：

```
$ ansible test --list-hosts
    hosts (2):
      127.0.0.1
      10.166.224.14
```

可以看到，虽然当前目录下有一个同名的 hosts 文件，但是，ansible 依然使用的是 /etc/ansible/hosts 文件中的配置。我们可以通过 ansible 的 -i 选项指定 hosts 文件，如下所示：

```
lmx@host1:~$ ansible test -i hosts --list-hosts
  hosts (2):
    10.166.224.14
    10.166.224.140
```

通过 -i 参数指定 hosts 文件以后，ansible 使用的是 -i 指定的 hosts 文件，而不是默认的 hosts 文件。

除了使用 -i 选项指定 hosts 文件以外，我们也可以在 ansible.cfg 中通过 inventory 选项指定 hosts 文件的路径，如下所示：

```
$ cat /etc/ansible/ansible.cfg
[defaults]
remote_port= 2092
remote_user= lmx
inventory = /home/lmx/hosts

$ ansible test --list-hosts
  hosts (2):
    10.166.224.14
    10.166.224.140
```

在这个例子中，我们通过 ansible.cfg 文件中的 inventory 选项指定 hosts 文件的路径。这也是实际工作中最常使用的方式。使用这种方式，可以将 ansible.cfg 与 hosts 文件一起保存在一个版本控制的项目中，便于管理与追踪。

10.3.2　灵活定义 hosts 文件内容

在上一节中，我们给出了一个 hosts 文件的例子。这个文件非常简单，Ansible 支持更加灵活的方式定义 hosts 文件。例如，将服务器进行分组，以便对不同的服务器类型执行不同的操作。如下所示：

```
mail.example.com

[webservers]
foo.example.com
bar.example.com

[dbservers]
one.example.com
two.example.com
three.example.com
```

在这个例子中，mail.example.com 不属于任何一个组，webservers 组下包含了 2 台服务器，dbservers 组下包含了 3 台服务器。分组以后，可以使用组的名称匹配该组下的所有服务器。如下所示：

```
$ ansible webservers --list-hosts
  hosts (2):
    foo.example.com
    bar.example.com
```

在服务器匹配时，all 或星号是一个特殊的名称，用于表示匹配所有的服务器。如下所示：

```
$ ansible '*' --list-hosts
$ ansible all --list-hosts
  hosts (6):
    mail.example.com
    foo.example.com
    bar.example.com
    one.example.com
    two.example.com
    three.example.com
```

Ansible 也可以定义一个组，这个组下面定义的不是服务器列表，而是包含其他组的名称。例如，我们在 hosts 文件的末尾增加以下几行，通过 common 这个组名去匹配时，将会匹配到 webservers 和 dbservers 组中所有的服务器。

```
[common:children]
webservers
dbservers
```

Ansible 通过在组名称后面加上“ :children”的方式来声明，当前这个组下面包含的是其他组的名称，而不是普通的服务器地址。

在我们已有的例子中，hosts 文件每一行定义了一台服务器。有经验的读者可能会问，如果我有一批服务器，并且这些服务器有相同的模式，是否有更方便的方式定义服务器列表呢？答案是肯定的，我们可以像下面这样定义服务器列表：

```
[webservers]
web[1:3].example.com

[dbservers]
db[a:d].example.com
```

使用这种便捷方式定义完服务器以后，通过组的名称匹配服务器时将匹配到多个服务器。如下所示：

```
$ ansible webservers --list-hosts
  hosts (3):
    web1.example.com
    web2.example.com
    web3.example.com
```

10.3.3 灵活匹配 hosts 文件内容

在前一小节中，我们详细介绍了 hosts 文件的定义。读者可以看到，hosts 文件的定义非常灵活。Ansible 中，不但 hosts 文件定义非常灵活，服务器匹配也非常灵活。在前面介绍的例子中，我们都是通过组的名称来引用 hosts 文件中定义的服务器。除了使用组的名称匹配服务器以外，Ansible 还支持通配符、正则表达式等更加灵活的方式来匹配服务器。

Ansible 官方给出的 ansible 命令的形式化定义如下：

```
ansible <pattern_goes_here> -m <module_name> -a <arguments>
```

可以看到，在 ansible 命令的形式化定义中，匹配服务器时，Ansible 使用的是模式（pattern）而不是组名。组名匹配与模式匹配，都是用来确定对哪些服务器执行操作的。具体执行哪些操作与模块相关，和服务器的匹配规则没有任何关系。因此，无论是模式匹配还是组名匹配，它们的使用方式都是一样的。例如，重启所有 web 服务器中的 Apache 进程：

```
ansible webservers -m service -a "name=httpd state=restarted"
ansible web*.example.com -m service -a "name=httpd state=restarted"
```

表 10-1 给出了远程服务器的匹配规则，读者可以使用 ansible 命令指定不同的规则，配合 --list-hosts 选项验证 Ansible 的主机匹配。

表 10-1　远程服务器匹配规则

规则	含义
192.168.0.1 或 web.example.com	匹配目标 IP 地址或服务器名，如果有多个 IP 或服务器，使用“:”分隔
webservers	匹配目标组为 webservers，多个组使用“:”分隔
all 或 '*'	匹配所有服务器
webservers:!dbservers	匹配在 webservers 中，不在 dbservers 组中的服务器
webservers:&dbservers	匹配同时在 webservers 组以及 dbservers 组中的服务器
.example.com 或 192.168.	使用通配符进行匹配
webservers[0], webservers[1:], webservers[-1]	使用索引或切片操作的方式匹配组中的服务器
~ (web|db).*.example.com	以~开头的匹配，表示使用正则表达式匹配

10.3.4　动态 Inventory 获取

从前面的介绍可以看到，Ansible 提供了非常灵活的方式来编写 hosts 文件，可以节省不必要的时间浪费，提高工作效率。此外，Ansible 还可以通过调用云计算服务的 API，编写自定义脚本的方式获取服务器列表。试想一下，公司使用了一套 OpenStack 云计算系统，那么，工程师可以通过调用 OpenStack 的 API 获取远程服务器的列表。再或者，大部分公司都使用 CMDB 系统来管理服务器，那么，工程师可以通过读取 CMDB 数据库中的记录得到服务器列表。

既然我们可以通过调用 OpenStack 系统的 API，或者读取 CMDB 系统的数据库获取服务器列表，那么，再将服务器的地址写入 hosts 文件就显得比较冗余，且没有任何必要。使用动态获取服务器的方式还有另外一个好处，就是减少服务器列表的维护操作。例如，通过手动编辑 hosts 文件的方式，当服务器因为硬件故障或者资源冗余要从系统中移除时，我们需要手动将服务器从 hosts 文件中删除，使用动态获取的方式则避免了这样的维护操作。

对于AWS和OpenStack这样的知名云计算系统，Ansible提供了相应的脚本，用来动态获取服务器列表。例如，执行下面的命令将从OpenStack中获取服务器列表并进行ping操作：

```
wget https://raw.githubusercontent.com/ansible/ansible/devel/contrib/inventory/
openstack.py
chmod +x openstack.py
source openstack.rc
./openstack.py --list
ansible -i openstack.py all -m ping
```

其中，openstack.rc包含了与OpenStack相关的环境变量。导入环境变量以后，如果执行"nova list"命令没有报错，并且正确返回了服务器列表，则说明OpenStack相关的配置已经配置正确。

虽然Ansible提供了获取云计算中服务器列表的程序，但是，更多的情况下工程师需要从CMDB系统中获取服务器列表。下面就来看一下，如何编写一个能够动态地从CMDB系统的数据库中获取服务器列表的程序。

一个动态获取服务器列表的脚本必须支持如下两个命令行参数：

- --host=<hostname>：用于列出某台服务器的详细信息；
- --list：用于列出群组以及群组中的服务器。

例如，我们CMDB系统库中包含了一些服务器的信息，如果将这些服务器信息从数据库拷贝到hosts文件中，它们的效果如下：

```
$ cat /etc/ansible/hosts
[webservers]
foo.example.com ansible_user=lmx ansible_port=2092
bar.example.com ansible_user=test ansible_port=2092

[dbservers]
one.example.com
two.example.com
three.example.com
```

按照Ansible的约定，我们需要写一个动态脚本来获取服务器的列表。这个脚本必须支持--list选项和--host选项。其中，--list选项以json的格式返回以组名为key，服务器列表为value的数据。--host返回一个字典，该字典中包含了这个服务器的详细信息。如下所示：

```
$ python hosts.py --list
{
  "webservers": [
    "foo.example.com",
    "bar.example.com"
  ],
  "dbservers": [
    "one.example.com",
```

```
    "two.example.com",
    "three.example.com"
  ]
}

$python hosts.py --host=foo.example.com
{
  "ansible_user": "lmx",
  "ansible_port": 2092
}
```

接下来我们来看一下如何编写这样一个动态获取服务器的脚本。假设在我们的 CMDB 数据库中，存在一张名为 hosts 的表，该表的表结构如下：

```
mysql> show create table hosts\G
*************************** 1. row ***************************
           Table: hosts
Create Table: CREATE TABLE 'hosts' (
    `id` int(11) NOT NULL AUTO_INCREMENT,
    `host` varchar(15) DEFAULT NULL,
    `groupname` varchar(15) DEFAULT NULL,
    `username` varchar(15) DEFAULT NULL,
    `port` int(11) DEFAULT '22',
    PRIMARY KEY ('id')
) ENGINE=InnoDB AUTO_INCREMENT=3 DEFAULT CHARSET=utf8mb4
1 row in set (0.00 sec)
```

其中，id 是表的主键，host 是服务器的 ip 地址或主机名称，groupname 是 Ansible 中的组名，username 和 port 是用来建立 SSH 连接的用户名和端口号。

在我们的测试环境中，表里面有两条记录，每条记录代表一台服务器。如下所示：

```
mysql> select * from hosts;
+----+----------------+-----------+------------+------+
| id | host           | groupname | username   | port |
+----+----------------+-----------+------------+------+
|  1 | 10.166.224.14  | test      | lmx        | 2092 |
|  2 | 10.166.224.140 | test      | laimingxing | 2093 |
+----+----------------+-----------+------------+------+
2 rows in set (0.00 sec)
```

下面是动态获取服务器列表的程序：

```
#!/usr/bin/python
#-*- coding: UTF-8 -*-
from __future__ import print_function
import argparse
import json
from collections import defaultdict
from contextlib import contextmanager
```

```
import pymysql


def to_json(in_dict):
    return json.dumps(in_dict, sort_keys=True, indent=2)


@contextmanager
def get_conn(**kwargs):
    conn = pymysql.connect(**kwargs)
    try:
        yield conn
    finally:
        conn.close()


def parse_args():
    parser = argparse.ArgumentParser(description='OpenStack Inventory Module')
    group = parser.add_mutually_exclusive_group(required=True)
    group.add_argument('--list', action='store_true', help='List active servers')
    group.add_argument('--host', help='List details about the specific host')

    return parser.parse_args()


def list_all_hosts(conn):
    hosts = defaultdict(list)
    with conn as cur:
        cur.execute('select * from hosts')
        rows = cur.fetchall()
        for row in rows:
            no, host, group, user, port = row
            hosts[group].append(host)

    return hosts


def get_host_detail(conn, host):
    details = {}
    with conn as cur:
        cur.execute("select * from hosts where host='{0}'".format(host))
        rows = cur.fetchall()
        if rows:
            no, host, group, user, port = rows[0]
            details.update(ansible_user=user, ansible_port=port)
    return details


def main():
```

```
    parser = parse_args()
     with get_conn(host='127.0.0.1', user='laimingxing', passwd='laimingxing',
db='test') as conn:
        if parser.list:
            hosts = list_all_hosts(conn)
            print(to_json(hosts))
        else:
            details = get_host_detail(conn, parser.host)
            print(to_json(details))


if __name__ == '__main__':
    main()
```

在这个程序中，我们使用argparse解析命令行参数，以便我们的程序支持--list与--host选项，然后通过pymysql创建到CMDB的数据库连接（Python中访问MySQL将在11章中详细介绍），为了专注于获取服务器列表的功能，我们将连接数据库的用户名和密码直接固定在代码中，在实际工作中，一般通过读取配置文件的方式获取连接数据库的用户名和密码。list_all_hosts和get_host_detail函数是我们这段程序的重点。其中，list_all_hosts函数的作用非常简单，就是读取数据库中的所有记录，并返回一个组名为键，服务器列表为值的字典。get_host_detail函数用于获取单个服务器的详细信息。在我们这里的例子中，仅包含ssh连接的用户名和密码，读者可以根据自己的需求在表中添加其他字段。在程序最后将结果转换为json输出。

下面的调用是对我们动态获取服务器列表的程序进行简单的测试，可以看到，动态获取服务器列表的程序除了按照Ansible约定进行返回以外，就是一个普通的Python程序，并没有什么特殊之处。

```
$ python hosts.py --list
{
  "test": [
    "10.166.224.14",
    "10.166.224.140"
  ]
}

$ python hosts.py --host=10.166.224.14
{
  "ansible_port": 2092,
  "ansible_user": "lmx"
}
```

为了让我们动态获取服务器列表的程序能够应用在Ansible中，需要为这个Python程序加上可执行权限。其他使用方式与普通的hosts文件一模一样。如下所示：

```
$ ansible test -i hosts.py -m ping
```

```
10.166.224.14 | SUCCESS => {
    "changed": false,
    "ping": "pong"
}
10.166.224.140 | SUCCESS => {
    "changed": false,
    "ping": "pong"
}

$ ansible test -i hosts.py -a "whoami"
10.166.224.14 | SUCCESS | rc=0 >>
lmx

10.166.224.140 | SUCCESS | rc=0 >>
laimingxing

$ ansible 10.166.224.140 -i hosts.py -a "hostname"
10.166.224.140 | SUCCESS | rc=0 >>
host3
```

10.3.5 Inventory 行为参数

在 10.2.3 节中，我们在指定服务器的地址时，还通过 ansible_user 和 ansible_port 这两个参数指定了建立 SSH 连接的用户名和端口号。ansible_user 和 ansible_port 这类参数在 Ansible 中称为行为参数（behavioral inventory parameters）。当我们需要覆盖某台主机的 Ansible 默认配置时，就可以使用行为参数。除了 ansible_user 与 ansible_port 以外，Ansible 还有其他行为参数。表 10-2 列出了 Ansible 中一些重要的行为参数。

表 10-2 Inventory 行为参数

名称	默认值	描述
ansible_host	主机的名称	SSH 目的主机名或 ip
ansible_user	当前用户	SSH 连接的用户名
ansible_port	22	SSH 连接的端口号
ansible_ssh_private_key_file	none	SSH 连接使用的私钥
ansible_connection	smart	Ansible 使用的连接模式，取值为 smart、ssh 或 paramiko
ansible_become	none	类似于 Linux 下的 sudo
ansible_become_user	none	切换到哪个用户执行命令
ansible_shell_type	sh	执行命令所使用的 shell
ansible_python_interpreter	/usr/bin/python	使用哪一个 Python 解释器
ansible_*_interpreter	none	指定其他语言的解释器

大部分情况下，行为参数取默认值即可。如果部分服务器的连接参数比较特殊，可以通过行为参数改变连接参数。如果所有服务器的连接参数相同，但是取值并不是默认值（例如，SSH 端口号使用的不是 22），可以通过 Ansible 的配置文件（ansible.cfg）更改默认值。

10.3.6　定义服务器变量

在hosts文件中，除了定义行为参数以外，还可以定义普通的变量，以便在不同的服务器中使用不同的配置。例如，可以在两台服务器中分别启动MySQL，一台服务器的MySQL数据库端口号为3306，另外一台服务器的MySQL数据库端口号为3307。定义普通参数与定义行为参数的方法是一样的，只是行为参数的名字由Ansible预先定义，普通参数的名称由我们自己定义。在Ansible中，参数名必须为字母、数字和下划线的组合，并且，首字符必须为字母。

例如，我们在/etc/ansible/hosts文件中为不同的服务器定义一个相同的变量名，但是取值不同。如下所示：

```
127.0.0.1 mysql_port=3306

[test]
10.166.224.14 mysql_port=3307
10.166.224.140 mysql_port=3308
```

在这个例子中，当我们在远程服务器上进行操作时，引用在hosts中定义的mysql_port变量就能够实现不同的服务器以不同的端口号启动MySQL。在测试环境中，我们可以通过echo的方式显示变量的值。如下所示：

```
ansible all  -a 'echo {{mysql_port}}'
127.0.0.1 | SUCCESS | rc=0 >>
3306

10.166.224.14 | SUCCESS | rc=0 >>
3307

10.166.224.140 | SUCCESS | rc=0 >>
3308
```

在这个例子中，test组下两台服务器的mysql_port变量取值不同。一般情况下，组下面的服务器配置都是一样的。如果test组下的两个服务器mysql_port变量取值相同，我们也可以通过组的名称加上“:vars”后缀来定义组变量，如下所示：

```
127.0.0.1 mysql_port=3306

[test]
10.166.224.14
10.166.224.140

[test:vars]
mysql_port=3307
```

在我们这里的例子中，变量比较少，服务器也不多。因此，以现在这种方式定义变量完全没有问题。但是，随着业务的发展，管理的hosts文件越来越大，使用的变量越来越多，依然使用一个 hosts 文件管理服务器和变量就会逐渐变得难以管理。

Ansible 提供了更好的方法来管理服务器与群组的变量，即为每个服务器和群组创建独立的变量文件。其定义方式是，将组的变量存放在一个名为 group_vars 目录下，目录下的文件名与组的名称相同，文件的扩展名可以是 .yml 或 .yaml，也可以没有任何扩展名。服务器的变量存放在一个名为 host_vars 目录下，该目录下的文件名为服务器的名称。

Ansible 将依次在 Playbook 所在的目录、hosts 文件所在的目录和 /etc/ansible 目录下寻找 group_vars 目录和 host_vars 目录。由于我们要在本章后面才介绍 Playbook，因此，这里假设 group_vars 和 host_vars 目录位于 /etc/ansible 目录下。

对于我们前面定义 mysql_port 变量的例子，将变量存放在独立的文件以后，/etc/ansible 目录的结构如下：

```
$ cd /etc/ansible/
$ tree
.
├── ansible.cfg
├── group_vars
│   └── test.yaml
├── hosts
└── host_vars
    └── 127.0.0.1.yaml
```

其中，test.yaml 文件定义了 hosts 文件中 test 组的变量，127.0.0.1.yaml 文件定义了 hosts 文件中 127.0.0.1 这台服务器使用的变量。例如，test.yaml 文件的内容如下：

```
$ cat group_vars/test.yaml
mysql_port: 3307
```

读者需要注意的是，我们在 hosts 文件中定义变量时，使用的是“var = value”格式定义。将变量保存在一个独立的文件时，使用的是“var: value”格式定义。这是因为 Ansible 解析这两个文件时认为 hosts 文件是一个 ini 格式的文件，而保存变量的文件是一个 YAML 格式的文件。

10.4 YAML 语法

在上一节中，我们通过 YAML 格式定义了服务器的变量。YAML 格式在 Ansible 中广泛使用，Ansible 的 Playbook 就是用 YAML 编写的。因此，在学习如何编写 Playbook 之前，需要简单了解 YAML 的语法。

YAML 是一种可读性很强的数据格式语言，YAML 之于 JSON，就相当于 Markdown 之于 HTML。正是由于 YAML 良好的可读性，其广泛应用于软件项目的配置管理中。例如，MongoDB 数据库就使用 YAML 管理数据库的配置信息。Ansible 的竞争对手，SaltStack 也使用 YAML 管理配置文件。

YAML 的语法规则如下：

- ❑ YAML 文件的第一行为“---”，表示这是一个 YAML 文件；
- ❑ YAML 中的字段大小写敏感；
- ❑ YAML 与 Python 一样，使用缩进表示层级关系；
- ❑ YAML 的缩进不允许使用 Tab 键，只允许使用空格，且空格的数目不重要，只要相同层级的元素左侧对齐即可；
- ❑“#”表示注释，从这个字符一直到行尾都会被解析器忽略。

YAML 支持三种格式的数据，分别是：

- ❑ 对象：键值对的集合，又称为映射，类似于 Python 中的字典；
- ❑ 数组：一组按次序排列的值，又称为序列（sequence），类似于 Python 中的列表；
- ❑ 纯量（scalars）：单个的、不可再分的值，如字符串、布尔值与数字。

下面结合 Python 来看几个 YAML 的例子，这些例子没有包含 YAML 的全部语法，但是足够理解和编写 Ansible 的 Playbook。

我们可以将 YAML 文件内容解析成 Python 内部对象，以此帮助读者理解 YAML 的语法。Python 标准库并没有包含解析 YAML 格式的库，因此，为了解析 YAML 格式的文件，需要安装第三方的 PyYAML 库。直接使用 pip 安装即可：

```
pip install PyYAML
```

使用 YAML 表示数组非常容易，只需要用“-”将元素按序列出即可。假设我们有下面这样一个 YAML 文件，文件内容保存在一个名为 data.yaml 的文件中：

```
---
# 一个美味水果的列表
- Apple
- Orange
- Strawberry
- Mango
```

使用 PyYAML 库解析 YAML 文件非常简单，如下所示：

```
In [1]: import yaml

In [2]: with open('data.yaml') as f:
   ...:     print(yaml.load(f))
   ...:
['Apple', 'Orange', 'Strawberry', 'Mango']
```

可以看到，对于前面这个 YAML 文件，解析成 Python 内部对象以后是一个普通的列表。

在 YAML 中，对象以“key: value”的形式进行定义。如下所示：

```
---
# 一位职工的记录
name: Example Developer
job: Developer
skill: Elite
```

转换为 Python 内部对象以后，结果如下：

```
{'skill': 'Elite', 'job': 'Developer', 'name': 'Example Developer'}
```

YAML 中可以使用多种方式指定布尔值。例如，下面的 YAML 格式都是合法的：

```
---
create_key: yes
needs_agent: no
knows_oop: True
likes_emacs: TRUE
uses_cvs: false
```

转换为 Python 代码以后，对变量的取值进行了格式化。如下所示：

```
{'create_key': True,
 'knows_oop': True,
 'likes_emacs': True,
 'needs_agent': False,
 'uses_cvs': False}
```

YAML 中的对象和数组也可以任意嵌套，如下所示：

```
---
# 一位职工记录
name: Example Developer
job: Developer
skill: Elite
employed: True
foods:
    - Apple
    - Orange
    - Strawberry
    - Mango
languages:
    ruby: Elite
    python: Elite
    dotnet: Lame
```

将上面的 YAML 文件转换为 Python 的内部对象，结果如下：

```
{
  "languages": {
    "python": "Elite",
    "dotnet": "Lame",
    "ruby": "Elite"
```

```
  },
  "foods": [
    "Apple",
    "Orange",
    "Strawberry",
    "Mango"
  ],
  "name": "Example Developer",
  "employed": true,
  "skill": "Elite",
  "job": "Developer"
}
```

在 YAML 中定义字符串时，甚至都不需要使用单引号或双引号，直接将字符串写在文件中即可。如下所示：

```
str: this is a string
```

如果字符串中包含特殊字符，需要使用双引号包含起来。例如，下面的例子中，字符串包含冒号。冒号对于 YAML 来说是一个特殊字符，因此，需要使用双引号包含起来。

```
foo: "somebody said I should put a colon here: so I did"
```

如果字符串的内容比较长，可以使用“>”来折叠换行。也就是说，接下来缩进的内容都是这个字符串的一部分。如下所示：

```
that: >
  Foo
  Bar
```

将上面的 YAML 文件转换为 Python 内部对象以后，“Foo”与“Bar”都是字符串的一部分：

```
{'that': 'Foo Bar\n'}
```

下面再看一个复杂的例子，对于我们 10.2.5 节中的 Playbook 转换为 Python 内置对象以后，其内容如下：

```
[
  {
    "become": true,
    "tasks": [
      {
        "copy": "src=/tmp/data.txt dest=/tmp/data.txt",
        "name": "copy file"
      },
      {
        "name": "change mode",
        "file": "dest=/tmp/data.txt mode=500 owner=root group=root"
```

```
          },
          {
            "name": "ensure packages installed",
            "apt": "pkg={{ item }} state=present",
            "with_items": [
              "tmux",
              "git"
            ]
          }
        ],
        "become_method": "sudo",
        "hosts": "test"
      }
    ]
```

10.2.5 节中的 Playbook 是一个典型的 Ansible Playbook。在 Playbook 开头部分，用 hosts 变量指明了需要对哪些服务器进行操作，tasks 表示需要对服务器哪些执行操作。可以看到，tasks 是模块操作的列表，给出了服务器需要依次执行的操作。所谓 Playbook，就是将远程服务器要做的事情以 YAML 语法的形式列出来。在了解 YAML 的语法后再来看 Playbook 的编写方式，会发现 Playbook 其实是非常简单的。如果 Playbook 的编写有一定的难度，Ansible 也无法做到简单易用。

10.5 Ansible 模块

使用 Ansible 对远程服务器进行操作时，首先要确定的是对哪些服务器进行操作，其次要确定的是，要对服务器执行哪些操作。在 Inventory 管理这个章节中，我们详细介绍了如何指定需要操作的远程服务器。在这一节中，我们将学习如何对远程服务器进行操作。

10.5.1 Ansible 的模块工作原理

Ansible 对远程服务器的操作实际是通过模块完成的。其工作原理如下：

1）将模块拷贝到远程服务器；

2）执行模块定义的操作，完成对服务器的修改；

3）在远程服务器中删除模块。

需要说明的是，Ansible 中的模块是幂等的。也就是说，多次执行相同的操作，只有第一次会起作用。这也是在编写自定义 Ansible 模块时需要注意的地方。

Ansible 提供了非常丰富的功能模块，涵盖了运维操作的方方面面。截至目前，Ansible 官方已经提供了超过 950 个核心模块，还有若干第三方模块，工程师也可以使用自己喜欢的编程语言编写第三方模块。可以说，学习 Ansible，在了解 Ansible 的工作流程以后，剩下的事情就是学习和使用 Ansible 模块。

10.5.2 模块列表与帮助信息

Ansible 的模块非常多，如果以模块的功能进行分类，可以分为云模块、命令模块、数据库模块、文件模块、资产模块、消息模块、监控模块、网络模块、通知模块、包管理模块、源码控制模块、系统模块、单元模块、web 设施模块、windows 模块等。完整的模块列表可以参考 Ansible 的官方文档 http://docs.ansible.com/ansible/modules_by_category.html。

除了打开浏览器访问 Ansible 的官方文档以外，我们也可以通过 Ansible 提供的命令行工具查看模块的列表。ansible-doc 命令用于在命令行查看模块列表，也可以使用该工具在命令行获取模块帮助信息。使用方式如下：

```
ansible-doc -l
```

Ansible 提供了大量的模块，因此，我们几乎没有办法，也没有必要学习 Ansible 的所有模块，只需要在用到某一个模块时快速了解该模块的使用方法即可。在 Ansible 中，直接通过 ansible-doc 查看模块的完整帮助信息或基本使用方法。例如，下面的命令用以获取 file 模块的帮助信息：

```
ansible-doc file
ansible-doc -l file
```

10.5.3 常用的 Ansible 模块

Ansible 提供的功能越丰富，所需要的模块也就越多。默认情况下，模块存储在 /usr/share/ansible 目录中，感兴趣的读者可以进入该目录查看模块的源代码。

在这一节中，我们将会学习一些比较基础、比较重要，同时也是使用频率比较高的模块。

1. ping

ping 模块是 Ansible 中最简单的模块，用来测试现有的 SSH 参数是否能够顺利连通远程服务器。使用方法如下：

```
ansible test -m ping
```

2. 远程命令模块

command、raw、script 和 shell 模块都可以实现在远程服务器上执行 Linux 命令。其中，command 是 Ansible 的默认模块，可以不指定模块名称直接运行 Linux 命令，也可以显示地通过 -m 参数指定 command 模块。如下所示：

```
ansible test -a 'hostname'
ansible test -m command -a 'hostname'
ansible test -m command -a '/sbin/shutdown -t now'
```

command 模块包含的其他重要选项：

- chdir 在执行指令之前，先切换到该指定的目录，类似于 Linux 下的 cd /your/path && command；
- executable 切换 shell 来执行命令。

command 模块在执行 Linux 命令时不能使用管道。例如，像下面这样的 Linux 命令，使用 command 模块执行就会出错：

```
$ ansible test -m command -a 'cat /etc/passwd | wc -l'
10.166.224.14 | FAILED | rc=1 >>
cat: invalid option -- 'l'
Try 'cat --help' for more information.
```

如果执行的命令需要用到管道，可以使用 raw 模块，如下所示：

```
ansible test -m raw -a 'cat /etc/passwd | wc -l'
```

按照 Ansible 官方文档的说法，raw 模块相当于使用 SSH 直接执行 Linux 命令，不会进入到 Ansible 的模块子系统中。

除了使用 raw 模块以外，也可以使用 shell 模块，如下所示：

```
ansible test -m shell -a "cat /etc/passwd | wc -l"
```

shell 模块还可以执行远程服务器上的 shell 脚本文件，其中，脚本文件需要使用绝对路径。例如：

```
ansible test -m shell -a "/home/lmx/test.sh"
```

script 模块可以在远程服务器上执行主控节点中的脚本文件，其功能相当于 scp+shell 的组合。脚本执行完成以后会在远程服务器上删除脚本文件。例如：

```
$ cat test.sh
pwd
wc -l /etc/passwd
$ ansible test -m script -a "test.sh"
10.166.224.14 | SUCCESS => {
    "changed": true,
    "rc": 0,
    "stderr": "Shared connection to 10.166.224.14 closed.\r\n",
    "stdout": "/home/lmx\r\n31 /etc/passwd\r\n",
    "stdout_lines": [
        "/home/lmx",
        "31 /etc/passwd"
    ]
}
```

3. file

file 模块主要用于对远程服务器上的文件（包括链接和目录）进行操作，包括修改文件的权限、修改文件的所有者、创建文件、删除文件等。

file 模块中的重要选项：

- path：指定文件 / 目录的路径；
- recurse：递归设置文件属性，只对目录有效；
- group：定义文件 / 目录的组；
- mode：定义文件 / 目录的权限；
- owner：定义文件 / 目录的所有者；
- src：要被链接的源文件路径，只应用于 state 为 link 的情况；
- dest：被链接到的路径，只应用于 state 为 link 的情况；
- force：在两种情况下会强制创建软链接，一种是源文件不存在但之后会建立的情况；另一种是目标软链接已存在，需要先取消之前的软链接，然后创建新的软链接，默认取值为 no；
- state：该选项有多个取值，包括 directory、file、link、hard、touch、absent。各个取值的含义如下：取值为 directory 时，如果目录不存在，创建目录；取值为 file 时，即使文件不存在也不会被创建；取值为 link 时，创建软链接；取值为 hard 时，创建硬链接；取值为 touch 时，如果文件不存在，创建一个新的文件，如果文件或目录已存在，更新其最后访问时间和修改时间；取值为 absent 时，删除目录、文件或链接。

file 模块使用示例：

```
# 创建一个目录
ansible test -m file -a 'path=/tmp/dd state=directory mode=0755'

# 修改文件的权限
ansible test -m file -a 'path=/tmp/dd state=touch mode="u=rw,g=r,o=r"'

# 创建一个软链接
ansible test -m file -a "src=/tmp/dd dest=/tmp/ddl owner=lmx group=lmx state=link"

#修改一个文件的所有者
ansible test -m file -a "path=/tmp/dd owner=root group=root mode=0644" -become
```

4. copy

copy 模块用来将主控节点的文件或目录拷贝到远程服务器上，类似于 Linux 下的 scp 命令。但是，copy 模块比 scp 命令更强大，在拷贝文件到远程服务器的同时，也可以设置文件在远程服务器的权限和所有者。

copy 模块中的重要选项：

- src：要复制到远程主机的文件地址，可以是绝对路径，也可以是相对路径。如果路径是一个目录，将递归复制。在这种情况下，如果路径使用“/”结尾，则只复制目录里的内容，如果没有使用“/”来结尾，则将包含目录在内的整个内容全部复制，类似于 rsync；

- dest：文件复制的目的地，必须是一个绝对路径，如果源文件是一个目录，那么，dest指向的也必须是一个目录；
- force：默认取值为yes，表示目标主机包含该文件，但内容不同时会强制覆盖，如果该选项设置为no，则只有当目标主机的目标位置不存在于该文件时，才会进行复制；
- backup：默认取值为no，如果为取值为yes，那么，在覆盖之前将原文件进行备份；
- directory_mode：递归设定目录权限，默认为系统默认权限；
- others：所有file模块里的选项都可以在这里使用。

copy模块使用示例：

```
# 拷贝文件到远程服务器
ansible test -m copy -a "src=test.sh dest=/tmp/test.sh"

# 拷贝文件到远程服务器，如果远程服务器已经存在，则备份文件
ansible test -m copy -a "src=test.sh dest=/tmp/test.sh backup=yes force=yes"

# 拷贝文件到远程服务器，并且修改文件的所有者和权限
ansible test -m copy -a "src=test.sh dest=/tmp/test.sh owner=root group=root
mode=644 force=yes" -become
```

5. user/group

user模块请求的是useradd, userdel, usermod三个指令，goup模块请求的是groupadd，groupdel，groupmod三个指令。

user/group模块的常用选项：

- name：需要操作的用户名（或群组名）；
- comment：用户的详细描述；
- createhome：创建用户时，是否创建家目录，默认为yes；
- home：指定用户的家目录，需要与createhome选项配合使用；
- groups：指定用户的属组；
- uid：设置用户的uid；
- gid：设置群组的gid；
- password：设置用户的密码；
- state：是创建用户（或群组）还是删除用户（或群组），取值包括present和absent；
- expires：用户的过期时间；
- shell：指定用户的shell环境。

使用示例：

```
# 创建一个用户
ansible test -m user -a 'name=johnd comment="John Doe" uid=1329 group=root'
-become
```

```
# 删除一个用户
ansible test -m user -a 'name=johnd state=absent' -become

# 创建一个用户，并且产生一对秘钥
ansible test -m user -a 'name=johnd comment="John Doe" generate_ssh_key=yes ssh_
key_bits=2048' -become

# 创建群组
ansible test -m group -a "name=ansible state=present gid=1234" -become

# 删除群组
ansible test -m group -a "name=ansible state=absent" -become
```

6. apt

apt 模块用来在 Debian/Ubuntu 系统中安装软件、删除软件。

该模块的主要选项有：

- name：软件包的名称；
- state：软件包的状态，可以取值为 latest, absent, present 和 build-dep，默认为 present；
- autoremove：默认取值为 no，如果取值为 yes，将会移除不需要的软件包；
- force：强制安装或删除软件包；
- update_cache：作用与 apt-get update 相同；
- deb：deb 文件的路径。

apt 模块使用示例：

```
# 安装软件包
ansible test -m apt -a "name=git state=present" -become

# 卸载软件包
ansible test -m apt -a "name=git state=absent" -become

# 更新源
ansible test -m apt -a "update_cache=yes" -become
```

7. get_url

从互联网下载数据到本地，作用类似于 Linux 下的 curl 命令。get_url 模块比 curl 命令更加灵活，可以控制下载以后的数据所有者、权限以及检查下载数据的 checksum 等。

get_url 模块的主要选项：

- url：必传选项，文件的下载地址；
- dest：必传选项，文件保存的绝对路径；
- mode：文件的权限 mode；
- others：所有 file 模块里的选项都可以在这里使用；

- checksum：文件的校验码；
- headers：传递给下载服务器的 HTTP Headers；
- backup：如果本地已经存在同名文件，备份文件；
- timeout：下载的超时时间。

为了进行 get_url 测试，可以使用本书第 2 章介绍的“python -m SimpleHTTPServer”方式启动一个下载服务器，然后将下载服务器中的文件地址传给 url 选项。

get_url 模块使用示例：

```
# 下载文件到远程服务器
ansible test -m get_url -a 'url=http://localhost:8000/data.tar.gz dest=/tmp/data.tar.gz'

# 下载文件到远程服务器，并修改文件的权限
ansible test -m get_url -a 'url=http://localhost:8000/data.tar.gz dest=/tmp/data.tar.gz mode=0777'

# 下载文件到远程服务器，并且检查文件的 md5 校验是否与控制端给出的 md5 校验相同
ansible test -m get_url -a 'url=http://localhost:8000/data.tar.gz dest=/tmp/data.tar.gz checksum=md5:329a0710d0af4058490b2d34625bbc2f'
ansible test -m get_url -a 'url=http://localhost:8000/data.tar.gz dest=/tmp/data.tar.gz checksum=md5:329a0710d0af4058490b2d34625bbcf1'
10.166.224.14 | FAILED! => {
    "changed": false,
    "failed": true,
    "msg": "The checksum for /tmp/data.tar.gz did not match 329a0710d0af4058490b2d34625bbcf1; it was 329a0710d0af4058490b2d34625bbc2f."
}
```

8. unarchive

unarchive 模块用于解压文件，其作用类似于 Linux 下的 tar 命令。默认情况下，unarchive 的作用是将控制节点的压缩包拷贝到远程服务器，然后进行解压。

unarchive 模块包含如下几个重要选项：

- remote_src：该选项可以取值为 yes 或 no，用来表示解压的文件存在远程服务器中，还是存在控制节点所在的服务器中。默认取值为 no，表示在解压文件之前，先将控制节点上的文件复制到远程主机中，然后再进行解压；
- src：指定压缩文件的路径，该选项的取值取决于 remote_src 的取值，如果 remote_src 取值为 yes，则 src 指定的是远程服务器中压缩包的地址，如果 remote_src 取值为 no，则 src 指向的是控制节点中的路径；
- dest：该选项指定的是远程服务器上的绝对路径，表示压缩文件解压的路径；
- list_files：默认情况下该选项取值为 no，如果该选项取值为 yes，也会解压文件，并且在 ansible 的返回值中列出压缩包里的文件；
- exclude：解压文件时排除 exclude 选项指定的文件或目录列表；

- keep_newer：默认取值为 False，如果该选项取值为 True，那么，当目标地址中存在同名的文件，并且文件比压缩包中的文件更新时，不进行覆盖；
- owner：文件或目录解压以后的所有者；
- group：文件或目录解压以后所属的群组；
- mode：文件或目录解压以后的权限。

为了演示 unarchive 模块，我们在本地创建一个名为 data 的目录，并在该目录下创建一些文件。然后在该目录上创建两个压缩文件，分别名为 data.tar.gz 和 data.tar.bz2。下面的示例演示了如何使用 unarchive 模块解压提前准备好的压缩包：

```
# 先创建一个目录
ansible test -m file -a 'path=/tmp/data state=directory'

# 解压本地文件
ansible test -m unarchive -a "src=data.tar.gz dest=/tmp/data list_files=yes"

# 将本地文件拷贝到远程
ansible test -m copy -a "src=data.tar.bz2 dest=/tmp/data.tar.bz2"

# 解压远程的文件
ansible test -m unarchive -a "src=/tmp/data.tar.bz2 dest=/tmp remote_src=yes"
```

9. git

git 模块非常好理解，就是在远程服务器执行 git 相关的操作。该模块一般应用于需要源码安装软件时，从 github 这样的源码托管网站将软件下载到本地，然后执行命令进行源码安装。需要注意的是，该模块依赖于 git 软件，因此，在使用该模块前应该使用 apt 模块（或 yum 模块）先安装 git 软件。

该模块常用的选项如下：

- repo：远程 git 库的地址，可以是一个 git 协议、ssh 协议或 http 协议的 git 库地址；
- dest：必选选项，git 库 clone 到本地服务器以后保存的绝对路径；
- version：克隆远程 git 库的版本，取值可以为 HEAD、分支的名称、tag 的名称，也可以是一个 commit 的 hash 值；
- force：默认取值为 no，当该选项取值为 yes 时，如果本地的 git 库有修改，将会抛弃本地的修改；
- accept_hostkey：当该选项取值为 yes 时，如果 git 库的服务器不在 know_hosts 中，则添加到 know_hosts 中，key_file 指定克隆远程 git 库地址时使用的私钥。

git 模块使用示例：

```
# 将 requests 克隆到 /tmp/requests 目录下
ansible test -m git -a "repo=https://github.com/kennethreitz/requests.git dest=/tmp/requests version=HEAD"
```

```
# 从源码安装 requests
ansible test -a "python setup.py install chdir=/tmp/requests" -become

# 验证 requests 是否安装成功
ansible test -a "python -c 'import requests'"
```

10. stat

stat 模块用于获取远程服务器上的文件信息，其作用类似于 Linux 下的 stat 命令。stat 模块可以获取 atime、ctime、mtime、checksum、size、uid、gid 等信息。

stat 只有 path 这一个必选选项，用来指定文件或目录的路径。stat 模块的使用方法如下：

```
# 获取文件的相信信息
ansible test -m stat -a "path=/etc/passwd"
```

11. cron

顾名思义，cron 是管理 Linux 下计划任务的模块。

该模块包含以下重要选项：

backup：取值为 yes 或 no，默认为 no，表示修改之前先做备份；

state：取值为 present 或 absent，用来确认该任务计划是创建还是删除；

name：该任务的描述；

job：添加或删除任务，主要取决于 state 的取值；

user：操作哪一个用户的 crontab；

cron_file：如果指定该选项，则用该文件替换远程主机上 cron.d 目录下的用户任务计划；

month weekday day minute hour：取值与 crontab 类似，例如，对于 minute 的取值范围 0 ～ 59，也可以选择“*”表示每分钟运行，或者“*/5”表示每 5 分钟运行。

cron 模块使用示例：

```
# 增加一个 crontab 任务
$ ansible test -m cron  -a 'backup=yes name="test cron" minute=*/2 hour=* job="ls /tmp >/dev/null"'
10.166.224.14 | SUCCESS => {
    "backup_file": "/tmp/crontab5dr8HU",
    "changed": true,
    "envs": [],
    "jobs": [
        "test cron"
    ]
}

# 进入服务器，查看新增的 crontab 任务
$ crontab -l
#Ansible: test cron
*/2 * * * * ls /tmp >/dev/null
```

12. service

service 模块的作用类似于 Linux 下的 service 命令，用来启动、停止、重启服务。

service 模块的常用选项：

- name：服务的名称，该选项为必选项；
- state：可以取值为 started、stopped、restarted 和 reloaded。其中，started 和 stoped 是幂等的，也就是说，如果服务已经启动了，执行 started 不会执行任何操作；
- sleep：重启的过程中，先停止服务然后 sleep 几秒再启动；
- pattern：定义一个模式，Ansible 首先通过 status 命令查看服务的状态，以此判断服务是否在运行，如果通过 status 查看服务状态时没有响应，Ansible 会尝试匹配 ps 命令的输出，当匹配到相应模式时，认为服务已经启动，否则认为服务没有启动；
- enabled：取值为 yes 或 no，用来设置服务是否开机启动。

service 模块使用示例：

```
# 安装 Apache，默认情况下，Apache 安装完成以后就会启动
ansible test -m apt -a "name=apache2 state=present" -become

# 停止 Apache
ansible test -m service -a "name=apache2 state=stopped"

# 重启 Apache
ansible test -m service -a "name=apache2 state=restarted"
```

13. sysctl

该模块的作用与 Linux 下的 sysctl 命令相似，用于控制 Linux 的内核参数。

sysctl 模块的常用选项：

- name：需要设置的参数；
- value：需要设置的值；
- sysctl_file：sysctl.conf 文件的绝对路径，默认路径是 /etc/sysctl.conf;
- reload：该选项可以取值为 yes 或 no，默认为 yes，用于表示设置完成以后是否需要执行 sysctl -p 操作。

sysctl 模块的使用示例：

```
# 设置 overcommit_memory 参数的值为 1
ansible test -m sysctl -a "name=vm.overcommit_memory value=1" -become
```

14. mount

在远程服务器上挂载磁盘，当进行挂盘操作时，如果挂载点指定的路径不存在，将创建该路径。

mount 模块的常用选项：

- name：挂载点的路径；

- ❑ state：可以取值为present，absent，mounted，unmounted，其中，mounted与unmounted用来处理磁盘的挂载和卸载，并且会正确配置fstab文件，preset与absent只会设置fstab文件，不会去操作磁盘；
- ❑ fstype：指定文件系统类型，当state取值为present或mounted时，该选项为必填选项；
- ❑ src：挂载的设备。

mount模块的使用示例：

```
# 挂载 /dev/vda 盘到 /mnt/data 目录
ansible test -m mount -a "name=/mnt/data src=/dev/vda fstype=ext4 state=mounted"
```

15. synchronize

synchronize模块是对rsync命令的封装，以便对常见的rsync任务进行处理。既然synchronize模块是对rsync命令的封装，那么，我们也可以使用command模块调用rsync命令执行相应的操作。rsync是一个比较复杂的命令，相对来说，使用synchronize简单一些。

synchronize模块的常用选项：

- ❑ src：需要同步到远程服务器的文件或目录；
- ❑ dest：远程服务器保存数据的路径；
- ❑ archive：默认取值为yes，相当于同时开启recursive、links、perms、times、owner、group、-D等选项；
- ❑ compress：默认为yes，表示在文件同步过程中是否启用压缩；
- ❑ delete：默认为no，当取值为yes时，表示删除dest中存在而src中不存在的文件。

synchronize模块使用示例：

```
# 同步本地目录到远程服务器
ansible test -m synchronize -a "src=test dest=/tmp"
```

10.5.4 模块的返回值

Ansible通过模块来执行具体的操作，由于模块的功能千差万别，所以执行模块操作后，Ansible会根据不同的需要返回不同的结果。虽然如此，Ansible中也有一些常见的返回值，表10-3列出了Ansible中常见的模块返回值。

表10-3 常见的模块返回值

返回值的名称	返回值的含义
changed	几乎所有的Ansible模块都会返回该变量，表示模块是否对远程主机执行了修改操作
failed	如果模块未能执行完成，将返回failed为true
msg	模块执行失败的原因，常见的错误如ssh连接失败，没有权限执行模块等

（续）

返回值的名称	返回值的含义
rc	与命令行工具相关的模块会返回 rc，表示执行 Linux 命令的返回码
stdout	与 rc 类似，返回的是标准输出的结果
stderr	与 rc 类似，返回的是错误输出的结果
backup_file	所有存在 backup 选项的模块，用来返回备份文件的路径
results	应用在 Playbook 中存在循环的情况，返回多个结果

10.6 Playbook

在上一节中，我们详细介绍了 Ansible 提供的一些常用模块。可以看到，Ansible 中的每个模块专注于某一方面的功能。虽然每个模块实现的功能都比较简单，但是，将各个模块组合起来就可以实现比较复杂的功能。在 Ansible 中，将各个模块组合起来的文件是一个 YAML 格式的配置文件。这个配置文件，在 Ansible 中称为 Playbook。

在这一节中，我们将循序渐进地介绍 Ansible 中的 Playbook。我们将首先介绍 Playbook 的定义，然后，介绍如何使用 Playbook 完成远程服务器部署，之后，详细介绍 Playbook 的基本语法，使用 Playbook 的基本语法就能够完成大部分的部署任务，在这一节中，我们将介绍如何使用 Playbook 的基本语法完成 nginx 与 MongoDB 的部署；最后，我们介绍了部分 Playbook 的高级语法。

10.6.1 Playbook 的定义

Playbook 不同于其他使用单个模块操作远程服务器，Playbook 的功能更加强大。如果只使用 Playbook 的基本功能，那么，Playbook 是一个非常简单的配置管理和部署系统。此外，Playbook 也可以实现各种高级功能，如指定任务的执行顺序，委派其他主机来执行某一个任务，与监控服务器和负载均衡组件进行交互等。

有一个非常恰当的比喻，Ansible 中的模块类似于 Linux 下的命令，Ansible 中的 Playbook 类似于 Linux 下的 Shell 脚本文件。Shell 脚本文件将各个 Linux 命令组合起来，以此实现复杂的功能，Playbook 将各个模块组合起来也可以实现复杂的部署功能。在 Shell 脚本中，除了调用 Linux 命令以外，还有一些基本的语法，如变量定义、if 语句、for 循环等。在 Playbook 中，一方面通过 YAML 格式进行定义提高 Playbook 的可读性、可维护性，降低工程师的学习负担；另一方面，Ansible 提供了若干可以应用在 Playbook 中的选项，以便工程师实现更加高级的功能。

一个 Playbook 可以包含一到多个 Play，每一个 Play 是一个完整的部署任务。在 Play 中，我们需要指定对哪些远程服务器执行操作以及对这些远程服务器执行哪些操作。

下面是一个名为 first_playbook.yml 的 Playbook。在这个 Playbook 中，我们定义了两

个 Play，前者用来在数据库服务器上部署 MongoDB，后者用来在 web 服务器上部署“应用”。这里只是为了对 Playbook 进行演示，并没有真的部署应用。

```
---
- hosts: dbservers
  become: yes
  become_method: sudo
  tasks:
  - name: install mongodb
    apt: name=mongodb-server state=present state=present

- hosts: webservers
  tasks:
  - name: copy file
    copy: src=/tmp/data.txt dest=/tmp/data.txt

  - name: change mode
    file: dest=/tmp/data.txt mode=655 owner=lmx group=lmx
```

这个 Playbook 中包含了两个 Play。一个 Playbook 可以包含一到多个 Play，所以，即使 Playbook 中只包含一个 Play，也需要使用列表的形式进行定义。在 YAML 语法中，“ - hosts” 前面的“-”表示定义列表。

前面说过，Playbook 使用 YAML 语法进行定义，并且，Ansible 提供了若干选项来控制 Play 和 task。Ansible 提供的选项比较复杂，我们只需要了解 Playbook 的基本语法，就可以开始编写一些自动部署的 Playbook 了。当需要更加复杂的功能时再去查阅官方文档。

在 Ansible 中，一个 Play 必须包含以下两项：

- ❑ hosts：需要对哪些远程服务器执行操作；
- ❑ tasks：需要在这些服务器上执行的任务列表。

例如，对 web 服务器进行部署时，我们仅仅使用了 hosts 和 tasks 两个选项。前者表示对哪些服务器执行操作，后者表示对服务器执行哪些操作。在部署数据库服务器时需要安装软件，因此使用了 become 与 become_method 两个选项，用来表示使用管理员的身份去安装 MongoDB 数据库。

一个 Play 可以包含一到多个 task，因此，task 也必须以 YAML 的列表形式进行定义。可以看到，在这个例子中，对数据库服务器进行操作时仅包含了一个 task，对 web 服务器进行部署时包含了两个 task。

所谓 task，便是将我们 10.5 节介绍的模块操作，以 YAML 语法的形式写入到 Playbook 中。在 Ansible 中，task 有两种形式进行定义：

- ❑ action：module options
- ❑ module：options

前一种形式是 Ansible 的旧版本语法，它使用 action 作为键（key)，模块的名字作为值 (value)。按照旧版本的语法，安装 Apache 的 task 可以写成下面这样：

```
- name: install apache
  action: apt name=apache2 update_cache=yes state=present
```

旧版本的语法需要一个 action 作为 key，显得比较冗余。在新版本的语法中，直接使用模块的名称作为键，使用模块的参数作为值。如下所示：

```
- name: install apache
  apt: name=apache2 update_cache=yes state=present
```

task 的定义中还有一个比较微妙的地方。在前面介绍 YAML 语法时我们说过，YAML 的字符串不需要使用单引号或者双引号，直接编写即可。因此，在安装 Apache 的例子中，“name=apache2 update_cache=yes state=present”是一个完整的字符串，而不是一个字典。只是字符串的值是一个“key=value”形式的参数。例如，使用 ad-hoc 的方式安装 Apache 的命令如下：

```
ansible webservers -m apt -a "name=apache2 update_cache=yes state=present"
-become
```

既然我们已经知道，在 Playbook 的 task 定义中，使用模块的名称作为键，使用模块的参数作为值。并且，YAML 中可以使用“>”符号进行折叠换行。那么，为了在参数较多时增加 Playbook 的可读性，我们也可以像下面这样定义一个 task：

```
- name: install apache
  apt: >
    name=apache2
    update_cache=yes
    state=present
```

在 Ansible 中，当参数较长时，除了使用“>”进行折叠换行以外，也可以使用缩进子块的形式：

```
- name: install apache
  apt:
    name: apache2
    update_cache: yes
    state: present
```

虽然从字面来看，这两种指定参数的方式相差不大。但是，从 YAML 的语法来说，这是完全不同的两个方法。前者是一个比较长的字符串，后者是一个字典。

task 的定义中，name 是可选的。所以，像下面这样的 task 定义也是完全合法的：

```
- apt: name=apache2 update_cache=yes state=present
```

name 的作用在于，执行 Playbook 时作为注释进行显示，以便使用者知道当前执行到哪一步。因此，在定义 task 时，一般都会定义 name 字段。

在这里的例子中，Play 都不大，所以我们将两个 Play 写在一个 Playbook 中。在实际工作中，虽然一个Playbook可以包含多个Play，但是，为了Playbook的可读性和可维护性，我们一般只会在Playbook中编写一个Play。例如，对于这里的例子，我们可以将first_palybook.yml这个Playbook拆分成两个Playbook，分别名为db.yml与web.yml，其中，db.yml文件包含了与数据库服务器相关的部署任务，web.yml文件包含了与web服务器相关的部署任务。

当我们需要部署数据库服务器和web服务器时，可以先执行db.yml文件，再执行web.yml文件。除此之外，Ansible还提供了一种便捷方式来处理这种情况。例如，我们可以编写一个名为all.yml的Playbook，它的内容如下：

```
---
- include: db.yml
- include: web.yml
```

include选项是Ansible提供的，用于在一个Playbook中导入其他Playbook。在Ansible中，只需要使用include选项导入其他Playbook文件，执行这个Playbook时，被导入的Playbook便会依次执行。

上面详细介绍了Ansible的Playbook定义，这个Playbook定义虽然比较简单，但是，是一个比较完整的Playbook例子。在实际工作中使用的Playbook也不会比这个Playbook复杂很多。

我们接下来将介绍如何使用ansible-playbook命令执行Playbook，然后再介绍Playbook的其他语法。在继续学习之前，让我们暂停一下，简单回顾一下这一小节的内容。在这一小节中，我们介绍了三个新的概念，分别是Playbook、Play和task。其中，Playbook可以包含一到多个Play，每一个Play定义了需要对哪些服务器进行操作以及对服务器执行哪些操作。一个Play可以包含一到多个task，每个task就是一个YAML语法格式编写的模块操作。Ansible提供了若干选项（如hosts、tasks、become）来定义Play。

10.6.2 使用ansible-playbook执行Playbook

上一小节中，我们简单地介绍了Playbook的定义，那么，当我们有了一个Playbook文件以后，如何执行这个文件完成应用部署呢？我们知道，Ansible安装完成以后存在多个可执行的命令行工具，其中，ansible-playbook便是用于执行Playbook的命令行工具。

ansible-playbook的执行方式如下：

```
ansible-playbook first_playbook.yml
```

ansible-palybook命令也有若干命令行选项，其中，有部分选项与ansible命令相同。Ansible中也存在一些ansible-playbook特有的命令行选项。

ansible-playbook命令与ansible命令相同的命令行选项：

- -T --timeout：建立SSH连接的超时时间；

- --key-file --private-key：建立 SSH 连接的私钥文件；
- -i --inventory-file：指定 Inventory 文件，默认是 /etc/ansible/hosts；
- -f --forks：并发执行的进程数，默认为 5；
- --list-hosts：playbooks 匹配的服务器列表。

ansible-playbook 也有一个名为 --list-hosts 的选项，该选项的作用是列出匹配的服务器列表。例如，在我们这个 Playbook 的例子中，hosts 文件的内容如下：

```
[dbservers]
10.166.224.14

[webservers]
10.166.224.140
```

我们知道，Ansible 中的 Play 定义了需要对哪些服务器执行哪些操作，也就是说，每一个 Play 都可以指定匹配的远程服务器。在我们这个 Playbook 的例子中，对数据库服务器安装 MongoDB，对 web 服务器部署“应用”。因此，ansible-playbook 命令与 ansible 命令的 --list-hosts 选项输出的结果将会大不相同。ansible-playbook 命令的 --list-hosts 选项输出的结果如下：

```
$ ansible-playbook -i hosts first_playbook.yml --list-hosts

playbook: first_playbook.yml

  play #1 (dbservers): dbservers    TAGS: []
    pattern: [u'dbservers']
    hosts (1):
      10.166.224.14

  play #2 (webservers): webservers  TAGS: []
    pattern: [u'webservers']
    hosts (1):
      10.166.224.140
```

ansible-playbook 命令特有的一些选项：

- --list-tasks：列出任务列表；
- --step：每执行一个任务后停止，等待用户确认；
- --syntax-check：检查 Playbook 的语法；
- -C --check ：检查当前这个 Playbook 是否会修改远程服务器，相当于预测 Playbook 的执行结果。

这里的几个选项，除了 --step 以外，其他几个选项都不会执行 Playbook 中的任务。这些选项的存在主要是为了便于调试 Playbook。例如，--list-tasks 选项，该选项用来显示当前 Playbook 中的任务列表。当 Playbook 比较大时，可以通过这个方式快速查看任务列表。如下所示：

```
$ ansible-playbook -i hosts first_playbook.yml --list-tasks

playbook: first_playbook.yml

  play #1 (dbservers): dbservers    TAGS: []
    tasks:
      install mongodb   TAGS: []

  play #2 (webservers): webservers  TAGS: []
    tasks:
      copy file TAGS: []
      change mode   TAGS: []
```

当我们查看任务列表时，任务的名称就是task的name字段。因此，name的定义需要具有较好的描述性，让使用者通过名字就能知道该任务需要做什么事情。

--step选项类似于编程语言中的单步调试。当我们使用--step选项执行Playbook时，ansible-playbook在每一个任务之前都会停住，等待用户输入yes、no或continue。如下所示：

```
$ ansible-playbook -i hosts first_playbook.yml --step

PLAY [dbservers] ***********************************
Perform task: TASK: setup (N)o/(y)es/(c)ontinue: y
```

输入yes以后，任务将会继续执行，并在下一个任务时停止，等待用户继续输入。当我们输入continue时，Ansible会执行完当前这个Play，当执行到下一个Play时再停止并等待用户输入。

10.6.3 Playbook的详细语法

到目前为止，我们已经学习了如何编写Playbook以及如何运行Playbook。但是，我们仅仅介绍了最简单的Playbook。在这一节中，我们将会介绍Playbook是如何通过不同的选项提供丰富多样的功能。灵活使用这些选项，能够编写出形式各异的Playbook，以此应对自动部署中的各种情况。

在定义Play时，只有hosts与tasks是必选选项，其他选项都是根据需要添加的。在这一小节中，我们将介绍Playbook提供的不同功能，以Playbook的功能为线索，介绍Play与task中可以使用的选项。

1. 权限

在Ansible中，默认使用当前用户连接远程服务器执行操作，我们也可以在ansible.cfg文件中配置连接远程服务器的默认用户。此外，如果是不同的用户使用不同类型的远程服务器，那么，也可以在Playbook的Play定义中指定连接远程服务器的用户。例如，我们可以指定执行Play的用户：

```
---
- hosts: webservers
  remote_user: root
```

用户可以细分每一个task，如下所示：

```
---
- hosts: webservers
  remote_user: root
  tasks:
    - name: test connection
      ping:
      remote_user: yourname
```

很多时候，我们需要的不是以某个特定用户连接远程服务器，而是在需要更高级别的权限时，使用管理员身份去执行操作。在Ansible中，可以通过become与become_method选项实现：

```
---
- hosts: webservers
  remote_user: yourname
  become: yes
```

与remote_user选项类似，我们也可以为单个任务使用管理员权限，如下所示：

```
---
- hosts: webservers
  remote_user: yourname
  tasks:
    - service: name=nginx state=started
      become: yes
      become_method: sudo
```

2. 通知

在Ansible中，模块是幂等的。例如，我们要在远程服务器上创建一个用户，如果该用户已经存在，那么，Ansible不会将该用户删除以后重新创建，而是直接返回成功，并通过changed字段表示是否对远程服务器进行了修改。

考虑这样一种需求，我们要通过Ansible修改Apache的配置文件，并重启Apache服务使得新的配置文件生效。由于Ansible的模块是幂等的，当我们修改Apache的配置文件时，如果配置文件的内容已经与我们想要修改成的内容一样（例如，不小心将Ansible执行了两次的情况），那么，Ansible就什么也不做。既然Apache的配置文件并没有真的被修改，那么，我们也不应该去重启Apache的服务器。在Ansible中，通过notify与handler机制来实现这里的功能。

在下面的例子中，我们首先尝试安装Apache，然后修改Apache的配置文件。如果配置文件被修改，则通过notify选项通知handler进行后续处理。

handler是Ansible提供的条件机制，与tasks比较类似，都是去执行某些操作。但是，handler只有在被notify触发以后才会执行，如果没有被触发，则不会执行。在Playbook中，如果task后面存在notify选项，那么，当Ansible识别到task改变了系统的状态，就会通过notify去触发handler。

Ansible是通过什么条件判断notify触发的是哪一个handler呢？很简单，在Ansible中，task使用handler的名字作为参数，以此来触发特定的handler。例如，在我们这里的例子中，notify触发的是“restart apache”这个handler，handlers中也存在一个名为“restart apache”的handler。

```
---
- hosts: webservers
  tasks:
  - name: ensure apache is at the latest version
    yum: name=httpd state=latest

  - name: write the apache config file
    template: src=/srv/httpd.j2 dest=/etc/httpd.conf
    notify:
    - restart apache

  - name: ensure apache is running
    service: name=httpd state=started

  handlers:
    - name: restart apache
      service: name=httpd state=restarted
```

需要注意的是，handler只会在所有task执行完后执行。并且，即便一个handler被触发多次，它也只会执行一次。handler并不是在被触发时立即执行，而是按照Play中定义的顺序执行。一般情况下，handler都位于Play的最后，即在所有任务执行完成以后再执行。Ansible官方文档提到handler的唯一用途，就是重启服务与服务器，正如我们这个例子所演示的。

在这个例子中，我们还用到了template模块。template模块用以渲染Jinja模板。如果读者不了解Jinja2模板，并且跳过了本书的第4章内容，可以翻到本书的4.4节了解一下Jinja2模板。

3. 变量

在Inventory管理章节，我们已经介绍了如何定义变量。在Ansible中，还有其他几种定义变量的方式，对于简单的Playbook，最直接的方式是将变量定义在Playbook的vars选项中。如下所示：

```
- hosts: dbservers
  vars:
    mysql_port: 80
```

在 Playbook 中定义的变量，可以在模板渲染时使用。例如，Ansible 官方给出的例子中，MySQL 配置文件的部分模板如下：

```
[mysqld]
datadir=/var/lib/mysql
socket=/var/lib/mysql/mysql.sock
user=mysql
port={{ mysql_port }}
```

当变量比较少的时候，定义在 vars 选项中完全没有问题。当变量比较多时，可以将变量保存在一个独立的文件中，并通过 vars_files 选项引用该文件。如下所示：

```
---
- hosts: all
  vars:
    favcolor: blue
  vars_files:
    - /vars/external_vars.yml

  tasks:
  - name: this is just a placeholder
    command: /bin/echo foo
```

保存变量的文件是一个简单的 YAML 格式的字典，如下所示：

```
---
# in the above example, this would be vars/external_vars.yml
somevar: somevalue
password: magic
```

在 shell 脚本中，我们可以通过获取上一条命令的返回码判断命令是否执行成功。在 Ansible 中，我们也可以获取任务的执行结果，将任务的执行结果保存在一个变量中，并在之后引用这个变量。这样的变量在 Ansible 中使用 register 选项获取，也称为注册变量。

例如，在下面这个例子中，我们首先执行 /usr/bin/foo 命令，并通过 register 选项获取命令的执行结果，将结果保存在 foo_result 中。在之后的 task 中，使用这个变量名引用 /usr/bin/foo 命令的执行结果。

```
- hosts: web_servers
  tasks:

     - shell: /usr/bin/foo
       register: foo_result
       ignore_errors: True

     - shell: /usr/bin/bar
       when: foo_result.rc == 5
```

这个例子还涉及了两个新的选项，分别是 ignore_erros 与 when。前者表示忽略当前 task

中的错误，后者是一个条件语句，只有条件为真时才会执行当前这个 task。我们后面还会看到 when 与 ignore_error 的应用场景。

4. Facts 变量

在 Ansible 中，还有一些特殊的变量，这些变量不需要我们进行任何设置就可以直接使用，这样的变量称为 Facts 变量。Facts 变量是 Ansible 执行远程部署之前从远程服务器中获取的系统信息，包括服务器的名称、IP 地址、操作系统、分区信息、硬件信息等。Facts 变量可以配合 Playbook 实现更加个性化的功能需求。例如，将 MongoDB 数据库的数据保存在 /var/mongo-<hostname>/ 目录下。

我们可以通过 setup 模块查看 Facts 变量的列表，如下所示：

```
$ ansible all -m setup
10.166.224.14 | SUCCESS => {
    "ansible_facts": {
        "ansible_architecture": "x86_64",
        "ansible_bios_date": "01/01/2011",
        "ansible_bios_version": "Bochs",
        ....
        "ansible_eth0": {
            "active": true,
            "device": "eth0",
            "ipv4": {
                "address": "10.166.224.14",
            },
            "ipv6": [
                {
                    "address": "fe80::f816:3eff:fe05:fc27",
                }
```

为了节省篇幅，这里对 setup 模块的输出结果进行了大幅简化。如果读者在自己的服务器上进行实验，将会发现 setup 模块输出了大量的 Facts 变量。

有了 Facts 变量以后，如何在 Ansible 中使用它们呢？答案是直接使用。我们可以在 Playbook 中直接通过变量的名字引用变量，也可以在 Jinja2 模板中通过变量的名字引用变量。例如，下面是一个名为 test_facts.yml 的 Playbook。在这个 Playbook 中，我们输出了操作系统的类型，并且，只有在操作系统为“Debian”类操作系统时才会执行安装操作。

```
---
- hosts: dbservers
  tasks:
    - shell: echo {{ansible_os_family}}
      register: myecho

    - debug: var=myecho.stdout_lines

    - name: install git on Debian linux
      apt: name=git state=installed
```

```
    when: ansible_os_family == "Debian"
```

setup 模块为了输出结果的可读性，对模块的输出进行了归类和整理。因此，当我们要访问复杂变量的子属性时，需要使用嵌套结构。例如，我们可以通过下面两种方式访问 Ansible 中的 ipv4 地址：

```
ansible_eth0["ipv4"]["address"]
ansible_eth0.ipv4.address
```

访问复杂变量的 Playbook：

```
---
- hosts: dbservers
  gather_facts: yes
  tasks:
    - shell: echo {{ansible_eth0["ipv4"]["address"]}}
      register: myecho

    - debug: var=myecho.stdout_lines

    - shell: echo {{ansible_eth0.ipv4.address}}
      register: myecho

    - debug: var=myecho.stdout_lines
```

在实际工作中，我们一般会在 Jinja2 模板中引用 Facts 变量。使用方式与这里的例子一样，为了节省篇幅就不再赘述了。

在 Playbook 中，可以通过 gather_facts 选项控制是否收集远程服务器的信息。该选项默认取值为 yes，如果确定不需要用到远程服务器的信息，可以将该选项设置为 no，以此提高 Ansible 部署的效率。如下所示：

```
---
- hosts: dbservers
  gather_facts: no
  tasks:
```

5. 循环

```
- name: Install Mysql package
  yum: name={{ item }} state=installed
  with_items:
   - mysql-server
   - MySQL-python
   - libselinux-python
   - libsemanage-python
```

6. 条件

有时候，一个任务是否执行取决于一个变量的取值，或者上一个任务的执行结果，这个时候我们就需要条件语句。再或者说，在循环的时候想要跳过一些特定的元素，在服务器部署时只对某些特定的操作系统进行操作。所有这些行为都可以使用条件语句解决。Ansible 的 Playbook 不是一门编程语言，因此没有相应的条件语句，不过，Ansible 提供了一个类似的选项。

在 Playbook 中可以通过 when 选项执行条件语句，when 就类似于编程语言中的 if 语句。

下面是一个简单的 when 选项使用示例：

```
tasks:
  - name: "shut down Debian flavored systems"
    command: /sbin/shutdown -t now
    when: ansible_os_family == "Debian"
```

when 选项也支持多个条件语句，下面是一个 YAML 格式的多条件：

```
tasks:
  - name: "shut down CentOS 6 systems"
    command: /sbin/shutdown -t now
    when:
      - ansible_distribution == "CentOS"
      - ansible_distribution_major_version == "6"
```

对于更加复杂的条件可以使用 and、or 与括号进行定义：

```
tasks:
  - name: "shut down CentOS 6 and Debian 7 systems"
    command: /sbin/shutdown -t now
    when: (ansible_distribution == "CentOS" and ansible_distribution_major_
version == "6") or
          (ansible_distribution == "Debian" and ansible_distribution_major_
version == "7")
```

when 选项中可以使用 Jinja2 的过滤器，例如：

```
tasks:
  - command: /bin/false
    register: result
    ignore_errors: True

  - command: /bin/something
    when: result|failed

    # In older versions of ansible use |success, now both are valid but succeeded uses
the correct tense.
  - command: /bin/something_else
    when: result|succeeded
```

在 when 选项中可以读取变量的取值，例如：

```
vars:
```

```
  epic: true

tasks:
    - shell: echo "This certainly is epic!"
      when: epic
```

when 选项可以与循环一起使用，以实现过滤的功能：

```
tasks:
    - command: echo {{ item }}
      with_items: [ 0, 2, 4, 6, 8, 10 ]
      when: item > 5
```

7. 任务执行策略

在 Ansible 中，Playbook 的执行是以 task 为单位进行的。Ansible 默认使用 5 个进程对远程服务器执行任务。在默认情况的任务执行策略（linear）中，Ansible 首先执行 task1，并且等到所有服务器执行完 task1 以后再开始执行 task2，以此类推。从 Ansible 2.0 开始，Ansible 支持名为 free 的任务执行策略，允许执行较快的远程服务器提前完成 Play 的部署，不用等待其他远程服务器一起执行 task。如下所示：

```
- hosts: all
  strategy: free
  tasks:
  ...
```

在这一节中，我们比较详细地介绍了 Ansible 中的 Playbook 选项。在 Ansible 中，Play 与 task 都有很多选项，每个选项可以实现不同的功能。Ansible 官方并没有通过功能的形式介绍不同的选项给出一个完整的选项列表。读者也可以参考 https://github.com/lorin/ansible-quickref 快速了解 Play 与 task 中的选项以及各个选项的含义。

10.6.4 使用 Playbook 部署 nginx

我们前面花了较大的篇幅来介绍 Playbook 的语法，接下来看一个使用 Playbook 部署服务的例子。在这个例子中，我们将使用 Ansible 配置一台服务器运行 nginx 进程。部署 nginx 的 Playbook 如下：

```
---
- hosts: webservers
  become: yes
  become_method: sudo
  vars:
    worker_processes: 4
    worker_connections: 768
    max_open_files: 65506
  tasks:
    - name: install nginx
```

```
        apt: name=nginx update_cache=yes state=present

    - name: copy nginx config file
        template: src=/home/lmx/test_ansible/nginx.conf.j2 dest=/etc/nginx/nginx.
conf
        notify: restart nginx

    - name: copy index.html
      template:
        src: /home/lmx/test_ansible/index.html.j2
        dest: /usr/share/nginx/www/index.html
        mode: 0644
      notify: restart nginx

  handlers:
    - name: restart nginx
      service: name=nginx state=restarted
```

在这个 Playbook 中，我们首先通过 hosts 选项指定了要对哪些远程服务器执行操作。随后，我们通过 become 与 become_method 选项声明了部署时使用 sudo 权限。接下来，我们在 vars 字段中定义了三个变量，这三个变量将用在 nginx 的配置文件中。我们在 tasks 选项下定义了部署 nginx 服务的任务列表，包括软件安装、模板渲染、定制首页和重启 nginx 进程。

为了避免配置文件在没有任何修改的情况下重启了 nginx 进程，这里使用了 Ansible 的 handler 机制。在这个 Playbook 中，存在两个 notify 选项以及一个 handler 选项，无论是 nginx 的配置文件还是定制首页发生了修改，我们都会重启 nginx 进程。由于我们使用了 Ansible 的 handler 机制，因此，在没有任何修改的情况下，Ansible 并不会重启 nginx 进程。使用 handler 机制还有一个好处，notify 多次，handler 也只会执行一次，避免了反复多次重启 nginx 进程。

在这个部署 nginx 服务的 Playbook 中，我们用到了 nginx.conf.j2 这个配置模板。这个模板使用的是 Jinja2 的语法，所以后缀名为 j2。模板的内容如下：

```
worker_processes  {{ worker_processes }};
worker_rlimit_nofile {{ max_open_files }};

events {
    worker_connections {{ worker_connections }};
}

http {
    server {
            listen 80 default_server;
            listen [::]:80 default_server ipv6only=on;

            listen 443 ssl;

            root /usr/share/nginx/www;
            index index.html index.htm;
```

```
        server_name localhost;

        location / {
                try_files $uri $uri/ =404;
        }
    }
}
```

Ansible 会使用我们在 Playbook 的 vars 字段中定义的变量，将 Jinja2 模板渲染成真实的配置文件。

我们的 Playbook 还用到了一个名为 index.html.j2 的模板，该模板用于渲染网站首页。index.html.j2 的内容如下：

```
<html>
  <head>
    <title>Welcome to ansible</title>
  </head>
  <body>
  <h1>nginx, configured by Ansible</h1>
  <p>If you can see this, Ansible successfully installed nginx.</p>

  <p>{{ ansible_hostname }}</p>
  </body>
</html>
```

在 index.html.j2 中，我们用到了一个名为 ansible_hostname 的变量。这个变量是 Facts 变量，是 Ansible 在执行 Playbook 之前从远程服务器获取到的信息。因此，我们不需要定义直接使用即可。

有了 Playbook 以后，使用 ansible-galaxy 命令进行部署。如下所示：

```
$ ansible-playbook -i hosts  depoly_nginx.yml

PLAY [webservers] ***********************************

TASK [setup] *************************************
ok: [10.166.224.140]
```

如果我们在控制节点上安装了 cowsay 程序，Ansible 会像下面这样进行输出：

```
$ ansible-playbook -i hosts  depoly_nginx.yml
 ___________________
< PLAY [webservers] >
 -------------------
        \   ^__^
         \  (oo)\_______
            (__)\       )\/\
                ||----w |
                ||     ||
```

这个彩蛋比较有趣，但是对查看 Ansible 运行日志有较大影响。如果不想显示这个彩蛋，可以通过设置 ANSIBLE_NOCOWS 这个环境变量关闭 cowsay。

```
$ export ANSIBLE_NOCOWS=1
```

除此之外，我们也可以在 ansible.cfg 文件中添加如下一行来关闭 cowsay。

```
[defaults]
nocows = 1
```

10.6.5 使用 Playbook 部署 MongoDB

在刚开始学习 Ansible 的时候，多做几个实际的练习会非常有帮助。接下来，再看一个更加复杂的 Playbook。我们将使用该 Playbook 部署 MongoDB 的数据库服务。部署 MongoDB 数据库服务的 Playbook 如下：

```
---
- hosts: dbservers
  become: yes
  become_method: sudo
  vars:
    mongodb_datadir_prefix: /data
    mongod_port: 27018

  tasks:
    - name: Create the mongodb user
      user: name=mongodb comment="MongoDB"

    - name: Create the data directory for the namenode metadata
      file: path={{ mongodb_datadir_prefix }} owner=mongodb group=mongodb
state=directory

    - name: Install the mongodb package
      apt: name={{ item }} state=installed
      with_items:
        - mongodb-server
        - mongodb-clients
        - rsyslog-mongodb

    - name: create data directory for mongodb
      file:
        path: "{{ mongodb_datadir_prefix }}/mongo-{{ ansible_hostname }}"
        state: directory
        owner: mongodb
        group: mongodb
```

```
    - name: create log directory for mongodb
      file: path=/var/log/mongo state=directory owner=mongodb group=mongodb

    - name: Create the mongodb startup file
      template: src=mongod.j2 dest=/etc/init.d/mongod-{{ ansible_hostname }}
mode=0655

    - name: Create the mongodb configuration file
      template: src=mongod.conf.j2 dest=/etc/mongod-{{ ansible_hostname }}.conf

    - name: Copy the keyfile for authentication
      copy: src=secret dest={{ mongodb_datadir_prefix }}/secret owner=mongodb
group=mongodb mode=0400

    - name: Start the mongodb service
      command: creates=/var/lock/subsys/mongod-{{ ansible_hostname }} /etc/init.
d/mongod-{{ ansible_hostname }} start
```

与部署nginx类似，我们通过hosts选项声明了要对哪些服务器操作，通过become与become_method选项声明了使用sudo权限进行部署，在vars字段中定义了两个变量。在这个部署MongoDB的Playbook中，我们用到了很多系统管理相关的模块，包括user模块、file模块和copy模块。此外，还使用Playbook的with_items简化安装了多个软件。

在MongoDB的配置文件中，我们用到了普通变量与Facts变量。如下所示：

```
logpath=/var/log/mongo/mongod-{{ ansible_hostname }}.log
logappend=true

fork = true

port = {{ mongod_port }}

dbpath={{ mongodb_datadir_prefix }}mongo-{{ ansible_hostname }}
keyFile={{ mongodb_datadir_prefix }}/secret

# location of pidfile
pidfilepath=/var/run/mongod-{{ ansible_hostname }}.pid
```

除此之外，部署MongoDB时，我们还用到了一个密钥文件（在MongoDB复制集认证时使用）以及一个服务管理脚本。前者不需要修改，所以直接使用copy模块拷贝到远程服务器即可。需要注意的是，密钥文件的权限需要为0400。服务管理脚本涉及到路径问题，因此，我们使用template模块渲染该模块。模板渲染完成以后会自动将内容保存到Playbook中指定的位置。

10.6.6 Playbook中的高级语法

在这一小节中，我们会介绍部分Playbook的高级语法，包括serial、delegate_to、local_

action、run_once、with_*、tags、changed_when 和 failed_when 等选项。如果读者是第一次接触 Ansible，可以快速浏览这一小节，也可以先跳过这一小节的内容。等学习完 Ansible 以后，需要用到 Ansible 的高级功能时，再回过头学习这一小节的内容。

1. 线性更新服务器

Ansible 为了提高部署的效率，默认使用并发的方式对远程服务器进行更新。我们可以使用 --forks 参数控制并发的进程数，默认并发进程数为 5。有经验的工程师都知道，在更新线上服务器时应该循序渐进地进行更新，以此达到降低对线上服务影响的目的。如果服务器数量较少，可以逐台更新；如果服务器数量较多，则渐进式更新。如先更新 1 台服务器，没有问题再更新 2 台服务器，以此类推。如果更新过程中存在不规范，或者更新以后应用程序存在问题，循序渐进的更新方式可以及时停止更新，尽可能降低对线上服务的影响。

为了实现线性更新，我们可以使用 Ansible Playbook 的 serial 选项。该选项可以取值为一个数字，表示一次更新多少台服务器；也可以取值为一个百分比，表示一次更新多少比例的服务器；还可以取值为一个数字或百分比的列表，实现渐进式更新。例如：

```
- name: test play
  hosts: webservers
  serial: 1
```

上面这段代码表示，无论 webservers 组中有多少服务器，无论 --forks 选项取值为多少，一次只更新一台服务器，更新完成以后再更新下一台服务器。

serial 选项不但可以取值为数字，还可以取值为百分比。例如，下面的程序表示一次更新 30% 的服务器：

```
- name: test play
  hosts: webservers
  serial: "30%"
```

我们也可以指定一组数字用于渐进式更新。例如，下面的代码表示，先更新 1 台服务器，然后更新 5 台服务器（如果有这么多服务器的话），再更新 10 台服务器，直至 webservers 组中所有服务器都更新完毕：

```
- name: test play
  hosts: webservers
  serial:
  - 1
  - 5
  - 10
```

2. 使用 delegate_to 实现任务委派功能

Playbook 中的每一个 Play 都指明了要对哪些服务器执行哪些操作。典型的用法是，Ansible

在定义好的一组服务器上执行相同的操作。大部分情况下，这也是我们想要的功能。但是，在某些特殊情况下，对服务器进行批量操作的过程中需要对其中某一台服务器进行特殊处理。此时，需要使用Ansible的任务委派功能。例如：1）在部署之前将一台服务器从负载均衡集群中删除；2）在对一台服务器做改变之前去掉相应dns的记录。

使用delegate_to选项可以委派任务到指定的机器上运行，其使用方式如下：

```
- name: take out of load balancer pool
  command: /usr/bin/take_out_of_pool {{ inventory_hostname }}
  delegate_to: 127.0.0.1
```

3. 使用local_actio在控制服务器执行操作

Ansible默认只对远程服务器执行操作，如果要在Ansible的控制服务器（Ansible进程所在的服务器）上执行操作，可以使用delegate_to功能将任务委派到本地执行。除此之外，Ansible还提供了local_action选项明确指定在控制服务器执行操作。如下所示：

```
tasks:
- name: take out of load balancer pool
  local_action: command /usr/bin/take_out_of_pool {{ inventory_hostname }}
```

4. 使用run_once保证任务仅执行一次

考虑这样一个需求：有多台应用服务器运行在负载均衡后面，现在需要进行数据库迁移，应该如何实现？这个任务的特殊之处在于，只需要在一台应用服务器上执行这个迁移操作，在任何一台应用服务器上执行迁移操作都可以。这个时候，我们可以使用索引和切片的方式访问组中的服务器，因此，可以像下面这样指定该组中的第一台服务器执行数据库迁移操作：

```
- command: /opt/application/migrate_db.py
  when: inventory_hostname == webservers[0]
```

通过索引的方式指定服务器，虽然能够满足这里的需求。但是，没有明确说明任务仅执行一次这个重点。其他人看到这段代码时，看到的是在该组下的第一台服务器中执行迁移操作，而不是在任意一台服务器上执行一次数据库迁移操作。为了让代码更加清晰明了，Ansible提供了run_once选项。如下所示：

```
- command: /opt/application/migrate_db.py
  run_once: true
```

默认情况下，Ansible会选择在组中的第一台服务器中执行run_once操作。因此，上面两种方式的实际效果是一样的，它们都会选择该组中的第一台服务器执行数据库迁移操作。如果要指定某一台服务器执行数据库迁移操作，可以结合delegate_to选项实现。如下所示：

```
- command: /opt/application/migrate_db.py
  run_once: true
```

```
  delegate_to: web01.example.org
```

5. 高级循环结构

在 10.6.3 节中，我们介绍了 Ansible 的 with_items 循环。Ansible 的 Playbook 中支持多种循环，除了 with_items 以外，还包含以下循环选项：

- with_lines
- with_fileglob
- with_first_found
- with_dict
- with_flattened
- with_indexed_items
- with_nested
- with_random_choice
- with_sequence
- with_together
- with_subelements
- with_file

为了节省篇幅，这里仅介绍几个重要的循环。完整的使用说明可以参考 Ansible 的官方文档 http://docs.ansible.com/ansible/playbooks_loops.html。

with_items 是最简单也最常使用的循环方式。在 with_items 中，每一项都可以是一个字典。使用时通过 item.key 的方式引用字典即可。如下所示：

```
- name: add several users
  user:
    name: "{{ item.name }}"
    state: present
    groups: "{{ item.groups }}"
  with_items:
    - { name: 'testuser1', groups: 'wheel' }
    - { name: 'testuser2', groups: 'root' }
```

如果循环的元素是一个嵌套字典，需要使用 with_dict 选项遍历元素。如下所示：

```
---
users:
  alice:
    name: Alice Appleworth
    telephone: 123-456-7890
  bob:
    name: Bob Bananarama
    telephone: 987-654-3210

tasks:
```

```
- name: Print phone records
  debug:
    msg: "User {{ item.key }} is {{ item.value.name }} ({{ item.value.telephone }})"
  with_dict: "{{ users }}"
```

如果循环的每一项不是字典，而是一个列表，那么，我们可以使用 with_nested 选项进行遍历，然后通过下标的方式访问列表中的元素。如下所示：

```
- name: give users access to multiple databases
  mysql_user:
    name: "{{ item[0] }}"
    priv: "{{ item[1] }}.*:ALL"
    append_privs: yes
    password: "foo"
  with_nested:
    - [ 'alice', 'bob' ]
    - [ 'clientdb', 'employeedb', 'providerdb' ]
```

我们也可以使用 with_sequence 选项产生数字列表，其作用类似于 Python 中的 range 函数。在使用 with_sequence 时，我们可以指定起点、终点和步长。如下所示：

```
# create some test users
- user:
    name: "{{ item }}"
    state: present
    groups: "evens"
  with_sequence: start=0 end=32 format=testuser%02x
```

Ansible 中支持 with_random_choice 选项。该选项的含义是随机选择某一项。使用方法如下：

```
- debug:
    msg: "{{ item }}"
  with_random_choice:
     - "go through the door"
     - "drink from the goblet"
     - "press the red button"
     - "do nothing"
```

6. 使用标签灵活控制 Play 的执行

使用 Ansible 部署服务器时，如果部署的任务比较复杂，那么，不可避免地导致任务列表变长。任务列表变长以后，错误处理就会比较麻烦。这是因为 Ansible 中的 task 是按顺序依次执行的。当我们重新指定修改过后的 Playbook，Ansible 会重新执行前面已经执行过 task。如果中间某些步骤比较耗时（如下载一个很大的安装包），那么，会显著增加复杂 Playbook 的调试时间。这个时候，我们希望跳过某些 task 仅执行 Playbook 中的部分 task，或者明确指定运行 Playbook 中的部分 task。在 Ansible 中，可以通过 tags 选项实现这个功能。

例如，下面是一个包含 tags 选项的 Playbook：

```
- name: install package
  yum: name={{ item }} state=installed
  with_items:
     - httpd
     - memcached
  tags:
     - packages
- name: uploading config file
  template: src=templates/src.j2 dest=/etc/foo.conf
  tags:
     - configuration
- name: be sure ntpd is running and enabled
  service: name=ntpd state=started enabled=yes
  tags: ntp
```

在这个例子中，我们使用 tags 为每一个任务打上了一个标签。有了标签以后，可以使用 ansible-playbook 的 --skip-tags 选项与 --tags 选项指定需要执行的 task 或者需要跳过的 task。例如，下面两条命令都能够实现仅执行这个 Playbook 中前两个 task，忽略后一个 task 的功能：

```
ansible-playbook example.yml --tags "configuration,packages"
ansible-playbook example.yml --skip-tags "ntp"
```

7. 使用 changed_when 控制对 changed 字段的定义

当 Shell 命令或模块运行时，它们往往会根据自己的判断报告是否对远程服务器进行了修改，然后通过返回值中的"changed"字段返回给我们。如果 changed 字段返回有误，则可以根据具体的场景修正 changed 字段的返回值。例如，在下面的程序中，billybass 是我们的程序。这个程序退出码为 2 时表示程序对远程服务器产生了修改。因此，可以像下面这样修正 changed 字段的返回值：

```
tasks:

  - shell: /usr/bin/billybass --mode="take me to the river"
    register: bass_result
    changed_when: "bass_result.rc != 2"
```

8. 使用 failed_when 控制对 failed 字段的定义

与 changed 字段类似，我们也可以通过自定义的方式判断命令是否执行成功。如果使用 Ansible 执行 Shell 命令，默认情况下通过命令的返回码是否为 0 判断命令是否执行成功（这也是 Linux 命令的标准）。对于一些特殊的命令，无法通过返回码知道命令是否执行成功，那么，我们也可以使用 failed_when 选项自定义命令执行失败的标准。如下所示：

```
- name: this command prints FAILED when it fails
```

```
command: /usr/bin/example-command -x -y -z
register: command_result
failed_when: "'FAILED' in command_result.stderr"
```

10.7 role的定义与使用

在Ansible中，有一个role的概念。role并不是某一个具体的东西，而是一个规范与抽象，是一种将复杂的Playbook分割成多个文件的机制，它大大简化了复杂Playbook的编写，同时，使得Playbook复用变得简单。Ansible从复杂的Playbook中抽象出了role的概念，并在Playbook提供了roles选项来使用role，在命令行提供了ansible-galaxy命令来创建、删除和查看role，并且提供了一个共享平台来鼓励大家复用role。

在这一节中，我们首先介绍role的概念，然后介绍与role相关的命令行工具ansible-galaxy，之后介绍如何将上一节中部署MongoDB的例子改造成role。

10.7.1 role的概念

需要反复强调的是，role并不是某一个具体的东西，而是一个规范与抽象。Ansible将独立的功能抽象成role，并将该功能依赖的文件、变量、模板、Playbook以统一的格式进行规范化组织，以此增加Playbook的可维护性。

例如，在上一节中，我们介绍了如何使用Playbook部署MongoDB数据库。在部署MongoDB数据库中，存在一个Playbook文件，一个配置文件模板、一个secret文件，以及管理MongoDB服务的脚本。对于这些文件，如果没有统一的规范，每个人都根据自己的喜好进行组织，那么不同的人实现相同的功能可能出现完全不同的组织方式。这种情况不利于Playbook的维护，也不利于工程师之间分享与复用已经写好的Playbook。因此，Ansible将复杂的Playbook抽象成了role的概念。

所谓role，只是一种规范的文件组织方式。每个Ansible的role都会有一个名字，比如“mongodb”，与mongodb role相关的文件都存放在/etc/ansible/roles/mongodb目录下。这个目录包含以下文件及目录：

```
$ tree mongodb
mongodb
├── defaults
│   └── main.yml
├── files
├── handlers
│   └── main.yml
├── meta
│   └── main.yml
├── README.md
├── tasks
```

```
│       └── main.yml
├── templates
└── vars
        └── main.yml

7 directories, 6 files
```

各个目录及文件的含义如下：

- default/main.yml：可以被覆盖的默认变量；
- files：目录，保存了需要上传到远程服务器的文件，如上一节 MongoDB 例子中的 secret 文件；
- handlers/main.yml：与 Playbook 中的 handlers 选项类似，包含了所有的 handler；
- meta/main.yml：role 的依赖信息；

README.md role 的说明文件；

- tasks/main.yml：与 Playbook 中的 tasks 选项类似，包含了任务列表；
- templates：目录，保存了 Jinja2 模板文件，如上一节 MongoDB 例子中的 MongoDB 数据库配置文件；
- vars/main.yml：不应该被覆盖的变量，与 Playbook 中的 vars 或 vars_file 类似，包含了所有的变量定义。

这里有两个需要注意的地方：

1）每个单独的文件都是可选的。例如，当前的 role 不包含 handler，则 handler/main.yml 文件以及 handlers 目录都不需要；

2）在 role 中，引用 template 目录中的模板与 files 目录中的文件时不需要写路径，默认为相对引用。

10.7.2 使用 ansible-galaxy 命令管理 role

我们已经介绍了 role 的概念，接下来看一下如何创建一个 role。安装完 Ansible 以后，存在一个名为 ansible-galaxy 的命令行工具。我们可以利用它快速地创建一个标准的 roles 目录结构，还可以通过它在 galaxy.ansible.com 上下载别人写好的 roles。

ansible-galaxy 的简单用法：

1）初始化一个 roles 的目录结构：

```
ansible-galaxy init /etc/ansible/roles/websrvs
```

2）安装别人写好的 roles：

```
ansible-galaxy install -p /etc/ansible/roles bennojoy.mysql
# 安装到指定目录
ansible-galaxy -p ./roles install bennojoy.ntp
```

Ansible 中，默认将 role 下载到 /etc/ansible/roles 目录，使用 roles 时，也会去该目录查

找 role。也可以在 ansible.cfg 中配置 roles_path，以此更改 role 的保存路径。

3）列出已安装的 roles：

```
ansible-galaxy list
```

4）查看已安装的 roles 信息：

```
ansible-galaxy info bennojoy.mysql
```

5）卸载 roles：

```
ansible-galaxy remove bennojoy.mysql
```

如果你需要部署一个开源软件，很有可能已经有人编写好了 Ansible 的 role 来完成这个工作。为了节省部署时间，我们可以直接从 Ansible Galaxy（https://galaxy.ansible.com）中下载 role。Ansible Galaxy 是 Ansible 提供的一个在线 Playbook 分享平台，该平台汇聚了各类常用功能的角色，找到适合自己的角色后，只需要运行"ansible-galaxy install 作者 id. 角色包的名称"就可以安装到本地。安装到本地以后，进行简单的配置就可以开始部署工作。

Ansible Galaxy 是由 Ansible 社区维护的 Ansible role 开源仓库，这些 role 实际存储在 github 上。我们可以在 Ansible Galaxy 上浏览所有可用的 role。Galaxy 也支持通过名字搜索 role、通过作者查找 role，我们也可以将自己的 role 分享在 Galaxy 上。

10.7.3 如何使用 role

我们已经介绍了 role 的概念、创建、下载等知识。那么，有了 role 以后应该如何使用呢？ role 的使用非常简单。Ansible 的 Playbook 中提供了 roles 选项，我们只需将 role 的名称列在该选项后面即可。接下来我们以一个使用 Ansible Galaxy 上开源的 role 部署 nginx 的例子演示 role 的使用。

首先，在 Ansible Galaxy 网站上查找自己感兴趣的 role。在这里例子中，我们使用 geerlingguy 提供的 nginx role。执行下面的命令，将 geerlingguy 提供的 nginx role 安装到我们本地：

```
sudo ansible-galaxy install geerlingguy.nginx
```

role 默认安装到 /etc/ansible/roles 目录下。安装完成以后，查看该目录下的内容会发现多了一个名为 geerlingguy.nginx 的子目录，如下所示：

```
$ ls /etc/ansible/roles/
bennojoy.ntp  bennojoy.redis  geerlingguy.nginx
```

也可以使用 ansible-galaxy 命令查看当前系统中已经安装的 role：

```
$ ansible-galaxy list
- bennojoy.redis, master
```

```
- bennojoy.ntp, master
- geerlingguy.nginx, 2.1.0
```

读者需要注意Playbook与role的区别。Playbook中会明确对哪些远程服务器执行哪些操作，role仅仅是指定对远程服务器执行操作，并且一个role一般只包含单一的、明确的操作。因此，在实际的部署中，有了role以后仍然需要编写Playbook，明确要对哪些远程服务器执行操作。如果要对远程服务器执行多个操作，可以在Playbook中会引用多个role。

在我们这里的例子中，Playbook的内容如下：

```
---
- hosts: webservers
  become: yes
  become_method: sudo
  roles:
  - role: geerlingguy.nginx
```

使用ansible-playbook命令执行Playbook，以此完成nginx的部署：

```
ansible-playbook -i hosts depoly_nginx.yml
```

可以看到，有了role以后极大简化了Playbook的内容。Playbook中的任务分散到每一个role中。并且，对于部署任务依赖的文件（如模板、附件）也放置在每一个role目录下。通过role的方式组织部署任务，显著提高了Playbook的可读性和可维护性。

10.7.4 使用role改造部署MongoDB的例子

role是一个很好的设计，以统一的标准管理不同功能的Playbook，方便大家分享与学习。例如，对于我们前面部署MongoDB的Playbook的例子，改造成role以后，其文件结构如下所示：

```
.
├── files
│   └── secret
├── README.md
├── tasks
│   └── main.yml
├── templates
│   ├── mongod.conf.j2
│   └── mongod.j2
└── vars
    └── main.yml

4 directories, 6 files
```

其中，files目录用来保存相关文件，因此，我们将secret文件保存在files目录中。tasks目录中的main.yml包含了Playbook中的任务列表。我们将所有的模板都保存在

templates 目录下，在部署 MongoDB 的例子中，我们用到了两个模板，分别是 MongoDB 数据库的配置文件和已经管理 MongoDB 数据库服务的脚本。role 有一个专门的目录用来存放变量，因此，我们可以将 Playbook 中的 vars 字段中内容保存到 vars 目录下。

role 的每个目录都不是必须的。例如，在我们部署 MongoDB 的例子中，由于我们这个 role 没有依赖信息，因此，不需要 meta 目录。没有 handler，因此，handlers 目录也不需要。部署 MongoDB 的例子也没有可替换的变量，因此，default 目录也不需要。

10.8　Ansible 的配置文件

在这一章中，我们断断续续地提到了 ansible.cfg 文件，我们可以通过 ansible.cfg 文件配置 Ansible 命令行工具的默认行为。在这一小节，我们将深入探索 ansible.cfg 文件。

10.8.1　配置文件的查找路径

默认情况下，Ansible 命令行工具使用的配置文件是 /etc/ansible/ansible.cfg 文件。在最佳实践中，我们一般将所有的 role、Playbook、Inventory 文件、ansible.cfg 文件保存在一个版本控制的库中。将所有这些内容放在一个版本控制的库中便于文件管理、问题追踪和数据备份。当所有的内容都保存在版本控制的库中，而不是 Ansible 的默认位置时，ansible.cfg 就显得比较重要了。我们可以在 ansible.cfg 中配置 Inventory 文件的路径、roles 的路径、ssh 连接的默认参数等。

在 Ansible 中，可以有多种方式使用 ansible.cfg 文件。Ansible 查找 ansible.cfg 文件的顺序如下：

1）ANSIBLE_CONFIG 环境变量指定的配置文件；

2）当前目录下的 ansible.cfg 文件；

3）当前用户 home 目录下的 .ansible.cfg 文件；

4）Ansible 默认的 /etc/ansible/ansible.cfg 文件。

Ansible 根据上面的顺序查找配置文件，当找到一个 Ansible 的配置文件以后，立即停止查找。Ansible 不会将后续的配置文件内容合并到当前的配置文件中。因此，如果配置文件的内容没有按照预期配置生效，可能是在当前系统中存在多个 Ansible 的配置文件。

10.8.2　Ansible 中的常用配置

ansible.cfg 文件包含了许多可配置项，这一节将介绍部分常用的配置项，完整的配置项可以参考 Ansible 的官方文档（http://docs.ansible.com/ansible/intro_configuration.html）。

1. 默认配置

- inventory：指定 Inventory 文件的路径；

- remote_user：SSH 连接时使用的用户名；
- remote_port：SSH 连接时使用的端口号；
- private_key_file：SSH 连接使用的私钥文件；
- roles_path：查找 role 的路径，可以指定多个查找路径，多个路径之间用冒号分隔；
- log_path：Ansible 的日志文件路径；
- host_key_checking：类似于 ssh 命令中的 StrictHostKeyChecking 选项，当该选项设置为 False 时，不检查远程服务器是否存在于 know_hosts 文件中；
- forks：并行进程的数量；
- gathering：控制收集 Facts 变量的策略。

2. ssh 连接配置

- ssh_args：可以通过这个参数控制 Ansible 的 ssh 连接；
- pipelining：多个 task 之间共享 SSH 连接，开启 pipelining 能够有效提升 Ansible 的执行速度；
- control_path：保存 ControlPath socket 的路径。

3. 权限提升（privilege escalation）配置

- become：是否进行权限提升；
- become_method：权限提升的方式，默认为 sudo；
- become_user：提升为哪个用户的权限，默认为 root；
- become_ask_pass：默认为 False，表示权限提升时不需要密码。

10.9 Ansible 的最佳实践

到目前为止，我们已经学习了常用的 Ansible 模块，了解了 Ansible 的 Playbook，并且熟悉了 role 的概念。相信读者已经能够根据现有的知识，在生产环境中解决各种不同的部署问题。但是，还有一部分重要的内容不能遗漏，即 Ansible 的最佳实践。就像学会编程语言并不一定能够写好程序一样，仅仅了解 Ansible 的功能还不够，还需要了解 Ansible 的最佳实践。Ansible 官网给出了最佳实践方面的指导意见，我们只需要根据官方文档操作即可，这也非常符合 Ansible 简单易用的特点。

在这一节中，我们将首先介绍最佳实践中 Ansible 的文件组织方式，然后介绍部分 Ansible 的最佳实践，最后，将以 Ansible 官方提供的用例，即部署 LAMP 应用的例子，来学习 Ansible 的最佳实践。

10.9.1 Ansible 的文件组织

Ansible 官方给出的最佳实践中，各文件的组织结构如下：

```
production  # inventory file for production servers
staging     # inventory file for staging environment

group_vars/
   group1
   group2
host_vars/
   hostname1
   hostname2

library/  # if any custom modules, put them here
filter_plugins/  # if any custom filter plugins, put them here

site.yml         # master playbook
webservers.yml  # playbook for webserver tier
dbservers.yml   # playbook for dbserver tier

roles/
    common/            # this hierarchy represents a "role"
        tasks/
            main.yml
        handlers/
            main.yml
        templates/
            ntp.conf.j2
        files/
            bar.txt  # files for use with the copy resource
            foo.sh   # script files for use with the script resource
        vars/
            main.yml
        defaults/
            main.yml
        meta/
            main.yml
        library/
        lookup_plugins/

    webtier/  # same kind of structure as "common" was above
    monitoring/
    fooapp/
```

在这个目录结构中，使用了一个名为 production 的 Inventory 文件保存生产环境的服务器，使用了一个名为 staging 的 Inventory 文件保存测试环境的服务器，使用 host_vars 目录与 group_vars 目录保存服务器变量与组变量。同时，将用户自定义的模块保存在 library 目录下，将用户自动化的插件保存在 filter_plugins 目录下。

此外，还为数据库部署服务编写了一个名为 dbservers.yml 的 Playbook，为 web 服务器编写了一个名为 webservers.yml 的 Playbook。并且，创建了一个名为 site.yml 的 Playbook，该 Playbook 仅仅用于导入 dbservers.yml 与 webservers.yml。如果仅仅是部署数据库服务，执行 dbservers.yml 即可，如果需要同时部署数据库服务与 web 服务，则执行 site.yml。site.yml 的内容如下：

```
---
  # file: site.yml
  - include: webservers.yml
  - include: dbservers.yml
```

在最佳实践中，尽可能地将功能抽象成 role，并将各个 role 保存在 roles 目录下。编写 Playbook 时，不需要再编写 task，仅仅指定需要对哪些服务器执行哪些操作即可。例如，在这个例子中，webservers.yml 的内容如下：

```
---
# file: webservers.yml
- hosts: webservers
  roles:
    - common
    - webtier
```

roles 目录下包含了各个 role 以及 role 中的各个目录，与 10.7.1 节中介绍的一样，这里就不再赘述。

10.9.2 Ansible 最佳实践

为了更好地使用 Ansible 部署应用，Ansible 官方给出了大量的指导意见。在这一节中，我们将介绍部分重要的内容，完整的指导意见可以参考官方文档 http://docs.ansible.com/ansible/playbooks_best_practices.html。

顶层的 Playbook 仅仅包含 role（Top Level Playbooks Are Separated By Role）：例如，在前面介绍的最佳实践中，site.yml 与 webservers.yml 文件都非常短小，因为它们并不包含具体的任务列表，仅仅是引用 role 来执行部署；

以 role 的方式组织 task 与 handler（Task And Handler Organization For A Role）：虽然在 Playbook 中可以使用 tasks 选项给出任务列表，使用 handles 选项给出 handle 列表，但是，在最佳实践中，我们一般以 role 的方式来组织部署任务。因此，我们一般将 task 与 handle 放置在不用的文件中；

明确区分生产环境与测试环境（Staging vs Production）：为了避免误操作，强烈建议在生成环境和测试环境使用不同的 Inventory 文件，以免因为一时大意对生产环境造成破坏；

依次更新集群中的服务器（Rolling Updates）：如果生产环境使用集群提供服务，且集群中的服务器可以分别更新。那么，就不要批量更新服务器。可以使用 Ansible 提供的 serial 选项依次更新服务器，以便在出现问题时能够及时停止更新，将风险降至最低；

明确指定 state 的取值（Always Mention The State）：Ansible 的很多模块都有 state 参数，例如，对于安装软件，可以取值为 absent、present 和 lastest。为了增加可读性与可维护性，降低误操作的可能，尽可能地显示声明 state 参数，而不是取默认值；

以服务器的作用组织 Inventory 文件（Group By Roles）：我们在 10.3 节中介绍了如何编写 Inventory 文件以及如何匹配 Inventory 中的服务器。Inventory 的定义与匹配都非常灵活，为了减少使用者犯错的可能，我们要尽可能的清晰明了。因此，推荐以服务器的作用组织 Inventory 文件。如果一台服务器同时承担了两个不同的功能，那么为了减少匹配服务器的复杂性，可以在 Inventory 中进行适当的冗余；

增加适当的空白与注释以增加可读性（Whitespace and Comments）：在编写 Playbook 的时候可以增加适当的换行以及编写简单的注释增加 Playbook 的可读性。编写 Playbook 与编写计算程序一样，需要时刻记住 Playbook 的可读性与可维护性；

总是为任务命名（Always Name Tasks）：在编写 Playbook 时，任务的名称是可选的。但是，强烈建议为每个任务取一个顾名思义的名字，这样便于 Playbook 理解与调试。在 Ansible 执行时，也方便查看任务的执行进度；

保持简单（Keep It Simple）：Ansible 提供了非常灵活的功能，例如，在定义变量时，我们可以在 Playbook 的 vars、vars_files,、vars_prompt 和 ansible-playbook 的 --extra-vars 选项中定义变量。但是，我们应该在某一处定义变量，而不是多处定义变量。虽然 Ansible 提供了非常灵活的功能，但是，我们不能乱用，要保持简单易懂，这样才不容易犯错；

版本控制（Version Control）：将与当前部署任务相关的所有文件保存到版本控制系统中，这样便于文件管理、问题追踪和数据备份。

10.9.3 使用 role 部署 LAMP 应用

Ansible 官方提供了多个应用部署的例子，每一个例子都有很好的组织方式，符合前面介绍的最佳实践。这些例子保存在 https://github.com/ansible/ansible-examples.git 中。

例如，ansible-examples 库中的 lamp_simple 这个部署任务，只需要简单的配置就能够快速部署一个 LAMP 应用。

1. 目录结构

lamp_simple 完全按照最佳实践的方式组织文件：

```
.
├── group_vars
│   ├── all
│   └── dbservers
├── hosts
├── LICENSE.md
├── README.md
├── roles
│   ├── common
│   │   ├── handlers
│   │   │   └── main.yml
│   │   ├── tasks
```

```
|   |   |   └── main.yml
|   |   └── templates
|   |       └── ntp.conf.j2
|   ├── db
|   |   ├── handlers
|   |   |   └── main.yml
|   |   ├── tasks
|   |   |   └── main.yml
|   |   └── templates
|   |       └── my.cnf.j2
|   └── web
|       ├── handlers
|       |   └── main.yml
|       ├── tasks
|       |   ├── copy_code.yml
|       |   ├── install_httpd.yml
|       |   └── main.yml
|       └── templates
|           └── index.php.j2
└── site.yml
```

2. 执行部署

由于 Ansible 官方提供的 lamp_simple 示例只能应用在 centos 系统中，因此，笔者申请了一台 centos 的云主机，并在 hosts 文件中配置了云主机的地址，然后尝试进行部署。部署过程中仅仅遇到 iptables 没有安装，以及找不到 mysql-server 安装包这两个小问题。将这两个问题解决以后，执行下面的命令就完成了部署任务：

```
ansible-playbook site.yml
```

site.yml 是整个部署任务的入口，其内容也比较简单，就是对不同的服务器引用不同的 role。site.yml 这个入口文件没有包含实际的模块操作，所以文件内容非常清晰明了，并且，site.yml 文件以比较抽象的角度说明了要对服务器执行哪些操作。例如，对所有的服务器执行 common 中定义的操作，对数据库服务器执行 web 中定义的操作，对数据库服务器执行 db 中定义的操作。如下所示：

```
---
# This playbook deploys the whole application stack in this site.

- name: apply common configuration to all nodes
  hosts: all

  roles:
    - common

- name: configure and deploy the webservers and application code
  hosts: webservers
```

```
  roles:
    - web

- name: deploy MySQL and configure the databases
  hosts: dbservers

  roles:
    - db
```

3. 定义组变量

lamp_simple 定义了一些变量，按照最佳实践的做法，将变量保存到 group_vars 目录下。在这个例子中，group_vars 目录下有两个文件，分别是 all 和 dbservers。前者保存了所有服务器都会用到的变量，后者保存了数据库服务器会用到的变量。dbservers 文件内容如下所示：

```
---
# The variables file used by the playbooks in the dbservers group.
# These don't have to be explicitly imported by vars_files: they are autopopulated.

mysqlservice: mysqld
mysql_port: 3306
dbuser: foouser
dbname: foodb
upassword: abc
```

4. Playbook 中的 role

在这个例子中，包含了 common、db 和 web 三个 role。其中，common 用来配置 ntp 服务，db 用来部署 MySQL 数据库，web 用来部署 Apache 服务。这里的三个 role 都包含了 handlers、tasks 和 templates 子目录，其中，tasks 子目录下的 main.yml 文件是 role 的入口。对于 web 这个 role，其 main.yml 文件没有实际的模块操作，而是通过 include 的方式引用 install_httpd.yml 和 copy_code.yml 中的内容，然后在 install_httpd.yml 和 copy_code.yml 中执行实际的操作。如下所示：

```
---
- include: install_httpd.yml
- include: copy_code.yml
```

在 install_httpd.yml 中用到了 Playbook 的 handler 机制，因此，web 这个 role 下存在一个名为 handlers 的子目录，该目录中保存了 install_httpd.yml 引用的 handler。在 copy_code.yml 文件中用到了文件模板，所以，web 这个 role 下存在一个名为 templates 的子目录。

5. Facts 变量

web 这个 role 通过模板定制了网站的首页页面，也为了定制首页页面使用了 Facts 变量。如下所示：

```
<body>
 </br>
  <a href=http://{{ ansible_default_ipv4.address }}/index.html>Homepage</a>
 </br>
<?php
 Print "Hello, World! I am a web server configured using Ansible and I am : ";
 echo exec('hostname');
 Print  "</BR>";
echo  "List of Databases: </BR>";
        {% for host in groups['dbservers'] %}
                $link = mysqli_connect('{{ hostvars[host].ansible_default_ipv4.
address }}', '{{ hostvars[host].dbuser }}', '{{ hostvars[host].upassword }}') or
die(mysqli_connect_error($link));
        {% endfor %}
        $res = mysqli_query($link, "SHOW DATABASES;");
        while ($row = mysqli_fetch_assoc($res)) {
                echo $row['Database'] . "\n";
        }
?>
</body>
```

在这个例子中，我们部署了一个 LAMP 应用。按照传统的手工部署方式，可能需要几个小时才能完成部署，并且会遇到很多令人沮丧的问题。在这里，仅仅花费了几分钟时间就完成了一个 LAMP 应用的部署。

10.10 本章总结

在这一章中，我们对 Ansible 进行了较为全面的学习。首先，我们介绍了 Ansible 的优点，然后比较了 Ansible 与 Fabric 的差异、Ansible 与 SaltStack 的差异。通过对比 Ansible 与其他部署工具的差异，更能够理解 Ansible 的优势与特点。例如，Ansible 相对于其他配置管理工具最显著的特点是，不需要在远程服务器安装任何客户端，这大大减少了 Ansible 的安装难度与维护代价。

介绍完 Ansible 的特点以后，紧接着介绍了 Ansible 的基本使用。使用 Ansible 时，首先要确定的是对哪些服务器执行操作，然后要确定的是对远程服务器执行哪些操作。此外，Ansible 有两种操作远程服务器的方式，分别是 ad-hoc 与 Playbook。

在本章的 10.3 节中，我们深入地介绍了 Ansible 的 Inventory 管理，即确定对哪些服务器操作。虽然 Ansible 提供了灵活的方式进行 Inventory 管理，但是，为了避免误操作和增加可读性，我们应该使用简单直接的方式给出要对哪些远程服务器进行操作。

确定完要对哪些服务器进行操作以后，接下来要明确的是对远程服务器执行哪些操作。在 Ansible 中，一般通过 Playbook 组织对远程服务器的操作，而 Playbook 使用 YAML 语法将模块操作组织在一起。因此，在介绍 Playbook 操作前，我们在 10.4 节介绍了 YAML

的语法，在 10.5 节介绍了 Ansible 的常用模块。10.6 节是这一章的重点，详细介绍了 Playbook 提供的功能。在这一节中，我们介绍了几个新的概念，分别是 Playbook、Play 和 task。它们的关系是：一个 Playbook 可以包含一到多个 Play，一个 Play 可以包含一到多个 task。

在 10.7 节中，我们介绍了 Role 的概念。Role 并不是某一个具体存在的事务，它是一个抽象与规范。Role 可以规范化部署任务相关的 Playbook 与依赖文件。Role 是 Ansible 中的难点与亮点，正是由于 Role 的优秀设计，我们才能够与他人分享我们编写的 Playbook（通过 Role 进行分享），使用他人已经编写好的 Role。为了便于大家分享，Ansible 还专门提供了一个平台来展示 Role。

我们在 10.8 节介绍了 Ansible 的配置文件以及常见的配置项。在 10.9 节介绍了 Ansible 的最佳实践。

Chapter 11 第 11 章

使用 Python 打造 MySQL 专家系统

Python 语言的应用领域非常广泛，不同的人使用 Python 做不同的事情。其中，Python 爬虫因为本身的趣味性被最多人喜爱。但是，对于一线互联网公司的工程师来说，爬虫只是小儿科，他们会使用 Python 做各种各样有用的事情。其中有一个重要的方向就是使用 Python 构建自己的工具和系统。例如，可以使用 Python 构建资产管理系统、自动化运维平台、安全审计系统。

在这一章中，我们会介绍一个网易内部使用的 MySQL 专家系统，该系统架构清晰、扩展性强，并且能够轻松移植到其他系统之中。对于本章即将介绍的专家系统，MySQL 数据库并不是我们的重点，如果读者对 MySQL 数据库不是特别熟悉也没有关系，MySQL 数据库只是该系统的载体。本章将通过该专家系统介绍 Python 中的高级语言特性和 Python 中的系统架构。因此，无论读者是正在学习 Python 语言高级特性的开发工程师、还是想要构建运维工具的运维工程师、抑或是 MySQL DBA，都能够从本章受益。

在这一章中，我们将首先介绍 Python 语言的高级语言特性（11.1 节），包括 Python 的生成器、装饰器和上下文管理器，随后，介绍 MySQL 数据库以及如何在 Python 中连接 MySQL 数据库（11.2），紧接着介绍 Python 语言中的并发操作（11.3 节），然后依次介绍数据库专家系统的设计（11.4 节）和架构（11.5 节）。在本书的最后两节，详细讨论了数据库专家系统的客户端设计（11.6 节）和服务端设计（11.7 节）。

11.1 Python 语言高级特性

在这一小节中，我们将会介绍几个 Python 语言的高级语言特性，包括生成器、装饰器和上下文管理器。Python 语言相对于其他编程语言来说，是一门简单易学的编程语言，但是，大部分工程师都没有掌握好这几个 Python 语言的高级语言特性。笔者认为，造成这种现象有两个原因，一方面是因为大部分 Python 工程师具有其他编程语言背景，而其他编程语言（如 C、C++ 和 Java 语言）中没有这几个语言特性，因此，没有引起工程师的重视；另一方面，这几个高级语言特性本身是 Python 语言中的难点，确实有一定的难度。虽然这几个高级语言特性有一定的难度，但是，花一点时间掌握是值得的。一方面是因为，充分利用这些高级语言特性，能够写出更加 Pythonic 的代码，使得程序的可读性、可维护性和易用性显著增加；另一方面，这几个 Python 语言的高级特性也是 Python 工程师最常遇到的面试题，是考察读者对 Python 掌握程度的重要依据。

11.1.1　深入浅出 Python 生成器

在 Python 这门语言中，生成器毫无疑问是最有用的特性之一，与此同时，也是使用最不广泛的 Python 特性之一。究其原因，主要是因为在其他主流语言中没有生成器的概念。正是由于生成器是一个“新”的东西，所以，它一方面没有引起广大工程师的重视，另一方面，也增加了工程师的学习成本，最终导致大家错过了 Python 中如此有用的一个特性。在这一节中，我们将深入浅出地介绍 Python 的生成器，以改变“如此有用的特性却使用极不广泛”的现象。

1. 迭代器协议

生成器自动实现了迭代器协议，而迭代器协议对很多人来说是一个较为抽象的概念。所以，为了更好地理解生成器，需要简单回顾一下迭代器协议的概念。迭代器协议是指：**对象需要提供 next 方法，它要么返回迭代中的下一项，要么就引起一个 StopIteration 异常以终止迭代**。可迭代对象就是实现了迭代器协议的对象。所谓协议，只是一种约定，可迭代对象实现迭代器协议，Python 的内置工具 (如 for 循环、sum、min、max 函数等) 使用迭代器协议访问对象。

例如，在所有语言中都可以使用 for 循环遍历数组，而 Python 的 list 底层实现是一个保存对象引用的数组，因此，我们可以使用 for 循环来遍历 list。如下所示：

```
In [1]: for n in [1, 2, 3, 4]:
   ...:     print(n)
   ...:
1
2
3
4
```

正如我们在第 5 章所介绍的，在 Python 语言中，for 循环不但可以用来遍历 list，也可以用来遍历文件对象。如下所示：

```
In [2]: with open('/etc/passwd') as f:
```

```
   ...:         for line in f:
   ...:             print(line)
```

为什么在Python中，文件还可以使用for循环进行遍历呢？这是因为，文件对象在Python语言中实现了迭代器协议。for循环并不知道它遍历的是一个文件对象，它只负责使用迭代器协议访问对象。正是由于Python的文件对象实现了迭代器协议，我们才得以使用如此方便的方式访问文件。如下所示：

```
In [3]: f = open('/etc/passwd')

In [4]: dir(f)
Out[4]:
['__class__',
 '__delattr__',
 '__doc__',
 ......
 'next',
 'readline',
 'readlines']
```

通过Python内置的dir函数可以看到，文件对象具有一个名为next的方法。next方法就是迭代器协议的一部分，它要么返回迭代中的下一项，要么就抛出一个StopIteration异常。for循环会自动调用next方法获取文件中的内容，与此同时，for循环也会通过结束循环的方式自动处理StopIteration异常。

2. 生成器

理解了迭代器协议和可迭代对象以后，再来看生成器会好理解很多。

Python使用生成器对延迟操作提供了支持。所谓延迟操作是指在需要的时候才产生结果，而不是立即产生结果。Python有两种不同的方式提供生成器：

1）生成器函数：与普通函数定义类似，但是，使用yield语句而不是return语句返回结果。yield语句一次返回一个结果，在每个结果中间挂起函数的状态，以便下次从它离开的地方继续执行；

2）生成器表达式：类似于列表推导，但是，生成器返回按需产生结果的一个对象，而不是一次构建一个结果列表。

下面是一个生成器的例子，使用生成器返回自然数的平方：

```
def gensquares(N):
    for i in range(N):
        yield i ** 2

for item in gensquares(5):
    print(item)
```

相同的功能，使用普通函数实现：

```
def gensquares(N):
    res = []
    for i in range(N):
        res.append(i*i)
    return res

for item in gensquares(5):
    print(item)
```

可以看到，使用生成器以后，实现相同功能的代码行数更少了。在我们的 gensquares 函数中，原来需要 5 行代码，现在需要 3 行代码即可。

我们再来看一个例子，以加深读者对生成器的理解。假设现在有一个列表，列表中包含若干整数。接下来，我们需要对列表进行过滤。在过滤以后的结果中只保留列表中偶数的数字。这个需求十分简单，相信读者能够快速写出相应的函数。如下所示：

```
def get_even_num(l):
    res = []
    for item in l:
        if item % 2 == 0:
            res.append(item)
    return res

def main():
    l = range(5)
    for item in get_even_num(l):
        print(item)

if __name__ == '__main__':
    main()
```

使用生成器以后，程序整体架构不变，但是代码更加清晰。如下所示：

```
def get_even_num(l):
    for item in l:
        if item % 2 == 0:
            yield item

def main():
    l = range(5)
    for item in get_even_num(l):
        print(item)

if __name__ == '__main__':
    main()
```

接下来看一下生成器表达式的使用。生成器表达式与列表推导非常相似，使用列表推导，将一次产生所有结果。而使用生成器不会一次产生所有结果，它会返回按需产生结果的一个对象。如下所示：

```
In [5]: squares = [x**2 for x in range(5)]

In [6]: squares
Out[6]: [0, 1, 4, 9, 16]
```

将列表推导的中括号替换成圆括号，就是一个生成器表达式：

```
In [7]: squares = (x**2 for x in range(5))

In [8]: squares
Out[8]: <generator object <genexpr> at 0x7fe8333bf280>

In [9]: next(squares)
Out[9]: 0

In [10]: next(squares)
Out[10]: 1

In [11]: next(squares)
Out[11]: 4

In [12]: list(squares)
Out[12]: [9, 16]
```

在Python语言中，不但使用迭代器协议让for循环变得更加通用，而且，大部分内置函数也可以使用迭代器协议访问对象。例如，sum函数是Python的内置函数，该函数使用迭代器协议访问对象，而生成器实现了迭代器协议，所以，我们可以直接这样计算一系列值的和：

```
In [13]: sum((x ** 2 for x in range(4)))
Out[13]: 14
```

为了简单起见，我们也可以省略生成器的圆括号。如下所示：

```
In [14]: sum(x ** 2 for x in range(4))
Out[14]: 14
```

使用sum函数计算一些列值的和时，可以直接使用生成器，而不用多此一举地先构造一个列表。例如，下面的程序就是一个典型的反面教材。在这段程序中，需要先构造一个列表，然后使用sum函数计算列表中元素的和：

```
In [15]: sum([x ** 2 for x in range(4)])
Out[15]: 14
```

3. 生成器与函数

通过前面的介绍，相信读者已经对Python的生成器有了大概的认识。接下来，以生成器函数为例，再来深入探讨一下Python的生成器。

Python 的生成器语法上和函数类似，生成器函数和常规函数几乎是一样的，它们都是使用 def 语句进行定义。差别在于：1）从语法上看，生成器使用 yield 语句返回一个值，而常规函数使用 return 语句返回一个值；2）从使用上看，Python 的生成器自动实现了迭代器协议。由于生成器实现了迭代器协议，所以，我们可以在迭代环境中（如 for 循环、sum 函数、min 函数等）使用生成器；3）从 Python 实现上看，生成器的 yield 语句挂起生成器函数的状态，保留足够的信息，以便之后从它离开的地方继续执行。

使用生成器的主要原因是，生成器支持延迟计算。所谓延迟计算，就是一次返回一个结果，而不是一次返回所有结果。这对于大数据量处理将非常有用。读者可以在自己计算机上试试下面两个表达式，并且观察内存占用情况。对于前一个表达式，笔者在自己的电脑上进行测试，还没有看到最终结果电脑就已经卡死。对于后一个表达式，几乎没有什么内存占用。

```
In [16]: sum([i for i in xrange(1000000000)])
In [17]: sum(i for i in xrange(1000000000))
```

除了延迟计算，生成器还能有效提高代码可读性。例如，现在有一个需求，求一段文字中每个单词出现的位置。如果不使用生成器，程序大概是下面这样：

```
def index_words(text):
    result = []
    if text:
        result.append(0)
    for index, letter in enumerate(text, 1):
        if letter == ' ':
            result.append(index)
    return result

text = """The Zen of Python, by Tim Peters"""
print(index_words(text))
```

使用生成器以后，程序变得清晰了：

```
def index_words(text):
    if text:
        yield 0
    for index, letter in enumerate(text, 1):
        if letter == ' ':
            yield index

text = """The Zen of Python, by Tim Peters"""
print(list(index_words(text)))
```

至少有两个理由可以说明，使用生成器比不使用生成器代码更加清晰：

1）使用生成器以后，代码行数更少。读者需要牢记记住，如果想把代码写得简洁优美，在保证代码可读性的前提下，代码行数越少越好；

2）不使用生成器的时候，对于每次结果，我们首先看到的是一个列表的 append 操作（result.append（index）)，其次，我们才看到 index 这个变量。也就是说，我们每次看到的是一个列表的 append 操作，只是 append 的参数是我们想要的结果。使用生成器以后直接 yield index，少了列表 append 操作的干扰，一眼就能够看出代码是要返回 index 这个变量的值。

这个例子充分说明了合理使用生成器能够有效提高代码可读性。只要大家接受了生成器的概念，理解了 yield 语句和 return 语句一样返回一个值。那么，就能够理解生成器的好处，也可以通过生成器提高程序效率和可读性。

11.1.2 深入浅出 Python 装饰器

Python 2.4 开始提供了装饰器（decorator)，装饰器作为修改函数的一种便捷方式，为工程师编写程序提供了便利性和灵活性。适当使用装饰器能够有效提高代码的可读性和可维护性。装饰器本质上就是一个函数，这个函数接受其他函数作为参数，并将其以一个新的修改后的函数进行替换。

为了深入理解装饰器的原理，首先需要了解 Python 中的一些函数知识，包括 Python 中函数可以赋值给另外一个变量名，函数可以嵌套，以及函数对象可以作为另外一个函数的参数等。装饰器仅仅是利用前面的这些 Python 知识加上 Python 语法实现的一种高级语法。

1. 函数对象

在 Python 语言中，def 语句定义了一个函数对象，并将其赋值给函数名。也就是说，函数名其实只是一个变量，这个变量引用了这个函数对象。因此，我们可以将函数赋值给另外一个变量名，通过这个新的变量名调用函数。如下所示：

```
def say_hi():
    print("Hi")

hello = say_hi
hello()
```

2. 嵌套函数

在 Python 语言中，def 语句是一个实时执行的语句，当它运行的时候会创建一个新的函数对象，并将其赋值给一个变量名。这里所说的变量名就是函数的名称。因为 def 是一个语句，因此，函数定义可以出现在其他语句之中。如下所示：

```
import random

n = random.randint(1, 5)
if n % 2 == 0:
    def display(n):
        print("{0} is an even number".format(n))
```

```
    else:
        def display(n):
            print("{0} is a old number".format(n))

    display(n)
```

既然函数定义可以出现在其他语句之中，那么，函数的定义也可以出现在另外一个函数的定义之中。如下所示：

```
def outer(x, y):
    def inner():
        return x + y
    return inner

f = outer(1, 2)
print(f())
```

在这个例子中，我们定义了一个名为outer的函数，并在outer函数内部定义了inner函数。outer函数以返回值的形式返回inner函数，我们将返回值保存在变量f中，f引用的是outer函数内部的inner函数。所以，当我们调用函数f时，实际是调用的inner函数。

3. 装饰器原型

我们再来看一个回调函数的例子。回调函数是指将函数作为参数传递给另外一个函数，并在另外一个函数中进行调用。回调函数并不是Python语言特有的，在各个编程语言中都存在。下面是一个回调函数的例子：

```
def greeting(f):
    f()

def say_hi():
    print("Hi")

def say_hello():
    print("Hello")

greeting(say_hi)
greeting(say_hello)
```

在这个例子中，我们定义了三个函数，分别是greeting、say_hi和say_hello。其中，say_hi和say_hello这两个函数作为一个普通的参数传递给greeting函数。greeting函数通过函数参数获得了say_hi函数和say_hello函数的引用。因此，在greeting函数中调用f函数时，实际调用的是作为参数的say_hi函数和say_hello函数。

接下来看一个更加复杂的例子。在这个例子中，我们用到了前面介绍的所有知识。首先，我们定义了一个名为say_hi的函数和一个名为bread的函数，bread函数接收say_hi函数作为参数。在bread函数中，我们还定义了一个名为wrapper的嵌套函数。在嵌套函数中，我们首先打印begin消息，然后再调用作为函数参数传递进来的say_hi函数，在say_ hi 函数调用完成以后，再打印 end 消息。最后，我们将嵌套函数作为返回值，返回给了 bread 函数的调用者。bread 函数的调用者得到返回值以后，执行函数调用。如下所示：

```
def say_hi():
    print("Hi")

def bread(f):
    def wrapper(*args, **kwargs):
        print("begin call {0}".format(f.__name__))
        f()
        print("finish call {0}".format(f.__name__))
    return wrapper

say_hi_copy = bread(say_hi)
say_hi_copy()
```

上面这段代码的执行结果如下：

```
begin call say_hi
Hi
finish call say_hi
```

在上面这段程序中，bread 函数接收 say_hi 函数作为参数，并将其以一个新的修改后的函数进行替换。可以看到，bread 函数实现的逻辑与前面提到的装饰器的逻辑是一样的。这是因为 bread 本身就是一个合法的装饰器。接下来，只需要使用 Python 的语法糖改造前面的程序，就完成了一个装饰器的定义和使用的完整例子。如下所示：

```
def bread(f):
    def wrapper(*args, **kwargs):
        print("begin")
        f()
        print("end")
    return wrapper

@bread
def say_hi():
    print("Hi")

say_hi()
```

这段程序和前面的程序作用一模一样，产生的结果也相同。区别在于，前面的程序显示地调用了 bread 函数来封装 say_hi 函数，这段程序通过 Python 的语法糖来封装 say_hi 函数。在 Python 中，say_hi 函数定义语句前一行的“@bread”语句表示对该函数应用 bread 装饰器，其中，“@”是装饰器的语法，“bread”是装饰器的名称。

4. 装饰器的例子

前面只是一步一步介绍了装饰器的语法，接下来再看演示装饰器作用的例子。假设我们有一个特殊的栈，这个栈不但实现了先进后出的数据结构，还会检查操作栈的用户是否具有相应的权限，只有管理员才能够进行栈操作。如下所示：

```
class Stack:
    def __init__(self):
        self.storage = []

    def put(self, username, elem):
        if username != 'admin':
            raise Exception("This user is not allowed to put elem")

        self.storage.append(elem)

    def get(self, username):
        if username != 'admin':
            raise Exception("This user is not allowed to get elem")

        if not self.storage:
            raise Exception("There is no elem in stack")
        return self.storage.pop()
```

在这个特殊的栈中，相对于普通的栈，put操作和get操作多了一个额外的参数，即username。如果username不为admin，则抛出异常。可以看到，这段程序虽然实现了相应的功能，但也存在一些不足。在put操作和get操作中，都需要检查username是否为admin，这就存在了代码重复。试想一下，如果以后增加了新的管理员、或者管理员改变了名字，那么，我们需要在每一处检查权限的地方进行修改。如果修改有遗漏，那就留下了一个线上bug。作为一名优秀的软件工程师，我们需要时刻谨记DRY（Don't Repeat Yourself）原则。所以，比较好的做法是将检查权限的操作提炼成一个独立的函数。如下所示：

```
def check_is_admin(username):
    if username != 'admin':
        raise Exception("This user is not allowed to put/get elem")

class Stack:
    def __init__(self):
        self.storage = []

    def put(self, username, elem):
        check_is_admin(username=username)
        self.storage.append(elem)

    def get(self, username):
        check_is_admin(username=username)
        if not self.storage:
            raise Exception("There is no elem in stack")
        return self.storage.pop()
```

将检查权限的操作提炼成一个独立的函数以后，在put和get操作中调用check_is_admin这个函数即可。通过这种方式，不但增加了代码可读性，减少了代码冗余，也降低了后期的维护代价。虽然将检查权限的操作提炼成函数以后代码质量有了较大的提升，但是，使用装饰器效果会更好。如下所示：

```
def check_is_admin(f):
    def wrapper(*args, **kwargs):
        if kwargs.get('username') != 'admin':
            raise Exception("This user is not allowed to put/get elem")
        return f(*args, **kwargs)
    return wrapper

class Stack:
    def __init__(self):
        self.storage = []

    @check_is_admin
    def put(self, username, elem):
        self.storage.append(elem)

    @check_is_admin
    def get(self, username):
        if not self.storage:
            raise Exception("There is no elem in stack")
        return self.storage.pop()
```

使用装饰器以后，代码行数更多了，但是，代码反而更清晰了。对于put函数和get函数，向列表里面添加元素和获取元素才是真正的逻辑。在不使用装饰器时，他人阅读我们的代码先看到的是一个check_is_admin的函数调用，然后看到的才是添加元素和获取元素的逻辑。使用装饰器以后，其他人阅读我们的代码将清楚明了地看到添加元素和获取元素的业务逻辑，不会被check_is_admin函数调用所干扰。所以，使用装饰器以后代码的可读性会更好。

在这个例子中，我们使用装饰器进行参数检查。装饰器作为一种修改函数的方式，灵活应用，可以实现很多有意思的功能。例如：

1）注入参数。为函数提供默认参数，生成新的参数等；

2）记录函数的行为。可以统计函数的调用次数，缓存函数的结果，计算函数调用耗费的时间；

3）预处理与后处理；

4）修改调用时的上下文。

例如，下面的benchmark函数就是一个统计函数运行时间的装饰器。读者可以将该装饰器应用到自己的代码之中。

```
from __future__ import print_function
```

```
import time

def benchmark(func):
    def wrapper(*args, **kwargs):
        t = time.time()
        res = func(*args, **kwargs)
        print(func.__name__, time.time() - t)
        return res
    return wrapper

@benchmark
def add(a, b):
    time.sleep(1)
    return a + b

print(add(1, 2))
```

虽然装饰器是 Python 中一个比较高级的语言特性，在某些特殊场景下非常有用，但使用装饰器也有不少注意事项，如果不注意这些，程序将会变得晦涩难懂。

5. 使用装饰器以后函数属性的变化

装饰器接受一个函数作为参数，并将其以一个新的修改后的函数进行替换。因此，默认情况下，获取一个被装饰器修改过的函数的属性将不能获取到正确属性信息。例如，对于一个函数，我们可以通过 __name__ 属性得到函数的名字，通过 __doc__ 属性得到函数的帮助信息。但是，一个被装饰器装饰过的函数，默认情况下，我们通过 __doc__ 和 __name__ 获取属性时，得到的却是装饰器中嵌套函数的信息。如下所示：

```
def mul(a, b):
    """Calculate the product of two numbers"""
    return a * b

@benchmark
def add(a, b):
    """Calculate the sum of two numbers"""
    return a + b

print(mul.__name__)
print(mul.__doc__)

print(add.__name__)
print(add.__doc__)
```

在这段程序中，我们定义了两个函数，即 mul 与 add。为了进行功能演示，我们为这两个非常简单的函数添加了帮助文档。接着，我们使用前面介绍的 benchmark 装饰器装饰 add 函数。在这段代码的最后，我们通过 __name__ 和 __doc__ 获取函数的名字和函数的帮助信息。

这段程序的执行结果如下：

```
$ python lost_attr.py
mul
Calculate the product of two numbers
wrapper
None
```

可以看到，我们在没有使用装饰器装饰的函数中可以正确获取函数的名字和帮助信息。而使用了 benchmark 装饰器装饰的函数将无法获取函数的属性。这种情况也很好理解，因为装饰器接受一个函数作为参数，并将其以一个新的修改后的函数进行替换。因此，当我们获取 add 函数的属性时，由于它被 benchmark 装饰器装饰过，所以我们获取到的函数属性，实际上是装饰器返回给我们的这个函数的属性。

这个问题也很好解决，使用标准库的 functools 模块中的 wraps 装饰器即可。wraps 装饰器的作用是，复制函数属性至被装饰的函数。如下所示：

```
from __future__ import print_function
import time
import functools

def benchmark(func):
    @functools.wraps(func)
    def wrapper(*args, **kwargs):
        t = time.time()
        res = func(*args, **kwargs)
        print(func.__name__, time.time() - t)
        return res
    return wrapper
```

在这段程序中，我们只增加了两行代码，分别是导入 functools 模块，以及使用 functools.wraps 装饰器装饰 wrapper 函数。通过这样简单的修改就可以获取到 add 函数的正确属性了。

6. 使用 inspect 获取函数参数

如果读者去使用我们定义的 Stack 类，将会发现一个奇怪的现象。对于下面这段调用程序，第一个 put 没有问题，第二个 put 将提示出错。

```
s = Stack()
s.put(username='admin', elem=1)
s.put('admin', elem=2)
```

按照 Python 函数参数的匹配规则，关键字参数将会根据名字进行匹配，位置参数将会根据参数所在的顺序进行匹配。那么，在第二个 put 语句中，admin 这个值依然传入 username 变量，为什么还会出错呢？

出错的原因是因为我们的装饰器实现有问题。在我们的 check_is_admin 装饰器中，我们直接从kwargs中获取username这个键的值，获取完以后与admin进行比较。如下所示：

```
if kwargs.get('username') != 'admin':
    raise Exception("This user is not allowed to put/get elem")
```

问题就出现在装饰器的参数传递中。如果用户使用关键字参数的形式传递username，那么username变量以及值将位于kwargs中。如果用户通过位置参数传递username，那么username的值将出现在args中。这就存在一个问题，从Python的语法来讲，用户使用位置参数或关键字参数都是合法的，如何才能正确判断用户是否具有相应的权限呢？对于这个问题，难点在于我们无法控制用户使用位置参数还是关键字参数。

对于这种情况，比较好的做法是使用Python标准库的inspect模块。inspect模块提供了许多有用的函数来获取活跃对象的信息。其中，getcallargs函数用来获取函数的参数信息。

getcallargs会返回一个字典，该字典保存了函数的所有参数，包括关键字参数和位置参数。也就是说，getcallargs能够根据函数的定义和传递给函数的参数，推测出哪一个值传递给函数的哪一个参数。getcallargs推测出这些信息以后，以一个字典的形式返回给我们所有的参数和取值。因此，我们在检查username参数的取值是否为admin之前，可以先使用getcallargs函数获取函数的所有参数。然后从getcallargs函数返回的字典中获取username的取值。通过这种方式，无论用户使用的是位置参数还是关键字参数都能进行正确处理。如下所示：

```
import functools
import inspect
def check_is_admin(func):
    @functools.wraps(func)
    def wrapper(*args, **kwargs):
        func_args = inspect.getcallargs(func, *args, **kwargs)
        if func_args.get('username') != 'admin':
            raise Exception("This user is not allowed to put/get elem")
        return f(*args, **kwargs)
    return wrapper
```

7. 给装饰器传递参数

在Python的装饰器语法中，内层函数的参数是被装饰的函数参数，外层函数的参数是被装饰的函数。那么，如果装饰器本身也有参数应该怎么办呢？在Python的装饰器语法中，如果装饰器本身也有参数，则需要再嵌套一层函数。这也是为什么读者看到的Python装饰器有时候是两层嵌套，有时候是三层嵌套的原因。

例如，下面是一个带参数的装饰器。在这个装饰器的实现中，最外层的函数是装饰器的名称。这个装饰器的作用是将被装饰的函数执行多次。具体执行的次数由装饰器的参数指定。如下所示：

```
from __future__ import print_function
```

```
def times(length=1):
    def bread(func):
        def wrapper(*args, **kwargs):
            for i in range(length):
                func(*args, **kwargs)
        return wrapper
    return bread

@times(5)
def sandwich(name):
    print(name)

sandwich('Helo, World')
```

8. 装饰器的缺点

虽然装饰器功能强大，但不能乱用。一方面是因为装饰器的语法比较复杂，另一方面，装饰器具有速度慢和难以调试的缺点。因此，装饰器的使用比较强调应用场景，需要使用得恰到好处才能够发挥它的优势。

11.1.3 Python 上下文管理器

Python 中有一种特殊的管理器，称为上下文管理器。所谓上下文管理器就是实现了上下文管理协议的类（实现 __enter__ 和 __exit__ 方法）或函数（使用 contextmanager 装饰器）。为了使用上下文管理器，Python 2.6 和 Python 3.0 引入了一种特殊的语句，即 with 语句及其可选的 as 子语句。with 语句与上下文管理器一起协作，为 Python 工程师编程提供了一些便利。

上下文管理器应用于某些特殊的情景之中，典型的应用场景是打开某种资源对资源进行处理，最后再关闭资源。可以看到，上下文管理器的作用与常见的 try/finally 语句作用比较类似，都是用于确保打开的资源无论在何种情况下都能及时关闭。在其他编程语言中，一般使用 try/finally 语句来完成。在 Python 中应该优先使用上下文管理器，因为，上下文管理器可以使用更少的代码完成同样的功能。与此同时，上下文管理器更加灵活。例如，开发者也可以通过实现上下文管理器协议来编写自己的对象和函数，以便应用在 with 语句中简化资源的管理逻辑。接下来我们将深入讨论上下文管理器的应用场景和实现方式。

1. with 语句形式化定义

with 语句的基本格式如下：

```
with expression [as variable]:
    with-block
```

其中，expression 返回了一个上下文管理器，with 语句调用上下文管理器中的方法来管理资源。

2. 上下文管理器的应用场景

在本书的第 5 章介绍文件时，简单介绍了如何使用 with 语句管理文件对象。文件对象是最常见的一种上下文管理器。在所有编程语言中，编写程序处理文件都需要在文件处理完毕以后及时关闭文件。在其他编程语言中，一般使用 finally 语句来关闭文件。在 Python 中，也可以使用 finally 语句来保证无论在什么情况下文件都会被关闭。如下所示：

```
try:
    f = open('data.txt')
    print(f.read())
finally:
    f.close()
```

由于文件实现了上下文管理器协议，因此，它是一个上下文管理器。with 语句与上下文管理器一起管理资源如下所示：

```
with open('data.txt') as f:
    print(f.read())
```

当我们调用 open 函数时，open 函数会返回一个文件对象，并赋值给相应的变量。文件对象实现了上下文管理协议，因此，它是一个上下文管理器，Python 利用 with 语句和上下文管理器管理资源。在这个例子中，with 语句执行完成以后可以保证无论是否出现异常，这个文件对象都会关闭。

上下文管理器适用于所有打开资源，对资源进行处理，最后关闭资源的场景。另一个典型的应用场景是确保加锁以后锁的释放。使用 try/finally 语句的代码如下：

```
lock = threading.Lock()
lock.acquire()
try:
    print('Lock is held')
finally:
    lock.release()
```

与文件管理类似，使用上下文管理器能够有效减少代码行数，使得代码逻辑更加清晰。如下所示：

```
lock = Lock()
withn lock:
    print('Lock is held')
```

只要对象实现了上下文管理器协议，它便是个上下文管理器，就可以应用于 with 语句之中。with 语句与上下文管理器一起，可以确保某些事情（如关闭资源、释放锁）一定会发生。标准库的 decimal 提供了一个上下文管理器，可以临时修改数字的精度，如下所示：

```
import decimal

# Decimal('0.3333333333333333333333333333')
```

```
print(decimal.Decimal('1.00') / decimal.Decimal('3.00'))

with decimal.localcontext() as ctx:
    ctx.prec = 2
    #Decimal('0.33')
    x = decimal.Decimal('1.00') / decimal.Decimal('3.00')
    print(x)
```

3. 上下文管理器协议

上下文管理器与迭代器有一些相似之处。对于迭代器，文件对象实现迭代器协议，for 循环使用迭代器协议遍历文件对象。对于上下文管理器，对象实现上下文管理器协议，with 语句使用上下文管理器协议访问对象。with 语句的实际工作方式如下：

1）with 语句中的表达式返回一个对象，该对象必须有 __enter__ 和 __exit__ 方法；

2）调用对象的 __enter__ 方法，如果 as 子句存在，则将 __enter__ 函数的返回值赋值给目标对象，否则直接丢弃；

3）执行 with 语句代码块中的代码；

4）调用对象的 __exit__ 方法。无论是否出现异常，exit__ 方法依然会被调用。如果出现了异常，将异常信息传递给 __exit。如果 __exit__ 方法返回值为 False，异常会被重新抛出。

可以看到，with 语句之所以可以管理文件对象和锁对象，是因为它们实现了上下文管理协议（即 __enter__ 方法和 __exit__ 方法）。我们可以使用 Python 语言内置的 dir 函数查看文件对象和 Lock 对象的方法。如下所示，文件对象和 Lock 对象都拥有 __enter__ 方法和 __exit__ 方法。

```
In [1]: f = open('/etc/passwd')

In [2]: dir(f)
Out[2]:
['__class__',
 ......
 '__enter__',
 '__exit__',
 'xreadlines']

In [3]: import threading

In [4]: l = threading.Lock()

In [5]: dir(l)
Out[5]:
['__class__',
 '__enter__',
 '__exit__',
  ......
```

```
 'acquire',
 'release']
```

4. 自定义上下文管理器

我们也可以在自己的类中实现上下文管理协议，然后在 with 语句中使用。要实现上下文管理协议，按照 Python 的标准方式定义一个类，提供 __enter__ 和 __exit__ 方法即可。下面给出一个非常有用的上下文管理器。

我们在第 5 章有提到，Python 3 中的 open 函数可以在打开文件时指定字符集编码，Python 2 中的 open 函数则没有这个功能。因此，在 Python 2 中只能使用标准库 codecs 来指定打开文件的字符集编码。下面的例子中定义了一个 Open 类，并且实现了上下文管理器协议。在 Open 类中，通过标准库的 codecs 模块模拟了 Python 3 的 open 函数。如下所示：

```
#!/usr/bin/python
#-*- coding: UTF-8 -*-
import codecs
class Open(object):

    def __init__(self, filename, mode, encoding="utf-8"):
        self.fp = codecs.open(filename, mode, encoding)

    def __enter__(self):
        return self.fp

    def __exit__(self, exc_type, exc_val, exc_tb):
        self.fp.close()


data = u"上下文管理器"
with Open('data.txt', 'w') as f:
    f.write(data)
```

在这个例子中，我们封装了一个名为 Open 的类，这个类可以像 Python 3 中内置的 open 函数一样使用，以便将中文写入到文件之中。

5. 使用 contextlib 实现上下文管理器

在 Python 中，除了按照标准的协议定义一个可以在 with 语句中使用的上下文管理器以外。开发者也可以使用标准库的 contextlib 模块简化实现上下文管理器的逻辑。该模块提供了名为 contextmanager 的装饰器，通过该装饰器装饰的函数变成了一个上下文管理器，可以用在 with 语句之中。这种写法比标准写法更加便捷，因此，受到了更多工程师的青睐。如下所示：

```
#!/usr/bin/python
#-*- coding: UTF-8 -*-
import codecs
```

```
from contextlib import contextmanager

@contextmanager
def Open(filename, mode, encoding='utf-8'):
    fp = codecs.open(filename, mode, encoding)
    try:
        yield fp
    finally:
        fp.close()

data = u"上下文管理器"
with Open('data.txt', 'w') as f:
    f.write(data)
```

在上面这段程序中，yield 表达式所在的地方，就是 with 语句块中的语句所要展开的地方。with 语句块所抛出的任何异常都会由 yield 表达式重新抛出。

6. 管理多个资源

从 Python 2.7 和 Python 3.1 开始，with 语句也可以使用新的逗号语法，同时使用多个上下文管理器。例如，我们要同时打开两个文件进行处理，很多工程师会写出下面这样的代码：

```
with open('file1', 'r') as source:
    with open('file2', 'w') as target:
        target.write(source.read())
```

上面这段代码，也可以简化成下面这样：

```
with open('file1', 'r') as source, open('file2', 'w') as target:
    target.write(source.read())
```

Python 的 with 语句和上下文管理器是非常优秀的设计。充分使用上下文管理器，不但可以减少代码中的错误，也能让代码看起来更加清晰整洁。上下文管理器并不是必须的，它的所有功能都可以使用 try/finally 语句实现。但是，使用上下文管理器以后代码行数更少，逻辑更加清晰。如果工程师在可以使用上下文管理器的情况下使用了 try/finally 语句，将被认为编写的代码不够 Pythonic。

11.2 MySQL 数据库

在这一节中，我们将首先介绍 MySQL 数据库，然后介绍如何在 Python 中连接数据库，最后，通过一个将 csv 文件导入 MySQL 数据库中的例子结束这一小节。

11.2.1 MySQL 数据库介绍

正如 MySQL 官网所介绍的，MySQL 数据库是世界上最流行的开源数据库。从 DB-

Engines 每个月发布的数据库排行榜来看，Oracle、MySQL 与 Microsoft SQL Server 是使用最多的三种数据库。其中，MySQL 长期处于第二名，并且，与第一名的 Oracle 差距越来越小。在 InsideMySQL 公众号发布的国产数据库排行榜中，MySQL 偶尔能够超过 Oracle 数据库，成为国内最热的数据库。

在笔者所处的互联网行业，毫无疑问 MySQL 数据库已经是最常用的数据库。LAMP 架构和去 IOE 都是大家耳熟能详的名词，都涉及 MySQL 数据库的广泛应用。MySQL 数据库具有高性能、高可用性、易于运维与管理、开源等特点，在互联网行业中广泛使用。众多国内外互联网公司，如 Google、Facebook、twitter、阿里、腾讯、百度、京东和网易等，都选择使用 MySQL 或 MySQL 的分支来部署核心应用。

作为软件工程师，我们应该对技术发展有一定的预判能力。笔者相信，在未来几年，国内外的互联网企业依然是 MySQL 的天下。因此，如果读者需要学习数据库提高自己的职场竞争力，一定会学习 MySQL 数据库。MySQL 数据库在各大互联网公司的广泛应用，一方面证明了 MySQL 数据本身具有高性能、高并发性和高可用性；另一方面，也说明 MySQL 数据库相关的工作机会比其他数据库更多。所以，学习 MySQL 数据库是一个明智的选择。

MySQL 数据库只是数据库专家系统的载体，我们的重点是 Python 语言的高级特性和 Python 语言中的系统架构。关于更多 MySQL 的知识，推荐大家学习姜承尧的《MySQL 技术内幕：InnoDB 存储引擎》和 Baron Scbwartz 的《High Performance MySQL》。《MySQL 技术内幕：InnoDB 存储引擎》是市面上最好的 MySQL 入门书籍，也是 MySQL 相关岗位的面试宝典。

11.2.2　Python 连接数据库

在 Python 中连接数据库执行 SQL 语句是非常容易的，因为 Python 官方在 PEP 249 中制定了操作数据库的标准。所以，Python 工程师可以通过统一的接口访问不同的数据库，也可以使用不同的 Python 模块访问相同的数据库。不同的数据库或不同的 Python 模块，使用方式一样，可以减少大家的学习负担。

Python 官方制定的数据库接口标准中，主要包含了顶层 connect 函数、部分常量、数据库操作异常、用于管理连接的 Connection 类以及执行查询的 Cursor 类。

在 Python 中操作数据库，基本步骤如下：

1）导入相应的 Python 模块；

2）使用 connect 函数连接数据库，并返回一个 Connection 对象；

3）通过 Connection 对象的 cursor 方法，返回一个 Cursor 对象；

4）通过 Cursor 对象的 execute 方法执行 SQL 语句；

5）如果执行的是查询语句，通过 Cursor 对象的 fetchall 语句获取返回结果；

6）调用 Cursor 对象的 close 方法关闭 Cursor；

7）调用 Connection 对象的 close 方法关闭数据库连接。

接下来看一段连接数据库的程序，这段程序可以同时应用于 MySQL 数据库和 SQLite 数据库。在 Python 中，可以使用标准库自带的 sqlite3 模块访问 SQLite 数据库。但是，Python 标准库没有访问 MySQL 数据库的模块，因此，需要安装第三方模块。有多个开源的库可以用于访问 MySQL 数据库，其中使用最广泛的是 MySQLdb 和 PyMySQL。它们之间的使用方式是一样的，主要区别在于实现方式上的差异。MySQLdb 使用 C 语言实现，PyMySQL 使用 Python 语言实现。在笔者的工作过程中，这两个库都会用到。

安装 MySQLdb：

```
pip install mysql-python
python -c "import MySQLdb"
```

安装 PyMySQL:

```
pip install PyMySQL
python -c "import pymysql"
```

下面的代码可以应用于 MySQL 数据库或 SQLite 数据库：

```
#!/usr/bin/python
#-*- coding: UTF-8 -*-
from __future__ import print_function
import os

if os.getenv('DB', 'MySQL') == 'MySQL':
    import MySQLdb as db
else:
    import sqlite3 as db

def get_conn(**kwargs):
    if os.getenv('DB', 'MySQL') == 'MySQL':
        return db.connect(host=kwargs.get('host', 'localhost'),
                user=kwargs.get('user'),
                passwd=kwargs.get('passwd'),
                port=kwargs.get('port', 3306),
                db=kwargs.get('db'))
    else:
        return db.connect(database=kwargs.get('db'))

def main():
    conn = get_conn(host='127.0.0.1',
                user='root',
                passwd='root',
                port=3306,
                db='test')

    # get cursor object
    cur = conn.cursor()
```

```
    # execute SQL statement
    cur.execute("select * from student")
    print(cur.fetchall())

    # close resources
    cur.close()
    conn.close()


if __name__ == '__main__':
    main()
```

这段程序遵循了Python中操作数据库的基本步骤，包括导入Python模块，使用connect函数创建Connection对象，使用cursor方法获取Cursor对象，通过Cursor对象执行SQL语句，获取语句执行结果。最后，关闭Cursor和数据库连接。在这段程序中，我们首先通过环境变量判断使用的是MySQL数据库还是SQLite数据库。确定数据库以后，执行import语句导入不同的驱动，并重命名为db，以便之后通过这个统一的名字操作不同的数据库。MySQL数据库和SQLite数据库仅在数据库连接的时候有细微差异，因此，需要在数据库连接时分别进行编程。创建数据库连接以后，接下来便是创建Cursor、执行SQL语句、获取语句执行结果、关闭资源等一系列标准步骤。

前面的例子演示了使用同一段代码访问不同的数据库，我们也可以使用不同的Python模块访问相同的数据库。如下所示：

```
try:
    import MySQLdb as db
except ImportError:
    import pymysql as db
```

这段程序在当前的工作环境中，首先尝试导入MySQLdb，如果导入失败，尝试导入PyMySQL。如果两个模块都导入失败，则程序异常退出。由于MySQLdb和PyMySQL都遵循了Python官方制定的操作数据库的标准，因此，我们可以使用不同的模块访问MySQL数据库，仅仅是在模块导入时进行简单的处理。

11.2.3 使用MySQLdb访问MySQL数据库

在上一小节中，概要地介绍了Python如何访问数据库。在这一小节中，我们来看更多的细节。由于MySQLdb和PyMySQL都遵循了Python官方制定的操作数据库的标准，对工程师来说，使用方式是一样的。因此，接下来将以MySQLdb以例，讲解Python连接MySQL数据库的细节信息。

1. 顶层模块中的成员

MySQLdb模块根据PEP 249的规定，模块中包含了connect函数、常量和异常。

工程师调用MySQLdb的connect函数，将创建一个数据库连接得到一个Connection对象。connect 函数的部分参数如下：

- host：数据库服务的地址，默认通过 UNIX socket 访问本地数据库；
- user：登录数据库的用户名；
- passwd：登录数据库的密码；
- db：创建数据库连接以后选择的数据库；
- port：连接数据库的端口号，默认 3306；
- unix_socket：UNIX socket 的路径；
- connect_timeout：连接超时时间；
- read_default_file：读取 MySQL 的配置文件中的配置进行连接。

2. Connection 类的成员

通过正确的参数调用 MySQLdb 的 connect 函数，将会返回 Connection 类的对象。Connection 中定义了很多的方法和异常。其中，常用的方法如下：

- begin：开始事务；
- commit：提交事务；
- rollback：回滚事务；
- cursor：返回一个 Cursor 对象；
- autocommit：设置是否事务自动提交；
- set_character_set：设置字符集编码；
- get_server_info：获取数据库版本信息。

在实际编程过程中，一般不会直接调用 begin、commit 和 rollback 函数，而是通过上下文管理器实现事务的提交与回滚操作。

3. Cursor 类的成员

Cursor 对象表示数据库游标，用于执行 SQL 语句并获取 SQL 语句的执行结果。Cursor 包含了一些异常、常量和函数。常用的常量和函数如下所示：

- execute：执行 SQL 语句；
- close：关闭游标；
- fetchall：获取 SQL 语句的所有记录；
- fetchmany：获取 SQL 语句的多条记录；
- fetchone：获取 SQL 语句的一条记录；
- owncount：常量，表示 SQL 语句的结果集中返回了多少条记录；
- arraysize：变量，保存了当前获取记录的下标。

下面的代码是一个使用 MySQLdb 读写 MySQL 数据库的完整例子。这个例子充分考虑了异常情况的处理，例如，通过上下文管理器提交事务或回滚事务，通过 try/finally 语句保证数据库连接的关闭。在这个例子中，首先删除 test 数据库下的 student 表，然后再创建一张 student 表并向表中插入记录。完成以后读取表中的记录。如下所示：

```
import MySQLdb as db

def get_conn(**kwargs):
    # 参考 11.2.2 节

def execute_sql(conn, sql):
    with conn as cur:
        cur.execute(sql)

def create_table(conn):
    sql_drop_table = "DROP TABLE IF EXISTS student"
    sql_create_table = """ CREATE TABLE 'student' (
                          'sno' int(11) NOT NULL,
                          'sname' varchar(20) DEFAULT NULL,
                          'sage' int(11) DEFAULT NULL,
                          PRIMARY KEY ('sno')
                          ) ENGINE=InnoDB DEFAULT CHARSET=utf8mb4 """
    for sql in [sql_drop_table, sql_create_table]:
        execute_sql(conn, sql)

def insert_data(conn, sno, sname, sage):
    INSERT_FORMAT = "insert into student values({0}, '{1}', {2})"
    sql = INSERT_FORMAT.format(sno, sname, sage)
    execute_sql(conn, sql)

def main():
    conn = get_conn(....)
    try:
        create_table(conn)
        insert_data(conn, 1, 'zhangsan', 20)
        insert_data(conn, 2, 'lisi', 21)

        with conn as cur:
            cur.execute("select * from student")
            rows = cur.fetchall()
            for row in rows:
                print(row)
    finally:
        if conn:
            conn.close()

if __name__ == '__main__':
    main()
```

在这个例子中，使用上下文管理器管理 Cursor。Python 初学者可能会有一些疑问。例如，事务在什么时候提交？如果 SQL 语句执行出错了，事务会回滚吗？为什么使用 with 语句的表达式是一个 Connection 对象，但是返回的却是一个 Cursor 对象？

所谓源码面前，了无秘密。在MySQLdb的源码中，Connection类定义了__enter__方法和__exit__方法。它们的实现如下：

```
class Connection(_mysql.connection):

    def __enter__(self):
        if self.get_autocommit():
            self.query("BEGIN")
        return self.cursor()

    def __exit__(self, exc, value, tb):
        if exc:
            self.rollback()
        else:
            self.commit()
```

通过这段源码我们知道，虽然with语句的表达式是一个Connection对象，但是，Connection类的__enter__方法中返回的的确是一个Cursor对象。虽然这种实现方式有一点隐晦，但是，通过这种方式，我们就不用显示地创建Cursor对象了。通过这段源码可以看到，在一个Cursor中执行的SQL语句组成了一个事务。在执行这个事务的SQL语句过程中，如果出现了异常，则回滚整个事务，如果没有出现异常，则提交整个事务。也就是说，在Python中，我们一般不会显示地调用commit方法和rollback方法，而是通过上下文管理器来执行SQL语句。

11.2.4 使用上下文管理器对数据库连接进行管理

在上一节中，为了保证无论在什么情况下，数据库连接都会关闭，我们使用了try/finally语句。通过11.1.3节的介绍，我们可以知道，with语句可以实现任何try/finally语句实现的功能，而且代码更加清晰简洁。因此，我们也可以对数据库的操作进行封装，封装完成以后，可以使用with语句保证数据库连接无论在什么情况下都会关闭。

为了在with语句中管理数据库连接，我们需要实现上下文管理器。有两种方法实现上下文管理器，我们选择比较简单的contextmanager。使用contextmanager装饰器需要从标准库的contextlib模块中进行导入。实现上下文管理器以后，创建连接的函数如下：

```
from contextlib import contextmanager

@contextmanager
def get_conn(**kwargs):
    conn = db.connect(host=kwargs.get('host', 'localhost'),
                      user=kwargs.get('user'),
                      passwd=kwargs.get('passwd'),
                      port=kwargs.get('port', 3306),
                      db=kwargs.get('db'))
    try:
```

```
        yield conn
    finally:
        if conn:
            conn.close()
```

对创建数据库连接的函数进行封装以后，可以使用 with 语句管理数据库连接，使得代码更加清晰，且不容易出错。如下所示：

```
conn_args = dict(host='127.0.0.1',......)
with get_conn(**conn_args) as conn:
    with conn as cur:
        cur.execute("select * from student")
        ......
```

11.2.5　案例：从 csv 文件导入数据到 MySQL

接下来看一个使用 Python 连接 MySQL 的实际案例。为了节省篇幅，假设 test 库下有一个名为 student 的表，表结构与 11.2.3 节中的 student 表一样。现在的需求是将一个 CSV 文件中的数据导入到 MySQL 中。

CSV 是一种通用的、相对简单的文件格式，其文件以纯文本形式存储表格数据（数字和文本）。对于大多数 CSV 格式的数据读写问题都可以使用 Python 标准库的 csv 模块解决。

例如，假设你在一个名叫 stocks.csv 文件中有一些股票市场数据，如下所示：

```
Symbol,Price,Date,Time,Change,Volume
"AA",39.48,"6/11/2007","9:36am",-0.18,181800
"AIG",71.38,"6/11/2007","9:36am",-0.15,195500
"AXP",62.58,"6/11/2007","9:36am",-0.46,935000
"BA",98.31,"6/11/2007","9:36am",+0.12,104800
"C",53.08,"6/11/2007","9:36am",-0.25,360900
"CAT",78.29,"6/11/2007","9:36am",-0.23,225400
```

使用下面的代码会将 csv 文件中的每一行读入到内存，并以一个元组进行存储：

```
import csv

with open('stocks.csv') as f:
    f_csv = csv.reader(f)
    headers = next(f_csv)
    for row in f_csv:
        # Process row
        ...
```

在上面的代码中，row 是一个元组。因此，可以使用下标访问某个字段，如 row[0] 访问 Symbol，row[4] 访问 Change。

当 csv 文件中字段较多的时候还使用下标访问，将会导致代码可维护性变差。这个时候，可以考虑使用命名元组。如下所示：

```
import csv
from collections import namedtuple

with open('stock.csv') as f:
    f_csv = csv.reader(f)
    headings = next(f_csv)
    Row = namedtuple('Row', headings)
    for r in f_csv:
        row = Row(*r)
        # Process row
        ...
```

使用命名元组以后，允许你使用列名（如 row.Symbol 和 row.Change）代替下标访问元组中的内容。

在这个例子中，假设我们的 csv 文件内容如下：

```
sno,sname,sage
1,zhangsan,20
2,lisi,21
3,wangwu,22
```

使用 csv 和命名元组访问文件，并且使用生成器每次读取一行数据。每获取一行数据就保存到 MySQL 数据库中。如下所示：

```
import csv
from collections import namedtuple
from contextlib import contextmanager

import MySQLdb as db

@contextmanager
def get_conn(**kwargs):
    # 参考 11.2.4 节

def get_data(file_name):
    with open(file_name) as f:
        f_csv = csv.reader(f)
        headings = next(f_csv)
        Row = namedtuple('Row', headings)
        for r in f_csv:
            yield Row(*r)

def execute_sql(conn, sql):
    with conn as cur:
        cur.execute(sql)

def main():
    with get_conn(......) as conn:
```

```
        SQL_FORMAT = """insert into student values({0}, '{1}', {2})"""
        for t in get_data('data.csv'):
            sql = SQL_FORMAT.format(t.sno, t.sname, t.sage)
            execute_sql(conn, sql)

if __name__ == '__main__':
    main()
```

在这段程序中，我们首先创建数据库连接。然后，我们在 for 循环中遍历 get_data 函数的结果。get_data 函数所做的事情是打开 csv 文件，并将 csv 文件的每一行转换成一个命名元组。由于 get_data 使用 yield 语句返回结果，所以，我们可以直接在 for 循环中遍历 get_data 函数的返回值。得到命名元组以后，我们拼接 SQL 语句，然后通过 Cursor 对象执行 SQL 语句。

11.3 Python 并发编程

在这一小节，我们会介绍部分与并发相关的主题，包括线程和线程安全的队列。将线程和队列结合在一起，可以轻松地在 Python 中进行多线程编程，解决很多实际问题。在这一小节的最后，我们还会介绍一个使用 Python 打造的 MySQL 压测工具。

11.3.1 Python 中的多线程

在 Python 生态中，当我们说到多线程编程时，很多工程师就会提出 Python 的多线程编程是鸡肋的观点。他们的理由是，Python 由于 GIL 锁的原因，并没有真正并发，因此，Python 的多线程并不能真的提高程序的运行效率。那么，事实到底是怎么样的呢？

Python 默认的解释器，由于全局解释器锁的存在，确实在任意时刻都只有一个线程在执行 Python 代码，致使多线程不能充分利用机器多核的特性。但是，我们的程序也不是无时无刻不在计算的，我们的程序需要等待用户输入、等待文件读写以及网络收发数据，这些都是比较费时的操作。使用 Python 多线程，计算机会将这些等待操作放到后台去处理，从而释放出宝贵的计算资源，继续进行计算。也就是说，如果读者的程序是 CPU 密集型的，使用 Python 的多线程确实无法提升程序的效率，如果读者的程序是 IO 密集型的，则可以使用 Python 的多线程提高程序的整体效率。

1. 创建线程

在 Python 中创建线程非常简单，因为标准库自带了多线程相关的模块。Python 的标准库提供了两个与线程相关的模块，分别是 thread 和 threading。其中，thread 是低级模块，threading 是高级模块，threading 模块对 thread 进行了封装。绝大多数情况下，我们只需要使用 threading 这个高级模块即可。

下面是一个简单使用多线程的例子：

```
from __future__ import print_function
import threading

def say_hi():
    print("hello, world")

def main():
    for i in range(5):
        thread = threading.Thread(target=say_hi)
        thread.start()

if __name__ == '__main__':
    main()
```

在这个例子中，我们首先导入了与多线程相关的 threading 模块，随后，我们定义了一个 say_hi 函数。接着，我们在 main 函数中通过 for 循环创建了 5 个线程。我们通过 target 取值为 say_hi 的方式，告诉线程去执行 say_hi 函数。线程创建完成以后，我们调用线程的 start 方法运行线程。

这段程序会将“hello, world”打印 5 次，它的效果与我们在 for 循环中直接打印 5 次“hello，world”是一样的。既然这样，那么读者可能就会问了，为什么还需要使用多线程呢？使用多线程，主要是为了让多个线程可以并发地执行，从而提升程序的整体效率。下面是一个改造过的例子，在这个例子中，我们的 say_hi 函数会 sleep 1 秒，然后再打印“hello, world”。如下所示：

```
from __future__ import print_function
import threading
import time

def say_hi():
    time.sleep(1)
    print("hello, world")

def main():
    for i in range(5):
        thread = threading.Thread(target=say_hi)
        thread.start()

if __name__ == '__main__':
    main()
```

在这段程序中，我们也会在程序中调用 5 次 say_hi 函数。但是，由于我们的程序是并发运行的，所以，整个 Python 程序大约花费 1 秒多的时间。如果不是线程并发运行，而是在 for 循环中调用 say_hi 函数 5 次。那么，整个程序将至少运行 5 秒以上。这个例子很好地说明了并发编程的作用。所谓并发编程，就是让程序能够并行的执行，让 cpu 能够更加勤劳的帮我们做事情，以减少程序整体运行时间。

2. 如何给线程传递参数

在上面的例子中，say_hi 是我们的“业务逻辑”。但是，这个程序过于简单。在实际编程中，一般都需要给程序传递参数。下面来看一个传递参数的例子，如下所示：

```
from __future__ import print_function
import threading

def say_hi(count, name):
    while count > 0:
        print("hello", name)
        count -= 1

def main():
    usernames = ['Bob', 'Jack', 'Pony', 'Jone', 'Mike']
    for i in range(5):
       thread = threading.Thread(target=say_hi, args=(50, usernames[i]))
       thread.start()

if __name__ == '__main__':
    main()
```

在这段程序中，我们的 say_hi 函数接受两个参数，分别是打印的次数和名字。在 main 函数中，我们首先定义了具有 5 个元素的列表。随后，在创建线程时将各个元素传递给不同的线程。可以看到，在 Python 中给线程传递参数非常简单，即通过 Threading.Thread 类调用的 args 参数传递。无论需要传递多少个参数，都是通过元组的形式进行传递。

3. 线程的常用方法

我们已经使用了 threading.Thread 类的 start 方法来启动线程。threading.Thread 类还有其他的一些方法，其中，比较常用的有：

- isAlive：检查线程是否在运行中；
- getName：获取线程的名称；
- setName：设置线程的名称；
- join：该方法会阻塞调用，直到线程中止；
- setDaemon：设置线程为守护线程；
- isDaemon：判断线程是否守护线程。

4. 通过继承创建线程

除了直接构造 threading.Thread 对象以外，在 Python 中，我们还可以通过继承 threading.Thread 的方式编写多线程程序。通过继承 threading.Thread 类进行多线程编程，只需要在子类中实现 run 方法，并在 run 方法中实现该线程的业务逻辑即可。如下所示：

```
from __future__ import print_function
import threading
```

```
class MyThread(threading.Thread):
    def __init__(self, count, name):
        super(MyThread, self).__init__()
        self.count = count
        self.name = name

    def run(self):
        while self.count > 0:
            print("hello", self.name)
            self.count -= 1

def main():
    usernames = ['Bob', 'Jack', 'Pony', 'Jone', 'Mike']
    for i in range(5):
        thread = MyThread(50, username[i])
        thread.start()

if __name__ == '__main__':
    main()
```

11.3.2 线程同步与互斥锁

线程之所以比进程轻量，是因为多个线程之间是共享内存的。多个线程之间可以平等访问内存中的数据。因为多个线程可以共享数据，所以，为了保证数据的正确性需要对多个线程进行同步。

虽然Python中有全局解释器锁的存在，但是，在编写自己的程序时，依然要设法防止多个线程争用同一份数据。如果多个线程之间存在资源共享，在不加锁的前提下允许多个线程修改同一个对象，那么，程序的数据结构可能会遭到破坏。在Python标准库的threading模块中有一个名为Lock的工厂函数，它会返回一个thread.LockType对象。该对象的acquire方法用来获取锁，release方法用来释放锁。对于那些每次只允许一个线程操作的数据，可以将其操作放到acquire和release方法之间。如下所示：

```
lock = threading.Lock()
lock.acquire()
# do something
lock.release()
```

为了保证无论在什么情况下，退出当前代码块时都能正确地释放锁，一般会将加锁和释放锁的操作放在try/finally语句之中。如下所示：

```
try:
    lock.acquire()
    # do something
finally:
    lock.release()
```

当然，在 Python 语言中，我们还有更加简单的写法，即使用上下文管理器。如下所示：

```
with lock:
    # do something
```

下面来看一个使用互斥锁的例子。在这个例子中，我们定义了一个全局变量，然后在 main 函数中创建了 10 个线程。每个线程要做的事情都是一样的，即将全局变量 num 累加 100000 次。由于 num 是一个全局变量，并且各个线程都需要更新这个变量，因此，存在数据争用的问题。为了解决这个问题，我们使用了 threading.Lock 来保护这个全局变量。所有要修改 num 这个全局变量的线程，在修改之前都需要加锁。在 incre 函数中，我们通过 with 语句来加锁。因此，下面的程序能够正确的计算出 num 的值。

```
from __future__ import print_function
import threading

lock = threading.Lock()
num = 0

def incre(count):
    global num
    while count > 0:
        with lock:
            num += 1
        count -= 1

def main():
    threads = []
    for i in range(10):
        thread = threading.Thread(target=incre, args=(100000,))
        thread.start()
        threads.append(thread)

    for thread in threads:
        thread.join()

    print("expected value is", 10 * 100000, "real value is", num)

if __name__ == '__main__':
    main()
```

如果我们将 incre 函数中的加锁操作去掉，变成下面这个样子。那么，几乎不可能得到正确的结果。读者可以在自己的计算机上测试一下效果，不但每次都无法获取到正确的结果，而且，每一次计算的结果都不相同。

```
def incre(count):
    global num
```

```
    while count > 0:
        num += 1
        count -= 1
```

11.3.3 线程安全队列 Queue

队列是线程间最常用的交换数据的形式，Queue 模块实现了线程安全的队列，尤其适合多线程编程。Queue 模块实现了三种类型队列：

- Queue Queue：一个先进先出（FIFO）的队列，最先加入队列的元素最先取出；
- LifoQueue LifoQueue：一个后进先出（LIFO）的队列，最后加入队列的元素最先取出；
- PriorityQueue PriorityQueue：优先级队列，队列中的元素根据优先级排序。

在这三种不同的队列中，Queue 是最简单也是最常用的队列。如下所示：

```
import Queue

q = Queue.Queue()

for i in range(3):
    q.put(i)

while not q.empty():
    print(q.get())
```

Queue 本身是一个先进先出的队列，我们使用 put 方法向队列中添加元素时，会将元素添加到队列的尾部。使用 get 方法从 Queue 中获取元素时，会从队列的头部取出元素。这里的例子仅仅演示了单线程的情况下，Queue 最大的优势在于它是线程安全的，我们完全可以将 Queue 用于多线程环境中，而不用处理并发访问的情况。

在使用 Queue 进行多线程编程前，我们先看一下它的常用方法：

- empty：判断队列是否为空；
- full：判断队列是否已满；
- put：向队列中添加元素，可以通过可选的 block 参数和 timeout 参数控制 put 是否为阻塞等待。如果是阻塞等待，并且 timeout 是一个正数，那么，put 方法将会在超时以后引发 Queue.Full 异常；
- put_nowait：非阻塞地向队列添加元素；
- get：从队列中取出元素，可以通过 block 参数控制是否阻塞等待，通过 timeout 控制阻塞等待的时间。如果超时也没有得到元素，抛出 Queue.Empty 异常；
- get_nowait：非阻塞地从队列中取出元素；
- task_done：与 join 一起工作，指示先前取出的元素已经完成处理；
- join：阻塞等待，直到所有消费者对每一个元素都调用了 task_done。

下面是 Python 官方给出了多线程模型：

```
def worker():
    while True:
        item = q.get()
        do_work(item)
        q.task_done()

q = Queue()
for i in range(num_worker_threads):
     t = Thread(target=worker)
     t.daemon = True
     t.start()

for item in source():
    q.put(item)

q.join() # block until all tasks are done
```

在这段官方给出的例子中，首先创建了一个 Queue 对象，随后，创建了 num_worker_threads 个线程。每个线程都是一个无限循环，在循环中，从队列获取元素然后进行处理，处理完成以后调用 task_done 指示当前元素处理完毕。这段程序的第二个 for 循环就相当于生产者和消费者模型中的生产者，它从数据源中读取数据，然后放入到队列中等待消费者处理。

11.3.4 案例：使用 Python 打造一个 MySQL 压测工具

在这一小节，我们会介绍一个使用 Python 打造 MySQL 压测工具的完整例子。这个例子涉及了很多知识，包括第 3 章介绍的命令行工具，本章介绍的并发、Python 连接数据库和上下文管理器等知识。这是一个生产环境直接可用的压测工具，读者可以拿去直接使用，或者进行简单的修改来满足自己的需求。

我们的压测程序只需要很少的参数，相对于 MySQL 客户端连接 MySQL 数据库，仅仅多了 thread_size 和 row_size 这两个参数。前者表示启用多少个线程并发地向数据库插入数据，后者表示每一个线程插入多少条记录后结束。由于我们使用标准库的 argparse 模块来解析命令行参数，argparse 模块能够帮我们自动生成帮助信息。因此，我们可以通过“--help”选项得到程序的帮助信息。如下所示：

```
$ python insert_data.py --help
usage: insert_data.py [-h] --host HOST --user USER --password PASSWORD
                      [--port PORT] [--thread_size THREAD_SIZE]
                      [--row_size ROW_SIZE] [-v]

benchmark tool for MySQL database

optional arguments:
```

```
  -h, --help            show this help message and exit
  --host HOST           connect to host
  --user USER           user for login
  --password PASSWORD   password to use when connecting to server
  --port PORT           port number to use for connection or 3306 for default
  --thread_size THREAD_SIZE
                        how much connection for database usage
  --row_size ROW_SIZE   how much rows
  -v, --version         show program's version number and exit
```

为了提高程序的易用性，我们的压测工具会自动在数据库中创建test_insert_data_db数据库，并在该数据库下自动创建test_insert_data_table表。然后启用多个线程并发地向表中插入记录。如下所示：

```
$ python insert_data.py --host=127.0.0.1 --user=laimingxing --password=laimingxing
--port=3306 --thread_size=5 --row_size=5
drop database if exists test_insert_data_db
create database test_insert_data_db
use test_insert_data_db
create table test_insert_data_table (id int(10) NOT NULL AUTO_INCREMENT,
                               name varchar(255) NOT NULL, datetime double NOT NULL,
                               PRIMARY KEY ('id'))
```

了解了压测工具的使用方法和实现原理以后，再来看它的具体实现。如下所示：

```
#!/usr/bin/python2.7
from __future__ import print_function
import string
import argparse
import random
import threading
import time
from contextlib import contextmanager

import pymysql

DB_NAME = 'test_insert_data_db'
TABLE_NAME = 'test_insert_data_table'
CREATE_TABLE_STATEMENT = """create table {0} (id int(10) NOT NULL AUTO_INCREMENT,
                               name varchar(255) NOT NULL, datetime double NOT NULL,
                               PRIMARY KEY ('id'))""".format(TABLE_NAME)


def _argparse():
    parser = argparse.ArgumentParser(description='benchmark tool for MySQL database')
    parser.add_argument('--host', action='store', dest='host',
                        required=True, help='connect to host')
    parser.add_argument('--user', action='store', dest='user',
                        required=True, help='user for login')
```

```
        parser.add_argument('--password', action='store', dest='password',
                            required=True, help='password to use when connecting to
server')
        parser.add_argument('--port', action='store', dest='port', default=3306,
                            type=int, help='port number to use for connection or 3306
for default')
        parser.add_argument('--thread_size', action='store', dest='thread_size',
                            default=5, type=int, help='how much connection for database
usage')
        parser.add_argument('--row_size', action='store', dest='row_size',
                            default=5000, type=int, help='how much rows')
        parser.add_argument('-v', '--version', action='version', version='%(prog)s 0.1')
        return parser.parse_args()

    @contextmanager
    def get_conn(**kwargs):
        conn = pymysql.connect(**kwargs)
        try:
            yield conn
        finally:
            conn.close()

    def create_db_and_table(conn):
        with conn as cur:
            for sql in ["drop database if exists {0}".format(DB_NAME),
                        "create database {0}".format(DB_NAME),
                        "use {0}".format(DB_NAME),
                        CREATE_TABLE_STATEMENT]:
                print(sql)
                cur.execute(sql)

    def random_string(length=10):
        s = string.letters + string.digits
        return "".join(random.sample(s, length))

    def add_row(cursor):
        SQL_FORMAT = "INSERT INTO '{0}'(name, datetime) values('{1}', {2})"
        sql = SQL_FORMAT.format(TABLE_NAME, random_string(), time.time())
        cursor.execute(sql)

    def insert_data(conn_args, row_size):
        with get_conn(**conn_args) as conn:
            with conn as c:
                c.execute('use {0}'.format(DB_NAME))
            with conn as c:
                for i in range(row_size):
                    add_row(c)
                    conn.commit()
```

```
def main():
    parser = _argparse()

    conn_args = dict(host=parser.host, user=parser.user,
                     password=parser.password, port=parser.port)
    with get_conn(**conn_args) as conn:
        create_db_and_table(conn)

    threads = []
    for i in range(parser.thread_size):
        t = threading.Thread(target=insert_data, args=(conn_args, parser.row_size))
        threads.append(t)
        t.start()

    for t in threads:
        t.join()

if __name__ == '__main__':
    main()
```

在这段程序中，我们首先导入了多个标准库，以及连接数据库的pymysql第三方库。随后，我们定义了三个全局变量，即测试的数据库名、表名和表结构。在main函数中，我们首先调用_argparse函数来解析命令行参数。_argparse的唯一作用就是使用标准库的argparse模块解析命令行参数并生成帮助信息。解析完命令行参数以后，我们就得到了建立数据库连接的参数。我们将建立数据库连接的参数传递给get_conn函数，get_conn函数使用pymysql模块的connect函数建立数据库连接。为了同时保证get_conn函数的易用性和程序结束以后能够及时关闭数据库连接，我们使用contextmanager装饰器编写了一个上下文管理器。有了上下文管理器以后，我们就可以使用with语句管理数据库连接。在main函数中，我们得到数据库连接以后，调用create_db_and_table函数创建相关的数据库和表结构。随后，我们根据用户输入的thread_size参数创建多个线程，每个线程都会去调用insert_data函数。在insert_data函数中，我们根据数据库连接参数创建数据库连接，并根据用户指定的row_size参数向数据库插入随机数据。

这个压测工具具有较大的实用价值，也涉及较多的知识点，包括解析命令行参数、并发编程、Python中连接数据库、上下文管理器等。如果读者认真学习了本书前面的知识，应该可以轻松打造一个类似的压测工具。

11.4 专家系统设计

接下来的内容都将围绕MySQL的专家系统进行介绍。为了描述方便，接下来的部分将我们的MySQL专家系统称为“健康检查”。所谓健康检查，就是用来检查数据库的状态。我们的MySQL数据库健康检查系统面向的用户是大众开发者，而非专业的数据库管理员。

对这些开发者而言，如何正确使用数据库（如SQL语句编写、表结构设计等等）是他们工作的核心。而对于数据库背后的容量规划、索引优化、SQL性能优化、数据库参数配置等问题，他们一方面缺乏专业的DBA专职去解决这些问题，另一方面自身也缺乏充足的精力负责这些问题。

基于MySQL数据库广泛使用的机遇，以及市面上不规范使用MySQL的问题，我们开发了一款名为“健康检查”的MySQL数据库专家系统。“健康检查”根据用户数据库运行的历史监控指标以及数据库的配置参数，通过算法分析，为用户数据库实例提供合理的优化建议，以达到帮助大众开发者发现并解决数据库问题的目的。读者可以在https://github.com/lalor/health-checker找到专家系统的详细实现和设计文档。

11.4.1 专家系统使用

在介绍健康检查系统的设计和架构之前，首先看一下健康检查系统的使用，以便对该系统有一个大致的认识。如下所示：

```
$ healthchecker --host=127.0.0.1 --user=lmx--password=lmx --port=3306
sum scores : 22
mins scores: 9
CheckBinaryLogs 您的配置参数binlog_format设置为MIXED，建议设置为ROW，否则有主、从数据不一致的风险
CheckBinaryLogs 您的配置参数sync_binlog设置为0，建议设置为1，否则有主、从数据不一致的风险
CheckConnections 数据库连接数过多容易造成线程频繁的上下文切换，连接数过少不能充分发挥数据库的性能，您的数据库连接数是3000，你的buffer pool大小是24.00 GB，建议您的数据库连接数设置在4800～9600范围内，也可以直接设置为7207
```

健康检查系统使用非常方便，只需要安装健康检查的依赖包，然后通过命令行参数调用健康检查系统。健康检查会对数据库进行评分，用户可以根据评分知道自己数据库的状态。对于有问题的检查项，健康检查系统还会给出非常详细的修复建议和风险提示。开发者即使对MySQL数据库不是特别了解，也能够根据提示信息修复数据库相关问题。

11.4.2 专家系统检查内容

为了完成健康检查系统的设计，我们需要对数据库管理员日常维护数据库的操作进行梳理，整理出具体的检查项。健康检查需要对数据库的各个检查项进行检查，然后对各个检查进行评分。如果某个检查项没有通过检查，则需要扣分，扣分以后还要给出具体的意见和建议。

既然我们要开发一个MySQL的专家系统，那么，设计这个系统的工程师必须对MySQL数据库以及数据库问题分析和排查有较深厚的功底。这也是读者在开发其他专家系统时的必要条件。对于数据库的检查，大致可以分为以下几大类：

1）服务器相关：包括cpu、io、内存、磁盘、网络等方面的检查；

2）数据库相关：包括数据库的参数配置，主从复制性能等；

3）业务相关：表结构、索引和SQL语句。

根据上面的分类，我们可以整理出健康检查系统需要检查的方向，大致包括以下6大块：

- 索引检查
  - 主键索引检查
  - 无效索引检查
  - 冗余索引检查
  - 索引区分度检查
- 容量规划
  - cpu利用率检查
  - io能力检查
  - 网络带宽检查
  - 存储空间检查
  - 内存占用检查
- 用户访问
  - 死锁统计
  - 慢日志统计
- 安全检查
  - 弱密码检查
  - 网络检查
  - 权限检查
- 参数检查
  - 内存参数检查
  - 重做日志配置检查
  - 二进制日志检查
  - 连接数配置检查
- 主从复制
  - 复制性能检查
  - 数据安全检查

11.4.3 如何进行数据库检查

前面列出了健康检查系统所有的检查项，对于每一个检查项，都涉及如何进行检查、如何进行评分，以及给出怎样的建议等问题。为了节省篇幅，这里不会对每个分类中的每个检查项进行详细介绍，仅介绍每个分类中一个检查项的检查方式。完整的设计文档可以参考本书的附件。

（1）主键索引检查

诊断算法：判断 MySQL 每个库下的每个表是否都存在主键，这里主键包括唯一索引和 PRIMARY KEY；

风险提示：您的数据库 {databaseName} 下的表 {tableName} 缺乏主键，建议添加主键。

（2）cpu 利用率检查

诊断算法：在指定时间段内（记该时间段为 t）计算 CPU 利用率超过阀值（阀值为 L1）的累计时间（记该时间为 t1），若 t1/t >= L2，则认为数据库实例经常性出现利用率过高，建议用户将实例迁移到规格更大的实例上；

风险提示：您的 CPU 利用率在 2015-01-02 ～ 2015-01-03 这段时间内持续较长时间超过 80%，建议您将用户实例通过外部实例迁移工具，迁移到更高 CPU 配置的大规格数据库实例上。

（3）死锁统计

诊断算法：统计上一次健康检查时间点和当前时间点这个时间区间之内，出现死锁的总次数。当死锁的总次数超过阀值 L1 时，我们认为业务出现死锁次数太高，需要业务方仔细审核 SQL 语句；

风险提示：在时间段 2015-01-01 00:00:00 ～ 2015-01-02 00:00:00 内，您的死锁次数达到 100 次，死锁频率非常高，请您仔细审核 SQL 语句。

（4）弱密码检查

诊断算法：计算常见密码（例如 123456、test、1q2w3e4r、hello、123、1234、12345）的 password 值（通过 select password() 来计算），并制作成简单的密码彩虹表。判断 mysql.user 表中的每一个密码哈希值是否在彩虹表中出现。如果出现，则认为该账号下的密码是简单密码，建议用户修改密码；

风险提示：您的数据库用户密码太弱，请使用安全性更强的密码。数据库账号：test。

（5）二进制日志检查

诊断算法：在用户开启 log_bin 参数的前提条件下，对以下情况进行检查：

- 检查点 A：sync_binlog 参数是否设置为 1，若该参数不是 1，应提示用户存在主从数据不一致的风险；
- 检查点 B：binlog_format 参数是否设置为 ROW，若该参数取值不为 ROW，应提示存在数据不一致的风险；
- 检查点 C：检查当前节点上 binlog 占用磁盘空间的比例，若比例超过阀值 L1，则提示用户当前 binlog 的占用磁盘空间比率较大，建议用户手动删除部分无用 binlog；
- 检查点 D：计算当前时间点到之前一段时间内的 binlog 增长速度，判断未来 7 天之内是否可能导致磁盘空间爆满。如果可能，提示用户手动删除这部分 binlog。

（6）数据安全检查

诊断算法：在数据库上执行 show slave status 命令，若存在 show slave status 命令信息时，需要检查以下几项，否则无须检查。

- 检查点 A：读取 show slave status 命令中的 Slave_IO_Running 和 Slave_SQL_Running 字段，判断是否为 YES。若存在一个取值不为 YES，则说明复制有问题。需要提示用户及时处理；
- 检查点 B：检查 MySQL 变量 relay_log_recovery 的取值是否为 ON，若取值不为 ON，则说明从机宕机之后，可能存在数据不一致的风险；
- 检查点 C：检查 MySQL 变量 relay_log_info_repository 取值是否为 TABLE，若取值不为 TABLE，则说明从机宕机之后，可能存在数据不一致的风险。

风险提示：

- 提示 A-1：您的从机复制线程 SLave Thread 已经中断，请立刻手动修复复制线程；
- 提示 A-2：您的从机复制线程 IO Thread 已经中断，请立刻手动修复复制线程；
- 提示 B：您的数据库（从库）配置参数 relay_log_recovery 设置为 OFF，从机宕机后存在主从数据不一致的风险。请修改该参数为 ON；
- 提示 C：您的数据库（从库）配置参数 relay_log_info_repository 设置为 NONE，从机宕机后存在主从数据不一致的风险，请修改该参数为 TABLE。

11.4.4 专家系统评分体系

为了让用户对自己的数据库状态有一个直观的认识，我们的健康检查需要对数据库进行评分。对数据库评分的好处是，便于用户通过数据库的分数快速对自己的数据库健康状态有一个直观的认识。健康检查评分系统的难点在于，健康检查的检查项比较零散，检查的点非常多，我们很难将 100 分精确地分配到每一个检查点上。即使我们耗费很多精力为每个检查点进行打分，并在检查通过时计算得分，检查失败时进行扣分，这种为每一个检查点打分的方式也无法进行很好的扩展。例如，增加新的检查时无法进行很好的扩展。

为了让健康检查能够有效地进行横向扩展，需要设计一套评分体系，该评分体系能够方便地增加检查项，便于计算数据库得分。此外，该评分体系还能够方便地实现根据扣分情况显示风险提示的功能。因此，在我们的健康检查中，需要对每一个检查点按照权重进行打分，并将检查点的名称、得分和风险提示进行封装。如下所示：

```
class CheckResult(object):
    critical = 4
    error = 3
    warning = 2
    info = 1

    def __init__(self, catalog, name, score, advise):
        self.catalog = catalog
        self.name = name
        self.score = score
        self.advise = advise
```

封装完成以后，对于任何一个检查点，都会生成一个CheckResult对象。CheckResult对象保存了该检查点在评分系统中所占的权重。在健康检查中，根据当前的需求设置了4个权重，分别是critical、error、warning和info。如果检查通过，则score为一个正数的权重，否则，score为一个负数的权重。当score为负数时，advise不能为空。

例如，对于参数检查中的二进制日志检查，我们会检查sync_binlog是否为1，binlog所占用的磁盘空间大小，binlog的格式以及binlog的过期时间。可以看到，在binlog这个检查项中有4个检查点。我们假设这4个检查点的权重分别为1、2、3、4，其中，第二个检查点在本次检查中存在问题，因此，我们产生了如下4个CheckResult对象：

```
In [1]: a = CheckResult('CheckParameter', 'CheckBinaryLog', 1, None)

In [2]: b = CheckResult('CheckParameter', 'CheckBinaryLog', -2, u"风险提示")

In [3]: c = CheckResult('CheckParameter', 'CheckBinaryLog', 3, None)

In [4]: d = CheckResult('CheckParameter', 'CheckBinaryLog', 4, None)

In [5]: result = [a, b, c, d]
```

显然，我们可以通过这4个对象计算出当前健康检查系统所有的权重，以及没有通过检查的检查项所占的权重。通过这两个权重所占的比例，我们可以计算出当前数据库的得分。如下所示：

```
In [6]: sum_scores = sum([abs(r.score) for r in result])

In [7]: mins_scores = sum(abs(r.score) for r in result if r.score < 0)

In [8]: (sum_scores - mins_scores) * 100 / sum_scores
Out[8]: 80
```

在这个例子中，4个检查点的总权重为10。其中，存在问题的检查点权重为2，因此，数据库的得分为80分。将结果进行封装以后，我们也很容易打印风险提示信息。只需要判断检查结果中的score项是否为一个负数即可。如果为负数，则说明当前这个检查点在本次检查中存在问题。当检查点存在问题时，相应的风险提示会保存在advise中，如下所示：

```
In [9]: for item in result:
   ....:     if item.score < 0:
   ....:         print(item.advise)
   ....:
风险提示
```

通过将检查点结果进行封装的方式，健康检查系统可以无限扩展，增加新的检查项时，不需要去修改老的检查项。并且，不需要对现有的评分系统进行任何修改，就能够根据权重自动计算出数据库的分数。

11.5 MySQL 专家系统整体架构

在这一节中，我们将首先介绍健康检查作为平台服务时的架构设计；然后介绍健康检查作为数据库工具时的架构设计；最后介绍健康检查作为数据库工具时的文件组织结构。

11.5.1 专家系统架构设计

一个软件项目，一般会经历前期调研、功能设计、方案评审、功能开发、功能测试和功能上线等几个阶段。前期调研和功能设计阶段需要确定项目完成以后大致是个什么样子，面向哪些用户，用户怎么来使用。对于我们的健康检查项目，既可以做成面向普通用户的平台服务，也可以做成面向开发者的数据库工具。作为平台服务时，需要设计良好的前端界面和交互设计。作为数据库工具时，只需要专注于功能的实现，通过命令行使用即可。在功能设计阶段，需要根据前期的调研和实际的需求，完成系统的架构设计。

1. 作为平台服务的 MySQL 数据库健康检查系统

当数据库健康检查系统设计成平台服务时，其架构如图 11-1 所示。

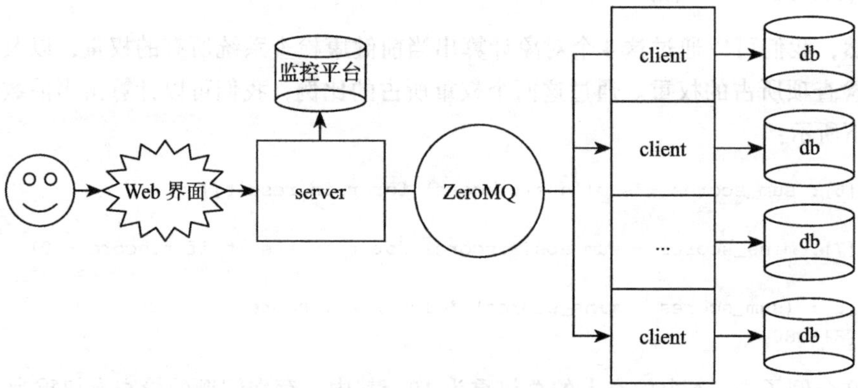

图 11-1 健康检查项目平台服务架构

健康检查服务以平台服务的方式提供给用户时，用户首先看到的是一个前端界面。通过前端界面，用户可以选择需要进行健康检查的数据库实例。选择数据库实例以后，服务端就会进行健康检查。在健康检查的系统架构中，服务端用来触发数据库的健康检查，通过客户端返回的数据库信息和监控平台获取的监控数据，对数据库进行检查并评分。客户端用来获取数据库的信息，如磁盘的大小、数据库的运行参数、数据库的安全配置等。因此，健康检查需要一个服务端和多个客户端。我们在每一个数据库服务器上部署一个客户端，客户端和服务端之间通过 ZeroMQ 进行通信。

在我们网易内部，健康检查作为平台服务提供给用户，用户只需要通过前端界面操作，便可以发起一次数据库检查操作。在本次检查完成以后，会对数据库进行打分，如图 11-2 所示。

图 11-2　正在进行健康检查的界面

健康检查系统判定数据库存在某些问题时，它会对数据库进行一个总的评分，以便用户对数据库的健康状态有个直观的认识。对于每一个数据库问题，健康检查系统还会给出具体的修复建议，如图 11-3 所示。

图 11-3　扣分时的健康检查结果界面

当我们把健康检查系统作为平台服务时，还可以额外提供一些有趣的功能。例如，我们的平台保存了所有的数据库信息，以及其他数据库实例的健康检查信息，所以，可以通过计算知道此次数据库健康检查击败了多少用户。在图 11-3 中，数据库的得分下面还显示了“你的数据库实例健康状态击败了 23% 的其他用户”。

2. 作为数据库工具的 MySQL 数据库健康检查系统

对于我们的健康检查来说，无论是具有前端界面的平台服务，还是面向开发者的数据库工具，它们的核心部分是一样的，都是通过客户端获取数据库的配置信息，然后进行检查，检查完成以后对数据库进行评分并给出相应的意见和建议。

只需要将作为平台服务的健康检查系统架构进行精简，便得到了作为数据库工具的健康检查系统架构，如图 11-4 所示。

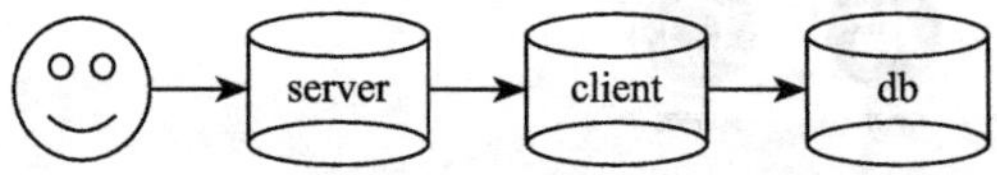

图 11-4　健康检查命令行工具的系统架构

将健康检查作为数据库工具以后，需要减少相关的依赖。因此，裁剪了前端界面和监控平台这两个组件。将健康检查作为数据库工具时，并没有严格的服务端和客户端之分，它们的程序都属于同一个进程。但是，我们的代码中依然区分了服务端和客户端，通过这种设计方式，可以方便地将工具改造为平台。当服务端和客户端都属于一个进程以后，也就不再需要使用 ZeroMQ 进行数据通信。因此，健康检查工具相对于健康检查作为平台服务，还裁剪了通信模块。

11.5.2　专家系统文件组织

下面的目录结构是健康检查作为工具时的目录结构。由于设计优秀，读者可以很方便地区分各个模块的作用，也可以很方便地将工具改造成平台服务。在下面的目录结构中，client 子目录包含了客户端的代码，server 子目录包含了服务端的代码，main.py 是健康检查作为工具时的程序入口。需要强调的是，在我们的健康检查程序中，客户端用来从数据库和服务器获取信息，并将信息传递给服务端。服务端对从客户端返回的信息进行解析，解析完成以后进行相应的判断，并进行评分和生成修复意见。

```
.
├── client
│   ├── action
│   │   ├── check_binary_logs.py
│   │   ├── ......
│   │   └── __init__.py
│   ├── client.py
│   ├── database
```

```
│   │   ├── connection_pool.py
│   │   └── mysql.py
│   └── util.py
│
├── main.py
│
└── server
    ├── health_checker_server.py
    ├── util.py
    └── worker
        ├── advise.py
        ├── check_binary_logs.py
        ├── ......
        └── __init__.py
```

在 client 目录中，存在一个名为 action 的子目录，一个名为 database 的子目录和一个名为 client.py 的程序文件。其中，client.py 模块是对客户端的封装，用于接收服务端的请求并进行解析，解析完成以后，将请求分发给具体的模块。action 子目录中的程序完成了数据库和服务器信息的收集，包括数据库的参数配置，数据库实例所在的服务器中的 cpu、内存、磁盘和网络等信息。database 子目录处理与数据库相关的工作。也就是说，当一个服务端的请求到来时，首先是 client.py 中的程序收到请求，并将请求分发到 action 目录下的各个程序模块中，action 模块使用 database 模块中的数据库连接获取数据库的信息，再通过开源的 psutil 模块获取服务器的配置。最后将这些数据打包以后发回给服务端。

在 server 目录中，存在一个名为 health_checker_server.py 的程序文件和一个名为 worker 的子目录。health_checker_server.py 程序是服务端程序的入口，它使用 worker 目录下的各个类构造出相应的对象，并将对象分发给各个线程，各个线程执行实际上的操作。每一个 worker 的任务都是下发一个消息给客户端，等待客户端返回。客户端返回以后，根据客户端的信息判断数据库的健康状态。

读者可能已经注意到了，worker 子目录中包含了与客户端的 action 子目录下同名的文件。虽然它们的文件名一样，但是，它们的作用完全不同。正如前面所强调的，客户端用于从数据库和服务器获取信息，将信息传递给服务端。服务端对从客户端返回的信息进行解析，解析完成以后进行相应的判断，并进行评分和生成修复意见。例如，客户端的 action 目录下有一个名为 check_binary_logs.py 的文件，服务端的 worker 目录下也有一个名为 check_binary_logs.py 文件，前者用以收集数据库和服务器的配置信息，后者用以进行相应的判断。我们以 sync_binlog 为例，action 目录下的 check_binary_logs.py 仅仅是收集 sync_binlog 的取值，worker 目录下的 check_binary_logs.py 判断 sync_binlog 是否为 1。如果为 1，则检查通过，如果不为 1，则对数据库进行相应的扣分，并提示用户数据库存在主从数据不一致的风险。

11.6 数据库专家系统的客户端设计

客户端的程序相对服务端要简单一些，因此，我们先介绍客户端的设计。对于健康检查系统的客户端来说，就是接收服务端发送过来的消息，并进行解析，然后进行处理，处理完成以后将结果回复给服务端。这也是分布式系统中，一个典型的 Agent（Agent 是指在服务器集群的每台机器上都部署的程序）程序所做的事情。由于我们现在开发的是一个 MySQL 的数据库专家系统，所以，需要创建数据库的连接。在这一节中，我们将介绍客户端的几个重点设计，包括在 Python 中实现连接池，使用 Python 的装饰器检查参数，利用 Python 的动态语言特性执行命令，重载 Python 的 __call__ 操作，使用 property 特性优化代码。

11.6.1 实现数据库连接池

如果读者学习的是计算机专业，那么，一定听老师讲过建立数据库连接是一个代价高昂的过程。对于数据库连接来说，不但创建数据库连接的代价大，销毁数据库连接的代价也不小。因此，在实际的项目中，一般都会引入数据库连接池。数据库连接池是一种池化技术，预先创建好数据库连接，保存在内存中，当需要连接时从中取出即可，使用完后放回连接池。

对于我们的数据库专家系统来说，还有另外一个充分的理由说明为什么需要数据库连接池。数据库专家系统本身只是一个辅助工具，用于帮助开发者分析数据库的状态，检查数据库的安全隐患和性能瓶颈。因此，我们的专家系统不应该对用户的业务造成太大的影响。试想一下，如果服务端每下发一条消息，我们的客户端就去创建一个数据库连接。如果服务端并发地下发多条消息，那么，我们的客户端也会创建多个数据库连接。数据库连接本身是一种稀有资源，每一个数据库实例所能够支持的最大连接数是有限的。因此，我们每占用一个数据库连接，用户的业务就只能少用一个连接。当用户的数据库规格较小，负载较大时，健康检查系统并发创建多个连接有可能导致用户出现“Too many connections”错误。因此，健康检查系统有必要使用数据库连接池技术。

Python 中最流行的 MySQL 驱动是 PyMySQL 和 MySQLdb，这两个开源项目都没有提供数据库连接池技术。所以，我们需要实现自己的数据库连接池。数据库连接池的实现思路很简单，就是在创建数据库连接池时，同时创建多个数据库连接，并将连接保存在内存中。当需要连接时从内存中取出即可，使用完毕以后再放回连接池。

虽然实现连接池的思路很简单，但是，也有复杂的情况需要解决。包括：

1）如何处理多个线程并发访问？

2）数据库连接中断时应如何应对？

1. 多个线程并发访问连接池

为了实现多线程并发访问连接池，在 Python 中可以使用 Queue 模块。该模块提供了一个适用于多线程编程的先进先出数据结构，可以在多个线程间安全传递信息。

2. 处理数据库连接异常

当我们初始化数据库连接池以后，理想情况下各个连接都能正常工作，我们只需要一直使用这些连接执行 SQL 语句即可。但是，可能会因为网络抖动，数据库管理员 kill 数据库连接，数据库宕机等原因导致数据库连接中断。当数据库连接中断时，我们需要捕获相应的异常，在数据库连接中断时重新创建数据库连接。

综合考虑前面介绍的两种特殊情况以后，我们的数据连接池实现如下：

```
import logging
import Queue

import MySQLdb

LOG = logging.getLogger(__name__)

class ConnectionPool(object):

    def __init__(self, **kwargs):

        self.size = kwargs.get('size', 10)
        self.kwargs = kwargs
        self.conn_queue = Queue.Queue(maxsize=self.size)

        for i in range(self.size):
            self.conn_queue.put(self._create_new_conn())

    def _create_new_conn(self):
        return MySQLdb.connect(host=self.kwargs.get('host', '127.0.0.1'),
                               user=self.kwargs.get('user'),
                               passwd=self.kwargs.get('password'),
                               port=self.kwargs.get('port', 3306),
                               connect_timeout=5)

    def _put_conn(self, conn):
        self.conn_queue.put(conn)

    def _get_conn(self):
        conn = self.conn_queue.get()
        if conn is None:
            self._create_new_conn()
        return conn

    def exec_sql(self, sql):
        conn = self._get_conn()
        try:
            with conn as cur:
                cur.execute(sql)
```

```
                return cur.fetchall()
            except MySQLdb.ProgrammingError as e:
                LOG.error("execute sql ({0}) error {1}".format(sql, e))
                raise e
            except MySQLdb.OperationalError as e:
                # create connection if connection has interrupted
                conn = self._create_new_conn()
                raise e
            finally:
                self._put_conn(conn)

    def __del__(self):
        try:
            while True:
                conn = self.conn_queue.get_nowait()
                if conn:
                    conn.close()
        except Queue.Empty:
            pass
```

从上面的实现可以看到，初始化连接池时，根据数据库参数和连接池大小创建了多个数据库连接，并将连接保存在Queue中。执行SQL语句时，从Queue中获取了连接并执行SQL语句。当我们使用数据库连接时，MySQLdb可能会抛出两个异常，分别是ProgrammingError和OperationalError。前者表示SQL语句存在语法问题，后者表示数据库连接中断。当数据库连接中断时，需要重新创建数据库连接。执行完SQL语句以后，还需要将连接放回Queue中，以便其他线程使用。当健康检查系统运行完毕销毁连接池时，还需要及时关闭MySQL连接。

11.6.2 使用装饰器检查参数

我们在11.1.2节中讨论了装饰器的语法以及装饰器的应用场景，装饰器的其中一个应用场景就是对函数进行预处理。例如，检查函数的参数。这一小节，我们就讨论一个使用装饰器检查函数参数的例子。

我们的数据库专家系统中涉及客户端与服务端。服务端发送消息给客户端进行处理，客户端在处理完毕以后，将结果回复给服务端。在服务端给客户端发送消息的过程中，对不同的消息可能需要传递额外的参数。为了更好地进行模块化编程，在出现问题时及时发现是客户端的问题还是服务端的问题，客户端在接收到服务端的消息时，应该首先检查服务端发送过来的消息。例如，是否缺少部分必传的参数。

我们可以为每一个消息编写一个检查参数的函数，除此之外，我们也可以编写一个通用的、检查参数的装饰器。所有的消息都可以使用这个装饰器检查是否有必传的参数没有传递。如下所示：

```
def check_required_args(parameters):
```

```
    """check parameters of action"""
    def decorated(f):
        """decorator"""
        @functools.wraps(f)
        def wrapper(*args, **kwargs):
            """wrapper"""
            func_args = inspect.getcallargs(f, *args, **kwargs)
            for item in parameters:
                if func_args.get(item) is None:
                    message = "check required args failed, '{0}' is not found in
{1}".format(item, f.__name__)

                    LOG.error(message)
                    raise Exception(message)

            return f(*args, **kwargs)
        return wrapper
    return decorated
```

有了这个检查参数的装饰器以后，我们就不用为每个消息都编写一个检查参数的装饰器，只需要在检查参数时，使用该装饰器检查参数即可。如下所示：

```
@check.check_required_args(['Username', 'Password', 'DB', 'Roles'])
def create_db_account(self, *args, **kwargs):
    return CreateDBAccount(*args, **kwargs)()
```

在这个例子中，我们每一个消息中携带的参数个数都不确定，因此，我们的装饰器接受一个列表。在装饰器中，我们遍历该列表，判断列表中的变量是否都出现在函数的参数中。如果不存在，打印相应的日志并抛出异常。通过装饰器检查参数，一方面消灭了代码冗余，另一方面，提高了代码的可读性和可维护性。

11.6.3　利用 Python 的动态语言特性执行命令

对于作为服务的数据库专家系统，为了对多个数据库进行管理，需要在每个数据库服务器中部署一个进程，一般称为 Agent。在我们这个例子中，Agent 的主要作用是接收服务端发送过来的消息，然后收集数据库和服务器的信息，并将信息返回给服务端进行处理。

Agent 的作用是接收服务端发送过来的消息并进行处理。也就是说，对于不同的消息，Agent 端需要调用不同的函数进行处理。这个需求十分常见，所有读者很有可能见过类似于下面这样的代码：

```
if cmd == 'A':
    process_a()
elif cmd == 'B':
     process_b()
elif cmd == 'C':
     process_c()
elif cmd == 'd':
```

```
        process_d()
    else:
        raise NotImplementException
```

对于接收消息并调用不同的处理函数来说，上面的代码很直观，也很容易想到。但是，这段代码存在一个比较严重的问题，随着消息增加，if语句不断壮大，这段程序最后将变得无法维护。

很多优秀的开源项目也会有类似的需求，但是，它们会使用其他方法解决这个问题。例如，在redis系统中，会使用字典保存命令到执行函数之间的映射关系。当接收到一条新的命令时，先判断该命令是否存在于字典中，如果不存在，则说明不支持该命令。如果存在，则通过命令名称从字典中获取函数的指针，并通过函数指针的方式去调用相应的处理函数。如下所示：

```
struct redisCommand redisCommandTable[] = {
    {"get",getCommand,2,"rF",0,NULL,1,1,1,0,0},
    {"set",setCommand,-3,"wm",0,NULL,1,1,1,0,0},
    {"setnx",setnxCommand,3,"wmF",0,NULL,1,1,1,0,0},
    {"setex",setexCommand,4,"wm",0,NULL,1,1,1,0,0},
```

我们也可以参照redis的实现方式，使用字典保存命令与命令处理函数之间的映射关系。但是，在Python语言中，我们还可以做得更好。

Python语言是一门动态类型语言，具有自省（introspection）的能力。所谓自省，就是可以编写程序来处理其他已有的程序。例如，对于这里的需求，我们可以先根据消息的名称判断相应的处理模块是否具有对应的处理函数。如果有，则获取相应的处理函数，然后进行调用。这么说或许比较抽象，我们来看一个具体的例子。

假设现在有一个名为Person的类，该类只有一个属性。此外，该类有一个名为get_first_name方法和一个名为get_last_name的方法。如下所示：

```
class Person(object):
    def __init__(self, name):
        self.name = name

    def get_first_name(self):
        return self.name.split()[0]

    def get_last_name(self):
        return self.name.split()[-1]
```

为了进行更好的说明，我们在IPython中进行功能演示——在IPython中导入Person这个类，并创建一个对象。如下所示：

```
In [1]: from person import Person

In [2]: jason = Person('Jason Statham')
```

Python 是一门动态类型的语言，我们可以在程序中处理已有的程序。例如，我们可以通过 Python 内置的 dir 函数，查看 jason 这个对象的所有属性。如下所示：

```
In [3]: dir(jason)
Out[3]:
['__class__',
 '__dict__',
 '__doc__',
 'get_first_name',
 'get_last_name',
 'name']
```

我们已经看到了 jason 这个对象拥有的属性，并且，Python 内置的 dir 函数会返回这些属性的列表。现在，我们想测试某个属性是否存在，如果对象存在这个属性，则获取这个属性。这个任务可以由 Python 内置的 hasattr 和 getattr 函数来完成。如下所示：

```
In [4]: hasattr(jason, 'get_first_name')
Out[4]: True

In [5]: action = getattr(jason, 'get_first_name')

In [6]: action()
Out[6]: 'Jason'

In [7]: action = getattr(jason, 'get_last_name')

In [8]: action()
Out[8]: 'Statham'
```

在这段程序中，我们首先通过 hasattr 函数判断对象是否具有某个属性，然后通过 getattr 获取该属性。由于我们获取到的属性是一个方法，因此，我们可以直接进行调用。可以看到，无论我们想要获取 get_first_name 还是 get_last_name，都可以通过 getattr 获取到属性，并进行调用。

上面这段程序对我们有什么启发呢？假设我们有一个类，这个类中对每一条消息都有对应的处理函数。为了简单起见，假设消息的名称和处理函数同名。那么，我们可以通过 hasattr 函数判断客户端是否拥有相应的属性，如果没有，说明客户端不支持该消息。如果有，我们可以通过 getattr 获得该消息的处理函数，然后调用该函数进行处理。

在这个例子中，我们只应用了非常简单的 Python 自省能力。包括通过 hasattr 方法判断对象是否具有相应的属性，通过 getattr 获取对象的属性。使用 Python 的自省，不用像其他编程语言一样使用一堆 if/else 语句处理不同的消息。也不用像 redis 一样，专门维护一个字典来保存每个消息及其对应的处理函数。因此，提高了程序的可扩展性。

11.6.4 利用 __call__ 方法实现可调用对象

相信每一位学习面向对象编程的读者，刚开始学习类时，都是从类的概念开始学起。

类是对具体事物的抽象，类的名称是一个名词，类中包含属性和方法。

从概念层面来看，类是对具体事物的抽象。从语法层面来看，类就是将数据和行为打包。如果我们活学活用，其实也可以把类当作是一个函数来使用，或者说，把一个函数封装成一个类。把函数封装成类具有许多好处，首先，我们可以在类的初始化函数中保存部分参数，从而减少函数调用时传递的参数个数。其次，我们可以将一个大的函数拆分成若干个小的函数，从而提高代码的可读性。最后，我们将多个紧密相关的函数组织在同一个命名空间下，有利于代码维护。

我们已经理解了将一个函数组织成类的好处，接下来的问题就是，如何把一个类的对象当成是普通的函数来调用呢？在 Python 中，可以通过运算符重载来实现。Python 的运算符重载通过特殊的命名来实现，其中，__call__ 方法将对象变成一个可调用的对象。只要在类中实现了 __call__ 方法，我们就可以像普通函数一样调用一个类对象。

例如，在我们的数据库专家系统中，定义了一个名为 CheckSafeReplication 的类。该类的实现如下：

```
class CheckSafeReplication(object):

    def __init__(self, params):
        self.params = params

    def get_slave_status(self):
        res = {}
        slave_status_dict = Env.database.get_slave_status_dict()
        res['slave_io_running'] = slave_status_dict['Slave_IO_Running']
        res['slave_sql_running'] = slave_status_dict['Slave_SQL_Running']
        res['last_io_error'] = slave_status_dict['Last_IO_Error']
        res['last_sql_error'] = slave_status_dict['Last_SQL_Error']

        return res

    def __call__(self):
        res = dict(is_slave=Env.database.is_slave)

        if Env.database.is_slave:
            res.update(Env.database.get_multi_variables_value('relay_log_
recovery',
                                                              'relay_log_info_
repository'))

            res.update(self.get_slave_status())

        return res
```

以为 CheckSafeReplication 实现了 __call__ 方法，因此，我们可以像函数一样调用 CheckSafeReplication 的类对象。如下所示：

```
def check_safe_replication(msg):
    obj = CheckSafeReplication(msg)
    return obj()
```

11.6.5 Python 的 property

具有 Java 语言编程背景的工程师刚开始接触 Python 时会非常不习惯 Python 中不用 getter 与 setter 的用法。这是因为 Python 是动态类型的编程语言，可以进行内省操作，所以，无法真正实现私有属性。Python 中的私有属性是伪私有属性，因此，干脆就不使用私有的属性。

不使用私有属性，也就没有必要使用 getter 或 setter，直接修改对象的属性即可。如下所示：

```
class Person(object):
    def __init__(self, name, age):
        self.name = name
        self.age = age

jason = Person('Jason Statham', 50)
jason.age = -1
```

在这段程序中，虽然 jason.age 取值为 -1 从语法层面来说是合法的，但是，从逻辑层面来说是非法的——年龄不可能为 -1。为了避免这种错误，我们可以参照 Java 语言的做法，将属性设置为私有，并提供一个 getter 与一个 setter。如下所示：

```
class Person(object):
    def __init__(self, name, age):
        self.name = name
        self._age = age

    def get_age(self):
        return self._age

    def set_age(self, age):
        if age < 0 or age > 100:
            raise ValueError('age is illegal')
        self._age = age
```

在这段程序中，我们参照 Java 语言的做法将 age 变成了一个私有属性，然后提供了一个名为 get_age 的方法获取这个属性，提供了一个名为 set_age 的方法设置这个属性。通过这种方式，虽然解决了 age 取值不合法的问题，但实现方式非常复杂，而且不够 Pythonic。

在 Python 语言中，我们可以使用 property 装饰器将方法当做属性来访问，从而提供更加友好的访问方式。如下所示：

```
class Person(object):
    def __init__(self, name, age):
        self.name = name
        self._age = age

    @property
    def age(self):
        return self._age

    @age.setter
    def age(self, age):
        if age < 0 or age > 100:
            raise ValueError('age is illegal')
        self._age = age

jason = Person('Jason Statham', 50)
jason.age = -1
```

在这段代码中，我们定义了一个名为 age 的方法。随后，使用 property 装饰器将方法变成了属性。变成属性以后就可以使用普通的点号运算符访问它了。为了进行修改，我们还使用 age.setter 装饰器为 age 属性创建了一个 setter 方法。当我们修改 age 时，这个 setter 方法将会自动调用。

property 更详细的使用方法可以在 Python 或 IPython 中执行 help(property) 得到。property 广泛应用于开源项目中，帮助使用者写出简洁优美的代码。与此同时，又能够进行必要的参数检查，以减少程序运行时出错的概率。

11.7 数据库专家系统服务端设计

在这一小节，我们将会讨论 3 个服务端的设计。使用这里讨论的服务端设计，再加上 11.4.3 节介绍的专家系统评分体系，就构成了服务端的整体架构。

11.7.1 将相同的操作提升到父类中

在我们的数据库专家系统中，会检查数据库的很多方面。通过前面的介绍我们知道，数据库专家系统分为很多检查项，每个检查项里面包含多个检查点。对于每一个检查项，在专家系统的服务端中都是一个 Worker。每一个 Worker 本身相对独立，但是，又有一些相同点。例如，我们需要为每一个 Worker 的执行记录时间、打印日志和处理异常。因此，在我们的健康检查系统中，可以将各个 Worker 共性的操作提炼出来，在父类中实现（GenericWorker）。每一个 Worker 只需要继承 GenericWorker 这个父类，就实现了记录时间、打印日志和处理异常的功能。通过这种方式，每一个 Worker 只需要专注于具体的业务逻辑即可。图 11-5 给出了数据库专家系统中检查项的继承关系。

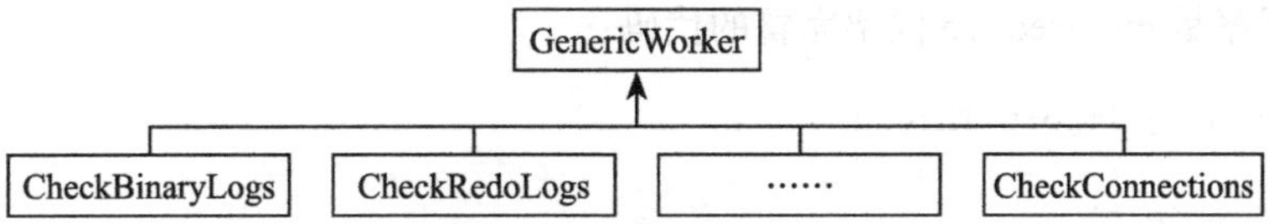

图 11-5 检查项的继承关系

11.7.2 在 Python 中实现 map-reduce 模型

当我们实现了每一个 Worker 以后，接下来要做的事情就是去运行每一个 Worker，并将结果汇总起来。为了加快数据库专家系统的执行速度，我们可以考虑使用多线程的方式进行并发检查。为了进行并发检查，我们为每一个 Worker 分配一个线程，等待线程结束以后再将各个 Worker 的结果汇总起来。

读者是否注意到，"为每一个 Worker 分配一个线程，等待线程结束以后再将各个 Worker 的结果汇总"这是一个典型的 map-reduce 架构。在 map 阶段，将各个任务分发出去；在 reduce 阶段，将多个任务的执行结果汇总起来。因为我们的各个检查项之间非常独立，没有任何依赖关系，所以，我们可以将各个检查项分配给不同的线程。待线程结束以后，再将结果汇总起来。

为了便于问题的讨论，我们以计算 1 ～ 100 的和为例说明如何在 Python 中实现一个 map-reduce 框架。我们首先将 1 ～ 100 这个范围分成 10 个区间，然后将每个区间分配给一个线程执行，因为我们将 1 ～ 100 的数字分配成了 10 个区间，因此，我们使用 10 个线程来执行，等待 10 个线程都结束以后再将所有的结果汇总起来。

为了便于区间的管理，我们将每个区间和区间内的计算封装成一个类。如下所示：

```
class Cal(object):
    def __init__(self, start, end):
        self.result = 0
        self.start = start
        self.end = end

    def map(self):
        for i in range(self.start, self.end):
            self.result += i

    def reduce(self, other):
        self.result += other.result
```

在这个 Cal 类中，我们初始化了区间的起点和终点（形如 [start, end)）。map 函数是我们的业务逻辑，对于数据库专家系统，我们将在 map 函数中进行数据库检查和评分。在这里的例子中，map 函数要实现的是计算区间的和。因此，我们使用 range 函数获取区间内所有的数字，并将所有的数字相加。在 reduce 函数中，我们将多个 Worker 的结果汇总起来。在这个例子中，汇总结果的方式是将各个区间的结果相加。

下面的程序是 map-reduce 框架完整的代码：

```
from threading import Thread

class Cal(object):
    pass

def generate_worker(data):
    for index in range(1, len(data)):
        cal = Cal(data[index-1], data[index])
        yield cal

def generate_threads(workers):
    for worker in workers:
        thread = Thread(target=worker.map)
        thread.start()
        yield thread

def main():
    # [1, 11, 21, 31, 41, 51, 61, 71, 81, 91, 101]
    data = [item for item in range(1, 102, 10)]

    workers = list(generate_worker(data))
    threads = list(generate_threads(workers))

    for thread in threads:
        thread.join()

    start = workers[0]
    for worker in workers[1:]:
        start.reduce(worker)

    assert start.result == 5050

if __name__ == '__main__':
    main()
```

在这段程序中，我们首先产生了 11 个数字，这 11 个数字正好组成 10 个区间。接下来，我们为每一个区间生成一个 Cal 对象，Cal 对象就相当于数据库专家系统中的 Worker，是执行实际操作的地方。为每个区间生成一个 Worker（Cal 对象）以后，我们将各个 Worker 分发给不同的线程，并等待线程结束。线程结束以后，我们使用一个 for 循环将各个 Worker 的结果汇总起来。

我们这段程序仅仅是计算 1 ～ 100 的和，因为我们的计算量不大，所以使用单线程的程序会更快。但是，如果我们需要计算一个很大数字的和，那么，使用多线程将显著提升程序的整体性能。

在这一节中，我们通过一个简单的例子演示了如何在 Python 中实现一个 map-reduce 模型。在我们的数据库专家系统中，实现 map-reduce 的思路是一样的。首先产生相应的 Worker

对象，然后将各个 Worker 对象分配给不同的线程。待线程结束以后再将各个 Worker 的结果汇总起来。

11.7.3 利用动态语言特性实现工厂模式

在我们的数据库专家系统中，为每一个检查项都编写了一个类，这些类都继承自 GenericWorker 类。在使用时，我们还需要为不同的类创建对象。由于所有检查项的类都继承自相同的父类，因此，我们可以使用设计模式中的工厂模式简化对象的创建。

工厂模式有多种实现，比较简单的一种实现称为简单工厂模式（Simple Factory Pattern）。简单工厂模式又称为静态工厂方法（Static Factory Method）模式，它属于类创建型模式。在简单工厂模式中，可以根据不同的参数返回不同类的实例，被创建的实例通常都具有共同的父类。

例如，下面这段程序就是 C++ 语言实现的一个简单工厂模式：

```
class Shape
class Circle: public Shape
class Square: public Shape

Shape* Shape::factory(const string &type)
{
    if (type == "Circle")
        {return new Circle;}
    if (type == "Square")
        {return new Square;}
}
```

在 Python 中，我们也可以参考 C++ 的实现，在工厂函数中通过参数的名称返回不同的对象。但是，这里的工厂函数存在一个扩展性问题。当我们增加了新形状以后，需要修改 factory 函数，增加一个 if 语句来返回新的对象。在 Python 语言中，我们完全不需要这么做，因为我们有更好的实现方式。

在 Python 语言中，locals 函数和 globals 函数是两个特殊的函数，前者返回局部命名空间，后者返回全局命名空间。换句话说，我们在 Python 模块顶层定义的变量、函数和类都属于全局命名空间。globals 函数返回的是全局命名空间，因此，我们可以通过 globals 函数获取全局命名空间中的变量、函数和类。例如，在下面这个例子中，我们首先定义了一个全局变量 A，然后我们在 f 函数中，通过 globals 函数获得了全局命名空间，通过键‘A’获取了我们之前定义的全局变量。获取全局变量以后，我们修改全局变量 A 的值为 2。在下面这段程序中，最后会输出 2 。

```
A = 1

def f():
    globals()['A'] = 2
```

```
f()
print(A)
```

既然我们可以通过变量名称从 globals 函数返回的字典中得到全局变量。那么，我们也可以通过类的名称，从 globals 函数返回的字典中获得类对象。获得类对象以后，执行类调用就创建了一个对象。如下所示：

```
class Shape(object):pass
class Circle(Shape):pass
class Square(Shape):pass

for name in ["Circle", "Square"]:
    cls = globals()[name]
    obj = cls()
```

在这段程序中，我们将 Worker 的名称作为参数，然后从 globals 函数返回的字典中获取类对象，接着执行类调用得到一个 Worker。我们利用 Python 语言的动态语言特性，以一种非常简单的方式实现了 C++ 语言中的简单工厂模式，并且保证了程序的扩展性。

11.8 本章总结

这一章是颇有难度的一章，我们通过介绍 MySQL 数据库专家系统，穿插介绍了许多 Python 语言的高级特性和系统架构。无论读者是否需要构建一个数据库专家系统，都能够从本章介绍的高级特性中受益，也可以借鉴数据库专家系统的架构设计。

在这一章中，我们首先介绍了几个 Python 语言的高级语言特性，包括生成器、装饰器和上下文管理器。这几个 Python 语言的高级特性是 Python 工程师最常遇到的面试题，也是考察读者对 Python 掌握程度的重要依据。随后，本章介绍了如何在 Python 中连接数据库。因为 Python 官方制定了操作数据库的标准，所以，Python 工程师可以通过统一的接口访问不同的数据库，也可以使用不同的 Python 模块访问相同的数据库。不同的数据库或不同的 Python 模块使用方式都一样，减少了大家的学习负担。本章还简单地介绍了 Python 的并发编程，并且说明了 Python 中的多线程在什么情况下无法提升程序的效率，什么情况下可以提升程序的效率。

这一章的后四节都围绕着数据库专家系统展开，我们首先介绍了数据库专家系统的架构，然后讨论了数据库专家系统的设计。随后，我们详细讨论了数据库专家系统的客户端设计和服务端设计。在讨论数据库专家系统的客户端设计和服务端设计时，我们穿插讨论了很多 Python 中的系统架构。可以看到，很多功能在 Python 语言和其他语言中的实现方法是完全不一样的。通过利用 Python 的动态语言特性，我们可以更加简洁优美地实现一些功能。使用 Python 独有的特性实现一些系统架构，可以显著提升程序的可读性、可维护性和可扩展性。并且，代码实现也更简洁优美。这一部分知识是那些认为 Python 很简单，仅仅了解基本语法就使用 Python 编写 C 风格程序的工程师所不能体会的。

推荐阅读

运维工程师进阶必读

推荐阅读

运维工程师的工具箱